教育部高等学校电子电气基础课程教学指导分委员会推荐教材

电工学（下册）

——电子技术（第二版）

■ 主 编 雷 勇

■ 副主编 宋黎明 张 行

U0271706

高等教育出版社·北京

内容提要

　　本书为《电工学（下册）——电子技术》的第二版，结合现代电子技术及其应用的发展，引入了新器件和新技术，增加和替换了部分例题、练习与思考、习题，进一步完善和丰富了第一版的内容。本书包含模拟电子技术和数字电子技术两大部分，共分为11章，包含电子系统简介、二极管和直流电源、双极型晶体管及其应用、场效应晶体管及其应用、集成运算放大器及其应用、电子电路中的反馈和振荡电路、数字逻辑电路基础、组合逻辑电路、时序电路、CPLD/FPGA 基础、测试系统设计等内容。

　　本书可作为高等学校非电类专业"电工学"课程的教材，也可供相关技术人员参考。

　　与教材配套的数字课程资源，可访问网站 http://abook.hep.com.cn/1235736 获取。

图书在版编目（CIP）数据

　　电工学．下册，电子技术/雷勇主编．--2 版．--北京：高等教育出版社，2018.1

　　ISBN 978 - 7 - 04 - 049053 - 4

　　Ⅰ．①电… Ⅱ．①雷… Ⅲ．①电工学 - 高等学校 - 教材②电子技术 - 高等学校 - 教材 Ⅳ．①TM

　　中国版本图书馆 CIP 数据核字（2017）第 300983 号

策划编辑	金春英	责任编辑	孙　琳	封面设计	赵　阳	版式设计	童　丹
插图绘制	邓　超	责任校对	刘　莉	责任印制	毛斯璐		

出版发行	高等教育出版社	网　　址	http://www.hep.edu.cn	
社　　址	北京市西城区德外大街4号		http://www.hep.com.cn	
邮政编码	100120	网上订购	http://www.hepmall.com.cn	
印　　刷	北京玥实印刷有限公司		http://www.hepmall.com	
开　　本	787mm×1092mm　1/16		http://www.hepmall.cn	
印　　张	20.75	版　　次	2013 年 1 月第 1 版	
字　　数	500 千字		2018 年 1 月第 2 版	
购书热线	010-58581118	印　　次	2018 年 1 月第 1 次印刷	
咨询电话	400-810-0598	定　　价	39.80 元	

本书如有缺页、倒页、脱页等质量问题，请到所购图书销售部门联系调换

版权所有　侵权必究

物 料 号　49053 - 00

与本书配套的数字课程资源使用说明

与本书配套的数字课程资源发布在高等教育出版社易课程网站，请登录网站后开始课程学习。

一、网站登录

1. 注册 / 登录 访问 http://abook.hep.com.cn/1235735，点击"注册"。在注册页面输入用户名、密码及常用的邮箱进行注册。已注册的用户直接输入用户名和密码登录即可进入"我的课程"界面。

2. 课程绑定 点击"我的课程"页面右上方"绑定课程"，按网站提示输入教材封底防伪标签上的数字，点击"确定"完成课程绑定。

3. 访问课程 在"正在学习"列表中选择已绑定的课程，点击"进入课程"即可浏览或下载与本书配套的课程资源。刚绑定的课程请在"申请学习"列表中选择相应课程并点击"进入课程"。

账号自登录之日起一年内有效，过期作废。

使用本账号如有任何问题，请发邮件至：abook@hep.com.cn

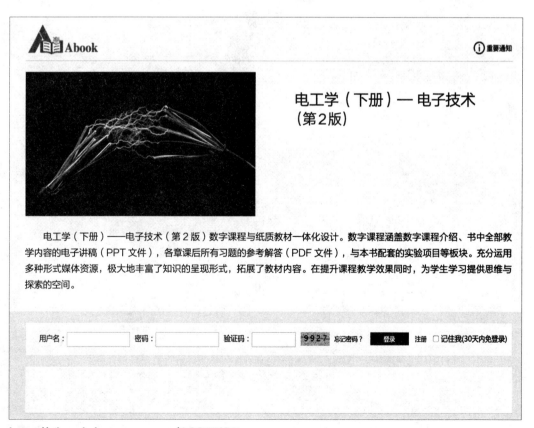

http://abook.hep.com.cn/1235735

二、配套教学资源包含的文件内容及使用说明：

1. PPT 电子讲稿

书中全部教学内容的电子讲稿（PPT 文件），可供教师授课使用，或学生学习复习课程使用。

2. 课后习题参考解答

各章课后所有习题的参考解答（PDF 文件）。

3. 本书配套实验项目

提供了与本书配套的实验项目共 27 个。

第二版前言

本书是为了适应电工电子技术的快速发展和 21 世纪高等教育培养高素质人才的需要而编写的,是十年来四川大学对电工学课程进行教学改革的成果之一。编者在这五年使用第一版教材的基础上,结合近几年四川大学开展探究式小班课堂教学研究与实践的教学改革,总结提高,修订而成,在内容上做了修改、调整和补充。

本书保持过去重视基本内容、基本概念和实用性的特色,考虑到信息技术的迅速发展及其在非电类专业越来越广泛的应用,在满足课程教学基本要求的前提下,适当增加目前工程中广泛采用的新技术、新工艺、新产品等方面的内容。

与第一版对比,本书主要的变动和调整如下:

(1) 增加和替代了部分例题、练习与思考、习题,增加了部分工程应用设计实例;

(2) 新增了晶体管的应用;

(3) 增加了光电管和晶体振荡器等器件;

(4) 结合实际应用调整了部分知识点的组织结构,充实了 JFET 的工作原理;

(5) 引入了逻辑门的国际符号;

(6) 新增**异或**门、**同或**门以及 CMOS 门中的 OD 门;

(7) 新增了硬件描述语言;

(8) 新增了 V/F、F/V 转换,RS232/422/485 串口,USB 通用串口,以及测试系统设计。

本书的修订依然从优化课程结构的总体要求出发,注重教材的适用性,并充分考虑非电类学生学习电工电子技术的实际情况及教学特点,特别注重调动学生的学习积极性。

本书由四川大学雷勇主编,负责全书的组织、统稿和定稿;宋黎明、张行、梁斌、徐雪梅和翁嫣琥参与编写。其中,第 1 章和第 5 章由雷勇编写;第 2 章和第 6 章由梁斌编写;第 3 章由宋黎明编写;第 7 章和第 9 章由徐雪梅编写;第 4 章和第 10 章由张行编写,第 8 章由宋黎明和张行共同编写,第 11 章由雷勇和翁嫣琥共同编写。

由于编者水平有限,修订时间仓促,书中错漏之处难免,恳请广大师生及读者批评指正,以便今后修订改进。编者邮箱:yong.lei@163.com

第二版修订配套了数字化教学资源,网站地址为 http://abook.hep.com.cn/1235736。

编 者
2017 年 8 月于四川大学

第一版前言

    本教材是参照教育部高等学校电子电气基础课程教学指导分委员会最新制定的高等学校"电工学"课程教学基本要求,为高等学校非电类各专业编写的电子技术基础教材。作者结合多年的教学经验及教学改革成果和"电工学"精品课程建设内容,从优化课程结构的总体要求出发,注重教材的适用性,并充分考虑到非电类学生学习电工电子技术的实际情况及教学特点,特别注重调动学生的学习积极性。

    本教材主要阐述电子技术必要的基本理论、基本知识和基本技能,全书共分11章,包括电子系统简介、二极管和直流电源、双极型晶体管及其应用、场效应晶体管及其应用、集成运算放大器及其应用、电子电路中的反馈和振荡电路、数字逻辑电路基础、组合逻辑电路、时序电路、CPLD/FPGA基础和测试系统设计。

    本教材每章在一个电子电路或系统的层次上展开问题,调动学生求知的兴趣。以电子设备或系统为核心,通过对电子设备或系统各部分的总体功能介绍,逐步细化到各个电子器件的基本概念和基本应用,从而使学生知道自己的学习目的,充分调动学生的学习主动性。考虑到非电类学生的学习要求,在细化的过程中,着重于总体概念,不求详细的理论推导,以使学生从工程角度对电子设备或系统有相应的认识。如数字电路部分,注重外部逻辑功能的描述和分析,强调外特性和重要参数,不讲内部电路。这样组织内容的目的是用较少的时间让学生了解更多数字电路的概念和分析方法。

    本教材在写作风格上,进一步理顺教学内容,突出教学实用性,便于自学。适度增删,突出教学重点和工程实用性。在例题与习题中,增加大量的工程实例,题图中,采用一些实物照片或实物简图,便于学生了解工程实际。

    针对非电类学生的特点,在培养时既要掌握一定的基础理论知识,具有较宽的知识面,又要注重掌握新技术,适应发展。本教材具有知识面自顶向下,从大到小,模块化的特点,结合丰富具体的工程应用,使得该教材能较好地解决基础与应用、理论与实践、现状与发展、点线面之间的矛盾,使课程内容体系具有系统性、科学性、先进性、实用性。

    "电工学"(含"电工技术基础"、"电子技术基础")是为非电类专业学生讲授电工电子技术的理论和应用的基础课程。一方面由于这些专业、教学计划所能提供的学时有限,用电知识还不是这些专业所必需的专业基础知识。另一方面,非电专业学生研究分析与思考问题的思路和方法可能与电专业有很大不同,侧重于从宏观、全面来观察分析。因此,按照传统的电工学内容与要求进行教学,往往难以取得好的效果。

    我们认为"电工学"课程的特点应该是:知识面宽,侧重于原理应用。重点在概貌性,原理性,知识性,先进性,应用性,普及性。本教材在系统结构及叙述方法上应尽可能做到把理论内容与实际用电设备及用电系统的介绍结合在一起,尽可能多的介绍一些实例以增加学习兴趣,在文字方面力求通俗易懂,深入浅出,避免采用过分浓缩的方法压缩字数,避免衔接上的不协调。

    本教材由四川大学雷勇主编,负责全书的组织、统稿和定稿;宋黎明、张行、梁斌、徐雪梅参与编写。其中,第1、5章由雷勇编写,第2、6章由梁斌编写,第3、8章由宋黎明编写,第7、9章由徐雪梅编写,第 4、10 章由张行编写,第 11 章由雷勇和翁嫣琥共同编写。

　　本教材承华南理工大学殷瑞祥教授认真地审阅。殷教授对全书的体系结构、内容等方面给予了悉心指导,提出了许多宝贵意见和修改建议,谨致以衷心谢意。

　　由于编者能力有限,加之时间比较仓促,书中难免有错误和不妥当之处,殷切希望使用本书的师生和其他读者积极地提出批评和改进意见,以便今后修订提高。编者邮箱:yong. lei@ 163. com。

编　者

2012 年 11 月于四川大学

目 录

第1章 电子系统简介 ……………… 1
1.1 电子系统 ……………………… 1
1.2 电子系统的组成框图 ………… 2
1.3 电子技术及其发展概述 ……… 2
第2章 二极管和直流电源 ………… 5
2.0 引例 …………………………… 5
2.1 二极管 ………………………… 6
2.1.1 半导体基础知识 ………… 6
2.1.2 PN结及其单向导电性 … 7
2.1.3 二极管简介 ……………… 8
2.2 稳压管 ………………………… 11
2.2.1 稳压管的常用参数 ……… 11
2.2.2 稳压管的基本电路 ……… 12
2.3 直流稳压电源 ………………… 13
2.3.1 整流电路 ………………… 13
2.3.2 滤波电路 ………………… 18
2.3.3 稳压电路 ………………… 21
小结 …………………………………… 24
习题 …………………………………… 24
第3章 双极型晶体管及其应用 …… 27
3.0 引例 …………………………… 27
3.1 双极型晶体管的放大作用 …… 28
3.1.1 晶体管的基本结构 ……… 28
3.1.2 晶体管的电流放大作用 … 29
3.1.3 晶体管共射极电路的特性曲线 … 30
3.1.4 晶体管的主要参数 ……… 33
3.1.5 晶体管的应用 …………… 36
3.1.6 光电晶体管 ……………… 37
3.2 基本共射极放大电路 ………… 38
3.2.1 放大的概念 ……………… 38
3.2.2 放大电路的性能指标 …… 39
3.2.3 基本共射极放大电路的组成及各元件的作用 …… 40

3.3 放大电路的分析方法 ………… 42
3.3.1 放大电路的电压放大作用 … 42
3.3.2 直流通路和交流通路 …… 43
3.3.3 放大电路的静态分析 …… 44
3.3.4 放大电路的动态分析 …… 47
3.4 放大电路静态工作点的稳定问题 ……………………… 54
3.4.1 静态工作点稳定的必要性 … 54
3.4.2 静态工作点稳定电路 …… 54
3.5 放大电路的频率响应 ………… 58
3.6 射极输出器 …………………… 59
3.6.1 静态分析 ………………… 59
3.6.2 动态分析 ………………… 60
3.7 多级放大电路 ………………… 63
3.7.1 多级放大电路的耦合方式 … 63
3.7.2 多级放大电路的动态分析 … 65
3.8 差分放大电路 ………………… 68
3.8.1 差分放大电路的工作原理 … 68
3.8.2 差分放大电路对差模信号的分析 ……………………… 70
3.8.3 差分放大电路的共模放大倍数和共模抑制比 …… 72
3.8.4 差分放大电路的输入、输出方式 ………………… 72
3.9 功率放大电路 ………………… 74
3.9.1 功率放大电路的基本要求 … 74
3.9.2 功率放大电路的工作状态 … 74
3.9.3 互补对称放大电路 ……… 76
3.9.4 集成功率放大电路 ……… 79
小结 …………………………………… 80
习题 …………………………………… 82
第4章 场效应晶体管及其应用 …… 88
4.0 引例 …………………………… 88

4.1　绝缘栅场效应晶体管概述 ………… 90
　　4.1.1　增强型绝缘栅场效应晶体管 … 90
　　4.1.2　耗尽型绝缘栅场效应晶体管 … 91
4.2　场效应晶体管的分类 ……………… 93
4.3　MOS 场效应管的开关电路 ……… 96
　　4.3.1　MOS 管的开关作用 ………… 96
　　4.3.2　MOS 管的开关特性 ………… 97
4.4　场效应晶体管放大器 ……………… 98
　　4.4.1　静态工作点的确定 ………… 98
　　4.4.2　小信号模型分析法 ………… 99
小结 …………………………………… 104
习题 …………………………………… 105

第 5 章　集成运算放大器及其应用 … 108
5.0　引例 ……………………………… 108
5.1　集成运算放大器简介 ……………… 109
　　5.1.1　集成运算放大器的组成 …… 109
　　5.1.2　集成运算放大器的主要
　　　　　参数及基本特点 ………… 109
　　5.1.3　理想运算放大器的电路
　　　　　分析 …………………… 111
5.2　运算放大器在信号运算方面的
　　　应用 …………………………… 113
　　5.2.1　比例运算 ………………… 113
　　5.2.2　加法运算 ………………… 116
　　5.2.3　减法运算 ………………… 116
　　5.2.4　积分运算 ………………… 117
　　5.2.5　微分运算 ………………… 118
5.3　运算放大器在信号处理方面的
　　　应用 …………………………… 119
　　5.3.1　有源滤波 ………………… 119
　　5.3.2　采样保持电路 …………… 122
　　5.3.3　电压比较器 ……………… 123
　　5.3.4　波形发生器 ……………… 125
5.4　运算放大器的应用设计 ………… 128
　　5.4.1　运算放大器的使用技巧 …… 128
　　5.4.2　运算放大器的设计方法 …… 130
小结 …………………………………… 132
习题 …………………………………… 132

第 6 章　电子电路中的反馈和振荡电路 … 134
6.0　引例 ……………………………… 134
6.1　反馈的基本概念 ………………… 135
　　6.1.1　什么是反馈 ……………… 135
　　6.1.2　反馈的分类及判别 ……… 135
　　6.1.3　负反馈放大电路的四种
　　　　　组态 …………………… 137
6.2　放大电路中的负反馈 …………… 140
　　6.2.1　负反馈对放大电路性能的
　　　　　影响 …………………… 140
　　6.2.2　直流稳压电源中的负反馈 … 143
6.3　振荡电路 ………………………… 145
　　6.3.1　自激振荡 ………………… 145
　　6.3.2　正弦波振荡电路 ………… 145
小结 …………………………………… 149
习题 …………………………………… 150

第 7 章　数字逻辑电路基础 ……………… 152
7.1　数字系统的基本概念 …………… 152
　　7.1.1　模拟信号与数字信号 …… 152
　　7.1.2　逻辑电平 ………………… 153
　　7.1.3　脉冲信号 ………………… 153
7.2　数制与数制转换 ………………… 154
　　7.2.1　数制 ……………………… 154
　　7.2.2　二进制数的计算 ………… 154
7.3　二进制代码 ……………………… 156
7.4　逻辑代数 ………………………… 157
　　7.4.1　基本逻辑 ………………… 157
　　7.4.2　逻辑代数的运算法则 …… 157
7.5　逻辑函数的代数变换及化简 …… 159
　　7.5.1　代数法化简 ……………… 160
　　7.5.2　卡诺图化简 ……………… 161
小结 …………………………………… 165
习题 …………………………………… 165

第 8 章　组合逻辑电路 …………………… 167
8.0　引例 ……………………………… 167
8.1　门电路 …………………………… 167
　　8.1.1　基本门电路及其组合 …… 168
　　8.1.2　TTL 门电路 ……………… 172

8.1.3 CMOS 门电路 ⋯⋯⋯⋯ 177

8.2 逻辑函数的表示方法及其
转换 ⋯⋯⋯⋯⋯⋯⋯⋯ 180
8.2.1 逻辑函数的表示方法 ⋯ 180
8.2.2 逻辑函数表示方法之间的
转换 ⋯⋯⋯⋯⋯⋯ 181

8.3 组合逻辑电路的分析与设计 183
8.3.1 组合逻辑电路的分析 ⋯ 184
8.3.2 组合逻辑电路的设计 ⋯ 186

8.4 常用组合逻辑电路 ⋯⋯⋯ 189
8.4.1 加法器 ⋯⋯⋯⋯⋯⋯ 189
8.4.2 编码器 ⋯⋯⋯⋯⋯⋯ 190
8.4.3 译码器和显示输出 ⋯⋯ 193
8.4.4 数据分配器和数据选择器 ⋯ 198

小结 ⋯⋯⋯⋯⋯⋯⋯⋯⋯⋯ 201
习题 ⋯⋯⋯⋯⋯⋯⋯⋯⋯⋯ 202

第 9 章 时序电路 ⋯⋯⋯⋯⋯ 210
9.0 引例 ⋯⋯⋯⋯⋯⋯⋯⋯⋯ 210
9.1 双稳态触发器 ⋯⋯⋯⋯⋯ 212
9.1.1 触发器的分类 ⋯⋯⋯⋯ 212
9.1.2 双稳态触发器的概念及逻辑
功能 ⋯⋯⋯⋯⋯⋯ 213
9.1.3 双稳态触发器的转换 ⋯ 220

9.2 寄存器 ⋯⋯⋯⋯⋯⋯⋯⋯ 222
9.2.1 寄存器的概念及逻辑功能 ⋯ 222
9.2.2 寄存器的种类 ⋯⋯⋯⋯ 222

9.3 计数器 ⋯⋯⋯⋯⋯⋯⋯⋯ 224
9.3.1 二进制计数器 ⋯⋯⋯⋯ 225
9.3.2 二－十进制计数器 ⋯⋯ 228
9.3.3 用集成计数器构成任意进制
计数器 ⋯⋯⋯⋯⋯ 231
*9.3.4 环形计数器和环形分配器 ⋯ 233

9.4 单稳态触发器和振荡电路 ⋯ 235
9.4.1 单稳态触发器的概念及 555
定时器 ⋯⋯⋯⋯⋯ 235
9.4.2 由 555 定时器构成的电路 ⋯ 237

小结 ⋯⋯⋯⋯⋯⋯⋯⋯⋯⋯ 241
习题 ⋯⋯⋯⋯⋯⋯⋯⋯⋯⋯ 242

第 10 章 CPLD/FPGA 基础 ⋯⋯ 246
10.1 发展及概述 ⋯⋯⋯⋯⋯⋯ 246
10.2 结构和原理 ⋯⋯⋯⋯⋯⋯ 252
10.2.1 基于乘积项的原理与结构 ⋯ 252
10.2.2 基于查找表的原理和结构 ⋯ 255
10.2.3 CPLD/FPGA 逻辑实现 ⋯⋯ 258

10.3 CPLD/FPGA 的开发设计基础 ⋯ 258
10.4 硬件描述语言 HDL 基础 ⋯ 261
10.4.1 Verilog HDL 基础 ⋯⋯ 262
10.4.2 VHDL 基础 ⋯⋯⋯⋯ 270

小结 ⋯⋯⋯⋯⋯⋯⋯⋯⋯⋯ 278
习题 ⋯⋯⋯⋯⋯⋯⋯⋯⋯⋯ 278

第 11 章 测试系统设计 ⋯⋯⋯ 279
11.0 引例 ⋯⋯⋯⋯⋯⋯⋯⋯⋯ 279
11.1 测量系统和传感器 ⋯⋯⋯ 280
11.2 测量系统接地、接线和噪声 281
11.2.1 测量系统接地 ⋯⋯⋯⋯ 281
11.2.2 测量系统接线 ⋯⋯⋯⋯ 283
11.2.3 测量系统的噪声和干扰 ⋯ 285

11.3 模数和数模转换 ⋯⋯⋯⋯ 287
11.3.1 模数转换器 ADC ⋯⋯ 287
11.3.2 数模转换器 DAC ⋯⋯ 292
11.3.3 压频转换器 VFC 和频压
转换器 FVC ⋯⋯⋯ 297

11.4 其他测量用的集成电路 ⋯⋯ 300
11.4.1 仪用放大器 ⋯⋯⋯⋯⋯ 300
11.4.2 带自动失调补偿的三运放
测量放大器 ⋯⋯⋯ 301
11.4.3 隔离放大器 ⋯⋯⋯⋯⋯ 302

11.5 数字化数据的传输 ⋯⋯⋯ 304
11.5.1 仪器总线接口（GPIB、VXI、
RXI) ⋯⋯⋯⋯⋯⋯ 304
11.5.2 串行接口 RS232/422/485 ⋯ 307
11.5.3 通用串行总线接口 USB ⋯ 309

11.6 测试系统应用设计 ⋯⋯⋯ 311
小结 ⋯⋯⋯⋯⋯⋯⋯⋯⋯⋯ 317
习题 ⋯⋯⋯⋯⋯⋯⋯⋯⋯⋯ 318
参考文献 ⋯⋯⋯⋯⋯⋯⋯⋯⋯ 319

第1章　电子系统简介

实际电路系统主要有电力系统和电子系统两大类。

电力系统的主要作用是实现电能的生产、变换、传输、分配和使用。电子系统则是由电子电路和传输介质组成的、完成特定功能的整体。电子系统的主要作用是实现电信号的产生、获取、放大、变换、传输、识别和应用等功能（或部分功能），处理的对象是电信号。本书主要讨论电子元件、电子电路以及由此构成的电子系统。

1.1　电子系统

电子电路是由电子元件组成的、实现特定功能的电路。电子系统则是由电子电路和传输介质组成的、完成特定功能的整体。电子系统处理的对象是电信号。

信号是随时间变化的某种物理量，是信息的表现形式与传送载体。例如，体温反映人的健康信息，体温37℃表示健康，38℃表示身体不适。

一般情况下，用电子系统处理电信号（电压或电流）比其他方式（如机械方式）容易、成本低且可靠性高，故通常将各种非电信号转换为电信号再进行处理。

因此，电子系统成为信息化社会的物质基础，如通信系统、多媒体系统、计算机系统和工业控制系统等。例如，手机通信系统如图1.1.1所示。

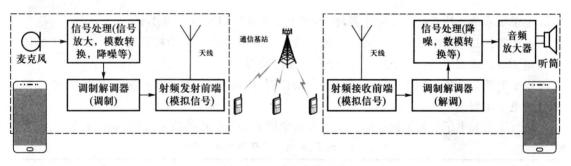

图 1.1.1　手机通信系统

传感器（或换能器）：麦克风将非电信号（声音）转换为电压或电流信号，是电子系统实际的信号源之一。

调制解调器（Modem）：Modulator（调制器）和Demodulator（解调器）的简称，是模拟信号和数字信号的"翻译员"。调制是将数字信号转换成通过网络发射的模拟信号的过程；而解调则是将接收到的模拟信号还原成数字信号的过程。

音频放大器：实现电压和功率放大的电子电路。

执行器：手机听筒或者扬声器将电信号还原为原始的非电信号（声音）的部件，去影响物理世界。通常用电阻模拟，作为电子系统的负载。

1.2 电子系统的组成框图

电子系统是由若干互相连接和相互作用的基本电子电路组成的、实现特定功能的电路整体。电子系统的主要作用是实现电信号的产生、获取、放大、变换、传输、识别和应用等功能(或部分功能),处理的对象是电信号。电子系统组成框图如图1.2.1所示。

传感器:将工程实际涉及的某些物理量转换为电信号。为了避免对物理量的影响,传感器摄取的能量很小,输出的电信号很弱(如微伏级或毫伏级的电压),且信号伴随着噪声信号。随着科技的发展,目前人类已经向人工智能时代迈进,传感器是人工智能的前端,它扮演着机器的"眼睛/耳朵/鼻子/触觉"等各种角色,没有传感器,就没有大数据,人工智能就缺少运作的基础。

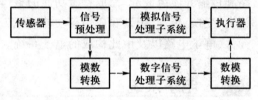

图1.2.1 电子系统组成框图

信号预处理:包括信号幅度的放大和滤除干扰及噪声信号。

信号处理操作:包括对信号的放大,运算(加法、减法、乘法、积分和微分等),各种函数变换,频谱变换,逻辑运算等。理论上,各种信号处理操作都可以用模拟或数字方式实现。

执行器:将电信号还原成某种物理量,实现对工程实际的某种操作。

1.3 电子技术及其发展概述

电子学或电子技术是研究电子器件、电子电路及其应用的科学和技术。

电子器件是利用电子在真空或半导体中的运动规律构成特定功能的器件。目前,半导体器件是电子器件的主体,包括二极管、晶体管、集成电路等。

电子电路广泛地应用于通信、计算机、自动控制、广播电视、遥感和遥测等工程中,形成相对独立的电子工程体系。

电气工程和电子工程的诞生归功于许多科学巨人的开创性的研究成果,见表1.3.1。

表1.3.1 电子、电气工程开创性研究成果

姓　名	出　生	国　籍	成　果
库伦(Coulomb)	1736—1806	法国	库仑定律,使电磁学的研究从定性进入定量阶段
安培(Ampere)	1775—1836	法国	安培定律、安培定则和分子电流等,著书《电动力学现象的数学理论》
欧姆(Ohm)	1787—1854	德国	在《金属导电定律的测定》这一论文中论述了欧姆定律
奥斯特(Oersted)	1777—1851	丹麦	电流磁效应
高斯(Gauss)	1777—1855	德国	发明了磁强计,第一个电话电报系统;在数学方面有巨大的贡献
法拉第(Faraday)	1791—1867	英国	磁电感应

续表

姓 名	出 生	国 籍	成 果
亨利(Henry)	1797—1878	美国	发现自感现象;研究电磁中继理论,是电报的基础
麦克斯韦(Maxwell)	1831—1879	英国	麦克斯韦方程,提出了统一的电磁理论,预测了电磁波可以在空间中传播,光是一种电磁波
赫兹(Hertz)	1857—1894	德国	用火花间隙振荡器产生了电磁波(赫兹波),证实了麦克斯韦的预测
马可尼(Marconi)	1874—1937	意大利	成功地发射赫兹波,并在2英里外检测到赫兹波,无线电报初露端倪
洛伦兹(Lorentz)	1853—1928	荷兰	假定了电子存在
汤普森(Thompson)	1856—1940	英国	通过实验发现了电子
弗莱明(Fleming)	1849—1945	英国	发明了真空电子二极管(diode),用于检测微弱的无线电信号(电磁波)
福雷斯特(Forest)	1873—1961	美国	发明了具有放大作用的真空电子三极管

此后的近半个世纪,真空电子器件在无线电通信中得到广泛的应用,并逐渐扩展到无线电广播、电视和计算机等工程领域。

世界上第一台数字电子计算机于1946年在美国研制成功,IBM公司将其取名为ENIAC(Electronic Numerical Integrator and Calculator)。这台计算机使用了18 800个电子管,占地170 m^2,重达30 t,耗电140 kW,价格40多万美元。ENIAC每秒可进行5 000次加法和减法运算,把计算一条弹道的时间缩短为30 s。ENIAC服役长达9年。

1947年底美国贝尔实验室的肖克莱(Shockley,1910—1989)、布拉顿(Brattain,1902—1987)、巴丁(Bardeen,1908—1991)发明了晶体管,他们三人也因为发明晶体管而荣获1956年的诺贝尔物理学奖。

电子管制造复杂,成本高,体积大,耗电多。在大多数领域中电子管已逐渐被晶体管取代,真空管时代结束,晶体管时代诞生。

在1958年,美国诺伊斯(Noyce,1927—1990)与基尔比(Kilby,1923—2005)间隔数月分别发明了集成电路(Integrated Chip,IC),标志着电子技术发展到了一个新的阶段——微电子技术时代(Microelectronics)。基尔比也因为发明集成电路而在2000年荣获诺贝尔物理学奖。

集成电路技术是通过一系列特定的加工工艺,将电子电路"集成制造"在一块半导体晶片上,执行特定的电路或系统功能。集成电路实现了材料、元件、电路三者之间的统一。

集成电路具有如下优点:成本低、功耗小、工作速度快、可靠性高、体积小。

摩尔定律(Moore's Law):摩尔(Moore,1929至今)在1965年提出,集成芯片上所能容纳的晶体管数量每隔一年将翻一番。后来,在1975年,摩尔对该定律进行了修正,认为是每2年晶体管的数量将翻一番。

随着半导体制造工艺的不断进步,目前10nm制程的芯片已经开始出现在各种消费类电子产品中(制程越低,单位面积芯片上所能集成的元件的密度就越高,功耗也会更低)。人类在不断地突破半导体工艺的极限。7 nm、5 nm、甚至 3 nm 制程都已经在研发当中。半导体的微型化、高集成化、低功耗等趋势,也将对生命科技、智慧交通、智能家庭、智能穿戴、国防等领域产生革命性的颠覆。

微电子技术是信息社会的基石。实现信息化的网络及其关键部件(无论是各种计算机还是通信电子装备)都是以集成电路为基础的。

传统的产业只要与微电子技术结合,用集成电路芯片进行智能化改造,就会使传统产业重新焕发青春。集成电路制造技术的发展日新月异,其中最具有代表性的集成电路芯片主要包括以下几类:微控制芯片(MCU)、可编程逻辑器件(PLD)、数字信号处理器(DSP)、大规模存储芯片(RAM/ROM),它们构成了现代数字系统的基石。总之,如同细胞组成人体一样,集成电路芯片已成为现代工农业、国防装备和家庭耐用消费品的细胞。

同时,微电子技术改善了科学研究设备,拓展了人类研究自然界的视野和计算能力,大大促进了先进科学技术的发展。微电子技术与其他学科结合诞生了各种新的技术,比如:

以计算机为工作平台,融合应用电子技术、计算机技术、智能化技术最新成果而研制成的电子 CAD 通用软件包,主要用来辅助 IC 设计、电子电路设计和 PCB 设计;

集微型传感器、微型执行器以及信号处理和控制电路、接口电路、通信和电源于一体的完整的微型机电系统(MEMS),是微电子、材料、机械、化学、传感器、自动控制等多学科交叉的产物。在此基础上增加光学部件又产生了微光学电子机械系统;

与生物技术结合,产生生物芯片,它类似于计算机芯片的装置,在几秒钟的时间里,可以进行数以千次计的生物反应,如基因解码等;

从微电子技术到纳米电子器件将是电子器件发展的第二次变革,与从真空管到晶体管的第一次变革相比,它含有更深刻的理论意义和丰富的科技内容。在这次变革中,传统理论将不再适用,需要发展新的理论,并探索出相应的材料和技术。

纳米电子学主要在纳米尺度空间内研究电子、原子和分子运动规律和特性,研究纳米尺度空间内的纳米膜、纳米线。纳米点和纳米点阵构成的基于量子特性的纳米电子器件的电子学功能、特性以及加工组装技术,其性能涉及放大、振荡、脉冲技术、运算处理和读写等基本问题,其新原理主要基于电子的波动性、电子的量子隧道效应、电子能级的不连续性、量子尺寸效应和统计涨落特性等。

随着社会的发展,电子器件的应用已深入到工业生产和社会生活的各个方面,实际的需要必将极大地推动器件的不断创新。微电子学中的超大规模集成电路技术将在电子器件的制作中得到更广泛的应用;具有高载流子迁移率、强的热电传导性以及宽带隙的新型半导体材料的运用将有助于开发新一代高结温、高频率、高动态参数的器件。从结构看,器件将复合型、模块化;从性能看,发展方向将是提高容量和工作频率、降低通态压降、减小驱动功率、改善动态参数和多功能化;可以预见,电子器件的发展将会日新月异,电子器件的未来将充满生机。同时,微电子技术改善了科学研究设备,拓展了人类研究自然界的视野和计算能力,大大促进了先进科学技术的发展。

第2章 二极管和直流电源

本章主要介绍二极管(diode)这一基本半导体器件的结构和特点,通过齐纳二极管(zener diode)和整流二极管(rectifier diode)应用电路的分析,扩展出直流电源(DC power supply)的相关知识,包括了整流(rectifier)、滤波(filter)、稳压(regulator)等各组成部分的电路结构和工作原理。

学习目的:

1. 了解二极管的工作原理、性能指标及其主要应用场合;
2. 分析和设计简单的稳压电路;
3. 理解和掌握半波整流电路和桥式整流电路的原理及参数设计;
4. 了解小功率直流稳压电源的基本结构和各组成部分的功能;
5. 识别不同类型的滤波电路,理解其相应的特点;
6. 掌握集成稳压器的使用。

2.0 引例

任何电子设备都有一个共同的电路——电源电路,其功能就是提供持续稳定、满足负载要求的电能。在各种电源电路中,直流电源电路的应用最为普遍,几乎涉及我们生活中的方方面面,它的最大特点就是将交流供电转换为符合要求的直流电压。要实现交直流的转换,目前广泛使用半导体器件来完成,如图2.0.1所示即是一个常见的直流电源电路,它通过1N4001整流二极管实现交流到直流的转换。因此介绍直流电源电路前,需要对半导体材料及其基本元件二极管有一定的基本认识。

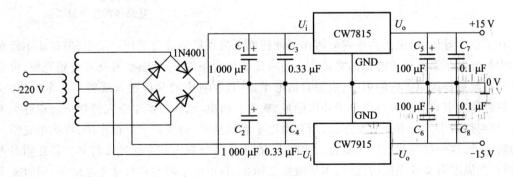

图2.0.1 输出±15 V的直流电源电路

2.1 二极管

2.1.1 半导体基础知识

所谓半导体,顾名思义,就是它的导电能力介于导体和绝缘体之间,如硅、锗、硒等材料都是半导体。半导体材料之所以能得到广泛的应用,并不仅仅是因为它的导电率与导体和绝缘体不同,而是由于它具有一些其他物质不具备的独特导电性能。例如,在纯净的半导体中掺入某种特定的微量元素后,其导电能力可以增加很多,这就是半导体材料的掺杂特性;而当半导体受到外界光和热的激励时,其导电能力也会显著变化,即所谓的热敏和光敏特性。要理解半导体的这些的特性,需要先了解其内部结构及导电机理。

硅和锗是最常见的半导体材料,下面我们以硅材料为例分析。硅的原子结构如图 2.1.1 所示。

硅是四价元素,其原子核最外层有四个价电子。纯净的硅材料具有晶体结构,其原子有序排列,相邻原子间由共价键紧密连接,形成一种相对稳定的共价键结构,如图 2.1.2 所示。这种完全纯净、结构完整的半导体称为本征半导体。

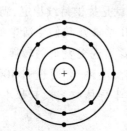

图 2.1.1 硅原子结构示意图

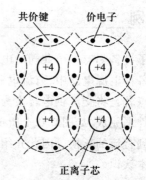

图 2.1.2 硅晶体的共价键结构

在本征半导体中,虽然共价键束缚作用能使原子最外层的价电子相对稳定,但是还不像在绝缘体中的价电子那样被束缚得非常紧密。在一定的环境条件下,如温度升高或受到光照,价电子即可获得能量挣脱原子核的束缚,成为自由电子,并且在对应的共价键处就留下一个空位,这个空位我们称为空穴。这种当价电子获得能量,成为自由电子,同时产生空穴的物理过程称为本征激发,也叫热激发。与本征激发相反,当自由电子遇到空穴,会受到共价键作用,再次填充空穴而变为价电子,这一过程我们称为复合。实际上,在半导体材料内部本征激发与复合都在同时不断的进行:当温度升高或光照增强时,本征激发会加强,自由电子和空穴数量随之增多,同时复合的概率也相应增加。如果外部条件一定时,本征激发与复合就会形成动态平衡,这时空穴和自由电子的数量将维持在一个稳定的水平。

空穴携带正电荷,而自由电子携带负电荷,它们称为载流子。在外加电场的作用下,半导体中的载流子定向移动形成了电流,其中包括了电子电流和空穴电流。电子电流由携带负电荷量的自由电子定向移动产生,而空穴电流由携带正电荷量的空穴定向移动产生。实际上,原子携带的空穴本身并不能移动,只是在外加电场的作用下,相邻原子的价电子会递补这个空穴,让空穴出现在相邻原子的附近,如此连续不断的递补,就好像空穴发生了定向运动。

在本征半导体中,自由电子和空穴由本征激发形成,通常其浓度很低,因此本征半导体导电能力很弱。可是,向本征半导体中掺入某种微量元素,形成杂质半导体,其导电性能就会显著改变。按掺入杂质类型的不同,杂质半导体可分为电子(N)型半导体和空穴(P)型半导体两大类。在四价元素硅晶体中掺入少量的五价杂质元素,如磷、锑、砷等,因为杂质原子(有 5 个价电子)与周围硅原子(有 4 个价电子)形成共价键结构时,会多出一个电子,这个电子没有共价键的束缚,很容易摆脱原子核的吸引成为自由电子,而失去电子的五价杂质原子则成为正离子。掺入五价杂质后的半导体中自由电子浓度会远远高于空穴的浓度,自由电子成为多数载流子(简称多子),而空穴则为少数载流子(简称少子)。这类半导体的导电能力主要由多数载流子(自由电子)提供,故称其为电子型半导体,或 N 型半导体。

同样,在纯净硅晶体中掺入三价杂质元素,如硼等。只有 3 个价电子硼原子与周围 4 个价电子的硅原子结合成共价键时,因缺少一个价电子,会产生出一个空位,形成空穴。因此,这类半导体中空穴的数量会远远大于自由电子的数量,其主要依靠空穴导电,故称为空穴型半导体,或 P型半导体。在 P 型半导体中的空穴为多子,而自由电子为少子。形成杂质半导体时,掺入杂质的浓度越高,多子的浓度就越高,其导电能力也越强。

2.1.2　PN 结及其单向导电性

使用一定掺杂工艺在同一个纯净半导体晶体材料的两个区域分别注入三价和五价杂质元素,会形成相邻的 P 型半导体区域(简称 P 区)和 N 型半导体区域(简称 N 区)。P 区和 N 区中同类型载流子存在浓度的差别,P 区内空穴浓度高,而 N 区内自由电子浓度高。在 P 区和 N 区的交界处,载流子由浓度高的区域向浓度低的区域扩散:P 区内多数载流子空穴会向 N 区扩散,留下了带负电的杂质离子;N 区的多数载流子自由电子向 P 区扩散,填补 P 区的空穴,留下了带正电的杂质离子。由于物质结构的关系,这些带电杂质离子不能任意移动,在 P 区和 N 区的交界面附近,形成了一层很薄的空间电荷区,这就是所谓的 PN 结(如图 2.1.3 所示)。带电杂质离子在 PN 结处形成方向由 N 区指向 P 区的电场,称为内电场。内电场会阻止 P 区和 N 区的多数载流子相互扩散,同时也促进其少数载流子向对方做漂移运动。当载流子的相互扩散和漂移达到动态平衡时,PN 结的宽度处于稳定状态。

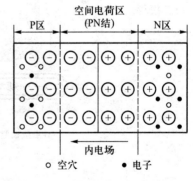

图 2.1.3　PN 结

在 PN 结上加正向电压,即电源正极接 P 区,负极接 N 区时,PN 结处于正向偏置状态(如图 2.1.4(a)所示)。这时,外加电场与 PN 结内电场方向相反,会削弱内电场的作用(即促进多子的扩散运动)。如果外加电场强于内电场,P 区的多数载流子空穴和 N 区的多数载流子自由电子就可以在外电场作用下顺利通过 PN 结定向移动,形成了正向偏置电流。此时主要由多数载流子参与导电,电流较大,PN 结呈现低电阻,处于导通状态。

在 PN 结上加反向电压(如图 2.1.4(b)所示),PN 结处于反向偏置状态,外加电场与 PN

内电场方向相同,将进一步阻止多数载流子的扩散运动,促进少数载流子的漂移运动。PN结内部仅有少数载流子在电场作用下定向运动,形成反向偏置电流。此时,由少数载流子参与导电,其数量很少,携带的电荷量也少,形成的反向电流极小,PN结呈现高电阻,处于截止状态。

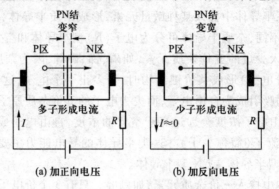

(a) 加正向电压　　　　　(b) 加反向电压

图 2.1.4　PN结的单向导电性

由此可见,PN结有单向导电的特性:外加正向偏置电压时,PN结的电阻很小,处于导通状态;而外加反向偏置电压时,PN结的电阻很大,处于截止状态。

2.1.3　二极管简介

1. 二极管的结构和类型

二极管由一个PN结加上相应的电极引线和管壳封装构成。从P区引出的电极称为阳极,从N区引出的电极称为阴极。其符号如图2.1.5(c)所示。二极管的种类很多,按照结构和工艺的差别二极管分为点接触型和面接触型等。点接触型二极管由于PN结的面积很小,结电容非常小,一般用于高频和小功率的环境,其结构如图2.1.5(a)所示;而面接触型PN结的面积较大,适用于低频、大电流工作状态,其结构如图2.1.5(b)所示。按用途的不同,二极管也可分为整流二极管、稳压二极管、开关二极管、光电二极管和发光二极管等种类,以下简单介绍几种特殊类型的二极管。

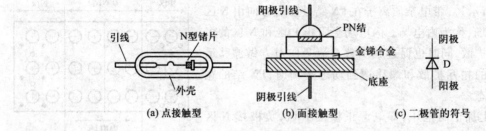

(a) 点接触型　　　　　(b) 面接触型　　　　　(c) 二极管的符号

图 2.1.5　二极管的结构及符号

（1）发光二极管

发光二极管简称LED(Light Emitting Diode),是一种将电能转换为光能的半导体器件,其符号如图2.1.6(a)所示。通常发光二极管由砷化镓、磷化镓等特殊半导体基材制成,其PN结的构造使其具有单向导电性。发光二极管工作在PN结正向导通状态,这是由于载流子电子与空穴的复合过程会释放出能量,并且部分能量以光子形式释放而发光,这就是发光二极管的工作原理。不同半导体基材的发光二极管,其发光波长也各不相同,这就可以获得不同颜色的光源,例如使用磷化镓材料就能发出绿光,而用磷砷化镓则能发出红光。

发光二极管常用作照明和显示器件,如 LED 照明灯、数码管、显示器等。由于工作在 PN 结正向偏置状态,使用时需要串接限流电阻,其工作电流一般为几毫安到几十毫安。

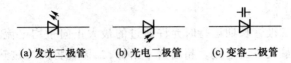

(a) 发光二极管　　　(b) 光电二极管　　　(c) 变容二极管

图 2.1.6　几种特殊二极管符号

（2）光电二极管

光电二极管是利用半导体的光敏特性制造的二极管,也称光敏二极管,其符号如图 2.1.6（b）所示。光电二极管一般工作在 PN 结反向偏置状态,当没有光照射时,与普通二极管一样,其反向电流很小;而有光照射时,其反向电流会变大且在一定条件下与受到的光照强度成正比。正是由于上述特点,光电二极管广泛应用于把光信号转换为电信号的场合。

（3）变容二极管

变容二极管（varactor diode）是利用 PN 结电容随外加反向偏置电压变化而改变的特性制作的,也称为压控变容器,其符号如图 2.1.6（c）所示。变容二极管容量很小,一般为皮法（pF）,当反向偏置电压增大时容量会随之减小。变容二极管主要用于高额电路中,如电子调谐、频率调制等。

2. 二极管的伏安特性

二极管内部实质就是一个 PN 结,具有单向导电特性。实际的二极管伏安特性如图 2.1.7 所示。

（1）正向特性

当二极管承受很低的正向电压时,如图 2.1.7 第①段所示。由于外加电场不足以克服 PN 结内电场对多数载流子运动的阻挡作用,二极管的正向电流很小,接近于零,二极管呈现一个大电阻状态,这一区段称为死区。随着二极管正偏电压上升,超过一定阀值电压后,PN 结内电场阻挡作用被完全克服,正向电流明显增加。此时随着正向电压的增大,电流迅速增大,二极管的正向电阻变得很小,呈现出正向导通状态,如图 2.1.7 第②段所示。这个克服内电场所需的阀值电压称为死区电压,硅管的死区电压约为 0.5 V,锗管约为 0.1 V。硅管正向导通时的正向管压降一般约为 0.7 V,而锗管约为 0.2 V。

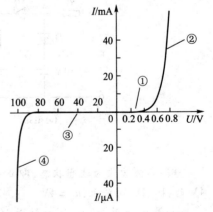

图 2.1.7　硅二极管的伏安特性曲线

（2）反向特性

二极管承受反向电压时,由于只有少数载流子参与导电,形成的反向漏电流接近零（如图 2.1.7 第③段所示）,二极管处于反向截止状态。当反向电压上升超过某一数值时,反向电流急剧增大,这种现象称为反向击穿,反向击穿状态如图 2.1.7 第④段所示。产生反向击穿时加在二极管上的反向电压称为二极管的反向击穿电压 U_{BR}。

3. 二极管的常用参数

选择和使用二极管,需要一些性能指标予以衡量,这就是二极管的参数,生产厂商会在产品手册中详细列出。下面是二极管的几个主要参数。

（1）最大整流电流 I_{OM}

最大整流电流是指二极管长期运行时允许通过的最大正向平均电流。在选用二极管时,其工作电流不能超过它的最大整流电流。超出这个指标,二极管将因为过热而损坏。例如整流二极管 1N4007,其最大整流电流为 1 A。

（2）反向峰值电压 U_{RWM}

保证二极管不被反向击穿所能承受的最大反向工作电压参数。手册中查到的指标均留有余量,一般为击穿电压的一半,以确保管子安全运行。例如 2CZ52A 型硅二极管的反向峰值电压规定为 25 V,而实际击穿电压可达到 50 V。

（3）反向峰值电流 I_{RM}

反向峰值电流是指给二极管加反向峰值电压时的反向电流。由于反向电流由本征激发产生的少数载流子形成,因此该指标受温度的影响较大。指标值越小,表明二极管的单向导电性就越好,受温度的影响也越小。硅管的反向电流较小,一般在几微安以下。锗管的反向电流较大,为硅管的几十到几百倍。

（4）最高工作频率 f_M

最高工作频率是指二极管允许工作的最高频率。PN 结受到外加电场变化的影响,具有电容特性,被称为结电容。随着外加信号频率的升高,二极管结电容的容抗会减小,最终改变其单向导通特性,因此二极管的工作频率受到一定限制。在 50 Hz 的工频下,一般的二极管都可以满足要求,但对于开关、检波等高频电路,则需要注意这一参数指标。

例 2.1.1 在图 2.1.8(a)所示电路中,$R_1 = 1$ kΩ,$R_2 = 2$ kΩ,假设二极管均为理想状态,分析该电路的电压传输特性。

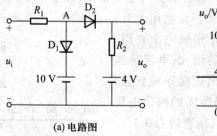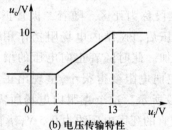

(a)电路图　　　　　　　　(b)电压传输特性

图 2.1.8　例 2.1.1 图

解:二极管设为理想状态,即正向偏置导通,电阻为零;反向偏置截止,电阻无穷大。当 $u_i < 4$ V 时,D_1、D_2 均截止,$u_o = 4$V。

如果 u_i 上升,使 u_A 刚好接近 10 V,此刻 D_1 截止、D_2 导通,$u_i = u_A + u_{R_1} = 13$ V。

可知 4 V < u_i < 13 V 时,D_1 截止、D_2 导通,$u_o = 4$ V + $I_{R_2}R_2 = 4$ V + $\dfrac{u_i - 4 \text{ V}}{R_1 + R_2}R_2$。

当 $u_i > 13$ V 时,D_1 导通则 $u_A = 10$ V,D_2 导通则 $u_o = u_A = 10$ V。

电路的电压传输特性如图 2.1.8(b)所示。

在本例中,当 D_1 截止时相当于断路,二极管起隔离作用;而 D_1 导通时相当于短路,A 点的电位被限制在 10 V,二极管起限幅作用。

练习与思考

2.1.1　P 型半导体和 N 型半导体是如何形成的? 它们各自的多数载流子和少数载流子是什么?

2.1.2　PN 结正向偏置和反向偏置时各有什么特点?

2.1.3　如何理解二极管伏安特性中的死区电压和反向击穿电压?

2.1.4　温度变化对二极管伏安特性会产生什么影响?

2.1.5　变容二极管、发光二极管和光电二极管分别工作在怎样的偏置状态? 其特点是什么?

2.2　稳压管

　　稳压管又称齐纳二极管,是一种构造特殊的面接触型硅材料二极管。它工作在反向击穿区,由于采用了特殊的构造和工艺,保证其反向击穿是可逆的,即只要反向击穿电流不超过限定值,去掉反向电压后,稳压管又恢复正常而不会受到损坏。其符号及伏安特性曲线如图 2.2.1 所示。

　　从图 2.2.1(b)中可以看出,稳压管与普通二极管的伏安特性虽然类似,但是稳压管反向特性曲线更加陡峭。U_Z 为稳压管反向击穿电压,即稳压管的稳定电压。当稳压管处于反向击穿期间,较大范围内的电流变化 ΔI_Z,对应在稳压管两端仅产生很小的电压变化 ΔU_Z,正是这样的特点使稳压管可以提供良好的稳压特性。

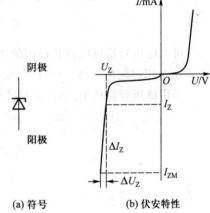

(a) 符号　　　　(b) 伏安特性

图 2.2.1　稳压管的符号及伏安特性

2.2.1　稳压管的常用参数

　　稳定电压 U_Z:稳压管反向击穿后稳定工作的正常电压。

　　动态电阻 r_Z:稳压管在正常工作范围内,稳压管两端电压的变化量与相应的电流变化量的比值,即

$$r_Z = \frac{\Delta U_Z}{\Delta I_Z}$$

稳压管动态电阻愈小,其反向击穿的伏安特性曲线愈陡直,稳压性能愈好。

　　稳定电流 I_Z:稳压管在正常工作时的额定电流值。

　　温度系数 α:温度每变化 1℃ 时,稳定电压 U_Z 的相对变化量,是衡量管子温度稳定性的参数。

　　最大允许耗散功率 P_{ZM}:管子不因发生热击穿而损坏的最大功率损耗

$$P_{ZM} = I_{ZM} U_Z$$

2.2.2 稳压管的基本电路

如图 2.2.2 所示是典型的稳压二极管稳压电路,我们以此分析在输入电压 U_I 波动或负载电流 I_O 变化(即负载 R_L 改变)时的稳压过程。图中 R 是限流电阻,它一方面起限流作用,保证稳压管的工作电流处于限定范围 ($I_{Zmin} < I_Z < I_{Zmax}$),另一方面与稳压管 D_Z 配合发挥调节电压的作用。

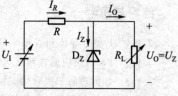

图 2.2.2　稳压管稳压电路

假设负载不变(R_L 恒定),当输入电压 U_I 发生波动使 U_O 上升时,其稳压过程可概括为:

$$U_I \uparrow \rightarrow U_O(U_Z) \uparrow \rightarrow I_Z \uparrow \rightarrow I_R \uparrow \rightarrow U_R \uparrow$$
$$U_O \downarrow \longleftarrow$$

同样,输入电压 U_I 不变,若负载电流 I_O 增大(R_L 减小),稳压过程如下:

$$I_O \uparrow (R_L \downarrow) \rightarrow I_R \uparrow \rightarrow U_R \uparrow \rightarrow U_O(=U_I-U_R) \downarrow \rightarrow U_Z \downarrow \rightarrow I_Z \downarrow \rightarrow I_R \downarrow \rightarrow U_R \downarrow$$
$$U_O(=U_I-U_R) \uparrow \longleftarrow$$

可见稳压管稳压电路其稳压的实质就是利用稳压管所起的电流调节作用,通过调节限流电阻 R 上电压对输出电压进行补偿,从而达到稳压的目的。

采用稳压管稳压电路时,依据式(2.2.1)计算元件参数

$$U_Z = U_O$$
$$I_{Zmax} = (1.5 \sim 3)I_{Omax}$$
$$U_I = (2 \sim 3)U_O \tag{2.2.1}$$
$$\frac{U_{Imax} - U_Z}{I_{Zmax} + I_{Omin}} \leqslant R \leqslant \frac{U_{Imin} - U_Z}{I_{Zmin} + I_{Omax}}$$

例 2.2.1　在图 2.2.2 的稳压电路中,选择适当的稳压管和限流电阻 R,要求 $U_O = 6\,\text{V}$, $I_O = 0 \sim 10\,\text{mA}$。假设 U_I 的波动范围 ±10%,稳压管最小工作电流不小于 $5\,\text{mA}$。

解:(1)稳压管的选择

由式(2.2.1)得 $U_Z = U_O = 6\,\text{V}$

$$I_{Zmax} = 3 \times 10\,\text{mA} = 30\,\text{mA}$$

查元器件手册可选取稳压管 2CW7C,其稳压电压 $U_Z = 6.0 \sim 6.5\,\text{V}$, $I_Z = 10\,\text{mA}$, $I_{Zmax} = 30\,\text{mA}$,耗散功率为 $0.2\,\text{W}$。

(2)限流电阻 R 的确定

已知　　　　　　　$I_{Omin} = 0\,\text{mA}$, $I_{Omax} = 10\,\text{mA}$, $I_{Zmin} = 5\,\text{mA}$;

取　　　　　　　　　　　$U_I = 3U_O$
$$U_I = 3U_O = 3 \times 6\,\text{V} = 18\,\text{V}$$

考虑 ±10% 波动

$$U_{\mathrm{Imax}} = 1.1 \times 18 \text{ V} = 19.8 \text{ V}$$

$$U_{\mathrm{Imin}} = 0.9 \times 18 \text{ V} = 16.2 \text{ V}$$

带入式(2.2.1),得 $\dfrac{19.8 - 6}{(30 + 0) \times 10^{-3}} \Omega \leqslant R \leqslant \dfrac{16.2 - 6}{(5 + 10) \times 10^{-3}} \Omega$

$0.46 \text{ k}\Omega \leqslant R \leqslant 0.68 \text{ k}\Omega$;可选用标称值为 $510 \text{ }\Omega$ 的限流电阻。

练习与思考

2.2.1　稳压管与普通整流二极管的主要区别是什么?

2.2.2　选用稳压二极管时,主要考虑哪些参数?它们的具体含意是什么?

2.2.3　稳压管稳压电路中,限流电阻过大或过小将会产生什么影响?

2.3　直流稳压电源

　　小功率直流稳压电源采用半导体元器件实现直流供电,本章引言部分的电路(如图2.0.1所示)就是这种典型的电源电路。按照电路中各组成部分的功能,它可以划分为电源变压器、整流电路、滤波电路和稳压电路等四个部分,如图2.3.1所示。

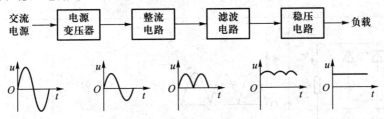

图 2.3.1　半导体直流电源组成方框图

　　电源变压器:将电网 220 V 的交流电压变换为整流环节所需要的交流电压值。

　　整流电路:利用单向导通的整流元件,将变压器二次侧正弦交流电压变换成单向脉动的直流电压。如图2.0.1所示电路采用桥式整流方式,使用1N4001整流二极管实现交直流转换。

　　滤波电路:减小整流电压脉动程度,获得适合负载需要的平滑的直流电压。如图2.0.1所示电路中,采用电容滤波的结构,图中 C_1 和 C_2 为滤波电容。

　　稳压电路:在电网电压波动和负载变化时,使输出直流电压保持恒定。在如图2.0.1所示的电路中使用了 CW7815 和 CW7915 集成稳压器实现稳压功能。

2.3.1　整流电路

　　整流电路利用整流二极管具有单向导电特性,把交流变换为直流,常用的整流电路有单相半波、单相全波和桥式等形式。本节重点分析单相半波和单相桥式整流电路的工作原理和特性,至于其他整流电路的特性,可参见表2.3.1。为了简化分所过程,我们假设负载为纯电阻元件负载,整流二极管视为加正向偏置电压导通且正向电阻为零、加反向偏置电压截止且反向电阻无穷大的理想二极管。

表 2.3.1 常用整流电路一览表

类型	电路	整流电压的波形	整流电压平均值	每管电流平均值	每管承受最高反压
单相半波			$0.45U$	I_0	$\sqrt{2}U$
单相全波			$0.9U$	$\frac{1}{2}I_0$	$2\sqrt{2}U$
单相桥式			$0.9U$	$\frac{1}{2}I_0$	$\sqrt{2}U$
三相半波			$1.17U$	$\frac{1}{3}I_0$	$\sqrt{3}\sqrt{2}U$
三相桥式			$2.34U$	$\frac{1}{3}I_0$	$\sqrt{3}\sqrt{2}U$

1. 半波整流电路

单相半波整流电路由整流变压器、整流二极管 D 和负载电阻 R_L 组成,如图 2.3.2 所示。设变压器的二次侧的电压为

$$u = \sqrt{2}U\sin\omega t$$

当变压器二次侧电压 u 的正半周时,$U_a > U_b$,二极管 D 导通。产生电流由 a→D→R_L→b 形成通路。此时负载 R_L 上的电压和电流分别为

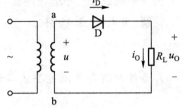

图 2.3.2 单相半波整流电路

$$u_O = u = \sqrt{2}U\sin\omega t$$

$$i_O = \frac{u_O}{R_L} = \frac{\sqrt{2}U\sin\omega t}{R_L}$$

当二次侧电压 u 的负半周时,$U_a < U_b$,二极管 D 承受反向电压而截止,负载电阻 R_L 上电压和电流均为零。因此单相半波整流电路输入输出波形如图 2.3.3 所示。

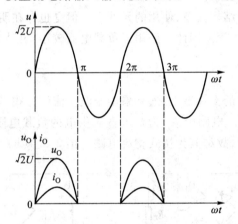

图 2.3.3 单相半波整流电路的电压与电流波形

(1) 负载上直流电流和电压的计算

通过半波整流后负载上得到的电压是单方向的脉动电压,其大小通常用一个周期的平均值来表示,即电压平均值

$$U_O = \frac{1}{2\pi}\int_0^\pi \sqrt{2}U\sin\omega t\,\mathrm{d}(\omega t) = \frac{\sqrt{2}}{\pi}U = 0.45U \qquad (2.3.1)$$

流过负载 R_L 的电流平均值为 $\qquad I_O = \frac{U_O}{R_L} = 0.45\frac{U}{R_L} \qquad (2.3.2)$

式(2.3.1)和式(2.3.2)反映了半波整流时,负载 R_L 的直流电压平均值(即整流输出电压 U_O)和直流电流平均值(即 I_O)与变压器二次侧交流电压有效值的关系。

(2) 整流元件参数的确定

整流二极管的电流 i_D 任何时候都等于负载电流 i_O,其所承受的反向电压就是变压器二次侧交流电压的负半周电压,可见只要整流二极管满足:

最大整流电流 $\qquad I_M \geqslant I_O$

最高反向电压 $\qquad U_{RM} \geqslant \sqrt{2}U$

就可以保证二极管正常稳定工作。

例 2.3.1 在图 2.3.2 的半波整流电路中，$R_L = 200\ \Omega$，变压器二次侧电压 $U = 30\ \text{V}$，计算输出平均电压 U_O 并选择整流二极管。

解：由式(2.3.1)得

$$U_O = 0.45U = 0.45 \times 30\ \text{V} = 13.5\ \text{V}$$

负载电流即是流过整流二极管电流

$$I_O = I_D = \frac{U_O}{R_L} = \frac{13.5}{200}\ \text{A} \approx 68\ \text{mA}$$

最高反向电压 $U_{RM} = \sqrt{2}U = \sqrt{2} \times 30\ \text{V} \approx 43\ \text{V}$

为保证二极管安全工作，实际参数选定时应该保留一定余量，查二极管参考手册可知，选用 2CZ52B(50 V,100 mA)满足要求。

半波整流电路的优点是结构简单，使用的元件少。但是也存在明显不足，如电源的利用率不高、输出直流电压的脉动很大等。因此一般用于负载电流较小（几十毫安以下）和对脉动要求不高的电路。

2. 单相桥式整流

为了克服半波整流电路的上述缺点，通常采用全波整流的方式，其中最常用的是单相桥式整流电路，如图 2.3.4(a)所示。电路中 R_L 为要求直流供电的负载电阻，$D_1 \sim D_4$ 是四个以电桥的形式连接而成的整流二极管，故称其为桥式整流电路。图 2.3.4(b)是其简化画法。

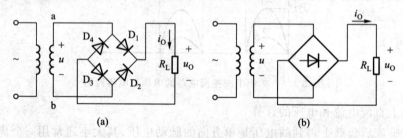

(a)　　　　　　　　　　　　**(b)**

图 2.3.4　单相桥式整流电路

设变压器的二次侧的电压为

$$u = \sqrt{2}U\sin\omega t$$

正半周期间 $U_a > U_b$，二极管 D_1 和 D_3 正偏导通，同时 D_2 和 D_4 反偏截止，电流由 a 端沿 $D_1 \rightarrow R_L \rightarrow D_3$ 流向 b 端，负载电压 $u_O = u$；负半周期间 $U_a < U_b$，二极管 D_2 和 D_4 正偏导通，D_1 和 D_3 反偏截止，电流由 b 端沿 $D_2 \rightarrow R_L \rightarrow D_4$ 流向 a 端，负载电压 $u_O = -u$。可见在正、负半周均有电流流过负载电阻 R_L，并且电流的方向是一致的。R_L 得到的整流波形如图 2.3.5 所示。

（1）负载上直流电压和电流的计算

负载 R_L 上的直流电压为

$$U_O = \frac{1}{2\pi}\int_0^{2\pi} u_O \mathrm{d}(\omega t) = \frac{1}{2\pi} \times 2 \times \int_0^{\pi} \sqrt{2}U\sin\omega t \mathrm{d}(\omega t) = 0.9U \tag{2.3.3}$$

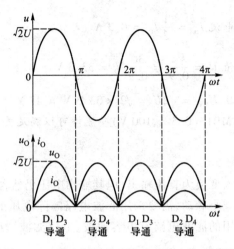

图 2.3.5 单相桥式整流电路的输入输出波形

流过负载 R_L 的电流平均值为

$$I_O = \frac{U_O}{R_L} = 0.9\frac{U}{R_L} \qquad (2.3.4)$$

（2）整流元件参数的确定

由于在桥式整流电路中，两组二极管 D_1、D_3 和 D_2、D_4 中的每一组在每个周期内只导通半个周期，所以流经每个二极管的平均电流为负载电流的一半

$$I_D = \frac{1}{2}I_O = 0.45\frac{U}{R_L} \qquad (2.3.5)$$

正半周时，二极管 D_1、D_3 导通，因而 D_2、D_4 均承受反向偏置电压 u，同样负半周时 D_2、D_4 导通，D_1、D_3 均承受反向偏置电压 u。可见单相桥式整流电路中二极管两端承受的最大反向电压 U_{RM} 就是变压器二次侧交流电压 u 的峰值电压

$$U_{RM} = \sqrt{2}U \qquad (2.3.6)$$

选定整流二极管时，要求其参数略大于上述指标并保持一定余量，这样就能保证二极管安全工作。

由于桥式整流电路应用非常广泛，在实际应用中形成了各种规格的集成整流器件，即硅桥堆。它是把四个整流二极管集成在一个硅片上，封装成一个整体器件，这样在使用上更方便和可靠。其外形如图 2.3.6 所示，它有 4 个接线端，两端接交流电源，另外两端接负载。+、- 标志表示整流输出电压极性。

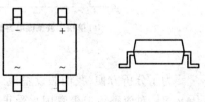

图 2.3.6 整流桥堆示意图

例 2.3.2 采用单相桥式整流电路（如图 2.3.4 所示），已知供电使用频率 50 Hz、电压 220 V 的单相交流电源，负载电阻 $R_L = 50\ \Omega$，要求输出直流电压 $U_O = 30$ V，确定整流器件。

解：负载电流 $I_O = \dfrac{U_O}{R_L} = \dfrac{30}{50}$ A $= 0.6$ A

每个整流二极管的平均电流 $I_D = \dfrac{1}{2} I_O = 0.3\ \text{A}$

变压器二次侧电压有效值 $U = \dfrac{U_O}{0.9} = \dfrac{30}{0.9}\ \text{V} = 33.3\ \text{V}$

整流二极管最大反向电压 $U_{RM} = \sqrt{2}\,U = \sqrt{2} \times 33.3\ \text{V} = 47\ \text{V}$

查找器件手册可知使用 MB1S(0.5 A,100 V)整流桥可以满足要求。

2.3.2　滤波电路

　　整流电路虽然把交流输入变换为直流输出,但其输出电压仍然含有较大的脉动成分,通常不能满足设备供电要求。为了减小脉动,需要采用滤波电路滤除电压的交流分量,保留直流分量,使输出的电压更为平滑。常用的滤波电路有电容滤波、电感滤波、复式滤波等形式,如图 2.3.7 所示。

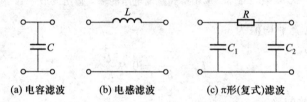

(a) 电容滤波　　　　(b) 电感滤波　　　　(c) π形(复式)滤波

图 2.3.7　滤波电路的常见形式

1. 电容滤波电路

　　在整流电路输出端即负载 R_L 两端并联一个容量较大的电容,形成了一个电容滤波电路。由于电容是储能元件,其两端电压不能突变,因此整流电路输出较大的脉动电压,经过电容的充放电作用后会变得更加平滑。图 2.3.8(a)、(b)分别是单相半波整流电容滤波电路和单相桥式整流电容滤波电路。

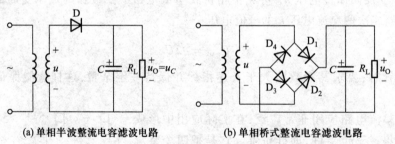

(a) 单相半波整流电容滤波电路　　　　(b) 单相桥式整流电容滤波电路

图 2.3.8　电容滤波电路

　　为了分析方便,我们假设整流二极管为理想二极管。当整流电路输出电压大于电容两端电压 u_C 时,对应整流二极管因承受正向电压而导通,整流电路向负载 R_L 供电,同时对电容 C 充电,输出电压 u_O 就是整流电路的输出电压;当整流电路输出电压小于电容两端电压 u_C 时,对应的整流二极管因承受反向电压而截止,电容 C 通过放电方式向 R_L 供电,输出电压 $u_O = u_C$。单相桥式整流的电容滤波工作波形如图 2.3.9 所示。

　　从以上分析可以看出,电容滤波电路的输出波形与电容的放电时间系数 $\tau = R_L C$ 有关。τ 越大,放电过程越慢,输出电压脉动越小,输出电压越高,滤波效果越好。当空载时($R_L = \infty$, $I_O =$

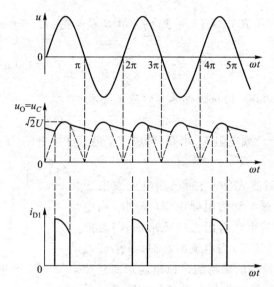

图 2.3.9 单相桥式整流电容滤波电路波形分析

0），电容器 C 没有放电回路，输出电压最高，即 $U_O = \sqrt{2}U$。随着负载的增加（R_L 减小，I_0 增大），电容放电速度加快，输出电压脉动变大，其电压平均值也降低。为获得较好的滤波效果，一般要求

$$R_L \geqslant (10 \sim 15) \frac{1}{\omega C} \tag{2.3.7}$$

即

$$\tau = R_L C \geqslant (3 \sim 5) \frac{T}{2}$$

式中 T 为交流电源电压周期。

在满足上述要求的情况下，电容滤波的输出电压通常可做如下估算

$$U_O = 1.2U \tag{2.3.8}$$

总之，电容滤波结构简单，输出电压 U_O 较高，但其带负载能力较差，只适用于负载电流比较小并且基本恒定的情况下应用。

例 2.3.3 桥式整流的电容滤波电路如图 2.3.8(b) 所示，供电电源频率为 $f = 50 \text{ Hz}$，负载电阻 $R_L = 150 \ \Omega$，要求输出直流电压为 30 V，选择整流二极管和滤波电容。

解：由式(2.3.8)，变压器二次侧电压有效值

$$U = \frac{U_O}{1.2} = \frac{30}{1.2} \text{ V} = 25 \text{ V}$$

整流二极管所承受的最大反向电压

$$U_{RM} = \sqrt{2}U = 1.4 \times 25 \text{ V} = 35 \text{ V}$$

流过二极管电流 $\qquad I_D = \frac{1}{2} I_0 = \frac{1}{2} \times \frac{30}{150} \text{ A} = 100 \text{ mA}$

考虑一定安全余量，可选择整流二极管 2CZ53B(0.3 A,50 V) 或整流桥 MB1S(0.5 A,100 V) 均可满足要求。

由式 $(2.3.7)$ 可知,$\tau = R_{\mathrm{L}}C \geqslant (3 \sim 5)\dfrac{T}{2}$,取 $R_{\mathrm{L}}C = \dfrac{5T}{2}$ 则

$$C = \frac{5T}{2R_{\mathrm{L}}} = \frac{5}{2R_{\mathrm{L}}} \times \frac{1}{f} = \frac{5}{2 \times 150} \times \frac{1}{50}\mathrm{F} \approx 330\ \mu\mathrm{F}$$

选择容量为 $330\ \mu\mathrm{F}$,耐压 $50\ \mathrm{V}$ 的极性电容可以满足要求。

2. 电感滤波电路

将一个电感线圈 L 与负载电阻 R_{L} 串联,构成一个电感滤波电路,图2.3.10所示为桥式整流电感滤波电路。

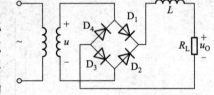

滤波电感也是一种储能元件,当通过的电流发生变化时,电感线圈中会产生自感电动势阻碍电流的变化:当电流增加时,电感线圈产生感应电动势阻止电流增加,同时把一部分电能储存于线圈的磁场中;当电流减小时,其感应电动势阻止电流减小,同时把储存的磁场能量以电能形式释放出

图2.3.10 桥式整流电感滤波电路

来。这样通过电感滤波后,输出电压和电流的脉动都将大为减小。

实际上,整流电路的输出中既包含各次谐波的交流分量,又有直流分量。电感的感抗 $X_L = \omega L$,即频率越高电感的感抗就越大。在电感 L 与负载 R_{L} 的串联回路中,交流分量由于其感抗较大,大部分被电感吸收;而对直流分量而言其感抗 $X_L = 0$,电感对直流分量短路,直流分量几乎全部由 R_{L} 承担,所以在负载 R_{L} 上获得了脉动较小的输出。这就是电感滤波的实质。

显然电感线圈的电感愈大,滤波效果就愈好。但是增大电感,线圈匝数也需要增加,导致线圈直流电阻增大,使线圈上的直流压降增大,造成输出电压降低。因此线圈电感不能太大,一般选择几亨到十几亨。

与电容滤波比较,电感滤波具有整流二极管的导通角较大,峰值电流很小,带负载能力较强等优点,适合于低电压、大电流的场合。但其体积较大、容易受到电磁干扰等缺点,也限制了它的应用。

3. 其他滤波电路

尽管电容和电感滤波电路都能产生滤波作用,在一定程度上减小输出的脉动程度。但是要进一步提高滤波的效果,使输出更加平滑,同时满足更高的应用要求,往往将电容和电感滤波组合使用,构成 LC 滤波、π 形滤波等复式滤波电路。

(1) LC 滤波电路

在整流电路和滤波电容之间串接一个电感线圈 L,这样就构成了电感电容滤波(LC 滤波)电路,如图2.3.11所示。

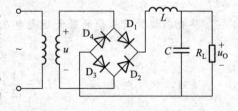

LC 滤波电路比单个的电感或电容滤波效果更好。与单纯的电容滤波比较,其串联的电感线圈抑制了对整流二极管的冲击电流,加强了带负载能力;而与单纯的电感滤波电路比较,其并联的滤波电容则提高了输出电压。因此,LC 滤波电路适用于负载电流较大、输出电压脉动较小的场合。

图2.3.11 LC 滤波电路

（2）π形滤波电路

如果要求输出电压的脉动更小，可以采用 π 形滤波电路。在 *LC* 滤波器的前面再并联一个滤波电容，便构成 *LC* - π 形滤波电路，如图 2.3.12（a）所示。

由于增加了前一级滤波电容 C_1，其滤波效果比 *LC* 型滤波电路更好，电压的波形更加平滑，但整流二极管受到的冲击电流也会更大。对应负载电流较小的应用，在满足要求的基础上为了简化结构、降低成本，通常用一个适当阻值的电阻 *R* 代替电感线圈 *L* 便构成了 *RC* - π 形滤波电路，如图 2.3.12（b）所示。π 形滤波电路由于滤波性能好，在各种电子设备中已被广泛采用。

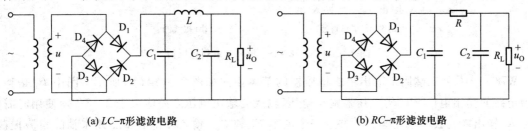

(a) *LC*–π形滤波电路　　　　　　(b) *RC*–π形滤波电路

图 2.3.12　π 形滤波电路

2.3.3　稳压电路

经过整流滤波后虽然获得了平滑的直流电压，但是其电压高低还是会随着电网电压的波动和负载电流的变化而变化。在对直流供电电压稳定性要求较高的电路，还需要在滤波电路后增加稳压的环节，使输出电压在电网波动、负载和温度变化时基本稳定在要求精度上。稳压电路的结构很多，主要包括稳压管稳压电路、串联反馈式稳压电路和开关式稳压电路等。其中稳压管稳压电路（图 2.3.13 点画线框中部分）的原理在 2.2.2 节中已经做了详细分析，本节不再复述，而串联反馈式稳压电路将在第 6 章介绍。无论稳压电路采用什么电路结构，在实际应用中我们使用的往往是集成的稳压器件，这就是集成稳压器。

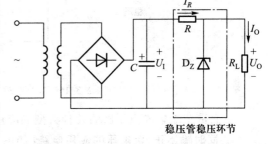

稳压管稳压环节

图 2.3.13　并联稳压管稳压电路

集成稳压器体积小、可靠性高、使用灵活、价格低廉，因而在直流电源中广泛应用。目前主要使用线性串联式集成稳压器和非线性的开关式集成稳压器两大类产品。前者一般有输入、输出和公共端，故称为三端集成稳压器，其特点是结构简单、调整方便、输出电压纹波较小，缺点是效率低。而后者效率高、体积小，但输出电压中纹波和噪声较大，常见产品有 LM2596、MC34063 等。由于篇幅有限，我们仅以三端集成稳压器为例进行介绍。

三端集成稳压器典型产品有固定电压输出的 W78××/79×× 系列和可调电压输出的 W317/337 系列。其中塑料封装形式的 W78××/79×× 系列三端固定输出集成稳压器其外形及管脚如图 2.3.14（a）所示，78×× 系列输出固定正电压，而 79×× 系列输出固定负电压；×× 为两位数字，表示输出电压值，有 05、06、09、12、15、18、24 规格等。如 W7805 表示输出电压为 +5 V 型号，W7915 表示输出电压为 -15 V 型号。

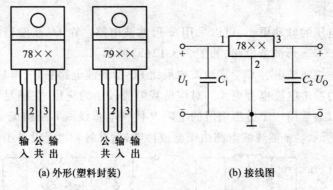

(a) 外形(塑料封装)　　　　　　(b) 接线图

图 2.3.14　W78××/79×× 系列稳压器

W78×× 系列三端固定输出集成稳压器的基本用法如图 2.3.14(b)所示。图中 U_I 是整流滤波电路的输出电压,U_O 为稳压器输出电压,输入与输出电压之差应大于 2 ~ 3 V。使用时需要在输入、输出端与公共端之间分别并联一个电容 C_1 和 C_2。输入端电容 C_1,用来消除自激振荡、旁路高频干扰,一般选用 0.33 μF;输出端电容 C_2 可以改善负载的瞬态响应,其大小为 1 μF 左右。

三端可调输出集成稳压器 CW317/337 系列的输出端电压可以调节,图 2.3.15 是其型号的命名规则。

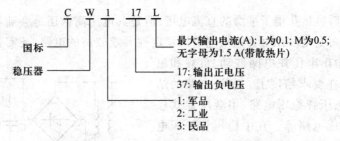

图 2.3.15　W317/337 系列稳压器型号命名规则

下面是三端集成稳压器的几种典型的应用电路:

1. 同时输出正、负电压的应用电路(如图 2.3.16 所示)

2. 提高输出电压的应用电路

固定输出三端集成稳压器只能提供产品序列包含的输出电压,如 5 V、9 V、12 V 等,而当需要获得产品序列以外的电压值时,可以应用图 2.3.17 所示的电路结构。图中,输出端 3 与公共

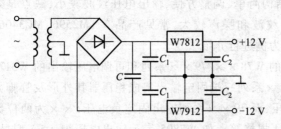

图 2.3.16　输出正、负电压的应用电路

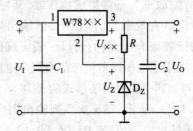

图 2.3.17　提高输出电压的应用电路

端 2 之间的电压为固定电压 $U_{\times\times}$，增加稳压管 D_Z 后，输出电压为

$$U_O = U_{\times\times} + U_Z$$

可见通过与不同稳压电压的稳压管组合，可以更灵活的获得所需的输出电压。

3. 提高输出电流的电路

当负载电流大于三端集成稳压器的输出电流时，可以采用如图 2.3.18 所示的电路。图中晶体管（第 3 章将详细介绍）T 可以看做一种变换器件，其基极电流 I_B 很小，而集电极电流 I_C 由电阻 R 两端电压 U_R 控制，U_R 越大则 I_C 越大。由于三端集成稳压器公共端电流 I_2 远远小于输入端电流 I_1 和输出端电流 I_3，可以忽略，因此 $I_1 \approx I_3$。

负载电流 $I_O = I_3 + I_C$，当 I_O 过大时，则有如下过程：

$$I_O \uparrow (R_L \downarrow) \rightarrow I_3 \uparrow \rightarrow I_1 \uparrow \rightarrow I_R \uparrow \rightarrow U_R \uparrow \rightarrow I_C \uparrow$$

这样利用晶体管的电流扩充作用，三端集成稳压器能在更大负载情况下使用。

4. 输出电压可调节的应用电路

图 2.3.19 中，CW317 输出端 3 与调整端 1 的基准电压固定为 1.25 V，同时调整端的电流很小（约 50 μA）且保持恒定，可以忽略。因此输出电压为

$$U_O \approx \left(1 + \frac{R_P}{R_1}\right) \times 1.25 \text{ V}$$

通过调节电阻 R_P 的大小就能获得满足要求的输出电压，其调整范围在 1.25 ~ 37 V 之间。

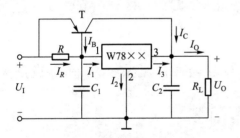

图 2.3.18 提高输出电流的电路

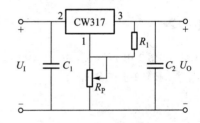

图 2.3.19 输出电压可调节电路

练习与思考

2.3.1 直流稳压电源由哪几部分构成？各自作用是什么？

2.3.2 分析不同类型的整流电路中，整流二极管的电流和它所承受的最大反向电压有什么特点？接入滤波电路后，又如何变化？

2.3.3 简述常见的滤波电路类型及其特点。

小结 ➤

1. 纯净半导体材料(如硅)中掺入三价杂质(如硼)形成 P 型半导体,其多数载流子为空穴;掺入五价杂质(如磷)形成 N 型半导体,其多数载流子为电子。P 型半导体和 N 型半导体相结合形成 PN 结。

2. PN 结单向导电特性:加正向电压(PN 结正向偏置)时,PN 结呈现小电阻、大电流状态,PN 结导通;加反向电压(PN 结反向偏置)时,PN 结呈现大电阻、微电流状态,PN 结截止。

3. 用一定工艺将 PN 结进行某种封装,这就是二极管。为方便分析,可以把二极管理想化:加正向电压短路、加反向电压断路。按照用途的不同,二极管有整流二极管、稳压二极管、变容二极管、发光二极管和光电二极管等多种类型,其性能由产品手册中的参数指标衡量。

4. 直流稳压电源由变压、整流、滤波、稳压等环节构成。它把交流转换为直流,为设备提供满足要求的直流恒定电压。

5. 整流电路利用整流二极管单向导电性,把交流转换为直流。其电路有单向半波整流、全波整流、桥式整流等多种形式。

6. 滤波电路抑制整流后的纹波输出,使输出电压波形更加平缓。其电路有电容滤波、电感滤波和复式滤波等多种结构。通常在负载电流小且变化较小的情况下,采用电容滤波电路;而负载电流大的情况下,使用电感滤波电路。

7. 稳压电路保证输出电压恒定在要求的指标内,不受电网电压波动、负载和温度变化的影响。有串联反馈式稳压电路、开关式稳压电路等电路形式,通常都集成化为单一的集成稳压器,使用更加方便可靠。

习题 ➤

2.1.1 如图 2.01 所示电路中,$U = 12$ V, D 为硅二极管,$R = 10$ kΩ,则二极管 D 和电阻 R 上的电压各为多少?流过二极管的电流多大?

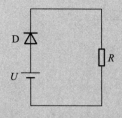

图 2.01 习题 2.1.1 的图

2.1.2 在图 2.02 中的各电路图中,$u_i = 12\sin\omega t$,二极管 D 的正向压降忽略不计。试分别画出输出电压 u_0 的波形。

2.1.3 二极管电路如图 2.03 所示,试分别判断图(a)和(b)中的二极管是导通还是截止,并求出 AB 两端电压 U_{AB}。设二极管是理想元件。

2.1.4 电路如图 2.04 所示,$R_1 = 1$ kΩ、$R_2 = 2$ kΩ,假设二极管为理想元件,分析该电路的电压传输特性($u_0 = f(u_i)$)。

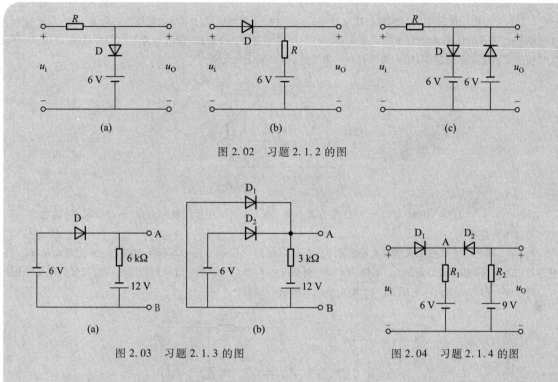

图 2.02 习题 2.1.2 的图

图 2.03 习题 2.1.3 的图

图 2.04 习题 2.1.4 的图

2.2.1 在图 2.05 中,所有稳压二极管均为硅管且稳压电压 $U_Z = 6\,\text{V}$,输入电压 $u_i = 12\sin\omega t$,画出输出电压 u_O 波形图。

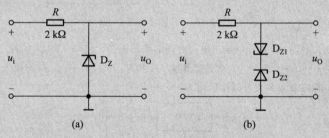

图 2.05 习题 2.2.1 的图

2.2.2 在图 2.06 所示的(a)和(b)分别为稳压管的并联和串联连接,哪种稳压管的用法不合理? 试说明理由。

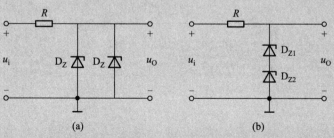

图 2.06 习题 2.2.2 的图

2.2.3 在图 2.07 所示的稳压管稳压电路中，$U_I = 14$ V，波动范围 ±10%；稳压管的稳定电压 $U_Z = 6$ V，稳定电流 $I_Z = 5$ mA，最大耗散功率 $P_{ZM} = 180$ mW；限流电阻 $R = 200$ Ω；输出电流 $I_O = 20$ mA。（1）求 U_I 变化时稳压管的电流变化范围；（2）如果负载电阻开路，会发生什么现象？

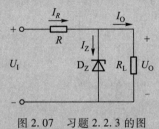

图 2.07 习题 2.2.3 的图

2.3.1 有一电压为 110 V，电阻为 75 Ω 的直流负载，如果采用单相桥式整流电路（不带滤波器）供电，试确定整流二极管参数。

2.3.2 带电容滤波的桥式整流电路如图 2.08 所示，已知变压器二次侧电压为 20 V，滤波电容 C 足够大，电网波动范围 ±10%，输出电压 $U_O = U_Z = 12$ V，负载电流 I_O 变化范围 5 ~ 15 mA，稳压管中电流允许变化范围为 5 ~ 30 mA。（1）选取限流电阻 R；（2）确定整流二极管的参数。

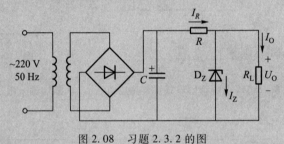

图 2.08 习题 2.3.2 的图

2.3.3 图 2.09 所示为 CW117 构成的输出电压可调的稳压电源。已知 CW117 的输出电压 $U_{REF} = 1.25$ V，输出电流 I_3 允许范围为 10 mA ~ 1.5 A，U_{23} 允许范围为 3 ~ 40 V。试计算：（1）R_1 的最大值；（2）U_O 的最小值；（3）$R_1 = 100$ Ω 时，R_P 需调节为多大可以使输出 $U_O = 30$ V。

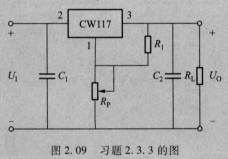

图 2.09 习题 2.3.3 的图

第3章　双极型晶体管及其应用

第2章中讨论了二极管及其应用,本章将讨论另一种主要电子器件——双极型晶体管及其应用。本章首先介绍双极型晶体管的结构和工作原理,然后介绍放大电路的基本概念,放大电路的构成、工作原理及分析方法。

学习目的:

1. 了解双极型晶体管的基本构造、电流放大作用、特性曲线及主要参数的意义;
2. 理解单管交流放大电路的放大作用和共发射极、共集电极放大电路的性能特点;
3. 掌握放大电路的静态分析和动态分析;
4. 理解放大电路输入、输出电阻的概念;
5. 了解放大电路的频率特性、互补功率放大电路的工作原理,了解差分放大电路的工作原理和性能特点。

3.0　引例

基于分立元件构成的电池自动恒流充电电路的总体框图如图 3.0.1 所示。它是由变压器整流电路、恒流产生电路、自动充电检测电路、显示电路和电源电路五个部分构成。变压器整流电路的功能是将公共电网中的 220 V 交流电转换为合适的电流和电压信号,从而为后续电路提供信号。恒流产生电路的功能是利用晶体管电流源为电路产生恒定的充电电流。自动充电检测电路的功能是利用晶体管饱和导通时的电压特性,实现电路当电池充满电时能够自动切断电源。显示电路的功能是利用发光二极管将电路开始充电和结束充电的状态显示出来。稳压电源电路的功能是为上述所有电路提供直流电压。

其中的晶体管恒流充电电路的电路图如图 3.0.2 所示,充电电流为恒定值,可根据电池的额定容量,调整转换开关 S 选择 50 mA 或 100 mA 的充电电流,其工作原理将在本章第 4 节中讨论。

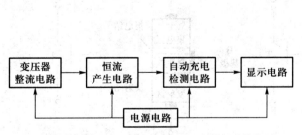

图 3.0.1　简易电池自动恒流充电电路的总体框图

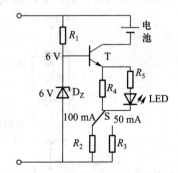

图 3.0.2　镍镉电池恒流充电电路

3.1 双极型晶体管的放大作用

双极型晶体管(BJT, Bipolar Junction Transistor)又称为三极管或晶体管(transistor)。双极型晶体管由两个背对背的 PN 结构成,在工作过程中两种载流子(电子和空穴)都参与导电,故有"双极型"之称,以区别于一种载流子导电的场效应晶体管。由于晶体管具有放大作用和开关作用,使它成为电子线路中非常重要的器件之一,用它可以组成放大、振荡及其他各种功能的电子线路。

3.1.1 晶体管的基本结构

晶体管是内部含有两个 PN 结,加上相应的引线电极及封装组成的一种三端元件。其外形如图 3.1.1 所示。

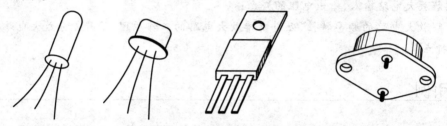

图 3.1.1 半导体晶体管的外形

晶体管的种类很多,按功率大小可分为大、中、小功率管;按电路中的工作频率可分为低频管、高频管和超高频晶体管等;按所用的半导体材料不同可分为硅管和锗管;按结构不同可分为 NPN 管和 PNP 管等;按封装结构可分为金属封装(简称金封)晶体管、塑料封装晶体管、玻璃壳封装晶体管、表面封装晶体管和陶瓷封装晶体管等;按其结构及制造工艺可分为扩散型晶体管、合金型晶体管和平面型晶体管。

根据不同的掺杂方式,在同一个硅半导体基片上制造出三个掺杂区域,并形成两个 PN 结,就构成晶体管。采用平面工艺制成的 NPN 型硅材料晶体管的结构示意图和符号如图 3.1.2(a)所示,PNP 型锗材料晶体管的结构示意图和符号如图 3.1.2(b)所示。无论是 NPN 型还是 PNP

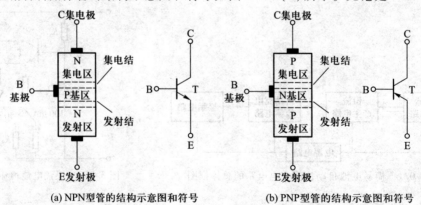

(a) NPN型管的结构示意图和符号   (b) PNP型管的结构示意图和符号

图 3.1.2 晶体管的结构示意图和符号

型都分为三个区,分别称为发射区、基区和集电区,由三个区各引出一个电极,分别称为发射极(E,Emitter)、基极(B,Base)和集电极(C,Collector),发射区和基区之间的 PN 结称为发射结,集电区和基区之间的 PN 结称为集电结。电路符号中发射极箭头所示方向表示发射极电流的流向。在电路中,晶体管用字符 T 表示。

3.1.2 晶体管的电流放大作用

虽然晶体管结构上相当于两个 PN 结背靠背的串在一起,但两个单独的二极管背靠背串联起来并不具有晶体管的放大作用。为了使晶体管实现放大作用必须由晶体管的内部结构和外部条件来保证。

从晶体管的内部结构来看,晶体管应具有以下特点:基区很薄,掺杂浓度很低;发射区掺杂浓度大于集电区掺杂浓度;集电区面积大,以保证尽可能多地收集从发射区发射过来的多数载流子。

要使晶体管具有放大作用,还必须从外部条件来保证,即外加电源的极性应保证发射结处于正向偏置状态、集电结处于反向偏置状态。

下面以 NPN 管为例来讨论晶体管的电流分配关系及其电流放大作用。如图 3.1.3 所示,将晶体管接成两个电路。U_{BB} 为基极电源,与基极电阻 R_B 及晶体管的基极 B、发射极 E 组成基极—发射极回路(称作输入回路),U_{BB} 使发射结正偏;U_{CC} 为集电极电源,与集电极电阻 R_C 及晶体管的集电极 C、发

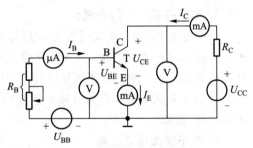

图 3.1.3 共发射极放大实验电路

射极 E 组成集电极—发射极回路(称作输出回路),由于 U_{CC} 大于 U_{BB},使集电结反偏。发射极 E是输入、输出回路的公共端,因此这种接法称为共发射极放大电路。

设 U_{CC} = 6 V,改变可变电阻 R_B,测基极电流 I_B、集电极电流 I_C 和发射极电流 I_E,结果如表3.1.1 所示。

表 3.1.1 晶体管电流测试数据

$I_B/\mu A$	0	20	40	60	80	100
I_C/mA	<0.001	0.72	1.56	2.35	3.14	3.97
I_E/mA	<0.001	0.74	1.60	2.41	3.22	4.07

由实验结果可得如下结论:

每一列数据都符合基尔霍夫电流定律,即

$$I_E = I_B + I_C$$

$I_E \approx I_C \gg I_B$,数据的第 3 列和第 4 列 I_C 与 I_B 的比值分别为

$$\bar{\beta} = \frac{I_C}{I_B} = \frac{1.56}{0.04} = 39, \quad \bar{\beta} = \frac{I_C}{I_B} = \frac{2.35}{0.06} = 39.17$$

$$\beta = \frac{\Delta I_C}{\Delta I_B} = \frac{I_{C4} - I_{C3}}{I_{B4} - I_{B3}} = \frac{2.35 - 1.56}{0.06 - 0.04} = \frac{0.79}{0.02} = 39.5$$

说明基极电流微小的变化,可以引起集电极电流较大的变化,即很小的基极电流可以控制较大的集电极电流,这就是晶体管的电流放大作用。$\bar{\beta}$、β 分别称为静态电流放大系数、动态电流放大系数。

下面用晶体管内部载流子的运动与外部电流的关系来解释晶体管的电流放大原理。图 3.1.4 为晶体管的电流分配图。

1. 发射区向基区扩散电子

由于发射结正向偏置,必然形成多数载流子的扩散电流,即发射极多数载流子自由电子向基区扩散形成的电流,也包含基区多数载流子空穴向发射区扩散形成的空穴电流,因基区掺杂浓度最低,与电子电流相比,空穴电流可以忽略不计。此时,电源将源源不断地向发射区提供电子,于是形成发射极电流 I_E。

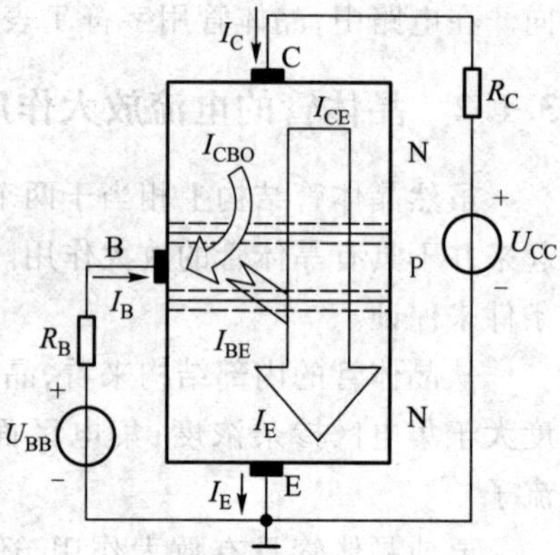

2. 电子在基区扩散和复合

由于电子的注入,使基区靠近发射结处电子浓度很高,电子将继续向集电结扩散。电子在扩散途中遇到基区内的多数载流子空穴产生复合,同时接在基区的电源的正端则不断地从基区拉走电子,补充空穴供给基区,形成了基极电流 I_B 的主要部分 I_{BE}。由于基区做得很薄而且掺杂浓度很低,复合的电子是极少数,绝大多数电子均能扩散到集电结处,被集电区收集。

图 3.1.4 晶体管的电流分配

3. 电子被集电区收集

由于集电结反向偏置,集电结内电场增强,对集电极的自由电子和基区内的空穴的扩散起阻挡作用,而对扩散到集电结边缘的自由电子却有吸引作用,所以,从发射区进入基区并扩散到集电结边缘的自由电子,很快漂移过集电结为集电区所收集,形成集电极主要电流 I_{CE},它基本上等于集电极电流 I_C。因为集电结的结面积大,所以基区扩散过来的电子基本上全部被集电极收集。

此外,因为集电结反向偏置,所以集电区中的少数载流子空穴和基区中的少数载流子自由电子作漂移运动,形成反向饱和电流 I_{CBO}。该电流数值很小,只是集电极电流 I_C 和基极电流 I_B 的一小部分,但受温度影响较大,容易使管子不稳定,所以在制造过程中要尽量减小 I_{CBO}。

以上是以 NPN 型晶体管为例分析其电流放大原理。若使用 PNP 型管,也必须发射结正向偏置,集电结反向偏置,只需将图 3.1.3 中电源 U_{BB} 和 U_{CC} 极性反接。

图 3.1.5 所示的是起放大作用时 NPN 型晶体管和 PNP 型晶体管中电流实际方向以及发射结与集电结的实际极性。对 NPN 型管而言,U_{CE} 和 U_{BE} 都是正值;而对 PNP 型管而言,U_{CE} 和 U_{BE} 都是负值。

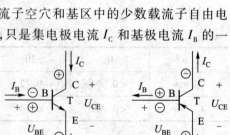

(a) NPN型晶体管　　　　(b) PNP型晶体管

图 3.1.5 电流方向和发射结与集电结的极性

3.1.3　晶体管共射极电路的特性曲线

晶体管各极电压与电流之间的关系曲线称为晶体管的特性曲线。晶体管的特性曲线和参数是其选用的主要依据。晶体管特性曲线可由实验测得,也可在晶体管特性图示仪上直观地显示出来。晶体管的连接方式不同,特性曲线也不同。因共发射极最常用,下面讨论 NPN 型晶体管共发射极电路的输入特性和输出特性。电路的典型连接方式如图 3.1.6 所示。

1. 输入特性曲线

输入特性曲线是指当集—射极电压 U_{CE} 恒定时,输入回路中基极电流 I_B 与基—射极电压 U_{BE} 之间的关系曲线 $I_B = f(U_{BE})|_{U_{CE}=常数}$,如图 3.1.7 所示。

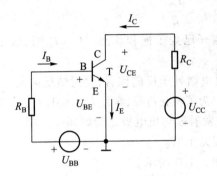

图 3.1.6 共发射极电路

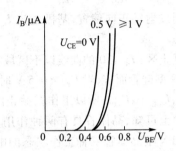

图 3.1.7 晶体管的输入特性曲线

晶体管输入特性与二极管伏安特性曲线相似。当改变 U_{CE} 时可得一簇曲线,但对硅管而言,当 $U_{CE} \geq 1$ V 后,集电结已反向偏置,加上基区很薄,可将绝大部分从发射区扩散到基区的电子拉入集电区,此后,U_{CE} 对 I_B 就不再有明显的影响。晶体管各曲线基本上重合,通常只给出 $U_{CE} \geq 1$ V 的一条输入特性曲线。

与二极管的伏安特性一样,晶体管输入特性也有一段死区。死区内,I_B 几乎仍为零,当 U_{BE} 大于死区电压时,I_B 才随 U_{BE} 增加而明显增大。硅管的死区电压约为 0.5 V,锗管的死区电压约为 0.1 V。NPN 型硅管的发射结导通电压 U_{BE} 为 0.6 ~ 0.8 V,PNP 型锗管的发射结导通电压 U_{BE} 为 - 0.2 ~ - 0.3 V。

2. 输出特性曲线

输出特性曲线是指基极电流 I_B 一定时,输出回路中集电极电流 I_C 与集—射极电压 U_{CE} 之间的关系曲线,即 $I_C = f(U_{CE})|_{I_B=常数}$。晶体管输出特性曲线是对应不同 I_B 值的一族曲线,如图 3.1.8 所示。

输出特性曲线可分为三个工作区:放大区(active region)、饱和区(saturation region)和截止区(cut-off region),分别对应了晶体管的三个状态。

放大区:特性曲线上近似水平的部分为放大区,也称线性区。该区域发射结正向偏置,集电结反向偏置。I_C 与 I_B 成正比,而与 U_{CE} 基本无关,表现出 I_B 对 I_C 的控制作用,$I_C = \bar{\beta}I_B$,$\Delta I_C = \beta\Delta I_B$,所以放大区也称为线性区。在理想情况下,当 I_B 按等差变化时,输出特性是一族与横轴近似平行的等距离直线。对于 NPN 型管来说,应使 $U_{BE} > 0.5$ V,$U_{BC} < 0$,

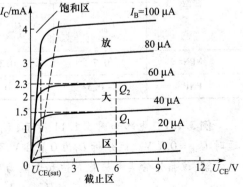

图 3.1.8 晶体管输出特性曲线

$U_{CE} > U_{BE}$。

饱和区：当 $U_{CE} < U_{BE}$ 时，发射结和集电结均处于正向偏置（$U_{BC} > 0$）。这时 I_C 与 I_B 不成正比，$I_C < \bar{\beta} I_B$，晶体管失去放大作用。当处于深度饱和时，$U_{CE} \approx 0\,\text{V}$，$I_C \approx \dfrac{U_{CC}}{R_C}$，晶体管的发射极与集电极之间如同一个闭合的开关。

将 $U_{CE} = U_{BE}$ 时的状态称为临界饱和状态，集电极临界饱和电流为

$$I_{CS} = \frac{U_{CC} - U_{CE}}{R_C} \approx \frac{U_{CC}}{R_C}，基极临界饱和电流为 I_{BS} = \frac{I_{CS}}{\beta}$$

当发射结正向偏置，基极电流 $I_B > I_{BS}$ 时，认为管子已处于饱和状态。$I_B < I_{BS}$ 时，管子处于放大状态。

截止区：$I_B = 0$ 的曲线以下区域称为截止区，集电结处于反向偏置，发射结反向偏置或零偏。对 NPN 型硅管而言，当 $U_{BE} < 0.5\,\text{V}$ 时已开始截止，但为了截止可靠，常使 $U_{BE} \leqslant 0$，$U_{BC} < 0$。此时，$I_C \approx 0$，$U_{CE} \approx U_{CC}$。所以工作在截止区时，晶体管的发射极与集电极之间如同一个断开的开关。

由上可知，晶体管具有两种作用：放大作用和开关作用。

NPN 型晶体管三种工作状态的电压及电流如图 3.1.9 所示。

NPN 型晶体管在三种工作状态时结电压 U_{BE} 和 U_{CE} 的极性如图 3.1.10 所示。

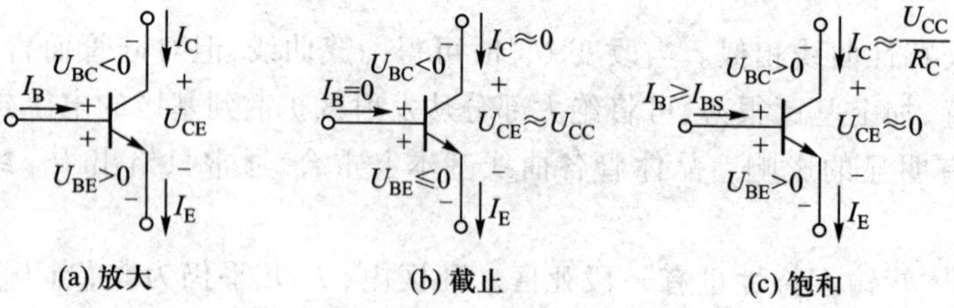

(a) 放大   (b) 截止   (c) 饱和

图 3.1.9 NPN 型晶体管三种工作状态的电压及电流

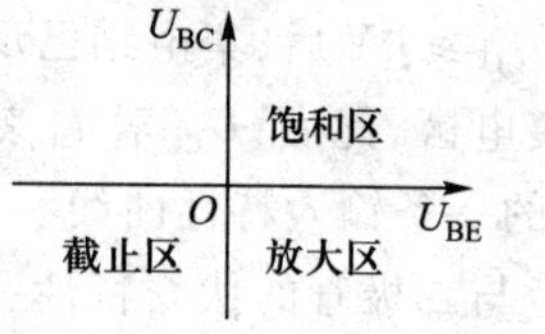

图 3.1.10 NPN 型晶体管
工作状态的偏置电压

表 3.1.2 是 NPN 型和 PNP 型晶体管三种工作状态结电压的典型值。

表 3.1.2 晶体管三种工作状态结电压的典型值

管型	工作状态					
	饱和		放大	截止		
				U_{BE}/V		
	U_{BE}/V	U_{CE}/V	U_{BE}/V	开始截止	可靠截止	
NPN	0.7	0.3	0.6 ~ 0.8	0.5	≤ 0	
PNP	− 0.3	− 0.1	− 0.2 ~ − 0.3	− 0.1	0.1	

例 3.1.1 电路如图 3.1.11 所示，$U_{CC} = 12\,\text{V}$，$R_B = 12\,\text{k}\Omega$，$R_C = 2.5\,\text{k}\Omega$，$\bar{\beta} = 50$。晶体管导通时 $U_{BE} = 0.7\,\text{V}$。试分析 U_I 为 0 V、1 V、3 V 三种情况下晶体管 T 的工作状态。

解： 该晶体管集电极临界饱和电流为

$$I_{CS} = \frac{U_{CC} - U_{CE}}{R_C} = \frac{U_{CC} - U_{BE}}{R_C} = \frac{12 - 0.7}{2.5 \times 10^3}\,\text{A} = 4.52\,\text{mA}$$

基极临界饱和电流为

$$I_{BS} = \frac{I_{CS}}{\beta} = \frac{4.52}{50} \text{ mA} = 90 \text{ μA}$$

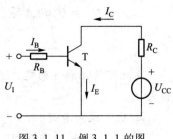

图 3.1.11　例 3.1.1 的图

（1）当 $U_1 = 0$ V 时，晶体管截止。

（2）当 $U_1 = 1$ V 时

$$I_B = \frac{U_1 - U_{BE}}{R_B} = \frac{1 - 0.7}{12 \times 10^3} \text{ A} = 25 \text{ μA} < I_{BS}$$

晶体管处于放大状态。

（3）当 $U_1 = 3$ V 时，

$$I_B = \frac{U_1 - U_{BE}}{R_B} = \frac{3 - 0.7}{12 \times 10^3} \text{ A} = 192 \text{ μA} > I_{BS}$$

晶体管处于深度饱和状态。

或先假设晶体管处于放大区，则发射极电流

$$I_C = \beta I_B = 50 \times 192 \text{ μA} = 9.6 \text{ mA}$$
$$U_{CE} = U_{CC} - I_C R_C = (12 - 9.6 \times 2.5) \text{ V} = -12 \text{ V}$$

由于 NPN 型晶体管共发射极接法的 U_{CE} 不可能为负，所以此前假设的晶体管工作在放大区状态是错误的，晶体管处于饱和状态。

3.1.4　晶体管的主要参数

晶体管的参数是用来表示晶体管的各种性能的指标，是评价晶体管的优劣、选用晶体管及设计晶体管电路时的主要依据。主要参数有以下几个。

1. 电流放大系数 $\overline{\beta}$, β

共发射极电路处于无输入信号（静态）时，集电极电流 I_C 与基极电流 I_B 的比值称为直流（静态）电流放大系数

$$\overline{\beta} = \frac{I_C}{I_B} \tag{3.1.1}$$

当有信号输入晶体管（动态）时，集电极电流的变化量 ΔI_C 与相应的基极电流变化量 ΔI_B 之比称为交流（动态）电流放大系数

$$\beta = \frac{\Delta I_C}{\Delta I_B} \tag{3.1.2}$$

电流放大系数 $\overline{\beta}$ 和 β 的含义虽不同，但输出特性曲线的放大区域近似平行等距，$\overline{\beta}$ 和 β 数值接近，故常认为 $\overline{\beta} = \beta$。常用的小功率 BJT 的 β 值约为 20~150。

例 3.1.2　从图 3.1.8 所给出的晶体管的输出特性曲线上，（1）计算 Q_1 点处的 $\overline{\beta}$；（2）由 Q_1 和 Q_2 两点，计算 β。

解：（1）在 Q_1 点处

$$U_{CE} = 6 \text{ V}, \quad I_B = 40 \text{ μA} = 0.04 \text{ mA}, \quad I_C = 1.5 \text{ mA}$$

故

$$\overline{\beta} = \frac{I_C}{I_B} = \frac{1.5}{0.04} = 37.5$$

（2）由 Q_1 和 Q_2 两点得

$$\beta = \frac{\Delta I_C}{\Delta I_B} = \frac{2.3 - 1.5}{0.06 - 0.04} = 40$$

由此可见，$\overline{\beta}$ 和 β 的定义虽然不同，但两者数值极为接近。今后在估算时，常用 $\overline{\beta} = \beta$ 这个近似关系。

2. 极间反向电流

（1）集－基极反向饱和电流 I_{CBO}

如图 3.1.12 所示，发射极开路时，集电极与基极之间加反向电压时产生的电流，称为集－基极反向饱和电流 I_{CBO}。该电流是由集电区和基区中的少数载流子向对方运动形成的，它只决定于少数载流子的浓度和温度。在一定温度下，I_{CBO} 基本上是常数，所以称为反向饱和电流。I_{CBO} 随温度升高而增大，影响晶体管工作的稳定性，故 I_{CBO} 越小越好。硅管的 I_{CBO} 比锗管的小，大功率管的 I_{CBO} 值较大。在室温下，小功率锗管的 I_{CBO} 约为几微安到几十微安，小功率硅管在 1 μA 以下，且硅管温度稳定性优于锗管，因此在温度变化范围大的工作环境应选用硅管。

（2）集－射极反向饱和电流 I_{CEO}

如图 3.1.13 所示，基极开路时，集电极与发射极间加电压，集电结处于反向偏置，发射结处于正向偏置时的集电极电流称为集—射极反向饱和电流 I_{CEO}，该电流好像由集电极穿过基区流到发射极，故又称为穿透电流。I_{CEO} 受温度的影响很大，其数值约为 I_{CBO} 的 β 倍，I_{CBO} 愈大、β 愈高，晶体管的温度稳定性愈差。一般硅管的 I_{CEO} 比锗管的小 2～3 个数量级。

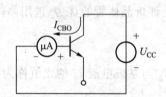

图 3.1.12 I_{CBO} 的测量电路

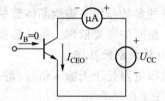

图 3.1.13 I_{CEO} 的测量电路

3. 极限参数

极限参数是为使晶体管安全工作对它的电压、电流和功率损耗的限制。

（1）集电极最大允许电流 I_{CM}

集电极电流 I_C 在较大范围内晶体管的 β 值基本不变，但当 I_C 超过一定值时，β 要明显下降。β 值下降到正常值的 2/3 时的集电极电流，称为集电极最大允许电流 I_{CM}。因此使用时，I_C 不应超过 I_{CM}。

（2）集－射极反向击穿电压 $U_{(BR)CEO}$

反向击穿电压 $U_{(BR)CEO}$ 是指基极开路时，加于集电极和发射极之间的最大允许电压。使用时如果超出这个电压将导致集电极电流 I_{CEO} 急剧增大，管子被击穿，造成管子永久性损坏。一般取集电极电源电压 $U_{CC} \leqslant \left(\frac{1}{2} \sim \frac{2}{3} \right) U_{(BR)CEO}$。手册中给出的 $U_{(BR)CEO}$ 一般是常温（25℃）时的值，温度升高后，其数值要降低，使用时应特别注意。

（3）集电极最大允许耗散功率 P_{CM}

电流流过集电结时会产生热量,当管子的结温度超过允许值,管子将被烧坏。一般硅管的最高结温为150℃,锗管的最高结温为 70～90℃,超过这个限度,管子特性明显变坏,甚至烧毁。管子的允许结温决定集电极所消耗的最大功率 P_{CM},工作时管子消耗功率必须小于 P_{CM}。可以在输出特性的坐标系上画出 $P_{CM} = I_C U_{CE}$ 的曲线,称为集电极最大功率损耗线。

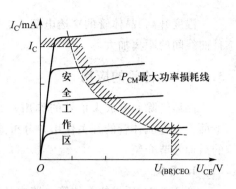

图 3.1.14 晶体管的安全工作区

如图 3.1.14 所示,由 I_{CM}、$U_{(BR)CEO}$ 和 P_{CM} 共同确定晶体管的安全工作区。

例 3.1.3 在图 3.1.6 所示的晶体管电路中,选用的是 3DG100C 型晶体管,其极限参数为 $I_{CM} = 20$ mA,$P_{CM} = 100$ mW,$U_{(BR)CEO} = 20$ V。试问:(1)集电极电源电压 U_{CC} 最大可选多少伏特? (2)集电极电阻最小可选多少欧姆? (3)集电极耗散功率 P_C 为多少?

解:(1)取集电极电源电压 $U_{CC} \leqslant \left(\dfrac{1}{2} \sim \dfrac{2}{3}\right) U_{(BR)CEO} = \left(\dfrac{1}{2} \sim \dfrac{2}{3}\right) \times 20$ V,选 12 V。

（2）晶体管饱和时集电极电流最大可达到

$$I_C \approx \frac{U_{CC}}{R_C}$$

I_C 不应超过 I_{CM},选集电极电阻

$$R_C > \frac{U_{CC}}{I_{CM}} = \frac{12}{20} \text{ k}\Omega = 600 \ \Omega,选 1 \text{ k}\Omega$$

（3）集电极耗散功率

$$P_C = U_{CE} I_C = (U_{CC} - R_C I_C) I_C$$

出现最大集电极耗散功率时的集电极电流 I_C 可由 $\dfrac{\mathrm{d} P_C}{\mathrm{d} I_C} = 0$ 求得,即

$$I_C = \frac{U_{CC}}{2R_C} = \frac{12 \text{ V}}{2 \times 1 \text{ k}\Omega} = 6 \text{ mA}$$

$$P_C = (U_{CC} - R_C I_C) I_C = (12 - 1 \times 6) \times 6 \text{ mW} = 36 \text{ mW} < P_{CM}$$

晶体管工作在安全区。

4. 温度对晶体管参数的影响

由于半导体材料的热敏性,几乎所有晶体管参数都与温度有关。温度对下列三个参数的影响最大。

温度对 I_{CBO} 的影响:如前所述,I_{CBO} 受温度影响很大。无论硅管或锗管,一般工程上都按温度每升高 10℃,I_{CBO} 增大一倍来考虑。

温度对 U_{BE} 的影响:与二极管的正向特性一样,晶体管的 U_{BE} 具有负温度系数,温度每升高 1℃,$|U_{BE}|$ 大约减小 2～2.5 mV。

温度对 β 的影响:晶体管的电流放大倍数 β 随温度升高而增大。一般认为:以 25℃时测得的 β 值为基数,温度每升高 1℃,β 增加约 0.5%～1%。

温度升高,晶体管的穿透电流 I_{CEO} 和集电极电流 I_C 也升高,导致输出特性曲线向上移动,而且曲线间的距离加大。

3.1.5 晶体管的应用

晶体管除具有放大信号的作用外,还可起到开关电流、电压和功率,以及数字逻辑的作用。下面将讨论晶体管的开关作用并分析简单的晶体管数字逻辑电路,晶体管的放大作用将在本章的后面几节介绍。

1. 开关

图 3.1.15 所示的晶体管电路中晶体管处于截止或饱和状态,起到开关作用。负载可以是电动机、发光二极管或者其他电器设备。

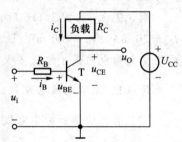

如果输入电压 u_i 小于晶体管发射结的死区电压,$i_B = i_C = 0$,则晶体管截止。由于 $i_C = 0$,负载两端的电压即为 0,所以输出电压 $u_O = U_{CC}$。如果负载是一台电动机,电动机将因电流为零而停转。同样,如果负载是一个发光二极管,那么二极管将熄灭。

如果 $u_i = U_{CC}$,则晶体管进入饱和状态,则

$$i_B = \frac{u_i - U_{BE}}{R_B}$$

$$i_C = I_{CS} = \frac{U_{CC} - U_{CE(sat)}}{R_C}$$

图 3.1.15 开关作用的 NPN 晶体管反相器电路

$$u_O = U_{CE(sat)}$$

当集电极产生电流,电流流过负载,将起动电动机或点亮发光二极管。

例 3.1.4 如图 3.1.16 所示电路中,晶体管起到开关和电流放大的作用,微机输出端口的输出电阻 $R_B = 1\ k\Omega$,端口输出到晶体管放大电路的数字信号为电压从 0 V 变换到 +5 V 的矩形波,端口输出电流最大值为 5 mA,晶体管的 $\beta = 50$,$U_{BE} = 0.7\ V$,$U_{CE(sat)} = 0.3\ V$。发光二极管 LED 导通时的正向电压降 $U_D = 1.5\ V$,导通电流 $I_{LED} > 15\ mA$,需要 30 mA 电流才能达到足够的亮度,最大允许耗散功率 $P_M = 100\ mW$。试设计该驱动 LED 的晶体管放大电路。

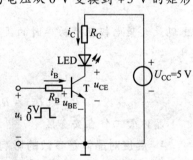

解:当输入为 0 V 时,晶体管处于截止状态。
基极电流
$$i_B = 0\ A$$
集电极电流
$$i_C = 0\ A$$
$$u_{CE} = U_{CC} = +5\ V$$

图 3.1.16 晶体管用作开关和电流放大的电路

晶体管处于截止状态,LED 熄灭。

当输入为 +5 V 时,晶体管处于饱和状态。
基极电流
$$i_B = \frac{u_i - U_{BE}}{R_B} = \frac{(5 - 0.7)\ V}{1\ k\Omega} = 4.3\ mA$$

因 LED 需要 30 mA 电流才能达到足够的亮度,故集电极电阻

$$R_C = \frac{U_{CC} - U_D - U_{CE(sat)}}{I_C} = \frac{5 - 1.5 - 0.3}{30} \text{ k}\Omega = 107 \ \Omega$$

$\dfrac{I_C}{I_B} = \dfrac{30}{4.3} = 6.98 < \beta$,这样可以确认晶体管工作在饱和状态。

所以,该电路通过晶体管的开关作用驱动发光二极管的发光或熄灭。

LED 消耗的功率

$$P_{LED} = U_D I_C = 1.5 \times 0.03 \text{ W} = 45 \text{ mW} < P_M = 100 \text{ mW}$$

即 LED 实际消耗的功率没有超过最大的允许功率。

在这个电路中,晶体管一方面起到开关作用;另一方面也起到放大电流的作用,这个电路通过使用晶体管,只需要从微机输出端口抽取 4.3 mA 的电流就可以为 LED 提供 30 mA 的电流。

2. 数字逻辑

在图 3.1.17 所示的晶体管电路中,如果输入电压低,$u_i \approx$ 0 V,晶体管截止,输出电压高,$u_O = U_{CC}$。反之,如果输入电压高,$u_i = U_{CC}$,则输出电压低,$u_O = U_{CE(sat)}$。晶体管输出电压与输入电压之间是非的逻辑关系,该电路称为**非门电路**,也称为反相器(inverter)。

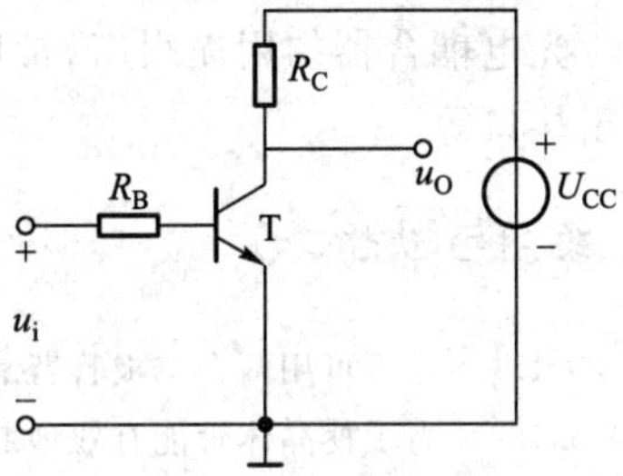

图 3.1.17 晶体管非门电路

3.1.6 光电晶体管

光电晶体管和普通晶体管类似,也有电流放大作用。只是普通晶体管是用基极电流 I_B 的大小来控制集电极电流,而光电晶体管是用入射光照度 E 的强弱来控制集电极电流。光电晶体管结构、等效电路及符号如图 3.1.18 所示。

光电晶体管的输出特性曲线和普通晶体管相似,只是用 E 来代替 I_B,如图 3.1.19 所示。无光照时的集电极电流 I_{CEO} 很小,称为暗电流,该电流受温度的影响大。有光照射的集电极电流称为光电流。当管压降 U_{CE} 足够大时,集电极电流 I_C 基本上仅决定于入射光照度 E,即 E 控制 I_C。由于晶体管的放大作用,同等光照度下,光电晶体管的光电流远大于光电二极管,灵敏度远高于光电二极管,但线性度不如二极管,所以光电晶体管多利用其工作在饱和区和截止区,用作光电开关。

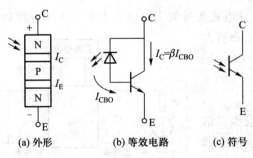

图 3.1.18 光电晶体管的结构、等效电路及符号

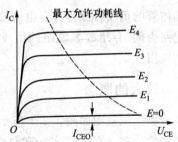

图 3.1.19 光电晶体管的输出特性曲线

光电晶体管除用于光信号检测外,还常用作光电耦合器。图 3.1.20 所示为一光电耦合器(optocoupler)。光电耦合器将发光元件(发光二极管 LED)与受光元件(光电晶体管 T)相互绝缘地封装在同一不透明的外壳里。发光二极管为输入回路,它将电能转换成光能;光电晶体管为输出回路,它将光能再转换成电能,实现了两部分电路的电气隔离,利用光来传递信号。

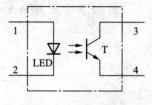

图 3.1.20 光电耦合器

光电耦合器的发光元件与受光元件互不接触,绝缘电阻很高,并能承受高电压,因此经常用来隔离强电和弱电系统。光电耦合器的发光二极管是电流驱动器件,输入电阻很小,所以光电耦合器有极强的抗干扰能力。另外,光电耦合器具有较高的信号传递速度。

光电耦合器的用途很广,常用于信号隔离转换,脉冲系统的电平匹配,微机控制系统的输入、输出接口等。

练习与思考

3.1.1　是否可用两个二极管背靠背地相连构成一个晶体管?

3.1.2　为了使晶体管能有效地起放大作用,对晶体管的发射区掺杂浓度有什么要求?基区宽度有什么要求?集电结面积与发射结面积大小有什么要求?其原因是什么?如果将晶体管的集电极和发射极对调使用(即晶体管反接),能否起放大作用?

3.1.3　测得几个晶体管的三个电极电位 V_1、V_2、V_3 分别为下列各组数值,判断管子的三个管脚,并说明是硅管还是锗管?是 NPN 型还是 PNP 型?

(1) $V_1 = 3.3$ V,$V_2 = 2.6$ V,$V_3 = 15$ V

(2) $V_1 = 3.2$ V,$V_2 = 3$ V,$V_3 = 15$ V

(3) $V_1 = 6.5$ V,$V_2 = 14.3$ V,$V_3 = 15$ V

(4) $V_1 = 8$ V,$V_2 = 14.8$ V,$V_3 = 15$ V

3.1.4　有两只晶体管,一只的 $\beta = 200$,$I_{CEO} = 200$ μA;另一只的 $\beta = 100$,$I_{CEO} = 10$ μA,其他参数大致相同。你认为应选用哪只管子?为什么?

3.1.5　如图 3.1.16 所示电路中,晶体管输入端的电压为从 0 V 变换到 +5 V 的矩形波,LED 导通时的正向电压降 $U_D = 1.5$V,电阻 $R_B = 6$ kΩ,$R_C = 200$ Ω。试分析在输入电压从 0 V 跳变到 5 V 的过程中,晶体管做出如何反应?

3.2　基本共射极放大电路

晶体管的重要特性是具有电流放大的作用,可组成各种放大电路。本章以下部分将以基本放大电路为例,介绍放大电路的组成、工作原理、分析方法及其应用。

3.2.1　放大的概念

放大概念示意图如图 3.2.1 所示。放大是对模拟信号最基本的处理。在生产实际和科学实验中,从传感器获得的电压或电流信号都很微弱,功率很小,只有经过放大后才能做进一步的处理,或者才具有足够的能量推动

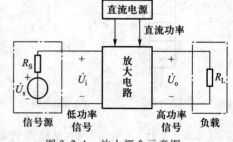

图 3.2.1　放大概念示意图

执行机构。

放大的目的是将微弱的变化信号放大成较大的信号。放大电路(amplifier)是可以将电信号(电压、电流)不失真地进行放大的电路。例如,将传感器送出的微弱电信号放大以后经处理能够实现自动控制等。

放大电路放大的实质是能量的控制和转换。表面是将信号的幅度由小增大,实质是能量转换,即用小能量的信号通过晶体管的电流控制作用,将放大电路中直流电源的能量转化成与输入信号频率相同但幅度增大的交流能量输出,使负载从电源获得的能量大于信号源所提供的能量。因此,电路放大的基本特征是功率放大,即负载上总是获得比输入信号大得多的电压或电流,有时兼而有之。

对放大电路的基本要求主要有:尽可能小的波形失真和足够的放大倍数。只有在不失真的情况下放大才有意义。晶体管只有工作在放大区才能使输出量与输入量保持线性关系,不会产生失真。

3.2.2 放大电路的性能指标

放大电路可以看成一个二端口网络。如图 3.2.2 所示,需要放大的信号(内阻为 R_S 的电压源 $\dot{U}_s$)加在输入端,放大电路的输入电压和输入电流分别为 $\dot{U}_i$ 和 $\dot{I}_i$,输出电压和输出电流分别为 $\dot{U}_o$ 和 $\dot{I}_o$,R_L 为放大电路的负载电阻。放大电路的主要技术指标如下。

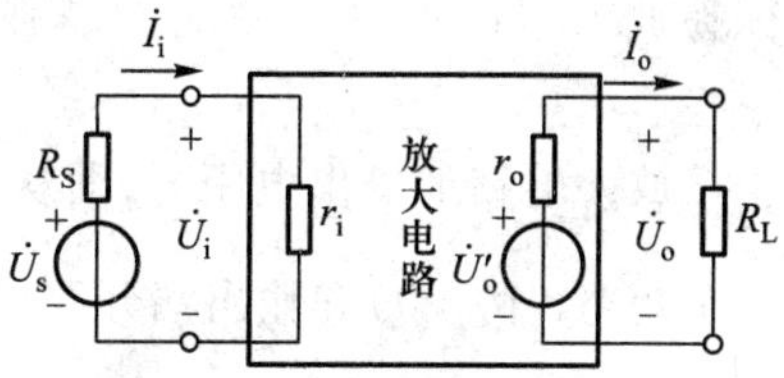

图 3.2.2 放大电路示意图

1. 放大倍数

放大倍数是衡量放大电路放大能力的重要指标。对放大电路而言有电压放大倍数、电流放大倍数和功率放大倍数,本章重点研究电压放大倍数(voltage gain)。

电压放大倍数是输出电压 $\dot{U}_o$ 与输入电压 $\dot{U}_i$ 之比,即

$$A_u = \frac{\dot{U}_o}{\dot{U}_i} \tag{3.2.1}$$

考虑信号源内阻影响时的电压放大倍数为源电压放大倍数,用 A_{us} 表示

$$A_{us} = \frac{\dot{U}_o}{\dot{U}_s} \tag{3.2.2}$$

2. 输入电阻(input resistance)

如图 3.2.2 所示,从放大电路输入端看放大电路及其负载 R_L 可视为信号源的负载电阻,即输入端的等效电阻就是信号源(或前级放大电路)的负载电阻,也就是放大电路的输入电阻 r_i 。

$$r_i = \frac{\dot{U}_i}{\dot{I}_i} \tag{3.2.3}$$

输入电阻的大小影响信号在输入回路的衰减。信号源内阻 R_S 和放大电路输入电阻 r_i 的分压作用使真正到达放大电路输入端的实际电压为

$$\dot{U}_i = \frac{r_i}{R_S + r_i} \dot{U}_s \tag{3.2.4}$$

所以,源电压放大倍数为

$$A_{us} = \frac{\dot{U}_o}{\dot{U}_s} = \frac{\dot{U}_o}{\dot{U}_i} \cdot \frac{\dot{U}_i}{\dot{U}_s} = A_u \cdot \frac{r_i}{R_S + r_i} \tag{3.2.5}$$

显然,只有当 $r_i \gg R_S$ 时,才能使 R_S 对信号的衰减作用大大降低,这就要求设计电压放大电路时,应尽量提高电路的输入电阻 r_i。理想电压放大电路的输入电阻应为 $r_i \to \infty$。此时,$\dot{U}_i = \dot{U}_s$,避免了信号在输入回路的衰减。

3. 输出电阻(output resistance)

放大电路对负载(或对后级放大电路)来说,可以等效为有内阻的信号源,其等效内阻就是放大电路的输出电阻 r_o。

输出电阻表明放大电路带负载的能力,输出电阻 r_o 越小,负载得到的输出电压越接近于放大电路空载时的输出电压,或者说输出电阻越小,负载电阻 R_L 变化时,输出电压 U_o 的变化越小,称为放大电路的带负载能力越强,反之则弱。因此,通常希望放大电路输出级的输出电阻低一些。

放大电路的输出电阻 r_o,即从放大电路输出端看进去的戴维宁等效电路的等效内阻,可在信号源短路($\dot{U}_s = 0$)和输出端开路($R_L \to \infty$)的条件下求得。

$$r_o = \frac{\dot{U}_o}{\dot{I}_o} \bigg|_{\dot{U}_s = 0; R_L = \infty} \tag{3.2.6}$$

3.2.3 基本共射极放大电路的组成及各元件的作用

图 3.2.3(a)所示为基本放大电路,由于晶体管的发射极接地,是输入回路与输出回路的共同端,所以称为共发射极放大电路。该电路中各个元件的作用如下。

晶体管 T:为放大电路的核心元件,利用它的电流放大作用,在集电极电路获得放大了的集电极电流,该电流受输入基极电流的控制。晶体管用能量较小的输入信号去控制电源 U_{CC} 所供给的能量,在输出端输出一个能量较大的信号。晶体管是一个控制元件。

电源 U_{CC} 和 U_{BB}:放大电路能量的来源,直流电源的大小和极性应使晶体管的发射结处于正向偏置,集电结处于反向偏置,以使晶体管工作在放大区。U_{CC} 取值一般为几伏到几十伏。U_{CC} 和 R_C 保证集电结的反向偏置。

基极电阻 R_B:又称偏置电阻。基极电阻和基极电源 U_{BB} 一起保证发射结正向偏置,同时用以调节晶体管的基极电流 I_B(常称为偏置电流),使放大电路有合适的静态工作状态。R_B 的阻值一般为几十千欧到几百千欧。

集电极负载电阻 R_C:简称集电极电阻。它和集电极电源 U_{CC} 一起保证了集电结的反向偏置,又将集电极电流的变化转换为电压的变化,实现电路的电压放大作用。R_C 一般为几千到几十千欧。

耦合电容 C_1 和 C_2:起隔直流通交流的作用。C_1 用来隔断放大电路与信号源之间的直流通路，C_2 用来隔断放大电路与负载之间的直流通路。同时，为减小传递信号的电压损失，C_1 和 C_2 一般选用十几微法到几十微法的容量大、有极性的电解电容，使其在工作信号频率范围内的容抗很小，可视为短路，所以输入信号几乎无损失地加在放大管的基极与发射极之间。实际上，电源 U_{BB} 可用电源 U_{CC} 代替，基极电流 I_B 由 U_{CC} 经电阻 R_B 提供。为简化电路的画法，常不画电源 U_{CC}，只标出电源正极电位 $+U_{CC}$（如图 3.2.3（b）所示）。

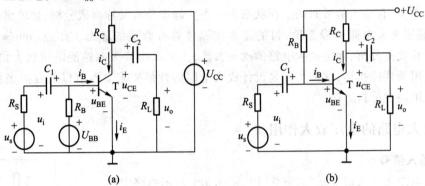

图 3.2.3　基本共发射极放大电路

练习与思考

3.2.1　什么是放大？放大的特征是什么？

3.2.2　如何让接入电路的晶体管起到放大作用？组成放大电路的原则是什么？有几种接法？

3.2.3　试判断图 3.2.4 所示各个电路能否放大交流信号。为什么？

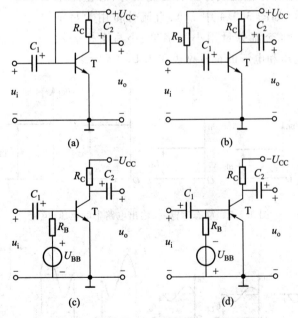

图 3.2.4　练习与思考 3.2.3 的图

3.2.4　通常希望放大电路的输入电阻和输出电阻高一些，还是低一些？放大电路的带负载能力是指什么？

3.3 放大电路的分析方法

一般情况下,在放大电路中,由于有直流电源和随时间变化的信号源,所以直流分量和交流分量总是共存的。对放大电路可分为静态和动态两种情况来分析。放大电路没有输入信号时的工作状态为静态,有输入信号时的工作状态为动态。静态分析又称直流分析,是求出电路的直流工作状态,确定放大电路的静态值,目的是确定晶体管有合适的静态工作点(quiescent point)。动态分析又称交流分析,确定放大电路的动态参数,主要求出放大电路的电压放大倍数、输入电阻和输出电阻等性能指标,这些指标是设计放大电路的性能要求。本节以共发射极放大电路为例介绍放大电路的分析方法。

3.3.1 放大电路的电压放大作用

1. 无输入信号

当放大电路无输入信号 $u_i(u_i = 0)$ 时,图 3.3.1 所示电路中的电压、电流都是直流量,如图 3.3.2 所示。

2. 有输入信号

有信号输入时,放大电路中有直流电源 U_{CC} 和输入的信号 u_i,如图 3.3.3 所示。各电极电流和电压的大小均发生了变化,都在直流量的基础上叠加了一个交流量,但方向始终不变。晶体管各极的电压和电流既有直流成分又有交流成分,总量用小写字母、大写下标表示(如图 3.3.4 中 i_c),直流分量用大写字母、大写下标表示 (I_c),交流分量用小写字母、小写下标表示(如 i_c)。放大电路中电压和电流的符号见表 3.3.1。

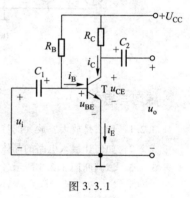

图 3.3.1

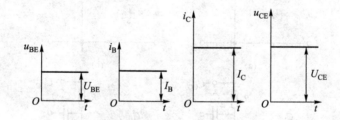

图 3.3.2 静态时输入、输出电路中的电压、电流

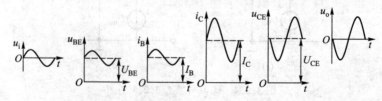

图 3.3.3 动态时输入、输出电路中的电压、电流

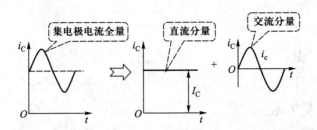

图 3.3.4　动态时集电极电流的全量、直流分量以及交流分量

表 3.3.1　放大电路中电压和电流的符号

名称	静态值	交流分量		总电压或总电流	
		瞬时值	有效值	瞬时值	平均值
基极电流	I_B	i_b	I_b	i_B	$I_{B(AV)}$
集电极电流	I_C	i_c	I_c	i_C	$I_{C(AV)}$
发射极电流	I_E	i_e	I_e	i_E	$I_{E(AV)}$
集 – 射极电压	U_{CE}	u_{ce}	U_{ce}	u_{CE}	$U_{CE(AV)}$
基 – 射极电压	U_{BE}	u_{be}	U_{be}	u_{BE}	$U_{BE(AV)}$

　　若电路参数选取得当,输出电压可以比输入电压大,即电路具有电压放大作用。要想使晶体管放大电路实现电压放大需要满足一些条件:首先,晶体管必须要工作在放大区,即发射结正偏,集电结反偏,放大电路要有合适的静态工作点,使晶体管工作在放大区;其次,输入回路要能将变化的发射结电压转化成变化的基极电流,输出回路将变化的集电极电流转化成变化的集电极电压,经电容耦合输出交流信号。

3.3.2　直流通路和交流通路

　　由于放大电路中有电容等电抗元件的存在,直流量所流经的通路和交流信号所流经的通路是不同的。电容对交、直流的作用不同,如果电容的容量足够大,可以认为它对交流短路,而对直流可以看成开路。

1. 直流通路(direct current path)

　　在直流电源的作用下,直流电流流经的通路称为直流通路,直流通路用于研究放大电路静态工作点。画放大电路直流通路时要注意:在直流电路中,电容视为开路,电感视为短路,信号源为交变的电压源应视为短路,电源内阻保留。图 3.3.5 为图 3.2.3(b)的直流通路。

2. 交流通路(alternating current path)

　　交流通路是在输入信号作用下交流分量流经的通路,交流通路是用来研究放大电路的动态参数。对于交流通路,容量大的电容 C_1 和 C_2 视为短路;由于直流电源的内阻为零,可视为短路。如图 3.3.6 所示为图 3.2.3(b)的交流通路。

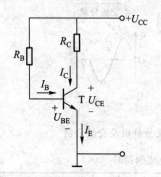

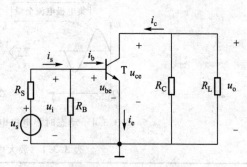

图 3.3.5 图 3.2.3(b)放大电路的直流通路   图 3.3.6 图 3.2.3(b)放大电路的交流通路

3.3.3 放大电路的静态分析

放大电路的核心器件是具有放大作用的晶体管。要保证晶体管工作在放大区,使信号不失真地放大,其直流工作状态有一定的要求,即保证发射结正向偏置、集电结反向偏置。根据放大电路计算直流工作状态,或者说改变电路的参数保证晶体管工作在放大区,是本节讨论的主要问题。

直流工作点,又称静态工作点(quiescent point),简称 Q 点。它既可以通过解析的方法求出,也可以通过作图的方法求出。图解法形象直观,便于对放大电路进行定性分析,有助于理解放大电路;解析法逻辑清晰,便于对放大电路进行定量分析,可以得到放大电路的具体参数。

1. 用放大电路的直流通路确定静态值

研究放大电路静态工作点在直流通路上进行分析。

由图 3.3.5 所示的直流通路,可得静态时的基极电流

$$I_B = \frac{U_{CC} - U_{BE}}{R_B} \approx \frac{U_{CC}}{R_B} \tag{3.3.1}$$

由于 U_{BE} 为晶体管发射结正向压降(硅管约为 $0.6 \sim 0.8$ V,常取 0.7 V;锗管约为 $-0.2 \sim -0.3$ V,常取 -0.2 V),远比 U_{CC} 小得多,可忽略不计。

静态时的集电极电流

$$I_C \approx \beta I_B \tag{3.3.2}$$

集—射极电压则为

$$U_{CE} = U_{CC} - I_C R_C \tag{3.3.3}$$

在测试基本放大电路时,往往测量三个电极对地的电位 V_B、V_E 和 V_C 即可确定晶体管的工作状态。

例 3.3.1 图 3.2.3(b)所示放大电路,采用 $\beta = 50$ 的晶体管,已知 $U_{CC} = 12$ V,$U_{BE} = 0.7$ V,$R_B = 400$ kΩ,$R_C = 3$ kΩ,求放大电路的静态值。

解:根据图 3.3.5 的直流通路可得

$$I_B = \frac{U_{CC} - U_{BE}}{R_B} = \frac{12 - 0.7}{400 \times 10^3} \text{A} \approx 0.03 \text{ mA} = 30 \text{ μA}$$

$$I_C \approx \beta I_B = 50 \times 0.03 \text{ mA} = 1.5 \text{ mA}$$

$$U_{CE} = U_{CC} - I_C R_C = [12 - (1.5 \times 10^{-3})(3 \times 10^3)] V = 7.5 V$$

例 3.3.2 图 3.2.3(b)所示放大电路,设 $U_{CC} = 12\ V, \beta = 50, U_{BE} = 0.7\ V$,要求静态工作点 $I_C = 2\ mA, U_{CE} = 6\ V$,试问该电路的 R_B 和 R_C 的阻值应选多大?

解:根据图 3.3.5 所示的直流通路可得集电极电阻

$$R_C = \frac{U_{CC} - U_{CE}}{I_C} = \frac{12 - 6}{2}\ k\Omega = 3\ k\Omega$$

基极电流则为

$$I_B = \frac{I_C}{\beta} = \frac{2}{50}\ mA = 0.04\ mA$$

所以基极电阻应为

$$R_B = \frac{U_{CC} - U_{BE}}{I_B} \approx \frac{U_{CC}}{I_B} = \frac{12}{0.04}\ k\Omega = 300\ k\Omega$$

2. 用图解法确定静态值

我们在本书上册电工技术第 3 章讨论过,对非线性电阻元件,在已知该非线性电阻元件的伏安关系以及放大电路中其他元件参数的情况下,可利用作图方法对放大电路进行分析,即图解法(graphical method)。图解法可求解静态值,并可直观地分析和了解静态值的变化对放大电路工作点的影响。

将图 3.3.5 的直流通路中晶体管的输出回路表示为图 3.3.7 所示电路。由图 a、b 两端向左看,其 I_C 与 U_{CE} 的关系由晶体管的输出特性曲线确定。由图 a、b 两端向右看,I_C 与 U_{CE} 的关系由输出回路的电压方程来表示

$$U_{CE} = U_{CC} - I_C R_C$$

或

$$I_C = \frac{U_{CC}}{R_C} - \frac{U_{CE}}{R_C}$$

可知,I_C 与 U_{CE} 的关系是线性的,该直线方程的斜率为 $-\dfrac{1}{R_C}$,在横轴上的截距为 U_{CC},在纵轴上的截距为 $\dfrac{U_{CC}}{R_C}$,如图 3.3.8 所示。

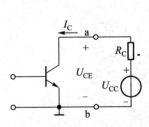

图 3.3.7 直流通路输出电路的另一种画法

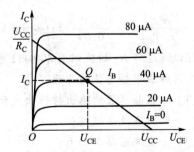

图 3.3.8 静态工作点的图解分析

由于该直线是由直流通路而得,又与集电极负载电阻 R_C 有关,故称之为直流负载线(direct load line)。由上册第 3 章关于非线性电阻电路的分析可知,该放大电路的工作点必然是直流负

载线与晶体管输出特性曲线的交点。

由晶体管的输出特性可知,基极电流 I_B 的大小不同,静态工作点的在负载线上的位置就不同。基极电流的大小影响静态工作点的位置。若 I_B 偏低,则静态工作点 Q 靠近截止区;若 I_B 偏高则 Q 靠近饱和区。因此,在已确定直流电源 U_{CC} 和集电极电阻 R_C 的情况下,静态工作点设置得合适与否取决于 I_B 的大小,调节基极电阻 R_B,改变电流 I_B,可以调整静态工作点。因此,I_B 很重要,通常称之为偏置电流,产生偏置电流的电路称为偏置电路,而 R_B 称为偏置电阻。

例3.3.3 晶体管的输出特性曲线如图3.3.9所示。(1) 试用图解法求例3.3.1题的静态工作点。(2) 若使 $U_{CE} = 6$ V,该如何调节 R_B?

解:(1) 由输入回路可得

$$I_B = \frac{U_{CC} - U_{BE}}{R_B} = \frac{12 - 0.7}{400 \times 10^3} \text{ A} \approx 0.03 \text{ mA} = 30 \text{ μA}$$

列出直流负载线方程

$$U_{CE} = U_{CC} - I_C R_C$$

得到直流负载线在横轴和纵轴上的截距分别为

$$U_{CC} = 12 \text{ V}, \qquad \frac{U_{CC}}{R_C} = \frac{12}{3} \text{ mA} = 4 \text{ mA}$$

画出直流负载线(如图3.3.9所示)。直流负载线与 I_B 为 30 μA 的输出特性曲线的交点即为静态工作点 Q_1。根据 Q_1 查坐标得 $I_{C1} = 1.5$ mA,$U_{CE1} = 7.5$ V。

(2) 解法一:如图3.3.9所示,若使 $U_{CE} = 6$ V,静态工作点上移至 Q_2 点,由图可得

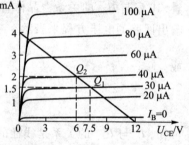

图3.3.9 例3.3.3图

$$I_B = 40 \text{ μA}, I_C = 2 \text{mA}$$

故 $R_B = \dfrac{U_{CC} - U_{BE}}{I_B} = \dfrac{12 - 0.7}{0.04} \text{ k}\Omega \approx 300 \text{ k}\Omega$

解法二:由解析法来求 R_B 的值。

欲使 U_{CE} 由原来的 7.5 V 下调至 6 V,由 $U_{CE} = U_{CC} - I_C R_C$ 可知,若 R_C 不变,可增大 I_C 至 2 mA 使得 $U_{CE} = 6$ V。

$$I_B = \frac{I_C}{\beta} = \frac{2}{50} \text{ mA} = 40 \text{ μA}$$

故 $R_B = \dfrac{U_{CC} - U_{BE}}{I_B} = \dfrac{12 - 0.7}{0.04} \text{ k}\Omega \approx 300 \text{ k}\Omega$

所以可以通过将 R_B 的值调至 300 kΩ 来将 U_{CE} 由原来的 7.5 V 调至 6 V。

用图解法求静态值的步骤:

(1) 给出晶体管的输出特性曲线族;

(2) 做出直流负载线;

(3) 由直流通路求出 I_B;

(4) 得出静态工作点;

(5) 找出静态值。

3.3.4 放大电路的动态分析

当放大电路有输入信号时,晶体管的各个电压和电流既有直流分量,又有交流分量。直流分量(即静态值)可由上一部分的静态分析求得。动态分析仅考虑电压和电流的交流分量。动态分析有微变等效电路法和图解法两种。

1. 微变等效电路法

微变等效电路法的基本思想是:当信号变化的范围很小(微变)时,将非线性元件晶体管所组成的非线性电路等效成线性电路,这样就可用处理线性电路的方法来分析放大电路。

(1) 晶体管的微变等效电路

如图 3.3.10 所示为晶体管的特性曲线,其输入特性曲线(图 3.3.10(a))和输出特性曲线(图 3.3.10(b))都是非线性的。但是,如果工作信号是变化范围很小的小信号,晶体管在一个近似于直线的范围工作,晶体管局部的输入特性、输出特性均可近似地看作一段直线。晶体管电压、电流变化量之间的关系基本上是线性的,这样,就可以用一个线性电路等效模型来代替晶体管,使电路的分析和计算得以简化,这个模型就是晶体管微变等效电路。利用微变等效电路,可以将含有非线性元件(晶体管)的放大电路转换为线性电路,然后,就可以利用电路分析中各种分析线性电路的方法来求解电路。

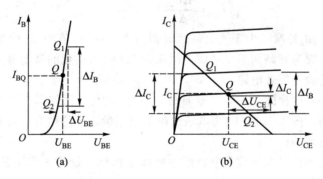

图 3.3.10 从晶体管的特性曲线求 r_{be},β 和 r_{ce}

由图 3.3.10(a) 晶体管的输入特性曲线可知,在小信号作用下的静态工作点 Q 邻近的 $Q_1 \sim Q_2$ 工作范围内的曲线可视为直线,其斜率不变。当 U_{CE} 为常数时,ΔU_{BE} 与 ΔI_B 两变量的比值称为晶体管的输入电阻,即

$$r_{be} = \frac{\Delta U_{BE}}{\Delta I_B}\Big|_{U_{CE}} = \frac{u_{be}}{i_b}\Big|_{U_{CE}} \qquad (3.3.4)$$

式(3.3.4)表示晶体管的输入回路可用晶体管的输入电阻 r_{be} 来等效代替,其等效电路见图 3.3.11(b)。工程中低频小信号下的 r_{be} 可用下式估算

$$r_{be} = 200 + (1 + \beta)\frac{26\ \text{mV}}{I_E(\text{mA})} \qquad (3.3.5)$$

小信号低频下工作时的晶体管的 r_{be} 一般为几百到几千欧。

由图 3.3.10(b) 晶体管的输出特性曲线可知,在小信号作用下的静态工作点 Q 邻近的 $Q_1 \sim Q_2$ 工作范围内,放大区的曲线是一组近似等距的水平线,它反映了集电极电流 I_C 只受基极电流

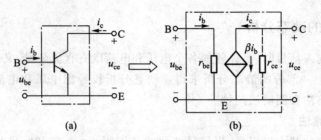

图 3.3.11　晶体管及其微变等效电路

I_B 控制,而与管子两端电压 U_{CE} 基本无关,因而晶体管的输出回路可等效为一个受电流控制的电流源,即

$$\beta = \frac{\Delta I_C}{\Delta I_B} = \frac{i_c}{i_b} \tag{3.3.6}$$

或

$$i_c = \beta i_b \tag{3.3.7}$$

实际晶体管的输出特性并非与横轴绝对平行。当 I_B 为常数时,ΔU_{CE} 会引起 ΔI_C 变化,它们之比称为晶体管的输出电阻 r_{ce},即

$$r_{ce} = \frac{\Delta U_{CE}}{\Delta I_C}\Big|_{I_B} = \frac{u_{ce}}{i_c}\Big|_{I_B} \tag{3.3.8}$$

r_{ce} 和受控电流源 βi_b 并联。由于输出特性近似为水平线,r_{ce} 值很高,约为几十千欧到几百千欧,在一定条件下,可视为开路而不予考虑。图 3.3.11(b)为简化的微变等效电路。

（2）放大电路的微变等效电路

用微变等效电路来取代图 3.3.6 交流通路中的晶体管,可得如图 3.3.12(a)所示共射放大电路的微变等效电路。图 3.3.12(b)为电压电流采用相量表示的微变等效电路。

（3）电压放大倍数的计算

电压放大倍数是小信号电压放大电路的主要技术指标。设输入为正弦信号,图 3.3.12(b)中的电压和电流都用相量表示。

由图 3.3.12(b)可列出

$$\dot{U}_o = -\dot{I}_c \cdot (R_C /\!/ R_L) = -\beta \dot{I}_b \cdot (R_C /\!/ R_L)$$

$$\dot{U}_i = \dot{I}_b r_{be}$$

$$A_u = \frac{\dot{U}_o}{\dot{U}_i} = \frac{-\beta \dot{I}_b(R_C /\!/ R_L)}{\dot{I}_b r_{be}} = -\beta \frac{R'_L}{r_{be}} \tag{3.3.9}$$

其中,$R'_L = R_C /\!/ R_L$。

A_u 为复数,它反映了输出与输入电压之间大小和相位的关系。

式(3.3.9)中的负号表示共射放大电路的输出电压与输入电压的相位相反。

当放大电路输出端开路时(未接负载电阻 R_L),可得空载时的电压放大倍数 A_{uo},

$$A_{uo} = \frac{\dot{U}_o}{\dot{U}_i} = -\beta \frac{R_C}{r_{be}} \tag{3.3.10}$$

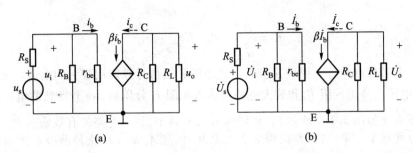

图 3.3.12 图 3.3.1 所示共发射极放大电路的微变等效电路

比较式(3.3.9)和式(3.3.10),可得出:放大电路接有负载电阻 R_L 时的电压放大倍数比空载时降低了。R_L 愈小,电压放大倍数愈低。一般共射放大电路为提高电压放大倍数,总希望负载电阻 R_L 大一些。

(4) 放大电路输入电阻 r_i 的计算

一个放大电路的输入端总是与信号源(或前一级放大电路)相连的,其输出端总是与负载(或后一级放大电路)相接的。因此,放大电路与信号源和负载之间(或前级放大电路与后级放大电路之间),都是互相联系,互相影响的。图 3.3.13 表示为它们之间的联系。

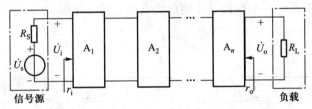

图 3.3.13 放大电路与信号源及前后级电路的联系

输入电阻 r_i 是衡量放大电路对信号源的影响的指标。

放大电路是信号源(或前一级放大电路)的负载,其输入端的等效电阻就是信号源(或前一级放大电路)的负载电阻,也就是放大电路的输入电阻 r_i。

图 3.2.3(b)共发射极放大电路的输入电阻可由图 3.3.14 所示的等效电路计算得出。

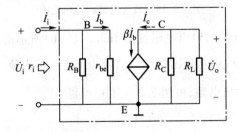

图 3.3.14 放大电路的输入电阻

由图可知

$$\dot{I}_i = \frac{\dot{U}_i}{R_B} + \frac{\dot{U}_i}{r_{be}}$$

所以
$$r_i = \frac{\dot{U}_i}{\dot{I}_i} = R_B /\!/ r_{be} \approx r_{be} \qquad (3.3.11)$$

一般输入电阻越高越好。原因是:第一,较小的 r_i 从信号源取用较大的电流而增加信号源的功率。第二,电压信号源内阻 R_S 和放大电路的输入电阻 r_i 分压后,r_i 上得到的电压才是放大电路的输入电压 $\dot{U}_i$(如图3.2.2所示)。相同的 $\dot{U}_s$,r_i 越小,放大电路的有效输入 $\dot{U}_i$ 减小,放大后的输出电压也就越小。第三,若与前级放大电路相连,则本级的 r_i 就是前级放大电路的负载电阻,若 r_i 较小,则前级放大电路的电压放大倍数也就较小。总之,要求放大电路有较高的输入电阻。

(5)放大电路输出电阻 r_o 的计算

放大电路是负载(或后级放大电路)的等效信号源,其等效内阻就是放大电路的输出电阻 r_o,它是放大电路的性能参数,它的大小影响本级和后级的工作情况。放大电路的输出电阻 r_o,即从放大电路输出端看进去的戴维宁等效电路的等效电阻,可采用在电工技术中介绍的加电压求电流法计算输出电阻。

如图3.3.15(b)所示,将图3.3.15(a)中输入信号源短路,但保留信号源内阻,在输出端加一测试电压信号 $\dot{U}_t$,以产生一个电流 $\dot{I}_t$,则放大电路的输出电阻为

$$r_o = \frac{\dot{U}_t}{\dot{I}_t}\bigg|_{\dot{U}_s=0} \qquad (3.3.12)$$

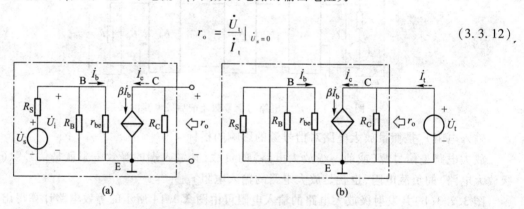

图 3.3.15 放大电路的输出电阻

图3.2.3(b)共射放大电路的输出电阻可由图3.3.15(b)所示的电路计算得出。由图可知,当 $\dot{U}_s = 0$ 时,$\dot{I}_b = 0$,$\dot{I}_c = 0$,而在输出端加一信号 $\dot{U}_t$,产生的电流 $\dot{I}_t$ 就是电阻 R_C 中的电流,取电压 $\dot{U}_t$ 与电流 $\dot{I}_t$ 之比为输出电阻,由图3.3.15(b)可得

$$r_o = \frac{\dot{U}_t}{\dot{I}_t}\bigg|_{\dot{U}_s=0,R_L=\infty} = R_C \qquad (3.3.13)$$

如上一节所述,输出电阻的高低表明了放大器所能带负载的能力。一般输出电阻越小越好。其原因是:第一,放大电路的输出电阻对后一级放大电路来说,相当于信号源的内阻,若 r_o 较高,则使后一级放大电路的有效输入信号降低,使后一级放大电路的 A_{us} 降低。第二,放大电路的负载发生变动时,若 r_o 较高,必然引起放大电路输出电压有较大的变动,也即放大电路带负载能力较差。所以,希望放大电路的输出电阻 r_o 越小越好。

例3.3.4 如图3.2.3(b)所示放大电路,已知晶体管的 $\beta = 50$, $U_{CC} = 12$ V, $U_{BE} = 0.7$ V, $R_B = 300$ kΩ, $R_C = 3$ kΩ, $R_L = 3$ kΩ,分别求:(1)空载时放大电路的电压放大倍数、输入电阻和输出电阻;(2)带 $R_L = 3$ kΩ 负载电阻时的电压放大倍数;(3)当信号源的内阻分别为 $R_S = 1$ kΩ 和 $R_S = 10$ kΩ,且带 $R_L = 3$ kΩ 负载电阻时,相对于信号源的电压放大倍数即源电压放大倍数将分别变为多少? 试比较。

解:由例3.3.3可得 $I_B = 40$ μA, $I_C = 2$ mA

$$I_E = (1 + \beta)I_B = (1 + 50) \times 40 \text{ μA} = 2.04 \text{ mA}$$

晶体管的输入电阻为

$$r_{be} = 200 + (1 + \beta)\frac{26 \text{ mV}}{I_E \text{ mA}} = \left[200 + (1 + 50) \times \frac{26}{2.04}\right]\Omega = 850 \ \Omega = 0.85 \text{ kΩ}$$

(1)空载电压放大倍数

$$A_{uo} = \frac{\dot{U}_o}{\dot{U}_i} = -\beta\frac{R_C}{r_{be}} = -50 \times \frac{3 \text{ kΩ}}{0.85 \text{ kΩ}} = -176.5$$

$$r_i = \frac{\dot{U}_i}{\dot{I}_i} = R_B \mathbin{/\mkern-5mu/} r_{be} \approx r_{be} = 0.85 \text{ kΩ}$$

$$r_o = \frac{\dot{U}_t}{\dot{I}_t}\bigg|_{\dot{U}_s = 0, R_L = \infty} = R_C = 3 \text{ kΩ}$$

(2)带 $R_L = 3$ kΩ 负载电阻时

$$A_u = \frac{\dot{U}_o}{\dot{U}_i} = -\beta\frac{R'_L}{r_{be}} = -50 \times \frac{\frac{3 \times 3}{3 + 3} \text{ kΩ}}{0.85 \text{ kΩ}} = -88.2$$

(3)当信号源的内阻为 $R_S = 1$ kΩ 时,带载时的源电压放大倍数为

$$A_{us} = \frac{\dot{U}_o}{\dot{U}_s} = \frac{\dot{U}_o}{\dot{U}_i} \cdot \frac{\dot{U}_i}{\dot{U}_s} = A_u \cdot \frac{r_i}{R_S + r_i} = (-88.2) \times \frac{0.85 \text{ kΩ}}{1 \text{ kΩ} + 0.85 \text{ kΩ}} = -40.5$$

当信号源的内阻为 $R_S = 10$ kΩ 时,带载时的源电压放大倍数为

$$A_{us} = A_u \cdot \frac{r_i}{R_S + r_i} = (-88.2) \times \frac{0.85 \text{ kΩ}}{10 \text{ kΩ} + 0.85 \text{ kΩ}} = -6.9$$

可见放大电路接有负载电阻 R_L 时的电压放大倍数比空载时小;R_S 相对于放大电路输入电阻 r_i 愈大,源电压放大倍数愈低。一般共射放大电路为提高源电压放大倍数,增大输出电压,总希望信号源内阻 R_S(或前一级的输出电阻)对于放大电路输入电阻 r_i 小一些。

2. 图解法

放大电路也可应用图解法进行动态分析,就是利用放大电路的结构约束曲线(负载线)和晶体管元件伏安特性曲线,通过作图的方法,研究在输入信号的作用下,各个电压和电流交流分量之间的传递情况和相互关系,晶体管的工作点变化的规律,以便了解放大电路的工作情况。

(1)交流负载线(alternating load line)

由于交流信号的加入,此时应按交流通路来考虑。如图3.3.6所示,交流负载 $R'_L = R_C \mathbin{/\mkern-5mu/} R_L$。在交流信号作用下,晶体管工作状态的移动不再沿着直流负载线,而是按交流负载线移动。因

此,分析交流信号前,应先画出交流负载线。

交流负载线具有如下两个特点:

交流负载线必然通过静态工作点。因为当输入信号 u_i 的瞬时值为零时(相当于无信号加入),若忽略电容 C_1 和 C_2 的影响,则电路状态和静态相同。

另一个特点是交流负载线的斜率由 R'_L 表示。

因此,按上述两个特点可画出交流负载线,即过 Q 点,画一条斜率为 $1/R'_L$ 的直线,就是交流负载线,如图 3.3.16 所示。

由于 $R'_L = R_C /\!/ R_L < R_C$,故一般情况下,交流负载线比直流负载线更陡。

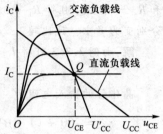

图 3.3.16　直流负载线和交流负载线

（2）图解分析

通过图 3.3.17 所示放大电路的图解分析,更能直观地看出放大电路晶体管各极的电压和电流既有直流成分又有交流成分,如

$$i_B = I_B + i_b$$

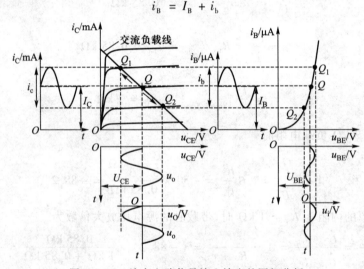

图 3.3.17　放大电路信号输入输出的图解分析

交流信号传输的途径如下:交变的电压 u_i 加在放大电路的偏置电路上转变成变化的基极电流 i_b,该电流经晶体管转变为放大了的集电极电流 i_c,再通过输出回路将变化的集电极电流转化成变化的集电极电压 u_{ce},经电容耦合只输出放大了的交流信号 u_o,该输出信号 u_o 与输入信号 u_i 反相,即共发射极放大电路具有反相作用。

另外,由 u_o 和 u_i 的峰值(或峰峰值)之比可大致得到放大电路的电压放大倍数。

例 3.3.5　晶体管的输出特性曲线如图 3.3.18 所示,试做出例 3.3.4 中带 $R_L = 3\ \text{k}\Omega$ 负载电阻时的交流负载线。

解: 由例 3.3.3 和例 3.3.4 可知静态工作点 Q

$$I_B = 40\ \mu\text{A},\ I_C = 2\ \text{mA},\ U_{CE} = 6\ \text{V}$$

$$R'_L = R_C /\!/ R_L = 1.5\ \text{k}\Omega$$

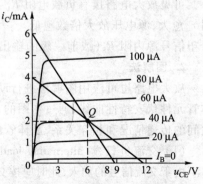

图 3.3.18　例 3.3.5 的交流负载线

过 Q 点做一条斜率为 $-\dfrac{1}{R'_\text{L}}$ 的直线,便可得交流负载线。

（3）非线性失真

对于放大电路,应使输出电压尽可能的大,但它受到晶体管非线性的限制。当信号过大或者静态工作点不合适时,放大电路的工作范围超出了晶体管特性曲线上的线性范围,输入信号经放大电路放大后,输出波形与输入波形不完全一致称为波形失真,这种由晶体管的非线性引起的失真称为非线性失真。

当工作点设置过低,在输入信号的负半周,工作状态进入截止区,因而引起 i_b、i_c 和 u_ce 的波形失真,称为截止失真。由图 3.3.19（a）可看出,对于 NPN 型晶体管共发射极放大电路,产生截止失真时,输出电压 u_CE 的波形出现顶部失真。

消除截止失真的方法为提高静态工作点的位置,适当减小输入信号 u_i 的幅值。对于图 3.2.3（b）的共射极放大电路,可以减小 R_B 阻值,增大 I_B,使静态工作点上移来消除截止失真。

如果工作点设置过高,在输入信号的正半周,工作状态进入饱和区,此时,当 i_b 增大时 i_c 几乎不随之增大,因此引起 i_c 和 u_ce 产生波形失真,称之为饱和失真。由图 3.3.19（b）可看出,对于 NPN 型晶体管共发射极放大电路,当产生饱和失真时,输出电压 u_CE 的波形出现底部失真。

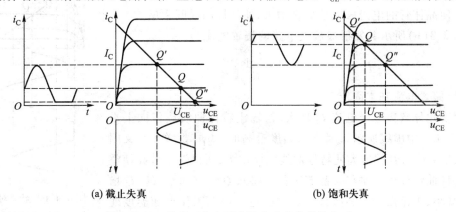

(a) 截止失真   (b) 饱和失真

图 3.3.19 静态工作点不合适产生的非线性失真

消除饱和失真的方法是降低静态工作点的位置。对于图 3.2.3（b）的共射极放大电路,可以增大 R_B 阻值,减小 I_B,使静态工作点下移来消除饱和失真。

总之,设置合适的静态工作点,可避免放大电路产生非线性失真。

所以,要使放大电路不产生非线性失真,必须要有一个合适的静态工作点,Q 点应大致选在交流负载线的中点。但还应注意即使 Q 点设置合适,若输入 u_i 的信号幅度过大,则可能产生既饱和失真又截止失真。

练习与思考

3.3.1 画直流通路和交流通路应该注意什么？

3.3.2 图解分析法有何优、缺点？在什么情况下用图解分析法最合适？

3.3.3 改变 R_c 和 U_CC 对放大电路的直流负载线有什么影响？

3.3.4 在例 3.3.1 中,输入 $u_\text{i} = 3\sin\omega t$ mV 的信号。试问：（1）当 $\pi < \omega t < 2\pi$ 时,晶体管的发射结是否处于

反向偏置? 为什么? (2) 若电阻 R_B 开路,i_b 和 u_o 各是多少?

3.3.5 如果静态工作点设置过高,容易产生何种类型的失真? 可以调节电路的什么参数来调节? 如果静态工作点设置过低呢?

3.4 放大电路静态工作点的稳定问题

前面的讨论已明确:放大必须有合适的静态工作点,以保证较好的放大效果,减小非线性失真。但半导体器件是一种对温度十分敏感的器件,温度变化会使放大电路的工作状态受到影响。

3.4.1 静态工作点稳定的必要性

由 3.1 节讨论可知,温度上升时反映在如下几个主要方面:

(1) 反向饱和电流 I_{CBO} 增加,穿透电流 $I_{CEO} = (1 + \beta)I_{CBO}$ 也增加。反映在特性曲线上就是使特性曲线上移。

(2) 基 – 射极电压 U_{BE} 下降,在外加电压和电阻不变的情况下,使基极电流 I_B 上升。

(3) 使晶体管的电流放大倍数 β 增大,使特性曲线间距增大。

图 3.2.3(b)所示共发射极放大电路的偏置电流为

$$I_B = \frac{U_{CC} - U_{BE}}{R_B} \approx \frac{U_{CC}}{R_B}$$

可见,偏置电流基本固定。

温度变化导致集电极电流 I_C 增大时,输出特性曲线族将向上平移,如图 3.4.1 中虚线所示。因为当温度升高时,I_{CEO} 要增大。又因为 $I_C = \beta I_B + I_{CEO}$,$\beta$ 的增大使特性曲线间距增大,所以温度升高使整个输出特性曲线族向上平移。静态工作点将从 Q 点移到 Q' 点。I_C 增大,U_{CE} 减小,工作点向饱和区移动。这是造成静态工作点随温度变化的主要原因。静态工作点随温度升高而提高,有可能产生饱和失真,反之亦然。

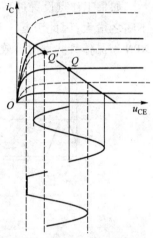

图 3.4.1 温度对 Q 点和输出波形的影响

3.4.2 静态工作点稳定电路

由上述可知,工作点的变化集中在集电极电流 I_C 的变化。因此,工作点稳定的具体表现就是使 I_C 稳定。为了克服 I_C 的漂移,可将集电极电流或电压变化量的一部分反馈到输入回路,影响基极电流 I_B 的大小,以补偿 I_C 的变化,常采用如图 3.4.2(a)所示的分压偏置式放大电路,其中:C_E 是旁路电容(by-pass capacitor),对于直流,C_E 相当于开路;对于交流,C_E 相当于短路。该电路利用发射极电流 I_E 在 R_E 上产生的对地电位 V_E,以调节 U_{BE},当 I_C 因温度升高而增大时,V_E 升将使 U_{BE} 减小,I_B 随之减小,于是便减小了 I_C 的增加量,达到静态工作点稳定的目的。由于 $I_E \approx I_C$,所以只要稳定 I_E,则 I_C 便稳定了,为此电路上要做到:

(1) 要保持基极电位 V_B 恒定,使它与 I_B 无关,由图 3.4.2(b)所示的直流通路可得

$$U_{CC} = I_{RB1}R_{B1} + I_{RB2}R_{B2}$$

若使 $I_{RB2} \gg I_B$，则

$$I_{RB1} \approx I_{RB2} \approx \frac{U_{CC}}{R_{B1} + R_{B2}}$$

$$V_B \approx \frac{R_{B2}}{R_{B1} + R_{B2}} U_{CC} \tag{3.4.1}$$

此式说明 V_B 与对温度敏感的晶体管参数无关，不随温度变化而变化，故 V_B 可以认为恒定不变。

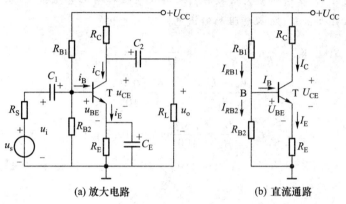

(a) 放大电路　　　　　(b) 直流通路

图 3.4.2　分压偏置式放大电路

（2）由于 $I_C \approx I_E = \dfrac{V_E}{R_E}$，所以要稳定工作点，应使 V_E 不受 U_{BE} 的影响而恒定，因此需满足的条件 $V_B \gg U_{BE}$，则

$$I_C \approx I_E = \frac{V_E}{R_E} = \frac{V_B - U_{BE}}{R_E} \approx \frac{V_B}{R_E} \tag{3.4.2}$$

具备上述条件后，就可以基本上认为晶体管的静态工作点与晶体管参数无关，达到稳定静态工作点的目的。同时，当选用不同 β 值的晶体管时，工作点也近似不变，有利于调试和生产。

稳定静态工作点的过程可表示如下：当温度升高使 I_C 增加，电阻 R_E 上的压降 $I_E R_E$ 增加，也即发射极电位 V_E 升高，而基极电位 V_B 固定，所以净输入电压 $U_{BE} = V_B - V_E$ 减小，从而使输入电流 I_B 减小，从而限制集电极电流 I_C 的增大，这样在温度变化时静态工作点得到了稳定。但是由于 R_E 的存在使得输入电压 u_i 不能全部加在 B、E 两端，使 u_o 减小，造成了电压放大倍数的减小，为了克服这一不足，在 R_E 两端并联了一个容值较大的旁路电容 C_E，使得对于直流 C_E 相当于开路，仍能稳定工作点，而对于交流信号，C_E 相当于短路，这使输入信号不受损失，电路的放大倍数不至于因为稳定了工作点而下降。一般旁路电容 C_E 取几十微法到几百微法。图中 R_E 越大，稳定性越好。但过大的 R_E 会使 U_{CE} 下降，影响输出 u_o 的幅度，通常小信号放大电路中 R_E 取几百到几千欧。

从 Q 点稳定的角度来看似乎 I_{RB2}、V_B 越大越好。但 I_{RB2} 越大，R_{B1}、R_{B2} 必须取得较小，将增加损耗，降低输入电阻，加在放大电路输入端的电压 u_i 减小。而 V_B 过高必使 V_E 也增高，在 U_{CC} 一定时，势必使 U_{CE} 减小，从而减小放大电路输出电压的动态范围。

在估算时一般选取：$I_{RB2} = (5 \sim 10)I_B$，$V_B = (5 \sim 10)U_{BE}$，R_{B1}、R_{B2} 的阻值一般为几十千欧。

见本章开头的实例，稳定电压为 6 V 的稳压管接在晶体管 T 的基极与地之间，故晶体管基极电位恒为 6 V，其偏置电流恒定，所以晶体管的集电极电流为恒定的，能为镍镉电池恒流充电；发

光二极管 LED 承受正向电压导通发光,其发光强度与通过的电流大小有关。R_5 是 LED 的限流电阻,使通过 LED 的电流限定在一定数值。LED 与 R_5 串联后,接于 R_4 两端,S 位置的不同,充电电流的大小不同,LED 发光的亮、暗指示充电电流的大小。

例3.4.1 在图 3.4.2(a)电路中,晶体管的 $\beta = 100$,$U_{CC} = 12$ V,$R_{B1} = 42$ kΩ,$R_{B2} = 18$ kΩ,$R_C = 2$ kΩ,$R_E = 1.5$ kΩ,$R_L = 6$ kΩ,$U_{BE} = 0.7$ V。(1)求静态值;(2)画出微变等效电路,并计算电压放大系数 A_u 和源电压放大倍数 A_{us},求输入电阻和输出电阻;(3)若无旁路电容 C_E,电路的静态值和电压放大倍数、输入电阻和输出电阻有何变化?

解:(1)
$$V_B \approx \frac{R_{B2}}{R_{B1} + R_{B2}} U_{CC} = \frac{18}{42 + 18} \times 12 \text{ V} = 3.6 \text{ V}$$

$$I_C \approx I_E = \frac{V_B - U_{BE}}{R_E} = \frac{3.6 - 0.7}{1.5 \times 10^3} \text{ A} = 1.93 \text{ mA}$$

$$I_B \approx \frac{I_C}{\beta} = \frac{1.93}{100} \text{ mA} = 19.3 \text{ μA}$$

$$U_{CE} \approx U_{CC} - I_C(R_C + R_E) = [12 - 1.93 \times 10^{-3} \times (2 + 1.5) \times 10^3] \text{V} = 5.23 \text{ V}$$

(2)微变等效电路如图 3.4.3 所示。

$$r_{be} = 200 + (1 + \beta)\frac{26 \text{ mV}}{I_E(\text{mA})} = \left[200 + (1 + 100)\frac{26}{1.93}\right]\Omega = 1.56 \text{ kΩ}$$

$$A_u = -\frac{\beta R'_L}{r_{be}} = -\frac{\beta(R_C /\!/ R_L)}{r_{be}} = -\frac{100 \times \dfrac{2 \times 6}{2 + 6}}{1.56} = -96$$

$$r_i = R_{B1} /\!/ R_{B2} /\!/ r_{be} = \frac{1}{\dfrac{1}{42} + \dfrac{1}{18} + \dfrac{1}{1.56}} \text{ kΩ} = 1.39 \text{ kΩ}$$

可见 $r_i \approx r_{be}$

$$A_{us} = A_u \frac{r_i}{r_i + R_s} = (-96) \times \frac{1.39}{1.39 + 6} = -18$$

可见由于放大电路的输入电阻小,源电压放大倍数较电压放大倍数小很多。

$$r_o \approx R_C = 2 \text{ kΩ}$$

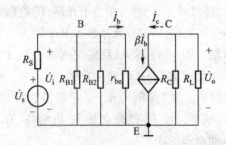

图 3.4.3 图 3.4.2(a)的微变等效电路

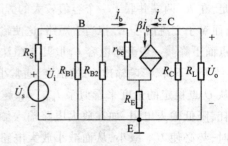

图 3.4.4

(3)去掉旁路电容 C_E,放大电路的直流通路无变化,所以其静态值同原电路相同。而微变等效电路变为图 3.4.4 所示。

$$A_u = -\frac{\beta R_L'}{r_{be} + (1 + \beta)R_E} = -\frac{100 \times 1.5}{1.56 + (1 + 100) \times 1.5} \approx -1$$

$$r_i = R_{B1} /\!/ R_{B2} /\!/ [r_{be} + (1 + \beta)R_E] = \frac{1}{\dfrac{1}{42} + \dfrac{1}{18} + \dfrac{1}{1.56 + (1 + 100) \times 1.5}} \text{k}\Omega = 11.64 \text{ k}\Omega$$

$$r_o \approx R_C = 2 \text{ k}\Omega$$

可以看出,当无旁路电容 C_E 时,电路的放大能力很差,但若用 C_E 完全将发射极电阻旁路了,放大电路的输入电阻又很低,因此在实用电路中常常将 R_E 分为两部分,只将其中一部分接旁路电容,如图 3.4.5 所示。

例 3.4.2 如果例 3.4.1 中的 R_E 分成 $R_E' = 1.4 \text{ k}\Omega$ 和 $R_E'' = 0.1 \text{ k}\Omega$,如图 3.4.5 所示,即 R_E 未全被 C_E 旁路。(1) 求静态值;(2) 画出微变等效电路图;(3) 计算该电路的电压放大倍数、源电压放大倍数、输入电阻和输出电阻,并与例 3.4.1 比较。

解:(1) 静态值与例 3.4.1 相同。

(2) 微变等效电路图如图 3.4.6 所示。

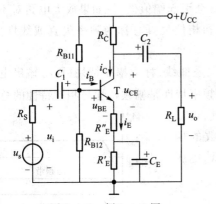

图 3.4.5 例 3.4.2 图

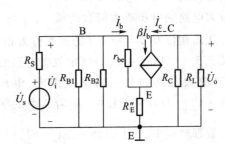

图 3.4.6 例 3.4.2 的微变等效电路图

(3)
$$A_u = -\frac{\beta R_L'}{r_{be} + (1 + \beta)R_E''} = -\frac{100 \times \dfrac{2 \times 6}{2 + 6}}{1.56 + (1 + 100) \times 0.1} = -12.9$$

$$r_i = R_{B1} /\!/ R_{B2} /\!/ [r_{be} + (1 + \beta)R_E''] = \frac{1}{\dfrac{1}{42} + \dfrac{1}{18} + \dfrac{1}{1.56 + (1 + 100) \times 0.1}} = 6.06 \text{ k}\Omega$$

$$A_{us} = A_u \cdot \frac{r_i}{r_i + R_s} = (-12.9) \times \frac{6.06}{6.06 + 6} = -6.5$$

$$r_o \approx R_C = 2 \text{ k}\Omega$$

可见 R_E 未全被 C_E 旁路时,虽然电压放大倍数有所降低,但提高了放大电路的输入电阻,源电压放大倍数下降得不多,改善了放大电路的工作性能。

练习与思考

3.4.1 温度对放大电路的静态工作点有何影响?

3.4.2 分压偏置式放大电路怎样稳定静态工作点的?

3.4.3 图 3.4.5 放大电路中,电容 C_1、C_2、C_E 在电路中起什么作用? 接上 C_E 是否对静态工作点有影响? 电阻 R'_E 和 R''_E 在电路中的作用有何异同点?

3.5 放大电路的频率响应

前面所分析的放大电路都是基于单一频率的正弦信号。实际应用电子电路所处理的信号,如语音信号、电视信号等往往是非正弦量,都不是简单的单一频率信号,即具有一定的频谱的复杂信号。这些复杂信号是由一些幅度及相位都有固定比例关系的多频率分量组合而成的。由于放大电路中存在电抗元件(如耦合电容、发射极旁路电容、晶体管的极间电容、电路的负载电容、分布电容等),电抗元件对不同频率信号的阻抗不同,另外晶体管的 $\beta(\omega)$ 是频率的函数。因放大电路对不同频率成分信号的增益不同,当信号频率较高或较低时,不但放大倍数会变小,而且会产生超前或滞后的相移,使得放大电路对不同频率信号分量的放大倍数和相移都不同,输出信号的波形与输入信号的波形有所改变,会发生失真。

如果放大电路对不同频率信号的幅值放大不同,就会引起幅值失真;如果放大电路对不同频率信号产生的相移不同就会引起相位失真;幅值失真和相位失真总称为频率失真或线性失真。所以需要讨论放大电路的频率特性。

放大电路的电压放大倍数的模 $|A_u|$ 与频率 f 的关系曲线,称为幅频特性,而将输出电压与输入电压的相位差 φ 与频率 f 的关系称为相频特性。频率特性是幅频特性与相频特性的总称。

图 3.5.1 为图 3.4.2(a)所示放大电路的频率特性,可以看出,在放大电路的某一频率范围内,电压放大倍数的模 $|A_u| = |A_{uo}|$,与频率 f 无关。随着频率的增高或降低,电压放大倍数都要减少,当下降到 $\frac{1}{\sqrt{2}}|A_{uo}|$ 时,所对应的两个频率分别为下限截止频率 f_L 和上限截止频率 f_H,它们之间的频率范围称为放大电路的通频带(或称带宽)BW

$$BW = f_H - f_L \qquad (3.5.1)$$

通频带反映放大电路对信号频率的适应能力的重要性能指标。通频带越宽,表明放大电路对不同频率信号的适应能力越强。当频率趋近于零或无穷大时,放大倍数的数值趋近于零。对于扩音机,其通频带应宽于音频(20 Hz ~ 20 kHz)范围,才能完全不失真地放大声音信号。在一些实际电路中有时也希望频带尽可能窄,比如选频放大电路,从理论上讲,希望它只对单一频率的信号放大,以避免干扰和噪声的影响。

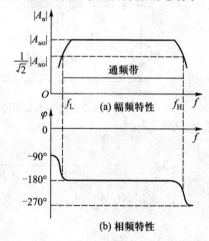

图 3.5.1 放大电路的频率特性

在分析放大电路的频率特性时,将全频域分为三个频段:中频段、高频段、低频段三个频段。

中频段:在一个较宽的频率范围内,曲线是平坦的,即放大倍数不随信号频率而变。由于耦合电容和发射极旁路电容的容量较大,故对中频段信号的容抗很小,可视作短路。晶体管的极间电容和导线的分布电容很小,可认为它们的等效电容 C_0 与负载并联,对中频段信号的容抗很大,可视作开路。所以在中频段可认为电容不影响交流信号的传送,放大电路的放大倍数与信号频率无关。

高频段:当信号频率升高时,耦合电容和发射极旁路电容的容抗比中频段还小,仍可视作短路。但 C_0 的容抗将减小,它与负载并联,使总负载阻抗减小,在高频时晶体管的电流放大系数 β 也下降,因而使电压放大倍数降低,输出电压减小,并使产生相对于中频段滞后的相位移。

低频段:当信号的频率较低时,C_0 的容抗比中频段还大,仍可视作开路。但耦合电容和发射极旁路电容的容抗较大,其分压作用不能忽略。以至实际送到晶体管输入端的电压比输入信号要小,故放大倍数 $|A_{us}|$ 降低,并使输出电压产生相对于中频段超前的相位移。

所以,只有在中频段,可以认为电压放大倍数与频率无关。本书的例题和习题都是指中频段的电压放大倍数。

练习与思考

3.5.1　从放大电路的幅频特性上看,是什么原因造成高频段和低频段放大倍数的下降?

3.6　射极输出器

图 3.6.1 所示的是共集电极(common-collector)放大电路。由其交流通路可见,电源 U_{CC} 对交流信号相当于短路,输入回路为基极到集电极的回路,输出回路为发射极到集电极的回路。集电极是输入回路和输出回路的公共端。所以,从电路连接特点而言,为共集电极放大电路。另外,放大电路的交流信号由晶体管的发射极经耦合电容 C_2 输出,故名射极输出器。

3.6.1　静态分析

由图 3.6.2 所示的射极输出器的直流通路可确定静态值。

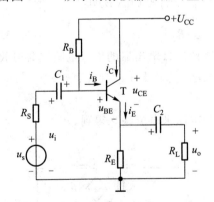

图 3.6.1　射极输出器

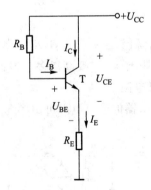

图 3.6.2　射极输出器的直流通路

$$I_E = I_B + I_C = I_B + \beta I_B = (1 + \beta)I_B \tag{3.6.1}$$
$$U_{CC} = I_B R_B + U_{BE} + I_E R_E = I_B R_B + U_{BE} + (1 + \beta)I_B R_E$$

$$I_{\text{B}} = \frac{U_{\text{CC}} - U_{\text{BE}}}{R_{\text{B}} + (1 + \beta) R_{\text{E}}} \tag{3.6.2}$$

$$U_{\text{CE}} = U_{\text{CC}} - I_{\text{E}} R_{\text{E}} = U_{\text{CC}} - (1 + \beta) I_{\text{B}} R_{\text{E}} \tag{3.6.3}$$

3.6.2 动态分析

1. 电压放大倍数

由图 3.6.3 所示微变等效电路可得

$$\dot{U}_{\text{o}} = \dot{I}_{\text{e}} (R_{\text{E}} /\!/ R_{\text{L}}) = (1 + \beta) \dot{I}_{\text{b}} (R_{\text{E}} /\!/ R_{\text{L}}) = (1 + \beta) \dot{I}_{\text{b}} R'_{\text{L}}$$

$$\dot{U}_{\text{i}} = \dot{I}_{\text{b}} r_{\text{be}} + \dot{U}_{\text{o}} = \dot{I}_{\text{b}} r_{\text{be}} + (1 + \beta) \dot{I}_{\text{b}} R'_{\text{L}}$$

式中 $R'_{\text{L}} = R_{\text{E}} /\!/ R_{\text{L}}$

$$\dot{A}_u = \frac{\dot{U}_{\text{o}}}{\dot{U}_{\text{i}}} = \frac{(1 + \beta) \dot{I}_{\text{b}} R'_{\text{L}}}{\dot{I}_{\text{b}} r_{\text{be}} + (1 + \beta) \dot{I}_{\text{b}} R'_{\text{L}}} = \frac{(1 + \beta) R'_{\text{L}}}{r_{\text{be}} + (1 + \beta) R'_{\text{L}}} \tag{3.6.4}$$

可以看出:射极输出器的电压放大倍数恒小于 1。

由于 $(1 + \beta) R'_{\text{L}} \gg r_{\text{be}}$,则 $A_u \approx 1$,输出电压 $\dot{U}_{\text{o}} \approx \dot{U}_{\text{i}}$,且相位相同。即输出电压紧紧跟随输入电压的变化而变化。因此,射极输出器也称为射极跟随器(emitter follower)或电压跟随器。

虽然射极输出器无电压放大作用,但发射极电流 $\dot{I}_{\text{e}}$ 是基极电流 $\dot{I}_{\text{b}}$ 的 $(1 + \beta)$ 倍,输出功率也近似是输入功率的 $(1 + \beta)$ 倍,所以射极输出器具有一定的电流放大作用和功率放大作用。

2. 输入电阻

由图 3.6.3 所示微变等效电路可得输入电阻

$$r_{\text{i}} = \frac{\dot{U}_{\text{i}}}{\dot{I}_{\text{i}}} = \frac{\dot{U}_{\text{i}}}{\dfrac{\dot{U}_{\text{i}}}{R_{\text{B}}} + \dfrac{\dot{U}_{\text{i}}}{r_{\text{be}} + (1 + \beta) R'_{\text{L}}}} = \frac{1}{\dfrac{1}{R_{\text{B}}} + \dfrac{1}{r_{\text{be}} + (1 + \beta) R'_{\text{L}}}}$$

$$r_{\text{i}} = R_{\text{B}} /\!/ [r_{\text{be}} + (1 + \beta) R'_{\text{L}}] \tag{3.6.5}$$

一般 R_{B} 和 $[r_{\text{be}} + (1 + \beta) R'_{\text{L}}]$ 都要比 r_{be} 大得多,因此射极输出器的输入电阻比共射放大电路的输入电阻 $r_{\text{i}} = r_{\text{be}}$ 要高得多。射极输出器的输入电阻高达几十千欧到几百千欧。

3. 输出电阻

射极输出器的输出电阻可由图 3.6.4 电路所示的加电压求电流法来得到。

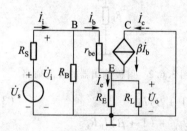
图 3.6.3 射极输出器的微变等效电路

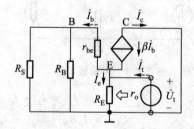
图 3.6.4 计算射极输出器输出电阻的等效电路

如图 3.6.4 所示,输出端将输入信号源短路,但保留信号源内阻 R_S,将输出端的负载电阻 R_L 去掉,在输出端加一信号 $\dot{U}_t$,以产生一个电流 $\dot{I}_t$,则

$$\dot{I}_t = \dot{I}_b + \beta\dot{I}_b + \dot{I}_e = (1 + \beta)\dot{I}_b + \dot{I}_e = (1 + \beta)\frac{\dot{U}_t}{r_{be} + (R_B \mathbin{/\mkern-5mu/} R_S)} + \frac{\dot{U}_t}{R_E}$$

$$r_o = \frac{\dot{U}_t}{\dot{I}_t} = \frac{\dot{U}_t}{\dfrac{\dot{U}_t(1 + \beta)}{r_{be} + (R_B \mathbin{/\mkern-5mu/} R_S)} + \dfrac{\dot{U}_t}{R_E}} = R_E \mathbin{/\mkern-5mu/} \frac{r_{be} + (R_B \mathbin{/\mkern-5mu/} R_S)}{1 + \beta} \qquad (3.6.6)$$

通常

$$R_E \gg \frac{r_{be} + (R_B \mathbin{/\mkern-5mu/} R_S)}{1 + \beta}$$

因此输出电阻可近似为

$$r_o \approx \frac{r_{be} + (R_B \mathbin{/\mkern-5mu/} R_S)}{\beta} \qquad (3.6.7)$$

射极输出器的输出电阻与共射放大电路相比是很低的,一般在几欧到几十欧。当 r_o 很低时,射极输出器具有恒压性。

综上所述,射极输出器具有电压放大倍数小于 1,接近 1,输入电压与输出电压同相,输入电阻高,输出电阻低的特点;尤其是输入电阻高,输出电阻低的特点,使射极输出器在电子设备和自动控制系统中获得了广泛的应用。在下一节要讨论的多级放大电路中,射极输出器可以作为输入级、输出级或中间级,以提高整个放大电路的性能。因射极输出器输入电阻高,从信号源取得的信号大,它常被用在多级放大电路的第一级,可以提高输入电阻,减轻信号源负担。因输出电阻低,它常被用在多级放大电路的末级,可以降低输出电阻,提高带负载能力。利用 r_i 大、r_o 小以及 $A_u \approx 1$ 的特点,也可将射极输出器放在放大电路的两级之间,起到阻抗匹配作用,这一级射极输出器称为缓冲级或中间隔离级。

例 3.6.1 如图 3.6.1 所示的射极输出器,已知晶体管的 $\beta = 60, U_{CC} = 12\ \text{V}, R_B = 200\ \text{k}\Omega$, $R_E = 4\ \text{k}\Omega, R_L = 4\ \text{k}\Omega, R_S = 6\ \text{k}\Omega$。(1) 估算静态工作点;(2) 计算电压放大倍数;(3) 计算输入、输出电阻。

解:(1) 估算静态工作点

$$I_B = \frac{U_{CC} - U_{BE}}{R_B + (1 + \beta)R_E} = \frac{12 - 0.7}{200 + (1 + 60) \times 4}\ \text{mA} = 26\ \mu\text{A}$$

$$I_E \approx I_C = \beta I_B = 60 \times 26\ \mu\text{A} = 1.56\ \text{mA}$$

$$U_{CE} = U_{CC} - I_E R_E \approx (12 - 1.56 \times 4)\text{V} = 5.78\ \text{V}$$

(2) 微变等效电路如图 3.6.3 所示

$$r_{be} = 200 + (1 + \beta)\frac{26}{I_E} = \left[200 + (1 + 60) \times \frac{26}{1.53}\right]\Omega = 1.24\ \text{k}\Omega$$

电压放大倍数为

$$A_u = \frac{(1 + \beta)(R_E \mathbin{/\mkern-5mu/} R_L)}{r_{be} + (1 + \beta)(R_E \mathbin{/\mkern-5mu/} R_L)} = \frac{(1 + 60) \times \dfrac{4 \times 4}{4 + 4}}{1.24 + (1 + 60) \times \dfrac{4 \times 4}{4 + 4}} = 0.99$$

（3）输入电阻为

$$r_i = R_B /\!/ [r_{be} + (1 + \beta)(R_E /\!/ R_L)] = 76 \text{ k}\Omega$$

输出电阻为

$$r_o = R_E /\!/ \frac{r_{be} + (R_B /\!/ R_S)}{1 + \beta} = 112 \text{ }\Omega$$

例 3.6.2 试设计一个射极输出器，要求当负载电阻 R_L 在 $4 \sim 20$ kΩ 之间变化时，输出信号幅值的变化不超过 5%。已知信号源的内阻 $R_S = 10$ kΩ，$U_{CC} = 12$ V，晶体管 $\beta = 100$。

解：当负载电阻 R_L 在 $4 \sim 20$ kΩ 之间变化时，输出电压将下降，为了提高带负载能力，必须减小输出电阻，从放大电路的输出端看，放大电路可等效成图 3.6.5 所示的戴维宁等效电路。则输出电压可以写成

$$\dot{U}_o = \frac{R_L}{R_L + r_o} \dot{U}_o{}'$$

当负载增加时，输出电压 $\dot{U}_o$ 变化不超过 5%，必须要放大电路输出电阻 r_o 不超过负载电阻 R_L 最小值的 5%，即

$$r_o = 5\% \times 4 \text{ k}\Omega = 200 \text{ }\Omega$$

通常，$R_B \gg R_S$，所以

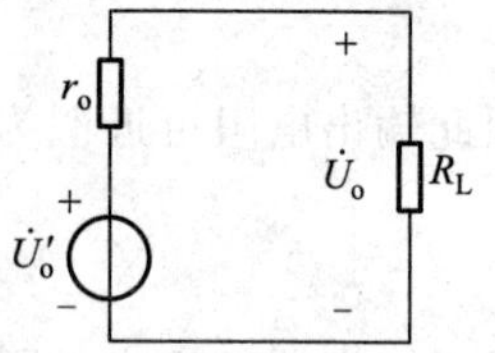

图 3.6.5 放大电路输出端的戴维宁等效电路

$$r_o \approx \frac{r_{be} + (R_B /\!/ R_S)}{\beta} \approx \frac{r_{be} + R_S}{\beta}$$

$$r_{be} \approx \beta r_o - R_S = (100 \times 200 - 10 \times 10^3) \text{ }\Omega = 10 \text{ k}\Omega$$

$$r_{be} = 200 + (1 + \beta)\frac{26}{I_E}$$

$$I_E = \frac{(1 + \beta) \times 26}{r_{be} - 200} = \frac{(1 + 100) \times 26}{10000 - 200} \text{ mA} = 0.268 \text{ mA}$$

$$I_C \approx I_E = 0.268 \text{ mA}$$

取 $U_{CE} = 6$ V

由直流通路可得

$$U_{CC} = U_{CE} + I_E R_E$$

$$R_E = \frac{U_{CC} - U_{CE}}{I_E} = \left[\frac{12 - 6}{0.268}\right] \text{ k}\Omega = 22.4 \text{ k}\Omega$$

$$U_{CC} = I_B R_B + U_{BE} + I_E R_E = \frac{I_C}{\beta} R_B + U_{BE} + I_E R_E$$

$$R_B = \frac{U_{CC} - U_{BE} - I_E R_E}{\frac{I_C}{\beta}} = \left[\frac{12 - 0.7 - 0.268 \times 22.4}{\frac{0.268}{100}}\right] \text{ k}\Omega = 1\ 976 \text{ k}\Omega$$

练习与思考

3.6.1 为什么可以称共集电极放大电路为电压跟随器？

3.6.2 射极输出器有什么特点？主要应用在哪些场合？起什么作用？

3.7 多级放大电路

3.7.1 多级放大电路的耦合方式

由于实际待放大的信号一般都非常微弱,为毫伏级或微伏级。要把这些微弱信号放大到一定值,足以推动负载工作,仅靠一级放大电路常常不能满足要求,需要将两个或两个以上的基本放大单元级联起来组成多级放大电路,使信号逐级放大,在输出端能获得一定幅度的电压和足够的功率。多级放大电路的框图如图 3.7.1 所示。它通常包括输入级、中间级、推动级和输出级几个部分。

图 3.7.1 多级放大电路框图

多级放大电路的第一级称为输入级,对输入级的要求往往与输入信号有关。中间级的用途是进行信号放大,提供足够大的放大倍数,常由几级放大电路组成。多级放大电路的最后一级是输出级,它与负载相接。因此对输出级的要求要考虑负载的性质。推动级的用途就是实现小信号到大信号的缓冲和转换。

耦合方式是指信号源和放大电路之间、放大电路中各级之间、放大电路与负载之间的连接方式。常用的耦合方式有阻容耦合、直接耦合、变压器耦合和光电耦合等。

级间耦合时,一方面要确保各级有合适的静态工作点,另一方面应使前级输出信号尽可能不衰减地加到后级的输入,信号波形不发生失真。

1. 阻容耦合

利用电容连接信号源与放大电路、放大电路的前后级、放大电路与负载,称为阻容耦合。如图 3.7.2 所示两级放大电路,前后两级是通过电容 C_2 和第二级的输入电阻连接的。由于电容有隔直通交的作用,可使前、后两级的直流工作状态相互独立,互不影响,故阻容耦合放大电路各级都有各自独立的偏置电路,可单独考虑。耦合电容对交流信号容抗必须很小,这样其交流分压作用才可以忽略不计,以便前级输出信号电压基本没有损失的传送到下一级。

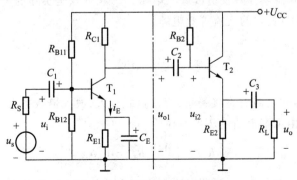

图 3.7.2 阻容耦合放大电路

由于集成电路中制造大容量电容很困难,所以这种耦合方式不便于集成化。另外,因为电容的隔直作用以及低频时容抗加大,所以阻容耦合只适用于放大频率较高的交流信号,不适合传递变化缓慢的信号,更不能传递直流信号。若需放大缓慢变化的信号或直流量变化的信号可采用直接耦合方式。

2. 直接耦合

放大电路各级之间,放大电路与信号源或负载直接连起来,或者经电阻等能通过直流的元件连接起来,称为直接耦合方式。直接耦合方式放大电路既可以放大和传递交流信号,也可以放大和传递变化缓慢的信号或者直流信号,而且便于集成。第5章将介绍的集成运算放大器的内部就是一个高增益的直接耦合多级放大电路。

由于直接耦合放大电路的前后级之间存在着直流通路,使得各级静态工作点互相影响。因此,在设计时必须采取一定的措施,以保证既能有效地传递信号,又能使各级有合适的工作点。

另外直接耦合方式还存在零点漂移问题。

在直接耦合放大电路中,若将输入端短接(让输入信号为零),在输出端接上记录仪,可发现输出端随时间仍有缓慢的无规则的信号输出,如图 3.7.3 所示。这种现象称为零点漂移(简称零漂)。零点漂移现象严重时,能够淹没真正的输出信号,使电路无法正常工作。所以零点漂移的大小是衡量直接耦合放大电路性能的一个重要指标。

衡量放大电路零点漂移的大小不能单纯看输出零漂电压的大小,还要看它的放大倍数。因为放大倍数越高,输出零漂电压就越大,所以零漂一般都用输出零漂电压折合到输入端来衡量,称为输入等效零漂电压。

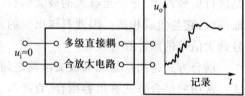

图 3.7.3 零点漂移现象

引起零漂的原因很多,如晶体管的参数随温度的变化、电源电压的波动等。因温度变化对零漂影响最大,故常称零漂为温漂。而在多级直接耦合放大电路中,前级静态工作点的微小波动都能像信号一样被后级放大电路逐级放大并且输出,因此抑制零点漂移重点在第一级。减小零点漂移最有效的方法是第一级采用差分放大电路,因此直接耦合放大电路的输入级大多采用差分放大电路。我们将在下一节介绍差分放大电路。

3. 变压器耦合

将放大电路前级的输出端通过变压器接到后级的输入端或负载电阻上,称为变压器耦合。图 3.7.4(a)所示为变压器耦合共发射极放大电路,R_L 既可以是实际的负载电阻,也可以代表后级放大电路,图 3.7.4(b)是它的交流等效电路。

由于

$$A_u = -\frac{\beta R'_L}{r_{be}}$$

即放大倍数的大小与等效负载有直接关系,等效负载越大,放大倍数越大。

如图 3.7.5 所示,由本书上册变压器所讨论知识可知

$$R'_L = \left(\frac{N_1}{N_2}\right)^2 R_L = K^2 R_L$$

选择变比 K,可以使 $R'_L \gg R_L$,从而可以提高放大倍数,得到所需的电压放大倍数。合理选

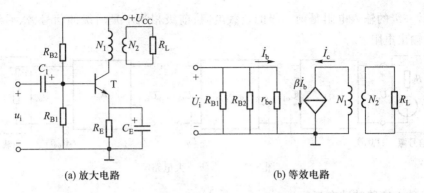

(a) 放大电路　　　　　　　(b) 等效电路

图 3.7.4　变压器耦合放大电路

择耦合变压器的变比 K，还可以实现阻抗匹配，可使负载获得最大的功率。

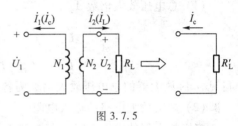

图 3.7.5

　　由于变压器是靠磁路耦合，所以各级放大电路的静态工作点相互独立，但其低频特性差，主要用于高频电路。当信号频率大于 100 kHz 时，放大电路之间可用变压器耦合，并利用变压器与电容形成一个谐振电路来对信号进行选频。

4. 光电耦合

　　光电耦合是以光信号为媒介来实现电信号的耦合和传递的，因其抗干扰能力强而得到越来越广泛的应用。实现光电耦合的基本器件是光电耦合器。

　　光电耦合放大电路如图 3.7.6 所示。当有动态信号时，随着 i_D 的变化，i_C 将产生线性变化，电阻 R_C 将电流的变化转换成电压的变化。当然，U_{CE} 也将产生相应的变化。信号源部分与输出回路部分采用独立电源且分别接不同的"地"，即使是远距离信号传输，也可以避免受到各种电干扰。目前有集成光电耦合放大电路。

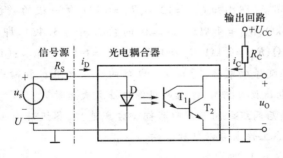

图 3.7.6　光电耦合放大电路

3.7.2　多级放大电路的动态分析

1. 多级放大器的级间关系

　　如图 3.7.7 所示，在多级放大电路中，特别要注意的是，在计算各级放大电路的电压放大倍数时，必须考虑级间的相互影响，即前一级的输出电压是后一级的输入电压；后级电路相当于前级的负载,后一级的输入电阻是前一级的负载电阻;前级相当于是后级的信号源,后级信号源内阻为前级的输出电阻。

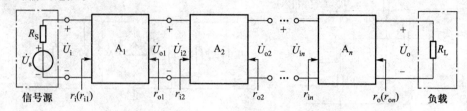

图 3.7.7 多级放大电路

2. 多级放大电路的动态指标

(1) 总电压放大倍数 A_u

$$A_u = \frac{\dot{U}_o}{\dot{U}_i} = \frac{\dot{U}_{o1}}{\dot{U}_i} \cdot \frac{\dot{U}_{o2}}{\dot{U}_{i2}} \cdot \cdots \cdot \frac{\dot{U}_o}{\dot{U}_{in}} = A_{u1} \cdot A_{u2} \cdot \cdots \cdot A_{un} \tag{3.7.1}$$

可见,n 级放大器的总电压放大倍数为各级电压放大倍数的乘积。

(2) 多级放大电路的输入电阻

多级放大器的输入电阻 r_i 就是第 1 级的输入电阻 r_{i1},在计算 r_{i1} 时应将后级的输入电阻 r_{i2} 作为其负载电阻

$$r_i = r_{i1}\big|_{R_{L1} = r_{i2}} \tag{3.7.2}$$

(3) 多级放大电路的输出电阻

多级放大电路的输出电阻 r_o 就是最末级的输出电阻 r_{on}。不过在计算 r_{on} 时应将前级的输出电阻 $r_{o(n-1)}$ 作为其信号源内阻,即

$$r_o = r_{on}\big|_{R_{Sn} = r_{o(n-1)}} \tag{3.7.3}$$

例 3.7.1 将例 3.6.1 的射极输出器与例 3.4.1 的共发射极放大电路组成两级放大电路,如图 3.7.8 所示。数据均不变,即已知 $U_{CC} = 12$ V、$R_S = 6$ kΩ,第一级的数据同例 3.6.1,即晶体管 T_1 的 $\beta_1 = 60$、$R_{B1} = 200$ kΩ、$R_{E1} = 4$ kΩ。第二级的数据同例 3.4.1,即晶体管 T_2 的 $\beta_2 = 100$,$R_{B21} = 42$ kΩ、$R_{B22} = 18$ kΩ、$R_{C2} = 2$ kΩ,$R_{E2} = 1.5$ kΩ、$R_L = 6$ kΩ。试求:(1) 前后级放大电路的静态值;(2) 放大电路的微变等效电路;(3) 放大电路的输入电阻 r_i 和输出电阻 r_o;(4) 各级电压放大倍数 A_{u1}、A_{u2},两级电压放大倍数 A_u 及两级源电压放大倍数 A_{us}。

解:(1) 由于电路前后两级之间采用阻容耦合方式连接,各级静态工作点相互之间无影响,所以各级放大电路的静态工作点可以单独考虑。

第一级静态值同例 3.6.1,即

$$I_B = 26\ \mu A, \qquad I_C = 1.54\ mA, \qquad U_{CE} = 5.78\ V$$

第二级静态值同例 3.4.1,即

$$I_C \approx I_E = 1.93\ mA, \qquad I_B = 19.3\ \mu A, \qquad U_{CE} = 5.23\ V$$

(2) 微变等效电路如图 3.7.9 所示。

(3) 由于静态值不变,晶体管的输入电阻也不变,由例 3.4.1 与例 3.6.1 可知

$$r_{be1} = 1.24\ k\Omega, \qquad r_{be2} = 1.56\ k\Omega$$

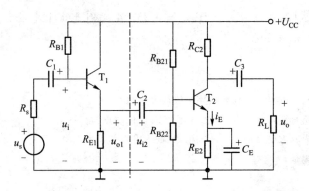

图 3.7.8 例 3.7.1 的阻容耦合两级放大电路

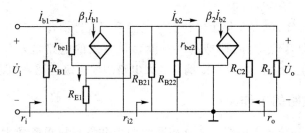

图 3.7.9 例 3.7.1 的微变等效电路图

放大电路的输入电阻

$$r_{i2} = R_{B21} // R_{B22} // r_{be2} = 1.39 \text{ k}\Omega \quad (保持不变)$$

$$r_i = r_{i1} = R_{B1} // [r_{be1} + (1 + \beta_1) R_{E1} // r_{i2}] = 48.6 \text{ k}\Omega$$

放大电路的输出电阻

$$r_o = r_{o2} = R_{C2} = 2 \text{ k}\Omega$$

（4）计算电压放大倍数

第一级放大倍数

$$A_{u1} = \frac{\dot{U}_{o1}}{\dot{U}_i} = \frac{(1 + \beta_1) (R_{E1} // r_{i2})}{r_{be1} + (1 + \beta_1) (R_{E1} // r_{i2})} = \frac{(1 + 60) \times \dfrac{4 \times 1.39}{4 + 1.39}}{1.23 + (1 + 60) \times \dfrac{4 \times 1.39}{4 + 1.39}} = 0.98$$

第二级放大倍数

$$A_{u2} = \frac{-\beta_2 (R_{C2} // R_L)}{r_{be2}} = \frac{-100 \times \dfrac{2 \times 6}{2 + 6}}{1.56} = -96$$

两级放大倍数

$$A_u = A_{u1} \cdot A_{u2} = 0.98 \times (-96) = -94.08$$

对信号源的电压放大倍数

$$A_{us} = A_u \frac{r_i}{R_S + r_i} = (-94.08) \times \frac{48.6}{6 + 48.6} = -83.74$$

可见，输入级采用射极输出器后，尽管输入级的电压放大倍数接近 1，但整个放大电路的输入电阻提高了很多,所以源电压放大倍数 $A_{us} = -83.74$ 比例 3.4.1 中没加射极输出器时的源电压放大倍数 $A_{us} = -18$ 大很多。

练习与思考

3.7.1 什么是多级放大电路?为何要使用多级放大电路?

3.7.2 多级放大电路有哪几种耦合方式?它们各有何优缺点?

3.7.3 如何计算多级放大电路的电压放大倍数、输入电阻和输出电阻?

3.7.4 什么是零点漂移?

3.8 差分放大电路

由上一节的讨论可知,放大变化缓慢的信号只能采用直接耦合的多级放大电路,但直接耦合放大电路的最大问题是零点漂移,而抑制零点漂移最有效的电路是差分放大电路(Differential Amplifier 或 diff – amp)。因此,多级直接耦合放大电路的前置级广泛采用这种电路。

3.8.1 差分放大电路的工作原理

如图 3.8.1 所示,差分放大电路由完全相同的两个共发射极单管放大电路组成。该电路具有镜像对称的特点,在理想的情况下,两只晶体管的参数对称,对应电阻元件的参数都相同,因而两管的静态工作点必然相同。信号从两管的基极输入,从两管的集电极输出。

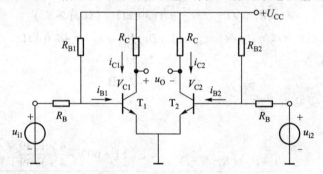

图 3.8.1　差分放大电路

1. 零点漂移的抑制

静态时,即将图 3.8.1 中两边输入端短路($u_{i1} = u_{i2} = 0$),对称两边的基极电流相等,集电极电流相等,集电极电位也相等,即

$$i_{B1} = i_{B2}, i_{C1} = i_{C2}, V_{C1} = V_{C2}$$

故输出电压

$$u_O = V_{C1} - V_{C2} = 0$$

当温度变化时,两管集电极电流发生变化,两管的集电极电位也随之变化,这时两管的静态工作点都发生变化,产生零点漂移。由于对称性,两管的集电极电位变化的大小、方向相同,所以输出电压仍然等于0,即

$$u_O = V_{C1} + \Delta V_{C1} - (V_{C2} + \Delta V_{C2}) = \Delta V_{C1} - \Delta V_{C2} = 0$$

故差分放大电路抑制了温度引起的零点漂移。

2. 信号的输入

当有信号输入时,图 3.8.1 所示差分放大电路的工作情况可以分为以下几种输入类型来分析。

（1）共模输入

当在差分放大电路的两个输入端加上一对大小相等、极性相同的信号（即 $u_{i1} = u_{i2}$），这种输入方式称为共模输入,所加信号称为共模信号。

共模信号所引起的两管基极电流变化大小与方向相同,集电极电流变化大小与方向相同,集电极电位变化的大小与方向也相同,所以输出电压为零,即

$$u_O = \Delta V_{C1} - \Delta V_{C2} = 0$$

可见差分放大电路能抑制共模信号。零点漂移造成的每管集电极的漂移电压除以其电压放大倍数,折合到各自的输入端,就相当于给这个放大电路加了一对共模信号,所以前面所提的差分放大电路抑制零点漂移就是该电路抑制共模信号的一个特例。

（2）差模输入

当在差分放大电路的两个输入端加上一对大小相等、极性相反的信号（即 $u_{i1} = -u_{i2}$），这种输入方式称为差模输入,所加信号称为差模信号。

设 $u_{i1} > 0, u_{i2} < 0$，这时 u_{i1} 使 T_1 管的基极电流增大 Δi_{B1}，集电极电流增大 Δi_{C1}，集电极电位减小 ΔV_{C1}；u_{i2} 使 T_2 管的基极电流减小 Δi_{B2}，集电极电流减小 Δi_{C2}，集电极电位增大 ΔV_{C2}。这样,两个集电极电位一增一减,呈现异向变化,其差值即输出电压

$$\Delta u_O = \Delta V_{C1} - (-\Delta V_{C2}) = 2\Delta V_{C1}$$

可见差分放大电路放大差模信号。

（3）差分输入（比较输入）

当两个输入信号既非共模信号,又非差模信号,称为差分信号,输入端作为比较放大。为了便于分析,通常将这种任意输入信号分解为差模分量 u_{id} 和共模分量 u_{ic} 的组合

$$u_{i1} = u_{id} + u_{ic}$$
$$u_{i2} = -u_{id} + u_{ic}$$

可得

$$\left.\begin{aligned} u_{ic} &= \frac{u_{i1} + u_{i2}}{2} \\ u_{id} &= \frac{u_{i1} - u_{i2}}{2} \end{aligned}\right\} \tag{3.8.1}$$

设 $u_{i1} = 10\ \text{mV}, u_{i2} = 2\ \text{mV}$
则

$$u_{ic} = \frac{1}{2}(10 + 2)\,\text{mV} = 6\ \text{mV}, u_{id} = \frac{1}{2}(10 - 2)\,\text{mA} = 4\ \text{mV}$$

从以上分析可知差分放大电路可以抑制共模信号,放大差模信号,故称为差分电路。

如果有两组信号：一组是 $u_{i1} = 10\ \mu\text{V}$、$u_{i2} = -10\ \mu\text{V}$，其差模分量为 $u_d = 20\ \mu\text{V}$，共模分量为 $u_c = 0\ \mu\text{V}$；另一组是 $u_{i1} = 110\ \mu\text{V}$、$u_{i2} = 90\ \mu\text{V}$，其差模分量为 $u_d = 20\ \mu\text{V}$，共模分量为 $u_c =$

$100\ \mu V$。两组输入信号的差模分量相同,共模分量不同。如果两组输入信号都输入到理想差分放大电路中,输出信号则完全相同;但如果差分放大电路不是理想的,输入信号的共模分量则会影响输出。所以设计差分放大电路的必须考虑减小共模信号对输出的影响。

3.8.2 差分放大电路对差模信号的分析

实际上,图3.8.1所示的电路不可能完全对称。为改善差分放大电路的性能,可采用图3.8.2所示双端输入—双端输出差分放大电路,即在发射极增加电阻R_E,其主要作用是限制每个管子的漂移范围,进一步减小零点漂移,稳定电路的工作点。为补偿R_E上的直流压降,使晶体管发射极基本保持零电位,在发射极电路中增加负电源$-U_{EE}$。在放大电路的输入端加一对差模信号。

1. 静态分析

由于电路对称,计算一个管子的静态值即可。图3.8.3所示为单管直流通路。

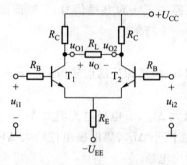

图 3.8.2 双端输入双端输出差分放大电路

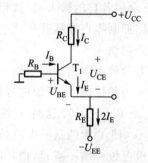

图 3.8.3 单管直流通路

$$R_B I_B + U_{BE} + 2R_E I_E = U_{EE}$$

式中前两项通常较第三项小得多,可忽略,所以每管的集电极电流

$$I_C \approx I_E \approx \frac{U_{EE}}{2R_E} \tag{3.8.2}$$

发射极电位

$$V_E \approx 0$$

每管的基极电流

$$I_B \approx \frac{I_C}{\beta} \approx \frac{U_{EE}}{2\beta R_E} \tag{3.8.3}$$

每管的集—射极电压

$$U_{CE} \approx U_{CC} - R_C I_C \approx U_{CC} - \frac{U_{EE} R_C}{2R_E} \tag{3.8.4}$$

2. 动态分析

当给差分放大电路输入差模信号时,由于差模信号使两管的集电极电流一增一减,其变化量相等,通过R_E中的电流就近似不变,故R_E对差模信号不起作用,两管的发射极电位V_E维持不变,相当于发射极接"地",而每一只晶体管相当于接一半的负载电阻R_L。这样可得如图3.8.4所示的单管差模信号通路。

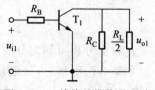

图 3.8.4 单管差模信号通路

由图 3.8.4 单管差模信号通路可得到单管差模电压放大倍数 A_{d1}

$$A_{d1} = \frac{u_{o1}}{u_{i1}} = -\frac{\beta\left(R_C \ /\!/ \ \dfrac{R_L}{2}\right)}{R_B + r_{be}} = -\frac{\beta R'_L}{R_B + r_{be}}$$

式中 $R'_L = R_C \ /\!/ \ \dfrac{R_L}{2}$

因此得出双端输入双端输出差分放大电路的差模电压放大倍数 A_d

$$A_d = \frac{u_{o1} - u_{o2}}{u_{i1} - u_{i2}} = \frac{2u_{o1}}{2u_{i1}} = \frac{u_{o1}}{u_{i1}} = A_{d1}$$

$$A_d = -\frac{\beta\left(R_C \ /\!/ \ \dfrac{R_L}{2}\right)}{R_B + r_{be}} = -\frac{\beta R'_L}{R_B + r_{be}} \tag{3.8.5}$$

式中的负号表示在图 3.8.2 所示参考方向下输出电压与输入电压极性相反。

两输入端之间的差模输入电阻为

$$r_i = 2(R_B + r_{be}) \tag{3.8.6}$$

两集电极之间的差模输出电阻为

$$r_o = 2R_C \tag{3.8.7}$$

例 3.8.1 在图 3.8.2 所示双端输入 – 双端输出的差分放大电路中,已知 $U_{CC} = 6$ V、$-U_{EE} = -6$ V、$\beta = 50$、$R_C = 5.1$ kΩ、$R_E = 5.1$ kΩ、$R_B = 10$ kΩ,并在输出端接负载电阻 $R_L = 2$ kΩ。试求:
(1) 电路的静态值;(2) 差模电压放大倍数。

解:(1) 每管的集电极电流

$$I_C \approx I_E \approx \frac{U_{EE}}{2R_E} = \frac{6}{2 \times 5.1} \text{ mA} = 0.588 \text{ mA}$$

每管的基极电流

$$I_B = \frac{I_C}{\beta} = \frac{0.588}{50} \text{ mA} = 11.8 \text{ μA}$$

每管的集 – 射极电压

$$U_{CE} = U_{CC} - R_C I_C = (6 - 5.1 \times 0.588) \text{ V} = 3 \text{ V}$$

(2) 晶体管输入电阻

$$r_{be} = 200 + (1 + \beta)\frac{26}{I_E} = \left(200 + 51 \times \frac{26}{0.588}\right) \text{ Ω} = 2.46 \text{ kΩ}$$

$$R'_L = R_C /\!/ \frac{R_L}{2} = \frac{5.1 \times \dfrac{2}{2}}{5.1 + \dfrac{2}{2}} \text{ kΩ} = 0.836 \text{ kΩ}$$

差模电压放大倍数

$$A_d = -\frac{\beta\left(R_C /\!/ \dfrac{R_L}{2}\right)}{R_B + r_{be}} = -\frac{50 \times 0.836}{10 + 2.46} = -3.35$$

3.8.3 差分放大电路的共模放大倍数和共模抑制比

在共模信号作用下,差分放大电路的输出电压与输入电压之比称为共模电压放大倍数,用 A_c 表示。

理想情况下,电路完全对称,共模信号作用时,对于图 3.8.2 所示的双端输出差分电路,$u_O = 0$,即 $A_c = 0$。

但实际上,电路不能完全对称,每管的零点漂移依然存在,因此共模电压放大倍数并不为零。通常将差模电压放大倍数 A_d 与共模电压放大倍数 A_c 之比定义为共模抑制比,用 K_{CMR}(Common Mode Rejection Ratio)表示,即

$$K_{CMR} = \frac{A_d}{A_c} \tag{3.8.8}$$

或用对数形式表示

$$K_{CMR} = 20 \lg \frac{A_d}{A_c} (\text{dB})$$

共模抑制比反映了差分放大电路抑制共模信号的能力,值越大,电路抑制共模信号(零点漂移)的能力越强,而受共模信号的影响越小。

对于图 3.8.2 所示放大电路,为增强发射极电阻 R_E 对零点漂移和共模信号的抑制作用,希望 R_E 越大越好。但当 R_E 取较大值时,维持晶体管正常的工作电流所需的负电源电压将很高。在实用电路中,常用晶体管组成的恒流源代替电阻 R_E,来提高抑制共模信号的能力。图 3.8.5 中用恒流源符号 I_S 表示由晶体管组成的恒流源电路,当共模信号引起发射极电流改变时,呈现极大的动态电阻,对其产生强烈的抑制作用。而对差模信号,由于引起的两管集电极电流大小一样,但方向不同,所以电阻 R_E 上的差模信号压降为零,可见电阻 R_E 对差模信号无作用。对于差模信号而言,两管的发射极相当于接"地"。

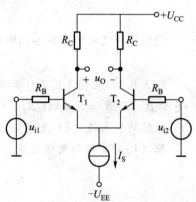

图 3.8.5 具有恒流源的
差分放大电路

3.8.4 差分放大电路的输入、输出方式

除了前面讨论的如图 3.8.6(a)所示的双端输入双端输出外,差分放大电路的输入、输出方式还有三种:只有输出一端接地的双端输入单端输出方式,如图 3.8.6(b)所示;只有输入一端接地的单端输入双端输出方式,如图 3.8.6(c)所示;输入和输出有一公共接地端的单端输入单端输出方式,如图 3.8.6(d)所示。

在单端输入时,从图 3.8.6(c)、(d)可知,输入信号仍然加于 T_1 和 T_2 的基极之间,只是一端接地。经过信号分解

$$T_1 \text{ 的基极电位} = \frac{1}{2}u_i + \frac{1}{2}u_i = u_i$$

$$T_2 \text{ 的基极电位} = \frac{1}{2}u_i - \frac{1}{2}u_i = 0$$

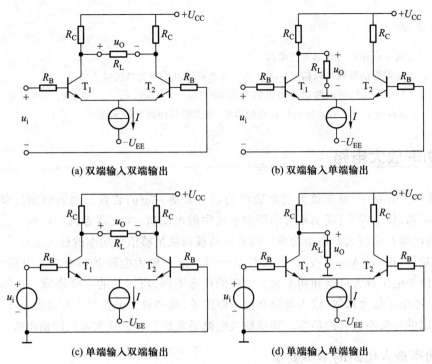

图 3.8.6 差分放大电路的输入输出方式

因此可见单端输入时,差模信号为 $\dfrac{u_i}{2}$,共模信号也为 $\dfrac{u_i}{2}$,就差模信号而言单端输入时两管集电极电流和集电极电压的变化情况和双端输入一样。

在单端输出时,从图 3.8.5(b)、(d) 可知,输出电压只与 T_1 的集电极电压变化有关,因此输出电压 u_0 只有双端输出的一半,所以

$$A_d = \frac{1}{2}A_{d1} = -\frac{1}{2}\beta\frac{R_C \mathbin{/\!/} R_L}{R_B + r_{be}} = -\frac{\beta(R_C \mathbin{/\!/} R_L)}{2(R_B + r_{be})} \tag{3.8.9}$$

式中负号表示输出电压 u_0 与输入电压 u_i 反相。若输出电压 u_0 从 T_2 的集电极取出,则 u_0 与 u_i 同相。从图 3.8.5(b)、(d) 中可以看出,单端输出时,不仅有差模信号还有共模信号,这是使用差分放大电路时应该注意的情况。

四种差分放大电路的比较见表 3.8.1。

表 3.8.1 四种差分放大电路

输入方式	双端		单端	
输出方式	双端	单端	双端	单端
差模放大倍数 A_d	$-\dfrac{\beta\left(R_C \mathbin{/\!/} \dfrac{R_L}{2}\right)}{R_B + r_{be}}$	$-\dfrac{\beta(R_C \mathbin{/\!/} R_L)}{2(R_B + r_{be})}$	$-\dfrac{\beta\left(R_C \mathbin{/\!/} \dfrac{R_L}{2}\right)}{R_B + r_{be}}$	$-\dfrac{\beta(R_C \mathbin{/\!/} R_L)}{2(R_B + r_{be})}$
差模输入电阻 r_i	$2(R_B + r_{be})$			
差模输出电阻 r_o	$2R_C$	R_C	$2R_C$	R_C

3.8.1 差分放大电路如何抑制零点漂移?

3.8.2 什么是差模信号和共模信号? 为什么零点漂移可以等效为共模输入信号?

3.8.3 设在图 3.8.2 所示电路中有两组信号:一组是 $u_{i1} = 30~\mu V, u_{i2} = -30~\mu V$,另一组是 $u_{i1} = 160~\mu V$, $u_{i2} = 100~\mu V$。试求两种情况下的差模信号和共模信号,并说明两种情况的异同。

3.9 功率放大电路

在很多电子设备中,要求放大电路输出的信号驱动一定的装置。例如驱动仪表,使指针偏转;驱动扬声器,使之发声;或驱动自动控制系统中的电动机、继电器等执行机构。总之,要求放大电路的输出级有足够大的输出功率。能够向负载提供足够信号功率的放大电路称为功率放大电路,简称功放(Power Amplifier)。前面几节介绍的电压放大电路和功率放大电路没有本质的区别,只是由于电压放大电路和功率放大电路的任务不同,所讨论的主要指标也不同,电压放大电路主要关心电压放大倍数、输入电阻和输出电阻等,功率放大电路追求在电源电压确定的情况下,输出一定的尽量不失真的功率。功率放大电路通常作为多级放大电路的输出级。

3.9.1 功率放大电路的基本要求

1. 在不失真(或失真较小)的前提下输出尽可能大的功率

为了获得尽可能大的输出功率,要求功率放大电路的电压和电流应该有足够大的幅度,因而晶体管往往在接近极限状态下工作。所以,对晶体管的各项指标及电路参数必须认真选择,尽可能充分利用晶体管的三个极限参数,即晶体管的集电极电流最大时接近 I_{CM},集—射极间能承受的管压降最大时接近 $U_{(BR)CEO}$,和集电极耗散功率接近 P_{CM}。在保证管子的安全工作的前提下,尽量增大输出功率。在选择功放管时,要特别注意极限参数的选择,以保证管子安全工作。

2. 尽可能高的转换效率

功放管在信号作用下向负载提供的输出功率是由直流电源供给的直流功率转换而来的,要求输出较大的功率,电路中的耗能元件所消耗功率也较大。为提高电源的利用率,所以,应尽量减小电路的损耗。功率放大电路的转换效率为电路的最大输出功率与直流电源提供的总功率之比。

3. 尽量小的非线性失真

功率放大电路工作在大信号状态下,不可避免会存在非线性失真。同一功放管输出功率越大,非线性失真越严重。根据不同的场合,功放电路对非线性失真的要求,将非线性失真限制在允许的范围内。

4. 功放管的散热

功率放大电路在大信号下工作,管子的集电结要消耗大功率,所以必须重视功率管的保护和散热问题。

3.9.2 功率放大电路的工作状态

功率放大电路有以下三种工作状态:甲类、甲乙类和乙类工作状态。

1. 甲类

如图 3.9.1(a)所示,晶体管的 Q 点大致在交流负载线的中间。在整个工作过程内,集电极都有电流,晶体管处于导通状态,波形没有失真。在甲类工作状态,无论有没有信号,电源供给的功率 $P_E = U_{CC}I_C$ 总是不变的。在没有信号时,电源的功率全部消耗在管子和电阻上,由于管子的静态电流 I_C 较大,静态功率较大;有信号输入时,其中一部分转换为有用的输出功率。但是,即使在理想情况下,效率也仅为 50%。所以,甲类功率放大电路的缺点是损耗大、效率低。

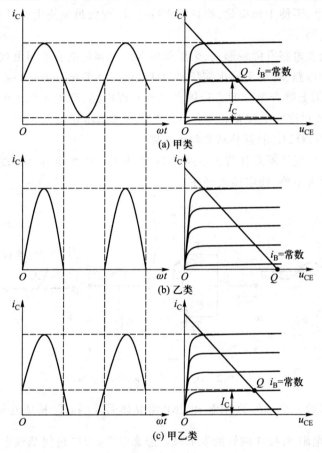

图 3.9.1　放大电路的工作状态

希望输入信号为零时,电源不提供功率,输入信号愈大,负载获得的功率也愈大,电源提供的功率也随之增大,从而提高效率。为提高效率,可将静态工作点下移以减小静态电流。

2. 乙类

如图 3.9.1(b)所示,若将静态工作点 Q 点设在静态电流 $I_C \approx 0$ 处,进入截止区,管子只在信号的半个周期内导通,称这种工作状态为乙类。乙类状态下,信号等于零时,电源输出的功率也为零。信号增大时,电源供给的功率也随着增大,从而提高了效率,但波形严重失真。

3. 甲乙类

如图 3.9.1(c)所示,若将晶体管的静态工作点设在介于甲类和乙类之间,即 Q 点在放大区且接近截止区。管子在信号的大半个周期以上的时间内导通,称此为甲乙类工作状态。由于

$I_C \approx 0$,因此,甲乙类的工作状态接近乙类工作状态。

在乙类和甲乙类状态工作时,虽然效率提高了,但输出波形产生了严重的失真。既要提高效率,又要减少信号波形的失真,需要在电路结构上采取措施。

3.9.3 互补对称放大电路

传统的功率放大电路采用变压器耦合,以解决阻抗变换问题,使电路得到最佳负载值。但由于变压器体积大、笨重,不便于集成化,而且频率特性低,现已很少使用。目前使用最为广泛的是互补对称功率放大电路。

互补对称功率放大电路有两种形式,采用单电源及大容量电容器与负载和前级耦合,而省去了变压器的互补对称电路,称为无输出变压器(OTL,Output Transformer Less)互补对称功率放大电路;采用双电源不需要耦合电容的直接耦合互补对称电路,称为无输出电容(OCL,Output Capacitor Less)耦合互补对称功率放大电路。两者工作原理基本相同。

1. 无输出变压器(OTL)的互补对称放大电路

图 3.9.2 为无输出变压器对称放大电路,OTL 不再用输出变压器,而采用输出电容与负载连接的互补对称功率放大电路,使电路较轻便。

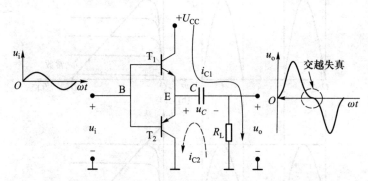

图 3.9.2 OTL 乙类互补对称放大电路

由一对特性及参数完全对称的 NPN 和 PNP 型晶体管 T_1 和 T_2 构成互补电路。输入信号接在两管的基极,负载电阻 R_L 接在两管的发射极。静态时,调节电路使基极电位为 $\dfrac{U_{CC}}{2}$,忽略晶体管发射结的管压降,由于 T_1 和 T_2 对称,发射极的电位为 $\dfrac{U_{CC}}{2}$,电容的电压即 E 点和"地"之间的电压也为 $\dfrac{U_{CC}}{2}$,$I_{C1} \approx 0$,$I_{C2} \approx 0$,$P_E = U_{CC}I_C \approx 0$。有交流信号 u_i 输入时,当 $u_i > 0$ 时,$V_B > V_E$,T_1 导通,T_2 截止,电容 C 充电,电流 i_{C1} 的通路如图 3.9.2 中实线所示,由 T_1 和 R_L 组成的电路相当于射极跟随器,$u_o \approx u_i$;当 $u_i < 0$ 时,$V_B < V_E$,T_2 导通,T_1 截止,电容 C 放电,电流 i_{C2} 的通路如图中虚线所示,由 T_2 和 R_L 组成的电路相当于射极跟随器,$u_o \approx u_i$。在输入信号 u_i 的一个周期内,电流 i_{C1} 和 i_{C2} 在输入信号的正、负半周以正反方向交替流过负载电阻,故电路输出电压跟随输入电压,负载上 i_L 和 u_o 基本上是正弦波。T_1、T_2 在正、负半周交替导通,互相补充故名互补对称电路。功率放大电路采用射极输出器的形式,提高了输入电阻和带负载的能力。

电容容量通常选得较大,以便对交流信号相当于短路。只要输出电容的容量足够大,负载上得到的交流信号正负半周对称,电路的频率特性也能保证。

该电路为乙类互补电路,由于发射结存在"死区",晶体管没有直流偏置,只有在 u_i 高于死区电压后,T_1 或 T_2 才导通,管子中的电流才会有明显的变化,当 u_i 低于死区电压时,T_1、T_2 都截止,此时负载电阻上电流为零,出现一段死区,使输出波形在正、负半周交接处出现失真,如图 3.9.2 所示,这种失真称为交越失真。

为了克服交越失真,要求偏置电路有合适的静态工作点,使静态工作点稍高于截止点,当信号为零时,两个晶体管处于临界导通或微导通状态,那么当有信号输入时两个管子中至少有一个导通,因而消除交越失真。

可采用图 3.9.3 所示的由二极管组成的偏置电路,给 T_1、T_2 的发射结提供所需的正向偏置电压,即工作在甲乙类状态。静态时,T_1、T_2 两管发射极的静态电位 $V_E = \frac{1}{2}U_{CC}$,输出耦合电容 C 上的电压也等于 $\frac{1}{2}U_{CC}$,二极管 D_1、D_2 导通,可近似等效为一个 $0.6 \sim 0.8$ V 的直流电源,获得合适的直流电压 U_{B1B2},给 T_1、T_2 两管提供较小的、能消除交越失真所需的正向偏置电压,使两个晶体管均处于微导通状态,因而放大电路处在接近乙类的甲乙类工作状态。因此称为甲乙类互补对称放大电路。

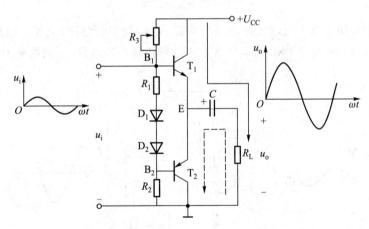

图 3.9.3 甲乙类 OTL 互补对称放大电路

在输入信号 u_i 作用下,D_1、D_2 对交流信号的作用可等效为一个很小的动态电阻。在 u_i 的正半周时,T_1 继续由微导通到充分导通再到微导通,T_2 由微导通到截止再到微导通;负半周时,T_2 继续由微导通到充分导通再到微导通,T_1 由微导通到截止再到微导通;这样,可在负载电阻 R_L 上输出已消除了交越失真的正弦波。

互补对称电路要求有一对特性相同的 NPN 和 PNP 型功率管,一般异型管的配对比同型管更难。特别在大功率工作时,异型管的配对尤为困难。为了解决这个问题,实际中常采用如图 3.9.4 所示的复合管,来代替图 3.9.2 中的 T_1 和 T_2。

2. 无输出电容器(OCL)的互补对称放大电路

OTL 互补对称放大电路中,采用大容量的电容 C 与负载耦合,不适合放大低频信号和集成

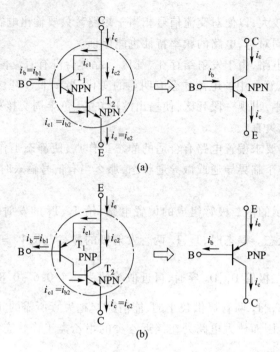

(a)

(b)

图 3.9.4 复合管

化。为此,可采用如图 3.9.5 所示去除电容的 OCL 互补对称功率放大电路。电路也是由一对特性及参数完全对称的 NPN 和 PNP 型晶体管组成的射极输出器电路,不同的是 OCL 由正、负等值的双电源供电。

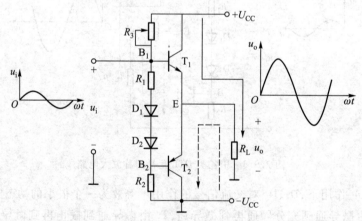

图 3.9.5 甲乙类 OCL 互补对称放大电路

静态时,二极管 D_1、D_2 导通,使两个晶体管均处于微导通状态,因而放大电路处在接近乙类的甲乙类工作状态。由于电路对称,T_1、T_2 两管的电流相等,负载电阻 R_L 中无电流流过,两管发射极的静态电位 $V_E = 0$。动态时,在 u_i 的正半周时,T_1 继续由微导通到充分导通再到微导通,T_2 由微导通到截止再到微导通;负半周时,T_2 继续由微导通到充分导通再到微导通,T_1 由微导通到截止再到微导通;这样,可在负载电阻 R_L 上输出已消除了交越失真的正弦波。

3.9.4 集成功率放大电路

集成功率放大电路大多工作在音频范围,除具有可靠性高、使用方便、性能好、重量轻、造价低等集成电路的一般特点外,还具有功耗小、非线性失真小和温度稳定性好等优点。集成功率放大电路内部的各种过流、过压、过热保护齐全,其中很多新型功率放大电路具有通用模块化的特点,使用更加方便安全。集成功率放大电路是模拟集成电路的一个重要组成部分,广泛应用于各种电子电气设备中。

从电路结构来看,集成功放和第 5 章将介绍的集成运算放大器相似,包括前置级、中间级和功率输出级,以及偏置电路、稳压、过流过压保护等附属电路。除此以外,基于功率放大电路输出功率大的特点,在内部电路的设计上还要满足一些特殊的要求。

集成功率放大电路品种繁多,输出功率从几十毫瓦至几百瓦的都有,有些集成功放既可以双电源供电,又可以单电源供电。从用途上分,有通用型和专用型功放;从输出功率上分,有小功率功放和大功率功放等。

LM386 是一种音频集成功率放大电路,主要应用于低电压消费类产品。其输入级为双端输入—单端输出差分放大电路,中间级为共发射极放大电路,输出级为 OTL 互补对称放大电路。在 1 脚和 8 脚之间增加一只外接电阻和电容,便可调节增益。具有功耗低、增益可调整、电源电压范围大,外接元件少等优点,特别适用于电池供电的场合。

其引脚图见图 3.9.6 所示。其中引脚 2 是反相输入端,3 为同相输入端;引脚 5 为输出端;引脚 6 和 4 是电源和地线;引脚 1 和 8 是电压增益控制端,使用时在引脚 7 和地线之间接旁路电容,通常取 10 μF。

图 3.9.7 所示为 LM386 组成的应用电路,其中 R_1 用来调节扬声器的音量,C_6 是电源去耦电容,可滤掉电源的高频成分;C_4 是旁路电容,R_2C_2 是相位补偿电路,以消除自激振荡,并改善高频时的负载特性。

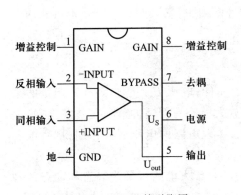

图 3.9.6 LM386 的引脚图

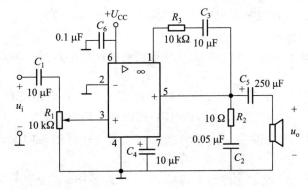

图 3.9.7 LM386 的一般用法

练习与思考

3.9.1 与电压放大电路比较,功率放大电路有何特点?

3.9.2 功率放大电路如何分类?分析各种工作状态的效率与失真。

3.9.3 什么是 OCL 电路?什么是 OTL 电路?它们是如何工作的?

3.9.4　为了改善输出波形的交越失真,应在电路中采取什么措施?

小结 ▶

1. 晶体管实现放大必须满足晶体管的内部结构和外部条件,即基区很薄,掺杂浓度很低,发射区掺杂浓度高,集电区面积大;外加电源的极性应保证发射结处于正向偏置状态、集电结应处于反向偏置状态。

2. 晶体管输入特性与二极管伏安特性曲线相似,NPN 型硅管的发射结导通电压 U_{BE} 为 0.6 ~ 0.8 V,PNP 型锗管的 U_{BE} 为 −0.2 ~ −0.3 V。输出特性曲线可分为三个区:放大区、截止区和饱和区。放大区,也称线性区,I_C 与 I_B 成正比,该区域发射结正向偏置,集电结反向偏置;饱和区发射结和集电结均处于正向偏置,深度饱和时,晶体管在电路中如同一个闭合的开关;截止区集电结处于反向偏置,发射结反向偏置或零偏,晶体管在电路中如同一个断开的开关。

3. 光电晶体管的输出特性曲线和普通晶体管相似,集电极电流 I_C 基本上仅决定于入射光照度 E,即 E 控制 I_C。

4. 放大倍数是衡量放大电路放大能力的重要指标。电压放大倍数是输出电压 $\dot{U}_o$ 与输入电压 $\dot{U}_i$ 之比,即 $A_u = \dfrac{\dot{U}_o}{\dot{U}_i}$;源电压放大倍数是考虑信号源内阻影响时的电压放大倍数,$A_{us} = \dfrac{\dot{U}_o}{\dot{U}_s}$。放大电路的输入电阻 r_i 是放大电路输入端看放大电路及其负载 R_L 的等效电阻,就是信号源或前置放大电路的负载电阻,$r_i = \dfrac{\dot{U}_i}{\dot{I}_i}$,希望放大电路有较高的输入电阻。放大电路的输出电阻 r_o,即从放大电路输出端看进去的戴维宁等效电路的等效内阻,它表明放大电路带负载的能力,$r_o = \dfrac{\dot{U}_o}{\dot{I}_o}$,希望放大电路输出级的输出电阻低一些。

5. 在基本放大电路中,晶体管 T 为放大电路的核心元件;电源 U_{CC} 是放大电路能量的来源;基极电阻 R_B 为偏置电阻,用以调节偏置电流 I_B,使放大电路有合适的静态工作状态;集电极负载电阻 R_C 将集电极电流的变化转换为电压的变化,实现电路的电压放大作用;耦合电容 C_1 和 C_2 起隔直流通交流的作用。

6. 在放大电路中,直流分量和交流分量总是共存的。对放大电路可分为静态和动态两种情况来分析。放大电路没有输入信号时的工作状态为静态,有输入信号时的工作状态为动态。静态分析确定放大电路的静态值,目的是确定晶体管是否有合适的静态工作点。动态分析确定放大电路的动态参数,即电压放大倍数、输入电阻和输出电阻等性能指标。

7. 静态工作点既可以通过解析的方法求出,也可以通过作图的方法求出。解析法逻辑清晰,是对放大电路进行定量分析,可以得到放大电路的具体参数。可用直流通路解析静态工作点。直流通路为在直流电源的作用下直流电流流经的通路,电容视为开路,信号源为电压源时视为短路,为电流源时视为开路,电源内阻保留。图解法形象直观,是对放大电路进行定性分析,有助于理解放大电路。

8. 动态分析有微变等效电路法和图解法两种。微变等效电路法是当信号变化的范围很小(微变)时,将非线性元件晶体管所组成的非线性电路等效成线性电路,这样就可用处理线性电路的方法来分析放大电路。图解法就是利用放大电路的结构约束曲线(负载线)和晶体管元件伏安特性曲线,通过作图的方法研究在输入信号的作用下,各个电压和电流交流分量之间的传递情况和相互关系,晶体管的工作点变化的规律,以便了解放大电路的工作情况。

9. 当信号过大或者静态工作点不合适时,使放大电路的工作范围超出了晶体管特性曲线上的线性范围,输入信号经放大电路放大后,输出波形与输入波形不完全一致产生波形失真,即非线性失真。

10. 半导体器件是一种对温度十分敏感的器件,温度变化会使放大电路的工作状态受到影响,放大电路需考虑稳定静态工作点。

11. 由于放大电路中存在电抗元件,所以放大电路对不同频率成分信号的增益不同,当信号频率较高或较低时,放大倍数会变小,使得放大电路对不同频率信号分量的放大倍数和相移都不同,会发生幅值失真或相位失真。放大电路的电压放大倍数的模 $|A_u|$ 与频率 f 的关系曲线,称为幅频特性;而将输出电压与输入电压的相位差 φ 与频率 f 的关系称为相频特性。频率特性是幅频特性与相频特性的总称。

12. 射极输出器也称为电压跟随器,电压放大倍数小于1,接近于1,输入电压与输出电压同相,具有一定的电流放大作用和功率放大作用,输入电阻高,输出电阻低,可以作为输入级、输出级或中间级,以提高整个放大电路的性能。

13. 多级放大电路的第一级称为输入级,对输入级的要求往往与输入信号有关。中间级的用途是进行信号放大,提供足够大的放大倍数,常由几级放大电路组成。多级放大电路的最后一级是输出级,它与负载相接。因此对输出级的要求要考虑负载的性质。推动级的用途就是实现小信号到大信号的缓冲和转换。耦合方式是指信号源和放大电路之间,放大电路中各级之间,放大电路与负载之间的连接方式。常用的耦合方式有阻容耦合、直接耦合、变压器耦合和光电耦合等。阻容耦合前、后两级的直流工作状态相互独立,互不影响,但不便于集成,不适合传递变化缓慢的信号,更不能传递直流信号。直接耦合式放大电路可以放大和传递变化缓慢的信号或者是直流信号,且便于集成,但存在零点漂移问题,可在放大电路第一级采用差分放大电路来抑制零点漂移。

14. 放大电路有甲类、甲乙类和乙类三种工作状态。甲类功率放大电路的效率低,甲乙类和乙类放大电路提高了效率,但产生了严重的失真。工作在甲乙类或乙类状态的互补对称放大电路既能提高效率,又能减小信号波形的失真。常见的低频功率放大电路有:无输出变压器互补对称功率放大电路(OTL)和无输出电容耦合互补对称功率放大电路(OCL)等。

习题 ▶

3.1.1 测得放大电路中 6 只晶体管的直流电位如图 3.01 所示。在圆圈中画出管子,并分别说明它们是硅管还是锗管。

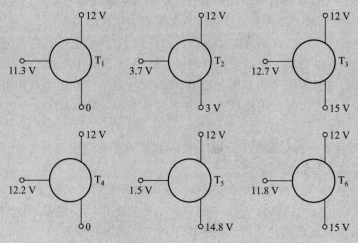

图 3.01 习题 3.1.1 的图

3.1.2 某晶体管的极限参数 $I_{CM} = 100$ mA、$P_{CM} = 150$ mW、$U_{(BR)CEO} = 30$ V,若它的工作电压 $U_{CE} = 8$ V,则工作电流 I_C 不得超过多大? 若工作电流 $I_C = 2$ mA,则工作电压的极限值应为多少?

3.1.3 在图 3.1.6 所示的晶体管电路中,选用的是 3DG100A 型晶体管,其极限参数为 $I_{CM} = 20$ mA、$P_{CM} = 100$ mW、$U_{(BR)CEO} = 15$ V。试问:(1) 集电极电源电压 U_{CC} 最大可选多少伏? (2) 集电极电阻最小可选多少欧? (3) 集电极耗散功率 P_C 为多少?

3.1.4 3DG100D 型晶体管的极限参数为 $I_{CM} = 20$ mA、$P_{CM} = 100$ mW、$U_{(BR)CEO} = 30$ V。若它的工作电压 $U_{CE} = 10$ V,则工作电流 I_C 不得超过多大? 若工作电流 $I_C = 1$ mA,则工作电压的极限值应为多少?

3.1.5 如图 3.1.16 所示电路中,晶体管起到开关 LED 的作用。假设晶体管的 $\beta = 50$,LED 导通时的正向电压降 $U_D = 1.5$ V,当晶体管工作在饱和状态时,将 LED 的电流限制在 15 mA 以内的限流电阻 R_C 的不得低于多少? 当输入电压 $u_i = 5$ V 时,晶体管处于饱和状态 $I_C/I_B = 20$ 时 R_B 的值是多少?

3.2.1 试分析图 3.02 所示各电路是否能够放大正弦交流信号,简述理由。设图中所有电容对交流信号均可视为短路。

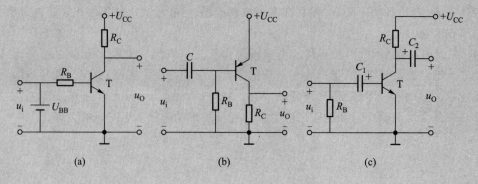

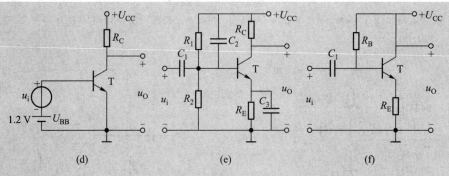

图 3.02　习题 3.2.1 的图

3.3.1　电路如图 3.03 所示,已知晶体管 $\beta = 50$,在下列情况下,用直流电压表测晶体管的集电极电位,应分别为多少?设 $U_{CC} = 12\text{ V}$,晶体管饱和管压降 $U_{CES} = 0.5\text{ V}$。(1) 正常情况;(2) R_{B1} 短路;(3) R_{B1} 开路;(4) R_{B2} 开路;(5) R_C 短路。

3.3.2　某固定偏置放大电路,已知 $U_{CC} = 12\text{ V}$,$U_{BE} = 0.7\text{ V}$,$U_{CE} = 5\text{ V}$,$I_C = 2\text{ mA}$,采用 $\beta = 50$ 的晶体管,要求:(1) 画出固定偏置放大电路;(2) 计算 R_B 和 R_C 的阻值;(3) 若换用 $\beta = 70$ 的同型号晶体管,其他参数不变,试问 I_C 和 U_{CE} 等于多少?

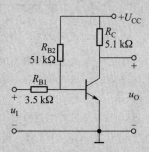

图 3.03　习题 3.3.1 的图

3.3.3　电路如图 3.04(a) 所示,晶体管 T 的输出特性如图 (b) 所示,已知 $U_{CC} = 12\text{ V}$、$R_C = 3\text{ k}\Omega$,晶体管工作在 Q 点时的 $I_B = 40\ \mu\text{A}$。要求:(1) 试计算偏置电阻 R_B、电流放大系数 β、晶体管的集射极电压降 U_{CE}(设 $U_{BE} = 0.7\text{ V}$);(2) 若电路中其他参数不变,仅改变偏置电阻 R_B,试将集电极电流 I_C 和集射极电压降 U_{CE} 的关系曲线画在输出特性上。

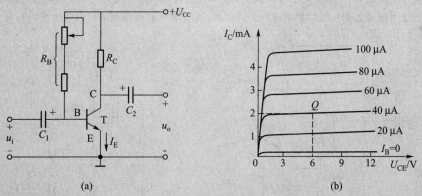

图 3.04　习题 3.3.3 的图

3.3.4　固定偏置放大电路如图 3.04(a) 所示,已知 $U_{CC} = 12\text{ V}$、$U_{BE} = 0.7\text{ V}$,晶体管的电流放大系数 $\beta = 100$,欲满足 $I_C = 2\text{ mA}$、$U_{CE} = 4\text{ V}$ 的要求,试求(1) 电阻 R_B、R_C 的阻值。(2) 欲将晶体管的集射极电压 U_{CE} 增大到 6 V,问 R_B 应如何调整?并求出其值。

3.3.5　电路如图 3.04(a) 所示,已知 $U_{CC} = 20\text{ V}$、$R_B = 400\text{ k}\Omega$、$R_C = 1\text{ k}\Omega$、$U_{BE} = 0.6\text{ V}$,要求:

(1) 今测得 $U_{CE} = 15\text{ V}$,试求发射极电流 I_E 以及晶体管的 β;

(2) 欲将晶体管的集射极电压 U_{CE} 减小到 8 V,问 R_B 应如何调整?并求出其值。

(3) 画出微变等效电路。

3.4.1 放大电路如图 3.05 所示,已知 $\beta = 20$、$U_{BE} = 0.7\,V$,稳压管的稳定电压 $U_Z = 6\,V$,试确定该电路静态时的 U_{CE} 和 I_C 值。

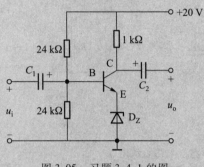

图 3.05 习题 3.4.1 的图

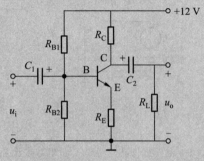

图 3.06 习题 3.4.2 的图

3.4.2 放大电路如图 3.06 所示,晶体管的电流放大系数 $\beta = 50$、$U_{BE} = 0.7\,V$、$R_{B1} = 110\,k\Omega$、$R_{B2} = 10\,k\Omega$、$R_C = 6\,k\Omega$、$R_E = 400\,\Omega$、$R_L = 6\,k\Omega$,要求:(1) 计算静态工作点;(2) 画出微变等效电路;(3) 计算电压放大倍数。

3.4.3 某放大电路如图 3.07 所示。已知 $U_{CC} = 15\,V$、$R_S = 500\,\Omega$、$R_{B1} = 40\,k\Omega$、$R_{B2} = 20\,k\Omega$、$R_C = 2\,k\Omega$、$R_{E1} = 200\,\Omega$、$R_{E2} = 1.8\,k\Omega$、$R_L = 2\,k\Omega$、$C_1 = 10\,\mu F$、$C_2 = 10\,\mu F$、$C_E = 47\,\mu F$。晶体管 T 的 $\beta = 50$、$r_{be} = 1\,k\Omega$、$U_{BE} = 0.7\,V$。要求:

(1) 计算电路的静态工作点 I_C 和 U_{CE};

(2) 画出微变等效电路;

(3) 计算输入电阻 r_i 及输出电阻 r_o;

(4) 计算电压放大倍数 A_u 及源电压放大倍数 A_{us},并说明输入电阻 r_i 对源电压放大倍数的影响;

(5) 计算放大电路输入端开路时的电压放大倍数 A_u,并说明负载电阻对电压放大倍数的影响。

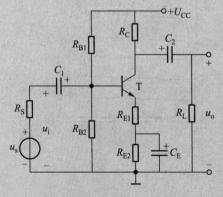

图 3.07 习题 3.4.3 的图

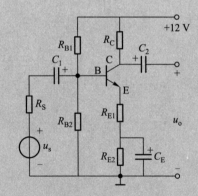

图 3.08 习题 3.4.4 的图

3.4.4 电路如图 3.08 所示,已知晶体管的 $\beta = 50$、输入信号 $u_s = 5\sin\omega t\ mV$、$R_S = 6\,k\Omega$、$R_{B1} = 40\,k\Omega$、$R_{B2} = 20\,k\Omega$、$R_C = 1.5\,k\Omega$、$R_{E1} = 150\,\Omega$、$R_{E2} = 1.5\,k\Omega$。要求:(1) 计算电路的静态工作点;(2) 画出微变等效电路;(3) 求电压放大倍数 A_u 及源电压放大倍数 A_{us},电路的输出电压 u_0;(4) 试分析说明当 $u_s = 50\sin\omega t\ mV$ 时,电路输出电压会不会出现截止失真,为什么?

3.6.1 电路如图 3.09 所示,晶体管 T 的 $\beta = 40$。电路中的 $U_{CC} = 24\,V$、$R_B = 96\,k\Omega$、$R_C = R_E = 2.4\,k\Omega$,电容器 C_1、C_2、C_3 的电容量足够大,正弦波输入信号的电压有效值 $U_i = 1\,V$,电路有两个输出端。试求:

(1) 电压放大倍数 $A_{u1} = \dfrac{\dot{U}_{o1}}{\dot{U}_i}$ 和 $A_{u2} = \dfrac{\dot{U}_{o2}}{\dot{U}_i}$;

(2) 空载时输出电压 u_{o1}、u_{o2} 的有效值 U_{o1}、U_{o2};

(3) 输出电阻 r_{o1} 和 r_{o2};

(4) 用内阻为 10 kΩ 的交流电压表分别测量 u_{o1}、u_{o2} 时,交流电压表的读数各为多少? 与(2)中结果比较能说明什么?

3.6.2　电路如图 3.10 所示,已知 $U_{CC} = +12$ V,$\beta = 50$,当信号源电压均为 $u_s = 5 \sin \omega t$ 时,计算出各自的输出电压 u_o,并比较计算结果,说明图 3.10(b)电路中射极跟随器所起的作用。

3.6.3　电路如图 3.11 所示,晶体管的 $\beta = 50$,信号源为正弦交流量,其有效值 $U_S = 100$ mV,$R_S = 10$ kΩ。试求:

(1) 计算静态工作点;

(2) 画出微变等效电路图;

(3) 计算交流量的有效值 U_i、I_i、I_B、I_C 和 U_o。

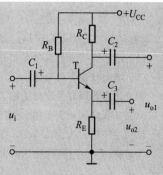

图 3.09　习题 3.6.1 的图

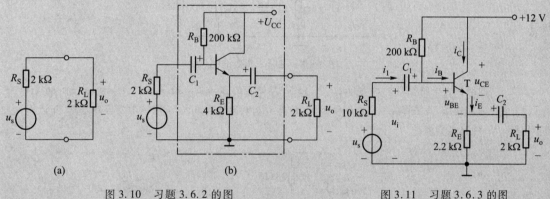

(a)　　　　　　　　　　　　(b)

图 3.10　习题 3.6.2 的图　　　　　　　　　　图 3.11　习题 3.6.3 的图

3.7.1　如图 3.12 所示,将射极输出器与共发射极放大电路组成两级放大电路,晶体管 T_1 的 $r_{be1} = 5.3$ kΩ、T_2 的 $r_{be2} = 6$ kΩ,两管的 β 均为 100。试求:

(1) 前后级的静态值;

(2) 画出微变等效电路;

(3) 求放大电路的输入电阻 r_i 和输出电阻 r_o;

(4) 各级放大倍数 A_{u1}、A_{u2},两级放大倍数 A_u 以及对信号源的电压放大倍数 A_{us}。

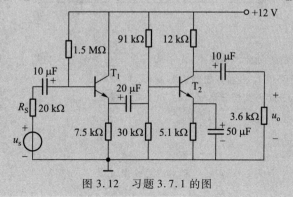

图 3.12　习题 3.7.1 的图

3.7.2 放大电路如图 3.13 所示,已知晶体管 T_1,T_2 的电流放大系数 $\beta_1 = \beta_2 = 50$、$U_{BE1} = U_{BE2} = 0.7 \text{ V}$、$r_{be1} = 1.55 \text{ k}\Omega$、$r_{be2} = 0.46 \text{ k}\Omega$,试求:

(1)用估算法求各级静态工作点 I_{B1}、I_{C1}、U_{CE1}、I_{B2}、I_{C2}、U_{CE2};

(2)画出微变等效电路;

(3)计算各级放大电路的输入电阻 r_i 和输出电阻 r_o;

(4)计算各级放大电路的电压放大倍数 A_{u1} 和 A_{u2},以及总电压放大倍数 A_u;

(5)去掉第二级,将 2 kΩ 负载电阻作为第一级的负载,再求第一级的电压放大倍数;

(6)从(4)、(5)项的计算结果中,说明什么问题?

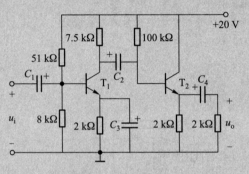

图 3.13 习题 3.7.2 的图

3.7.3 两级放大电路如图 3.14 所示,$U_{CC} = 15 \text{ V}$、晶体管的 $\beta_1 = \beta_2 = 50$、$r_{be1} = 1.1 \text{ k}\Omega$、$r_{be2} = 0.86 \text{ k}\Omega$。试求:(1)画出直流通路,并估算各级电路的静态值(计算 U_{CE2} 时忽略 I_{B2});(2)画出微变等效电路,并计算 A_{u1}、A_{u2} 和 A_u;(3)计算 r_i 和 r_o。

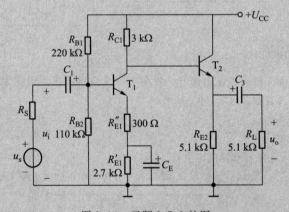

图 3.14 习题 3.7.3 的图

3.8.1 如图 3.15 所示的差分放大电路中,$\beta = 50$、$U_{BE} = 0.7 \text{ V}$,输入电压 $u_{i1} = 10 \text{ mV}$、$u_{i2} = 2 \text{ mV}$。试求:

(1)计算放大电路的静态值 I_B、I_C 及各电极的电位 V_E、V_C 和 V_B;

(2)把输入电压 u_{i1}、u_{i2} 分解为共模分量 u_{ic1}、u_{ic2} 和差模分量 u_{id1}、u_{id2};

(3)求单端共模输出 u_{oc1} 和 u_{oc2};

(4)求单端差模输出 u_{od1} 和 u_{od2};

(5)求单端总输出 u_{o1} 和 u_{o2};

(6)求双端共模输出 u_{oc}、双端差模输出 u_{od} 和双端总输出 u_o。

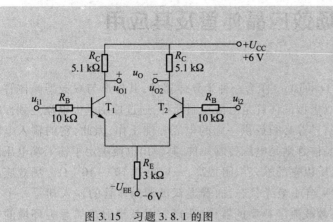

图 3.15　习题 3.8.1 的图　　　　　图 3.16　习题 3.8.2 的图

3.8.2　图 3.16 所示电路参数理想对称,晶体管的 β 均为 50, $r_{be} = 5.18\ \text{k}\Omega$, $U_{BE} \approx 0.7$。试计算 R_P 滑动端在中点时 T_1 管和 T_2 管的发射极静态电流 I_E,以及差模电压放大倍数 A_d 和输入电阻 r_i。

第4章 场效应晶体管及其应用

场效应晶体管(FET,Field Effect Transistor)作为一种半导体器件,其外形与双极型晶体管相似,但两者的控制特性却截然不同。双极型晶体管是电流控制元件,通过控制基极电流达到控制集电极电流或发射极电流的目的,即信号源必须提供一定的电流才能工作,因此,它的输入电阻较低,通常仅有 $10^2 \sim 10^4$ Ω。场效应晶体管则是电压控制元件,其输出电流决定于输入端电压的大小,基本上不需要信号源提供电流,所以它的输入电阻很高,一般可达 $10^9 \sim 10^{14}$ Ω。场效应晶体管的输入基本上是一个反向偏置 PN 结或绝缘状态,而普通双极型晶体管的输入却是一个正向偏置状态。场效应晶体管是一种多数载流子类型的器件,所以它对核辐射这类恶劣环境的抵抗能力,较其他相应的器件要强得多。同时,场效应晶体管具有体积小、重量轻、耗电省、寿命长等特点,还有输入阻抗高、噪声低、热稳定性好、制造工艺简单等优点,所以,其应用范围广泛,特别是在大规模和超大规模集成电路中得到了广泛的应用。

场效应晶体管有两种:结型场效应晶体管(Junction Field Effect Transistor,JFET)、绝缘栅场效应晶体管(Insulated Gate Field Effect Transistor,IGFET)。绝缘栅场效应晶体管一般以二氧化硅为金属(铝)栅极与半导体之间绝缘介质,常称作 MOS(Metal Oxide Semiconductor)场效应晶体管。

本章主要介绍了场效应晶体管的基本概念和基本分析方法,包括场效应晶体管在放大电路中的静态工作点确定,小信号模型分析法;及其开关特性电路。学习过程中,注意与双极型晶体管电路分析方法的区别与联系。

学习目的:

1. 了解场效应晶体管的基本概念;
2. 了解场效应晶体管的分类;
3. 掌握场效应晶体管的工作原理;
4. 掌握场效应晶体管电路的开关特性;
5. 掌握场效应晶体管放大电路的分析方法。

4.0 引例

对于信号需要放大而信号源输出阻抗高的电路,比如传感器电路,如果不用高输入阻抗放大器,就会给信号源带来不良影响。如图 4.0.1 所示,是由结型场效应晶体管(JFET)及普通晶体管构成的高输入阻抗放大电路。该电路是高输入阻抗 AC 前置放大电路,通过在自给偏压偏置电路中使用 FET(场效应晶体管),把栅极电阻接到源极反馈点上,保证更高输入阻抗的目的。根据反馈电路及其电阻网络可确定该电路的放大增益为:"$1 + (R_{10}/R_9)$",约 10 倍。

如图 4.0.2 所示,是由绝缘栅场效应晶体管(MOS 管)构成的对称型功率放大电路。该电路采用单端输入推挽输出的方式。该电路中,T_1、T_5、T_6 和 T_2、T_3、T_4 分别构成复合管,提高输出电

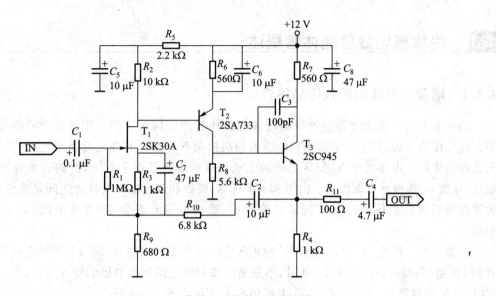

图 4.0.1 高输入阻抗前置放大电路

流;T_5、T_6 和 T_3、T_4 为 MOS 场效应晶体管构成的差分放大电路,主要抑制电路的零点漂移。与普通晶体管构成的互补对称功率放大电路相比,该电路的输入电阻高、温度特性好、噪声低、输出功率较大,是性能更为优良的功率放大电路。

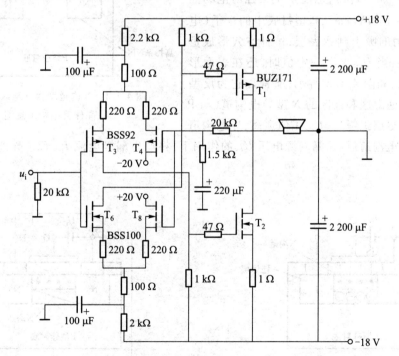

图 4.0.2 绝缘栅场效应晶体管构成的对称型功率放大电路

4.1 绝缘栅场效应晶体管概述

4.1.1 增强型绝缘栅场效应晶体管

图 4.1.1 是 N 沟道增强型绝缘栅场效应晶体管的结构示意图。用一块杂质浓度较低的 P 型薄硅片作为衬底,其上扩散两个相距很近的高掺杂 N^+ 型区,并在硅片表面生成一层薄薄的二氧化硅绝缘层。再在两个 N^+ 型区之间的二氧化硅的表面及两个 N^+ 型区的表面分别安置三个电极:栅极 G、源极 S 和漏极 D。由图 4.1.1 可见,栅极和其他电极及硅片之间是绝缘的,所以称为绝缘栅场效应晶体管。由于栅极是绝缘的,栅极电流几乎为零,栅源电阻(输入电阻)R_{GS} 很高。

从图 4.1.1 可见,N^+ 型漏区和 N^+ 型源区之间被 P 型衬底隔开,漏极和源极之间是两个背靠背的 PN 结,当栅－源电压 $U_{GS} = 0$ 时,不管漏极和源极之间所加电压的极性如何,其中总有一个 PN 结是反向偏置的,反向电阻很高,漏极电流 I_D 近似为零。

如果在栅极和源极之间加正向电压 U_{GS},情况就会发生变化。在 U_{GS} 的作用下,产生了垂直于衬底表面的电场。由于二氧化硅绝缘层很薄,因此即使 U_{GS} 很小(如只有几伏),也能产生很强的电场强度[可达 $(10^5 \sim 10^6)$ V/cm],P 型衬底中的少子(电子)受到电场力的吸引到达表层,填补空穴形成负离子的耗尽层;当 U_{GS} 大于一定值时,还在表面形成一个 N 型层,如图 4.1.2 所示,通常称它为反型层。它就是沟通源区和漏区的 N 型导电沟道(与 P 型衬底间被耗尽层绝缘)。U_{GS} 正值愈高,导电沟道愈宽。形成导电沟道后,在漏－源电压 U_{DS} 的作用下,将产生漏极电流 I_D,管子导通,如图 4.1.3 所示。

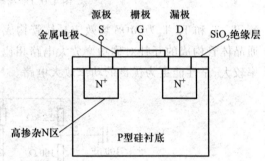

图 4.1.1　N 沟道增强型绝缘栅场效应晶体管结构示意图

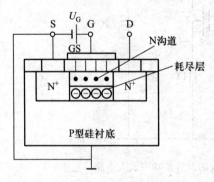

图 4.1.2　N 沟道增强型绝缘栅场效应晶体管导电沟道的形成

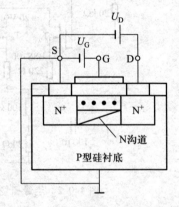

图 4.1.3　N 沟道增强型绝缘栅场效应晶体管的导通

在一定的漏－源电压 U_{DS} 下，使管子由不导通变为导通的临界栅－源电压称为开启电压，用 $U_{GS(th)}$ 表示。很明显，在 $0 < U_{GS} < U_{GS(th)}$ 的范围内，漏、源极间沟道尚未连通，$I_D \approx 0$。只有当 $U_{GS} > U_{GS(th)}$ 时，随栅极电位的变化 I_D 亦随之变化，这就是 N 沟道增强型绝缘栅场效应晶体管的栅极控制作用。图 4.1.4 和图 4.1.5 分别称为管子的转移特性曲线和输出特性曲线。所谓转移特性，就是栅－源电压对漏极电流的控制特性。

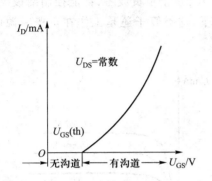

图 4.1.4 N 沟道增强型管的转移特性曲线

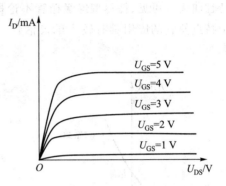

图 4.1.5 N 沟道增强型管的输出特性曲线

图 4.1.6 为 P 沟道增强型绝缘栅场效应晶体管的结构示意图，图 4.1.7 为 N 沟道增强型绝缘栅场效应晶体管的结构示意图。它们工作原理相似，只是要调换电源的极性，电流的方向也相反。

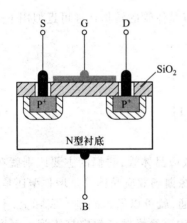

图 4.1.6 P 沟道增强型绝缘栅场效应晶体管的结构示意图

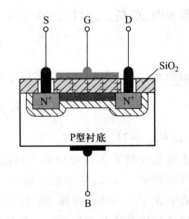

图 4.1.7 N 沟道耗尽型绝缘栅场效应晶体管的结构示意图

4.1.2 耗尽型绝缘栅场效应晶体管

上述的增强型绝缘栅场效应晶体管只有当 $U_{GS} > U_{GS(th)}$ 时才形成导电沟道，如果在制造管子时就使它具有一个原始导电沟道，这种绝缘栅场效应晶体管就属于耗尽型，以与增强型区别。图 4.1.7 是 N 沟道耗尽型绝缘栅场效应晶体管的结构示意图。在制造时，在二氧化硅绝缘层中掺入大量的正离子，因而在两个 N^+ 型区之间便感应出较多电子，形成原始导电沟道。与增强型相比，它的结构变化不大，但其控制特性却有明显改进。在 U_{DS} 为常数的条件下，当 $U_{GS} = 0$ 时，漏、源极间已可导通,流过的是原始导电沟道的漏极电流 I_{DSS}。当 $U_{GS} > 0$ 时,在 N 沟道内感应出更多的电子,使沟道变宽,所以 I_D 随 U_{GS} 的增大而增大。当 $U_{GS} < 0$,即加反向电压时,在沟道内感应出一些正电荷与电子复合,使沟道变窄,I_D 减小;U_{GS} 负值愈高,沟道愈窄,I_D 也就愈小。当 U_{GS} 达到一定负值时,导电沟道内的载流子(电子)因复合而耗尽,沟道被夹断,$I_D \approx 0$,这时的 U_{GS} 称为夹断电压,用 $U_{GS(off)}$ 表示。图 4.1.8 和图 4.1.9 所示分别为 N 沟道耗尽型管的转移特性和输出特性曲线。可见,耗尽型绝缘栅管不论栅 – 源电压 U_{GS} 是正是负或零,都能控制漏极电流 I_D,这个特点使它的应用具有较大的灵活性。一般情况下,这类管子还是工作在负栅 – 源电压的状态。

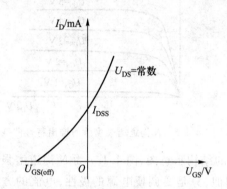

图 4.1.8　N 沟道耗尽型管的转移特性曲线　　　图 4.1.9　N 沟道耗尽型管的输出特性曲线

实验表明,在 $U_{GS(off)} \leq U_{GS} \leq 0$ 范围内,耗尽型场效应晶体管的转移特性可近似用下式表示

$$I_D = I_{DSS} \left(1 - \frac{U_{GS}}{U_{GS(off)}} \right)^2 \tag{4.1.1}$$

类似的,增强型场效应晶体管 I_D 与 U_{GS} 的近似关系式为

$$I_D = I_{DO} \left(\frac{U_{GS}}{U_{GS(th)}} - 1 \right)^2 \tag{4.1.2}$$

式中 I_{DO} 是 $U_{GS} = 2U_{GS(th)}$ 的 I_D。

以上分别介绍了 N 沟道增强型和耗尽型绝缘栅场效应晶体管,它们的主要区别就在于是否有原始导电沟道。所以,如果要判别一个没有型号的绝缘栅场效应晶体管是增强型还是耗尽型,只要检查它在 $U_{GS} = 0$ 时,在漏、源极间加电压是否能导通,就可以做出判别。实际上,不但 N 沟道绝缘栅场效应晶体管有增强型与耗尽型之分;同样 P 沟道绝缘栅场效应晶体管也有增强型与耗尽型之分。对于不同类型的绝缘栅场效应晶体管必须注意所加电压的极性。

绝缘栅场效应晶体管的主要参数除了上述的 I_{DSS}、$U_{GS(th)}$、$U_{GS(off)}$、R_{GS} 等外,还有一个表示场效应晶体管放大能力的参数跨导,用符号 g_m 表示。跨导是当漏 – 源电压 U_{DS} 为常数时,漏极电流的增量 ΔI_D 对引起这一变化的栅 – 源电压的增量 ΔU_{GS} 的比值,即

$$g_m = \frac{\Delta I_D}{\Delta U_{GS}} \bigg|_{U_{DS}} \tag{4.1.3}$$

跨导是衡量场效应晶体管栅 – 源电压对漏极电流控制能力的一个重要参数,它的单位是 A/V (安每伏)或 mA/V。通常手册中所列的跨导值多是在低频(1 000 Hz)小信号(电压幅度不超过100 mV)情况下测得的,并且管子作共源极连接,故称为共源小信号低频跨导。从转移特性曲线

看,跨导就是特性曲线上工作点处切线的斜率。

使用绝缘栅场效应晶体管时除注意不要超过漏 - 源击穿电压 $U_{DS(BR)}$,栅 - 源击穿电压 $U_{GS(BR)}$ 和漏极最大耗散功率 P_{DM} 等极限值外,还特别要注意可能出现栅极感应电压过高而造成绝缘层的击穿问题。为了避免这种损坏,在保存时,必须将三个电极短接;在电路中栅、源极间应有直流通路;焊接时应使电烙铁有良好的接地。

练习与思考

4.1.1 绝缘栅场效应晶体管的栅极为什么不能开路?

4.1.2 为什么 N 沟道增强型绝缘栅场效应晶体管中,靠近漏极的导电沟道较窄,而靠近源极的较宽?

4.1.3 试画出:(1) N 沟道绝缘栅增强型;(2) N 沟道绝缘栅耗尽型;(3) P 沟道绝缘栅增强型;(4) P 沟道绝缘栅耗尽型四种场效应晶体管的转移特性曲线,并总结出何者具有夹断电压和何者具有开启电压以及它们的正负。

4.2 场效应晶体管的分类

根据场效应晶体管结构的不同,其可分为结型场效应晶体管(JFET)和绝缘栅场效应晶体管(MOSFET)。上节介绍的是其中一种——绝缘栅场效应晶体管(MOSFET)工作原理。

结型场效应晶体管(JFET)与绝缘栅型场效应晶体管(MOSFET)类似,源极(Source)和漏极(Drain)之间由一条窄导电沟道相连。该沟道要么由 N 型材料,要么由 P 型材料制成,即分为 N 型沟道 JFET 和 P 型沟道 JFET,其代表符号如图 4.2.1 所示。可以看到漏极上的箭头方向,对 N 沟道而言是"指向里",对 P 沟道而言是"指向外"。这个箭头方向可以理解为 PN 结的方向。工作原理如下:

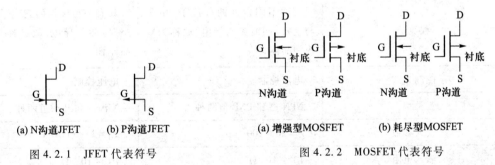

(a) N沟道JFET (b) P沟道JFET

图 4.2.1 JFET 代表符号

(a) 增强型MOSFET (b) 耗尽型MOSFET

图 4.2.2 MOSFET 代表符号

对 N 沟道 JFET 而言,导电沟道的载流子是电子;对 P 沟道 JFET 而言,导电沟道的载流子是空穴。在没有外加电压的情况下,沟道都能导通电流,因此两种 JFET 都属于耗尽型 FET。在 N 沟道 JFET 中,将 P 型材料掺杂到 N 沟道中形成 PN 结,并连接到栅极;在 P 沟道 JFET 中,将 N 型材料掺杂到 P 沟道中形成 PN 结。如前所述,JFET 中的沟道是漏极和源极之间的一个窄导电通路。沟道的宽度,也就是沟道的导电能力,是由栅极电压控制的。当没有栅极电压时,沟道能通过最大的电流,当栅极施加反向偏置时,沟道宽度变窄,导电能力下降。对 N 沟道 JFET 而言,栅源结的反向偏置由负的栅极电压实现;对 P 沟道 JFET 而言,栅源结的反向偏置由正的栅极电压实现,所以,在 JFET 的工作过程中不会有任何正向偏置的 PN 结。栅极和沟道之间形成的 PN

结,JFET 的直流电阻高达 $10^6 \sim 10^9\,\Omega$,本质上来说为 PN 结的反向偏置电阻,而 PN 结反向偏置时总会有一些反向电流存在,这就限制了输入电阻的进一步提高。

绝缘栅型场效应管又称为金属－氧化物－半导体场效应管,简称 MOSFET。由于其栅极处于不导电(绝缘)状态,所以输入电阻可大大提高,最高可达 $10^{15}\,\Omega$。它是利用半导体表面的电场效应进行工作的,所以也称为表面场效应器件。按其工作状态可分为增强型与耗尽型两类,每类又有 N 沟道和 P 沟道之分。图 4.2.2 所示分别为各种类型的 MOSFET 的代表符号。MOSFET 在使用时,通常源极和衬底连接在一起。衬底的箭头方向同样可以理解为 PN 结的方向,因此使用中确保其不要正向偏置,如 N 沟道的衬底电压是器件的相对低电位;P 沟道的衬底电压是器件相对高电位。

场效应管的分类情况、各种场效应管的符号和特性曲线如图 4.2.3 所示。场效应管通过改变栅极和源极的电压 U_{GS},就可以改变 D、S 之间导电沟道宽度,进而改变导电特性,在 D、S 间加上电压 U_{DS},则源极和漏极之间形成电流 I_D,因此可改变漏极电流 I_D。其中 I_{DSS} 属于耗尽型和结型场效应管的一个重要参数,称为饱和漏极电流,它是当栅源之间的电压 $U_{GS}=0$ 时,漏、源之间发生预夹断时对应的漏极电流。$U_{GS(off)}$ 是耗尽型和结型场效应管的重要参数,称为夹断电压,它是当 U_{DS} 一定时,使 I_D 减小到某一个微小电流(如 10 μA)时所需的 U_{GS} 值。$U_{GS(th)}$ 是增强型场效应管的重要参数,称为开启电压,它是当 U_{DS} 一定时,漏极电流 I_D 达到某一数值(如 10 μA)时所需加的 U_{GS} 值。

表 4.2.1 是场效应晶体管与普通晶体管的区别对比。

表 4.2.1 场效应晶体管与双极型晶体管的区别

项目 \ 器件名称	双极型晶体管	场效应晶体管
载流子	两种不同极性的载流子(电子与空穴)同时参与导电,故称为双极型晶体管	只有一种极性的载流子(电子或空穴)参与导电,故又称为单极型晶体管
控制方式	电流控制	电压控制
类型	NPN 型和 PNP 型两种	N 沟道和 P 沟道两种
放大参数	$\beta = 20 \sim 200$	$g_m = 1 \sim 5$ mA/V
输入电阻	$10^2 \sim 10^4\,\Omega$	$10^7 \sim 10^{14}\,\Omega$
输出电阻	r_{ce} 很高	r_{ds} 很高
热稳定性	差	好
制造工艺	较复杂	简单,成本低
对应极	基极－栅极,发射极－源极,集电极－漏极	

BJT 是一种电流控制器件,即基极电流控制集电极电流。FET 是电压控制器件,其中栅极电压来控制流经器件的电流。BJT 和 FET 均可作为放大器使用,也都可用于开关电路。

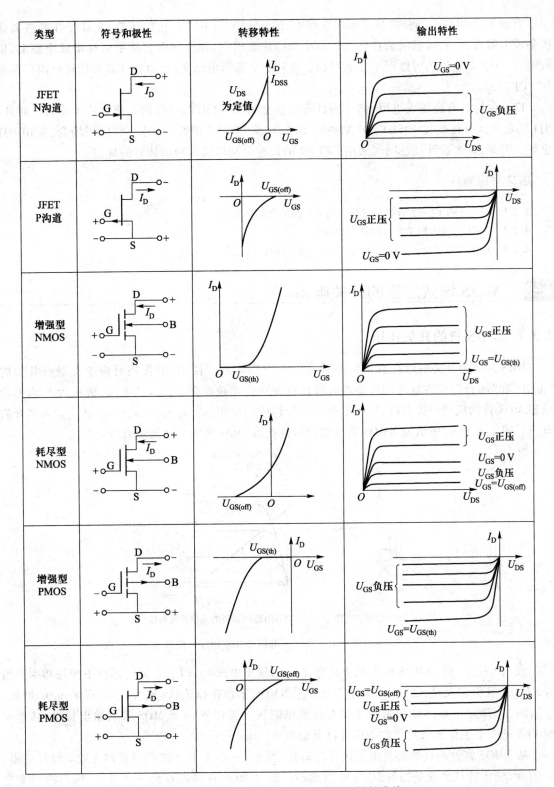

图 4.2.3　各种场效应晶体管的符号和特性曲线

当前 FET 用在大部分的数字集成电路中,因为 FET 与 BJT 相比的优势,尤其是在制造大规模集成电路方面,它可以制造在比 BJT 更小的晶片面积上,并且非常容易制造在集成电路上,集成度高。此外,它们还可以用不含电阻和二极管的更简单电路实现,微处理器和计算机内存都采用 FET 技术。

FET 尽管具有高输入电阻,但并不具有双极型晶体管(BJT)一样的高增益放大能力。而且,BJT 的放大线性度也优于 FET。在某些应用场合,采用 FET 更好;在另一些应用场合,采用 BJT 更好。因此,许多设计往往同时采用 FET 和 BJT,充分利用这两种晶体管的优点。

练习与思考

4.2.1 说出 FET 的三个管脚的名称。场效应晶体管如何分类?

4.2.2 JFET 与 MOSFET 各自的特点如何?

4.2.3 说明场效应晶体管的夹断电压 $U_{GS(off)}$ 和开启电压 $U_{GS(th)}$ 的意义。

4.3 MOS 场效应管的开关电路

4.3.1 MOS 管的开关作用

MOS 管作为开关电路在数字电路或系统中应用非常广泛,它的作用对应于有触点开关的"断开"和"闭合",但在速度和可靠性方面比机械开关优越得多。图 4.3.1(a)所示为 N 沟道增强型 MOS 管构成的开关电路,其实是 NMOS 管构成的反相器。$u_I = u_{GS}$,$u_O = u_{DS}$,$U_{GS(th)}$ 为其开启电压。图 4.3.1(b)所示为 NMOS 管的输出特性曲线,其中斜线为直流负载线。

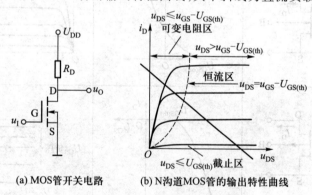

(a) MOS 管开关电路   (b) N 沟道 MOS 管的输出特性曲线

图 4.3.1 MOS 管开关电路及其输出特性曲线

当 $u_I < U_{GS(th)}$ 时,NMOS 处于截止状态,$i_D = 0$,输出电压 $u_O = U_{DD}$。此时器件不损耗功率。当 $u_I > U_{GS(th)}$ 且值较大时,使得 $u_{DS} > u_{GS} - U_{GS(th)}$,NMOS 工作在恒流区(放大区)。随着 u_I 的增加,i_D 增加,u_{DS} 随之下降,NMOS 最后工作在可变电阻区。参照 N 沟道 MOS 管的输出特性,其他类型 FET 的三个工作区域的工作条件可以类似推出。

从 NMOS 特性曲线的可变电阻区可以看到,当 u_{GS} 一定时,D、S 之间可近似等效为线性电阻。u_{GS} 越大,输出特性曲线越倾斜,等效电阻越小。此时 MOS 管可以看成一个受 u_{GS} 控制的可变电阻。u_{GS} 的取值足够大时,使得 R_D 远远大于 D、S 之间的等效电阻时,电路输出为低电平。

由此可见,MOS 管相当于一个由 u_{GS} 控制的无触点开关,当输入为低电平时,MOS 管截止,相当于开关"断开",输出为高电平,其等效电路如图 4.3.2(a)所示;当输入为高电平时,MOS 管工作在可变电阻区,相当于开关"闭合",输出为低电平,其等效电路如图 4.3.2(b)所示。图中 R_{on} 为 MOS 管导通时的等效电阻,约在数欧姆以内,甚至达毫欧级。

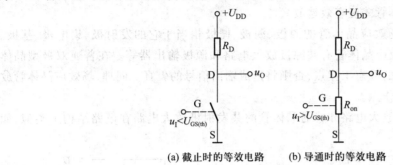

(a) 截止时的等效电路　　(b) 导通时的等效电路

图 4.3.2　MOS 管的开关等效电路

4.3.2　MOS 管的开关特性

在图 4.3.1(a)所示 MOS 管的开关电路的输入端,加一个理想的脉冲波形,如图 4.3.3(a)所示。由于 MOS 管中栅极与衬底间电容 C_{GB}(即数据手册中的输入电容 C_I)、漏极与衬底间电容 C_{DB}、栅极与漏极间电容 C_{GD} 以及导通电阻等的存在,使其在导通和闭合两种状态之间转换时,不可避免地受到电容充、放电过程的影响。输出电压 u_O 的波形已不是和输入一样的理想脉冲,上升和下降沿都变得缓慢了,而且输出电压的变化滞后于输入电压的变化,如图 4.3.3(b)所示。

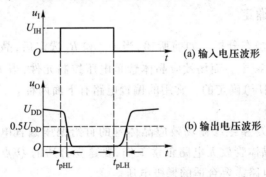

(a) 输入电压波形

(b) 输出电压波形

图 4.3.3　MOS 管的开关电路波形

练习与思考

4.3.1　利用 P 沟道 MOSFET 的输出特性曲线,说明它的三个工作区域(可变电阻区、恒流区、截止区)的工作条件。

4.3.2　试比较 MOSFET 与 BJT 工作在开关状态下的工作特点。

4.4 场效应晶体管放大器

由于场效应晶体管具有高输入电阻的特点,它适用于作为多级放大电路的输入级,尤其对高内阻信号源,采用场效应晶体管才能有效地放大。

和双极型晶体管比较,场效应晶体管的源极、漏极、栅极相当于它的发射极、集电极、基极。两者的放大电路也类似,场效应晶体管有共源极放大电路和源极输出器等。在普通双极型晶体管放大电路中必须设置合适的静态工作点,否则将造成输出信号的失真。同理,场效应晶体管放大电路也必须设置合适的工作点。

场效应晶体管的共源极放大电路和普通晶体管的共发射极放大电路在电路结构上类似,如图 4.4.1 和图 4.4.2 所示。

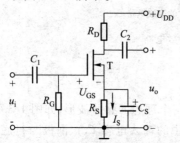

图 4.4.1 耗尽型绝缘栅场效应
晶体管的自给偏压偏置电路

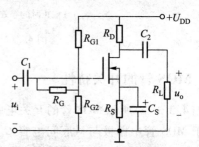

图 4.4.2 耗尽型绝缘栅场效应
晶体管的分压式偏置电路

4.4.1 静态工作点的确定

首先对放大电路进行静态分析。如前所述,当 U_{DD} 和 R_c 选定后,晶体管放大电路的静态工作点由基极电流 I_B(偏流)确定。而场效应晶体管是电压控制元件,当 U_{DD} 和 R_D 选定后,静态工作点是由栅源电压 U_{GS}(偏压)确定的。常用的偏置电路有下面两种。

1. 自给偏压偏置电路

图 4.4.1 是 N 沟道耗尽型绝缘栅场效应晶体管的自给偏压偏置电路。与晶体管组成的放大电路一样,要使场效应晶体管放大电路正常工作,要建立合适的 Q 点。又由于场效应晶体管是电压控制器件,所以该电路需要合适的栅极电压。

如图 4.4.1 所示 N 沟道耗尽型绝缘栅场效应晶体管的自给偏压偏置电路,源极电流 I_S(等于 I_D)流经源极电阻 R_S,在 R_S 上产生电压降 $R_S I_S$,显然 $U_{GS} = -R_S I_S = -R_S I_D$,它是自给偏压。

电路中各元件的作用如下:

R_S 为源极电阻,静态工作点受它控制,其阻值约为几千欧;

C_S 为源极电阻上的交流旁路电容,用于防止交流负反馈,其容量约为几十微法;

R_G 为栅极电阻,用以构成栅、源极间的直流通路,R_G 不能太小,否则影响放大电路的输入电阻,其阻值约为 200 kΩ ~ 10 MΩ;

R_D 为漏极电阻,它使放大电路具有电压放大功能,其阻值约为几十千欧;

C_1、C_2 分别为输入电路和输出电路的耦合电容,其容量约为 0.01 ~ 0.047 μF。

静态时的关系式如下

$$U_{GS} = -R_S I_D \tag{4.4.1}$$

$$I_D = I_{DSS}\left(1 - \frac{U_{GS}}{U_{GS(off)}}\right)^2 \tag{4.4.2}$$

$$U_{DS} = U_{DD} - I_D(R_D + R_S) \tag{4.4.3}$$

自给偏压电路本身具有稳定静态工作点的作用。当温度升高时，I_D增大使源极电位V_S增加，从而使U_{GS}的负值的绝对值更大，这就抑制了I_D的增加，稳定了静态工作点。若要使静态工作点更加稳定，可增大R_S的阻值。但随着R_S的增大，U_{GS}的负值的绝对值将更大，使得电路静态工作点移到转移特性曲线的下方，靠近夹断电压，产生严重的非线性失真，使放大电路不能正常工作。为了解决这一矛盾，可采用分压式偏置电路。

应注意，由 N 沟道增强型绝缘栅场效应晶体管组成的放大电路，工作时U_{GS}为正，所以无法采用自给偏压偏置电路。

2. 分压式偏置电路

图 4.4.2 采用分压式偏置电路，R_{G1}和R_{G2}为栅极分压偏置电阻。栅–源电压为U_{GS}（电阻R_G中并无电流通过），则静态关系式如下

$$U_{GS} = \frac{R_{G2}}{R_{G1} + R_{G2}}U_{DD} - R_S I_D = V_G - R_S I_D \tag{4.4.4}$$

$$I_D = I_{DSS}\left(1 - \frac{U_{GS}}{U_{GS(off)}}\right)^2 \tag{4.4.5}$$

$$U_{DS} = U_{DD} - I_D(R_D + R_S) \tag{4.4.6}$$

式中V_G为栅极电位。对 N 沟道耗尽型管，U_{GS}为负值，所以$R_S I_D > V_G$；对 N 沟道增强型管，U_{GS}为正值，所以$R_S I_D < V_G$。

当有信号输入时，我们对放大电路进行动态分析，主要是分析它的电压放大倍数、输入电阻和输出电阻。

4.4.2 小信号模型分析法

1. 微变等效电路

与前面讲的双极型晶体管一样，场效应晶体管也可用一个线性模型来等效，等效条件为：放大电路工作在线性区且输入为小信号。由于场效应晶体管栅–源极间的输入电阻很大，所以其等效电路的输入端可视为开路；而输出端可等效为一个受控电流源，即电压控制电流源 VCCS，其大小为$g_m U_{GS}$。这一受控电流源与输出电阻r_{DS}并联，但由于在放大电路中，场效应晶体管的静态工作点位于输出特性曲线的线性区，输出特性曲线几乎是水平的，r_{DS}很大，很多情况下可以忽略不计。故有如图 4.4.3 所示的场效应晶体管微变等效电路。

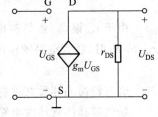

图 4.4.3 场效应晶体管
微变等效电路

所以，含场效应晶体管的放大电路，除场效应晶体管可进行微变等效外，其他部分都保持不变，如图 4.4.4 所示的共源组态放大电路微变等效电路。

图 4.4.4 中，受控电流源$g_m U_{GS}$为电压控制电流源 VCCS。在放大电路中，由于是小信号输

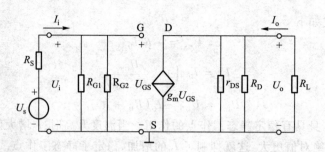

图 4.4.4 共源组态放大电路微变等效电路

入,故式(4.1.3)中 ΔI_D 和 ΔU_{GS} 为无限小的信号增量,可以用电压和电流的交流分量来代替,即:$\Delta I_D = i_D$,$\Delta U_{GS} = u_{GS}$,式(4.1.3)可由式(4.4.7)表示

$$g_m = \frac{\Delta I_D}{\Delta U_{GS}}\bigg|_{U_{DS}} = \frac{i_D}{u_{GS}} \tag{4.4.7}$$

所以,漏极电流 $i_D = g_m u_{gs}$,可看做受 u_{gs} 控制的恒流源。

2. 共源组态分压式偏置电路交流分析

图 4.4.5 是图 4.4.2 所示分压式偏置放大电路的交流通路,设输入信号为正弦量。

与前面讲述的普通晶体管的分压式放大电路比较,在图 4.4.5 中多出的电阻 R_G 是为了提高场效应晶体管放大电路的输入电阻。如果 $R_G = 0$,则场效应晶体管放大电路的输入电阻为

$$r_i = R_{G1}//R_{G2}//r_{GS} \approx R_{G1}//R_{G2} \tag{4.4.8}$$

其中场效应晶体管的输入电阻 r_{gs} 很高,远远大于 R_{G1} 和 R_{G2},所以三者并联后可将 r_{gs} 略去。显然,由于 R_{G1} 和 R_{G2} 的接入使放大电路的输入电阻降低了。因此,通常在分压点和栅极之间接入一阻值较高的电阻 R_G,这样有

$$r_i = R_G + (R_{G1}//R_{G2}) \tag{4.4.9}$$

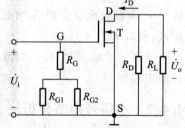

图 4.4.5 分压式偏置放大电路的交流通路

这就大大提高了放大电路的输入电阻。R_G 的接入对放大电路的电压放大倍数并无影响;在静态时 R_G 中无电流通过,因此也不影响放大电路的静态工作点。

由于场效应晶体管的输出特性具有恒流特性(从输出特性曲线可见),故其输出电阻为

$$r_{DS} = \frac{\Delta U_{DS}}{\Delta I_D}\bigg|_{U_{GS}} \tag{4.4.10}$$

由于 r_{DS} 很高,在共源极放大电路中,漏极电阻 R_D 是和管子的输出电阻 r_{DS} 并联的,所以当 $r_{DS} \gg R_D$ 时,放大电路的输出电阻有

$$r_o \approx R_D \tag{4.4.11}$$

这与普通晶体管共发射极放大电路是类似的。

场效应晶体管放大电路的输出电压为

$$U_o = -R_L'I_D = -g_m R_L' U_{GS} \tag{4.4.12}$$

式中 $I_D = g_m U_{GS}$ 由式(4.1.3)得出,$R_L' = R_D//R_L$。

所以,放大电路的电压放大倍数为

$$A_u = \frac{U_o}{U_i} = \frac{U_o}{U_{GS}} = -g_m R'_L = -g_m(R_D /\!/ R_L) \qquad (4.4.13)$$

式中的负号表示输入电压与输出电压反相。

例 4.4.1 在图 4.4.5 所示的放大电路中,已知 $U_{DD} = 20$ V, $R_D = 10$ kΩ, $R_S = 10$ kΩ, $R_{G1} = 200$ kΩ, $R_{G2} = 51$ kΩ, $R_G = 1$ MΩ,并将其输出端接一负载电阻 $R_L = 10$ kΩ。所用的场效应晶体管为 N 沟道、耗尽型,其参数 $I_{DSS} = 0.9$ mA, $U_{GS(off)} = -4$ V, $g_m = 1.5$ mA/V。试求:(1) 静态值;(2) 电压放大倍数。

解:(1) 由电路图可知,

$$V_G = \frac{R_{G2}}{R_{G1} + R_{G2}} U_{DD} = \frac{51 \times 10^3}{(200 + 51) \times 10^3} \times 20 \text{ V} = 4 \text{ V}$$

并可列出

$$U_{GS} = V_G - R_S I_D = 4 - 10 \times 10^3 I_D$$

在 $U_{GS(off)} \leqslant U_{GS} \leqslant 0$ 范围内,耗尽型场效应晶体管的转移特性可近似用下式表示

$$I_D = I_{DSS} \left(1 - \frac{U_{GS}}{U_{GS(off)}}\right)^2$$

联立上两式

$$\begin{cases} U_{GS} = 4 - 10 \times 10^3 I_D \\ I_D = \left(1 + \dfrac{U_{GS}}{4}\right)^2 \times 0.9 \times 10^{-3} \end{cases}$$

解之得:$I_D = 0.5$ mA, $U_{GS} = -1$ V 并由此得

$$U_{DS} = U_{DD} - (R_D + R_S) I_D = [20 - (10 + 10) \times 10^3 \times 0.5 \times 10^{-3}] \text{ V} = 10 \text{ V}$$

(2) 电压放大倍数为

$$A_u = -g_m R'_L = -1.5 \times \frac{10 \times 10}{10 + 10} = -7.5$$

式中 $R'_L = R_D /\!/ R_L$。

图 4.4.4 也是图 4.4.6 所示分压式偏置结型场效应晶体管放大电路的微变等效电路。

(1) 电压放大倍数

根据图 4.4.4,可知电路的输出电压为

$$U_o = -g_m U_{GS}(r_{DS} /\!/ R_D /\!/ R_L) \qquad (4.4.14)$$

因为 $U_i = U_{GS}$,所以有

$$A_u = \frac{U_o}{U_i} = -g_m(r_{DS} /\!/ R_D /\!/ R_L) = -g_m R'_L \qquad (4.4.15)$$

$$R'_L = r_{DS} /\!/ R_D /\!/ R_L \qquad (4.4.16)$$

如果考虑信号源内阻 R_S,则电路的电压增益为

$$A_{us} = -\frac{g_m R'_L r_i}{r_i + R_S} \qquad (4.4.17)$$

其中,r_i 是放大电路的输入电阻。

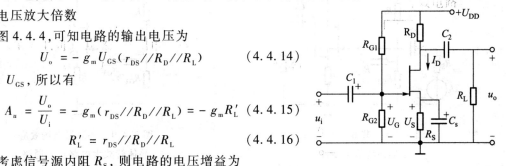

图 4.4.6 耗尽型结型场效应晶体管

（2）输入电阻

放大电路的输入电阻为

$$r_i = \frac{U_i}{I_i} = R_{G1} /\!/ R_{G2} \qquad (4.4.18)$$

通常场效应晶体管具有输入电阻高的优点，但是由于偏置电阻的影响，放大电路的输入电阻并不一定高。而 R_{G1} 和 R_{G2} 数值的增加也有限，此时如图 4.4.2 所示，在电路中加入电阻 R_G，则可以提高放大电路的输入电阻。

（3）输出电阻

要计算场效应晶体管放大电路的输出电阻，可将放大电路的微变等效电路画作如图 4.4.7 所示形式。

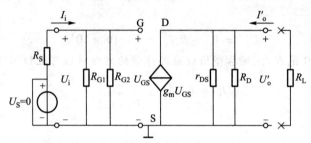

图 4.4.7　计算 r_o 的电路模型

将负载电阻 R_L 开路，并假设在放大电路的输出端加上电源 U_o'，将输入电压信号源 U_S 短路并保留信号源内阻 R_S，此时相当于受控源开路。计算此时的输出电流 I_o'，有

$$r_o = \frac{U_o'}{I_o'} = r_{DS} /\!/ R_D \qquad (4.4.19)$$

3. 共漏组态基本放大电路分析

如图 4.4.8 所示为共漏组态基本场效应晶体管放大电路，其静态分析和动态分析如下。

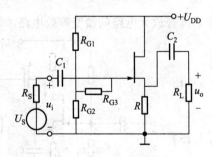

图 4.4.8　共漏组态场效
应晶体管放大电路

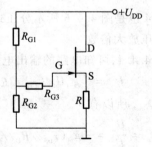

图 4.4.9　共漏组态场效应
晶体管放大电路直流通路

（1）直流分析

共漏组态基本场效应晶体管放大电路的直流通路如图 4.4.9 所示，于是有

$$U_G = \frac{R_{G2} U_{DD}}{R_{G1} + R_{G2}} \qquad (4.4.20)$$

$$U_{GS} = U_G - U_S = U_G - I_D R \tag{4.4.21}$$

$$I_D = I_{DSS}\left(1 - \frac{U_{GS}}{U_{GS(off)}}\right)^2 \tag{4.4.22}$$

由此可以得出静态参数 U_{GS}、I_D 和 U_{DS}。

（2）交流分析

画出图 4.4.8 所示共漏组态基本场效应晶体管放大电路的微变等效电路如图 4.4.10 所示，电路的动态参数有：

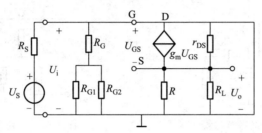

图 4.4.10　共漏组态放大电路微变等效电路

（a）电压放大倍数　由图 4.4.10 可得出电压放大倍数 A_u 为

$$A_u = \frac{U_o}{U_i} = \frac{U_o}{U_o + U_{GS}} = \frac{g_m U_{GS}(r_{DS}//R//R_L)}{U_{gs} + g_m U_{GS}(r_{DS}//R//R_L)} = \frac{g_m R'_L}{1 + g_m R'_L} \tag{4.4.23}$$

当 $r_{DS} \gg R$、$r_{DS} \gg R_L$ 时，$R'_L = r_{DS}//R//R_L \approx R//R_L$。$A_u$ 为正，表示输入与输出同相，当 $g_m R'_L \gg 1$ 时，$A_u \approx 1$。

（b）输入电阻　输入电阻 r_i 为

$$r_i = R_G + (R_{G1} + R_{G2}) \tag{4.4.24}$$

（c）输出电阻　输出电阻 r_o，其计算方法与前面介绍的其他组态 r_o 的方法相同。图 4.4.10 可等效画为如图 4.4.11 所示电路。

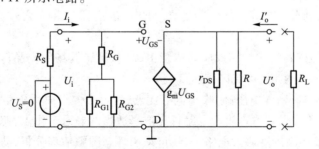

图 4.4.11　计算 r_o 的变换后的微变等效电路模型

由图 4.4.11，可求出

$$I'_o = \frac{U'_o}{R//r_{DS}} - g_m U_{GS} = \frac{U'_o}{R//r_{DS}//\dfrac{1}{g_m}} \tag{4.4.25}$$

$$U'_o = -U_{GS} \tag{4.4.26}$$

$$r_{\mathrm{o}} = \frac{U'_{\mathrm{o}}}{I'_{\mathrm{o}}} = R//r_{\mathrm{DS}}//\frac{1}{g_{\mathrm{m}}} = \frac{R//r_{\mathrm{DS}}}{1 + (R//r_{\mathrm{DS}})g_{\mathrm{m}}} \approx \frac{R}{1 + g_{\mathrm{m}}R} = R//\frac{1}{g_{\mathrm{m}}} \quad (4.4.27)$$

图 4.4.12 为耗尽型共漏极放大电路(源极输出放大电路),图 4.4.13 为源极输出器的交流通路。共漏极放大电路和普通晶体管的射极输出器一样,具有电压放大倍数小于且接近于 1,输入电阻高和输出电阻低等特点。

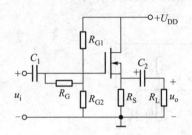 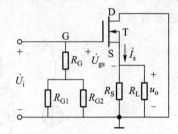

图 4.4.12 耗尽型绝缘栅场效应
晶体管的共漏极放大电路

图 4.4.13 耗尽型绝缘栅场效应
晶体管的共漏极大电路的交流通路

练习与思考

4.4.1 如果一个耗尽型/增强型 MOSFET 的栅–源电压为 0 V,从漏极到源极有电流流过吗?

4.4.2 为什么增强型绝缘栅场效应晶体管放大电路无法采用自给偏置?

4.4.3 比较共源极场效应晶体管放大电路和共发射极晶体管放大电路,在电路结构上有何相似之处?为什么前者的输入电阻较高?

小结 ▶

1. 场效应晶体管是仅由一种载流子参与导电的半导体器件,也称为单极型三极管。从参与导电的载流子来划分,它有电子作为载流子的 N 沟道器件和空穴作为载流子的 P 沟道器件。

2. 场效应晶体管有两种:结型场效应晶体管 JFET 和绝缘栅场效应晶体管 MOSFET。场效应晶体管可工作在可变电阻区、恒流区、截止区。

3. 场效应晶体管具有输入电阻高、噪声低等优点,常用于多级放大电路的输入级以及要求噪声低的放大电路。场效应晶体管放大电路首先选择适当的静态工作点,使场效应晶体管工作在恒流区,然后与双极型晶体管放大电路一样,可采用静态图解估算分析,动态微变信号等效电路法分析交流通路,计算放大倍数,输入、输出电阻等。

4. 利用场效应晶体管在预夹断区的漏极特性,工作于可变电阻区,可以把它作为一个电压控制的可调电阻而应用于自动增益控制电路及其他应用中。

5. 如果场效应晶体管工作在可变低电阻区或夹断区,即低阻导通与高阻截止状态,可实现电路的开关特性。

习题 ▶

4.2.1 场效应晶体管与双极型晶体管比较有何特点?

4.2.2 图 4.01 所示为场效应管的转移特性,请分别说明场效应管各属于何种类型。说明它的开启电压 $U_{\mathrm{GS(th)}}$(或夹断电压 $U_{\mathrm{GS(off)}}$)是多少?

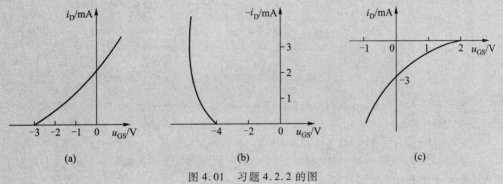

图 4.01 习题 4.2.2 的图

4.3.1 已知某放大电路中的一个 N 沟道增强型场效应晶体管工作在恒流区,测量其三支管脚电位分别为 5 V、10 V、15 V,$U_{\mathrm{GS(th)}}$ = 5 V。请说明三支管脚的对应栅极、源极、漏极。如果此放大电路中的管子是一个 P 沟道增强型场效应晶体管,$U_{\mathrm{GS(th)}}$ = −5 V,它的三支管脚名称又如何对应。

4.3.2 场效应管电路和该管的漏极特性曲线如图 4.02 所示。试问当 U_{GS} 为 3 V、5 V、7 V 时,管子分别工作在什么区(恒流区、截止区、可变电阻区)?I_{D} 和 U_{DS} 各为多少?

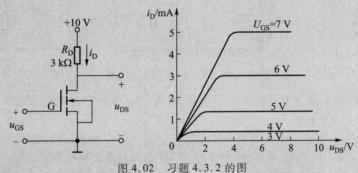

图 4.02 习题 4.3.2 的图

4.3.3 如图 4.03(a) 所示,已知 U_{DD} = 5 V,R_{D} = 500 Ω,此 MOSFET 管的输出特性如图 4.03(b) 所示,试分析当 U_{i} = 1 V、2 V、3 V、5 V 的各种情况下,MOSFET 管的工作状态。

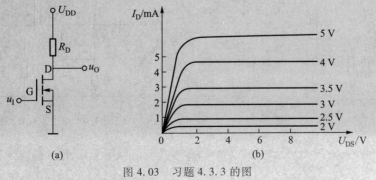

图 4.03 习题 4.3.3 的图

4.3.4 当 FET 各极电压分别如图 4.04 所示时,并设各管的 $U_{GS(th)} = +2$ V 或 -2 V,试分别判别其工作状态(可变电阻区,恒流区,截止区或不能正常工作)。

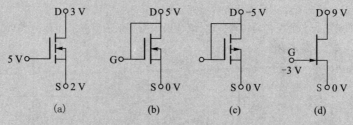

图 4.04 习题 4.3.4 的图

4.4.1 电路如图 4.05 所示,已知 FET 的 $I_{DSS} = 3$ mA、$U_{GS(off)} = -3$ V、$U_{DS(BR)} = 10$ V。试问在下列三种条件下,FET 各处于哪种状态?

(1) $R_D = 3.9$ kΩ;(2) $R_D = 10$ kΩ;(3) $R_D = 1$ kΩ。

4.4.2 典型的共漏电路——源极输出器如题图 4.06 所示,场效应管的低频跨导为 g_m,试求其电压增益 A_{um}、输入电阻 R_i 和输出电阻 R_o 表达式。

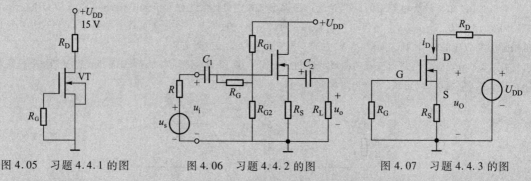

图 4.05 习题 4.4.1 的图   图 4.06 习题 4.4.2 的图   图 4.07 习题 4.4.3 的图

4.4.3 如图 4.07 所示,耗尽型 N 沟道 MOSFET 管,$R_G = 1$ MΩ,$R_S = 2$ kΩ,$R_D = 12$ kΩ,$U_{DD} = 20$ V。$I_{DSS} = 4$ mA,$U_{GS(off)} = -4$ V,求 i_D 和 u_o。

4.4.4 如图 4.08 所示,要求:(1) JFET 的 $U_{GS(off)} = -8$ V,$I_{DSS} = 16$ mA,确定电路 Q 点的 I_{DQ} 和 U_{DSQ} 值;(2) 将 VT 换成 $U_{GS(off)} = -10$ V,$I_{DSS} = 12$ mA 的 JFET,重新确定电路 Q 点的 I_{DQ} 和 U_{DSQ} 值。

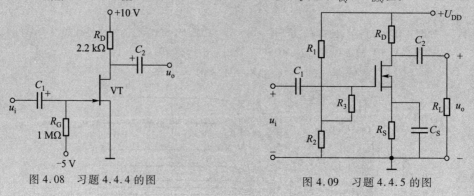

图 4.08 习题 4.4.4 的图   图 4.09 习题 4.4.5 的图

4.4.5 电路如图 4.09 所示,已知场效应管的低频跨导为 g_m,试写出电压增益 $\dot{A}_u$、输入电阻 R_i 和输出电阻 R_o 的表达式。

4.4.6 电路如图4.10所示,已知$I_{DSS}=4$ mA、$U_{GS(off)}=-4$ V,场效应管跨导$g_m=1$ mA/V,r_{DS}可视为无穷大,电容的容抗可忽略不计。(1)求静态工作点$Q(U_{GSQ}、U_{DSQ}、I_{DQ})$;(2)画出微变等效电路图;(3)计算电压放大倍数A_u、输入电阻R_i、输出电阻R_o。

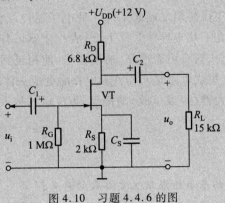

图4.10 习题4.4.6的图

第 5 章　集成运算放大器及其应用

集成电路是 20 世纪 60 年代初期发展起来的一种电子器件。它是将二极管、晶体管、电阻、电容等元件及其连线都制作在一块半导体芯片上，形成一个不可分割的固体组件，实现了材料、元器件和电路三者的有机结合，具有可靠性高、通用性强、使用灵活、体积小、重量轻、耗电省、价格便宜等一系列优点。因此，集成电路是元器件和电路融合成一体的集成组件。

本章将介绍集成运算放大器（集成运放）的概念，集成运算放大器在信号运算方面的应用和在信号处理方面的应用。

学习目的：

1. 了解集成运算放大器的基本组成及主要参数的意义；
2. 理解运算放大器的电压传输特性，理解理想运算放大器并掌握其基本分析方法；
3. 理解用集成运算放大器组成的比例、加减、微分和积分运算电路的工作原理；
4. 了解有源滤波器的工作原理，理解电压比较器的工作原理和应用。

5.0　引例

在工业过程控制和生活家电中，或多或少地需要对对象特征进行检测，在检测电路中，集成运算放大器在信号放大、信号滤波和信号隔离中都起到了非常重要的作用。典型的信号检测电路原理框图如图 5.0.1 所示，工业现场压力测试系统框图如图 5.0.2 所示。

被测对象
传感器
放大电路
滤波电路
隔离电路
计算机系统

图 5.0.1　信号检测电路原理框图

被测对象
传感器
信号调理
显示记录面板
感受被测量，对其进行测量变换
对传感器输出信号做进一步处理
显示记录被测对象的有关信息

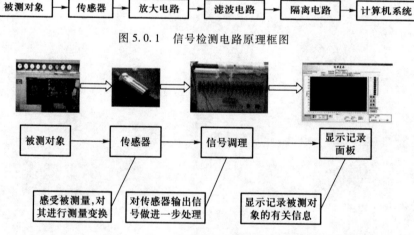

图 5.0.2　工业现场压力测试系统框图

为了更好地掌握集成运算放大器的工作原理和应用方法，我们对它进行一些简要介绍。

5.1 集成运算放大器简介

集成运算放大器是一种输入电阻高、输出电阻低、电压放大倍数非常大的多极直接耦合放大器。其内部电路由输入级、中间级、输出级和偏置电路四个基本部分组成。

集成运算放大器的应用十分广泛，外接适当的元件可以实现信号的运算和处理以及实现各种波形的产生和变换。早期的分立元件运算放大器作为模拟电子计算机的一个基本部件，用于各种数学运算。因此，人们把它称为运算放大器。

由于集成电路技术的迅速发展，集成运算放大器的运用范围不断扩大，早已超出运算范畴，而是作为电子电路的一种基本元件在应用。目前，集成运算放大器在通信、测量、自动控制、信号变换以及其他领域中获得了日益广泛的应用。

5.1.1 集成运算放大器的组成

集成运算放大器的电路常可分为输入级、中间级、输出级和偏置电路四个基本组成部分（图 5.1.1）。

其中，输入级是提高运算放大器质量的关键部分，要求其输入电阻高，静态电流小，差模放大倍数高，抑制零点漂移和共模干扰信号的能力强。输入级一般是晶体管恒流源双端输入差分放大电路。

中间级的主要作用是放大电压，提供足够大的电压放大倍数，并将双端输入转换为单端输出，作为输出的驱动源。中间级一般由共发射极放大电路构成：其放大管常采用复合管，以提高电流放大系数；集电极电阻常采用晶体管恒流源代替，以提高电压放大倍数。

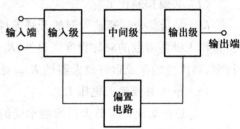

图 5.1.1 运算放大器的方框图

输出级要求有较大的功率输出和较强的带负载能力，一般采用射级输出器或互补对称电路，以减小输出电阻。

偏置电路的作用是为晶体管提供合适的直流偏置。一般由各种恒流源电路构成。

此外，集成运算放大器中还有一定的保护电路。

5.1.2 集成运算放大器的主要参数及基本特点

1. 集成运算放大器的主要参数

运算放大器的性能可用一些参数来表示。为了合理地选用和正确地使用运算放大器，必须了解各主要参数的意义。

（1）开环电压放大倍数 A_{uo}

集成运算放大器在没有外加反馈情况下所测出的差模电压放大倍数，称为开环电压放大倍数。A_{uo} 越高，所构成的运算电路越稳定，运算精度也越高。A_{uo} 一般为 $10^4 \sim 10^7$，即 $80 \sim 140$ dB。

（2）最大输出电压 U_{OM}

在一定电源电压下，使集成运算放大器输出电压和输入电压保持不失真关系的输出电压的峰－峰值,称为最大输出电压。若集成运算放大器电源为 ±15 V,其 U_{OM} 约为 ±10 V。

（3）输入失调电压 U_{IO}

理想的运算放大器,当输入电压 $u_{i1} = u_{i2} = 0$（即把两输入端同时接地）时,输出电压 $u_o = 0$。但在实际的运算放大器中,由于制造中元器件参数的不对称性等原因,当输入电压为零时, $u_o \neq 0$。反过来说,如果要 $u_o = 0$,必须在输入增加一个很小的补偿电压,即输入失调电压。U_{IO} 一般为几毫伏,显然它愈小愈好。

（4）输入失调电流 I_{IO}

输入失调电流是指输入信号为零时,两个输入端静态基极电流之差,即 $I_{IO} = |I_{B1} - I_{B2}|$。$I_{IO}$ 一般在零点零几到零点几微安级,其值愈小愈好。

（5）输入偏置电流 I_{IB}

输入信号为零时,两个输入端静态基极电流的平均值,称为输入偏置电流,即 $I_{IB} = \dfrac{I_{B1} + I_{B2}}{2}$。它的大小主要和电路中第一级管子的性能有关。这个电流也是愈小愈好,一般在零点几微安级。

（6）最大差模输入电压 U_{IDM}

U_{IDM} 是指集成运算放大器的反相输入端和同相输入端之间所能承受的最大电压值。

（7）共模抑制比 K_{CMR}

K_{CMR} 是指集成运算放大器的开环差模输入电压放大倍数与共模电压放大倍数之比值,用来衡量输入级各参数的对称程度。显然,K_{CMR} 愈大,集成运算放大器对共模信号的抑制能力愈强。目前,高质量的集成运算放大器的 K_{CMR} 可达 160 dB。

（8）最大共模输入电压 U_{ICM}

U_{ICM} 是指集成运算放大器所能承受的最大共模输入电压,超过这个值,集成运算放大器的共模抑制比将明显下降,甚至造成器件的损坏。

以上介绍了运算放大器的几个主要参数的意义,其他参数（如差模输入电阻、差模输出电阻、温度漂移、静态功耗等）的意义是可以理解的,就不一一说明了。

总之,集成运算放大器具有开环电压放大倍数高、输入电阻高（几兆欧以上）、输出电阻低（几百欧）、漂移小、可靠性高、体积小等主要特点,所以它已成为一种通用器件,广泛而灵活地应用于各技术领域中。在选用集成运算放大器时,就像选用其他电路元器件一样,要根据它们的参数说明,确定适用的型号。

2. 常用集成运算放大器的基本特点

常用集成运算放大器的基本特点主要有:

（1）为满足运算精度的要求,它的开环电压放大倍数的数值很大。

（2）差模输入电阻很高,一般在 $10^5 \sim 10^{11}$ Ω 范围。

（3）大多数集成运算放大器都采用互补对称电路作为输出级,所以,它们的输出电阻较低,一般在几十欧到上百欧。

在分析集成运算放大器时,一般可将它看成是一个理想的集成运算放大器,借助于理想集成运算放大器进行分析所引起的误差很小,工程上是允许的。因此,在一般情况下,以分析理想集成运算放大器取代实际集成运算放大器的各种电路所得的一些结论具有较大的使用价值。

5.1.3 理想运算放大器的电路分析

在分析运算放大器时,通常将它看成是一个理想运算放大器。理想化主要表现在以下几方面:

开环电压放大倍数 $A_{uo} \to \infty$;

差模输入电阻 $r_{id} \to \infty$;

开环输出电压 $r_o \to 0$;

共模抑制比 $K_{CMR} \to \infty$。

由于实际运算放大器的上述技术指标接近理想化的条件,因此在分析时用理想运算放大器代替实际放大器所引起的误差并不严重,在工作上是允许的,但这样就使分析过程大大简化。后面对运算放大器都是根据它的理想化条件来分析的。

理想运算放大器的国家标准符号如图 5.1.2(a) 所示。它有两个输入端和一个输出端。图中" $\triangleright$ "表示为放大器类," ∞ "表示为理想运算放大器。反相输入端标上" $-$ "号,同相输入端和输出端标上" $+$ "号。它们对"地"的电压(即各端的电位)分别用 u_-、u_+、u_o 表示。" ∞ "表示开环电压放大倍数的理想化条件。另外,运算放大器的国际通用标准符号如图 5.1.2(b) 所示。实际运算放大器通常还有正、负电源端,有的产品还有频率补偿端和调零端等。

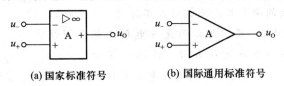

(a) 国家标准符号　　**(b) 国际通用标准符号**

图 5.1.2　运算放大器的图形符号

表示输出电压与输入电压之间关系的曲线称为传输特性曲线,从运算放大器的传输特性曲线(见图 5.1.3)看,可分为线性区和饱和区。运算放大器可工作在线性区,也可工作在饱和区,但分析方法不一样。

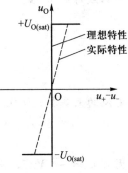

图 5.1.3　运算放大器的传输特性

1. 工作在线性区

当运算放大器工作在线性区时, u_o 和 $(u_+ - u_-)$ 是线性关系,即

$$u_O = A_{uo}(u_+ - u_-) \qquad (5.1.1)$$

运算放大器是一个线性放大器件。由于运算放大器的开环电压放大倍数 A_{uo} 很高,即使输入毫伏级以下的信号,也足以使输出电压饱和,即其饱和值 $+U_{O(sat)}$ 或 $-U_{O(sat)}$ 达到接近正电源电压或负电源电压值;另外,由于干扰使工作难以稳定。所以,要使运算放大器工作在线性区,通常引入深度电压负反馈。

运算放大器工作在线性区时,分析依据有两条。

(1)由于运算放大器的差模输入电阻 $r_{id} \to \infty$,故可认为两个输入端的输入电流为零, $i_+ = i_- \approx 0$,此即所谓"虚断"。

(2)由于运算放大器的开环电压放大倍数 $A_{uo} \to \infty$,而输出电压是一个有限的数值,故从式(5.1.1)可知

$$u_+ - u_- = \frac{u_O}{A_{uo}} \approx 0$$

$$u_+ \approx u_-$$

(5.1.2)

此即所谓"虚短"。

如果反相端有输入时,同相端接"地",即 $u_+ = 0$,由式(5.1.2)可见,$u_- \approx 0$。这就是说反相输入端的电位接近于"地"电位,它是一个不接"地"的"地"电位端,通常称为"虚地"。

2. 工作在饱和区

运算放大器工作在饱和区时,式(5.1.1)不能满足,这时输出电压 u_O 只有两种可能,等于 $+U_{O(sat)}$ 或等于 $-U_{O(sat)}$,而 u_+ 与 u_- 不一定相等:

当 $u_+ > u_-$ 时,$u_O = +U_{O(sat)}$;

当 $u_+ < u_-$ 时,$u_O = -U_{O(sat)}$。

此外,运算放大器工作在饱和区时,两个输入端的电流可认为等于零。

例 5.1.1　请分析图 5.1.4 所示反相比例放大电路,假设电路中的运放是理想的,且供电电源为 ±10 V。(1) 如果 $u_a = 1$ V、$u_b = 0$ V,计算 u_O;(2) 如果 $u_a = 1$ V、$u_b = 2$ V,计算 u_O;(3) 如果 $u_a = 1.5$ V,为了避免放大器饱和,确定 u_b 的范围。

解:(1) 因为从运放的输出端到反相输入端通过一个 100 kΩ 的电阻器连接成了负反馈电路,所以可以假定该电路工作在线性区。在反相输入端可以列一个节点电压方程。链接电压源 $u_+ = u_b = 0$ V,根据电压约束有 $u_+ = u_-$,因此反相输入电压为 0 V,在 u_- 处列节点电压方程如下:

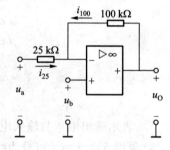

图 5.1.4　例 5.1.1 图

$$i_{25} + i_{100} = i_-$$

根据欧姆定律

$$i_{25} = \frac{(u_a - u_-)}{25} = \frac{1}{25} \text{ mA}$$

$$i_{100} = \frac{(u_O - u_-)}{100} = \frac{u_O}{100} \text{ mA}$$

电流约束要求 $i_- = 0$。将以上三个电流带入电压方程,得到

$$\frac{1}{25} + \frac{u_O}{100} = 0$$

因此 $u_O = -4$ V。u_O 处于 ±10 V 之间,运放工作在线性区。

(2) 使用过程和(a)相同,得到

$$u_+ = u_b = u_- = 2 \text{ V}$$

$$i_{25} = \frac{u_a - u_-}{25} = -\frac{1}{25} \text{ mA}$$

$$i_{100} = \frac{u_O - u_-}{100} = \frac{u_O - 2}{100} \text{ mA}$$

$$i_{25} = -i_{100}$$

因此 $u_O = 6$ V。u_O 处于 ±10 V 之间,运放仍然工作在线性区。

（3）和前面相同，$u_+ = u_- = u_b$，以及 $i_{25} = -i_{100}$。因为 $u_a = 1.5$ V

$$\frac{1.5 - u_b}{25} = -\frac{u_O - u_b}{100}$$

解出作为 u_O 的函数 u_b，有

$$u_b = \frac{1}{5} \times (6 + u_O)$$

现在，如果放大器工作在线性区，则 -10 V $\leqslant u_O \leqslant 10$ V，将这些对 u_b 的限制代入 u_b 表达式，得到 u_b 的限制范围为

$$-0.8 \text{ V} \leqslant u_b \leqslant 3.2 \text{ V}$$

运算放大器的应用很广，下面几节将介绍它在信号运算和信号处理等方面的应用。

练习与思考

5.1.1 什么是理想运算放大器？理想运算放大器工作在线性区和饱和区时各有何特点？分析方法有何不同？

5.1.2 理想集成运算放大器"虚短"与"虚断"的根据是什么？

5.1.3 如将 $A_{uo} = 2 \times 10^5$ 用分贝表示，等于多少（dB）？

5.2 运算放大器在信号运算方面的应用

集成运算放大器的最基本的应用即是在信号运算方面的应用。集成运算放大器可组成比例、加法、减法、微分、积分等数学运算电路，被广泛地应用在控制系统及模拟电子计算机中。

5.2.1 比例运算

1. 反相比例运算电路

输入信号从反相输入端引入的运算称为反相运算。在工程应用中，反相比例运算通常被用来放大或衰减信号。

反相比例运算电路如图 5.2.1 所示。图中输入信号 u_1 经电阻 R_1 送到反相输入端，而同相输入端经电阻 R_2 接"地"。反馈电阻 R_F 跨接在输出端和反相输入端之间，构成负反馈电路，确保集成运算放大器工作在线性区。

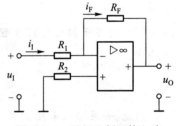

图 5.2.1 反相比例运算电路

根据运算放大器工作在线性区时的"虚短"、"虚断"依据可知

$$i_1 = i_F, \quad u_- \approx u_+ = 0$$

由图 5.2.1 又可列出

$$i_1 = \frac{u_1 - u_-}{R_1} = \frac{u_1}{R_1}$$

$$i_F = \frac{u_- - u_O}{R_F} = -\frac{u_O}{R_F}$$

由此得

$$u_O = -\frac{R_F}{R_1}u_I \qquad (5.2.1)$$

则闭环电压放大倍数为

$$A_{uf} = \frac{u_O}{u_I} = -\frac{R_F}{R_1} \qquad (5.2.2)$$

式(5.2.2)表明,输出电压与输入电压是比例运算关系。如果 R_1 和 R_F 的阻值足够精确,且运算放大器的开环电压放大倍数很高,就可以认为 u_O 与 u_I 间的关系只决定于 R_F 与 R_1 的比值而与运算放大器本身的参数无关。这就保证了比例运算的精度和稳定性。式中的负号表示 u_O 与 u_I 反相。

图中的 R_2 是一平衡电阻,$R_2 = R_1 /\!/ R_F$,其作用是消除静态基极电流对输出电压的影响。

在图 5.2.1 中,当 $R_F = R_1$ 时,则由式(5.2.1)和式(5.2.2)可得

$$u_O = -u_I$$

$$A_{uf} = \frac{u_O}{u_I} = -1 \qquad (5.2.3)$$

这就是反相器。

例 5.2.1　设计一个反相放大器,如图 5.2.2 所示,要求:

(1) 设计一个增益为 12 的反相放大器,使用一个理想运放以及 ± 15 V 电源;

(2) 若在这个设计中要求运放工作在线性区,输入电压 u_s 的范围应当是多少?

解:(1) 设计一个增益为 12 的反相放大器,R_F/R_S 电阻之比为 12,这里选择 $R_S = 1$ kΩ、$R_F = 12$ kΩ,使用反相放大器方程式验证设计

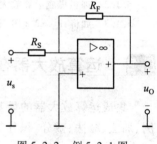

图 5.2.2　例 5.2.1 图

$$u_O = -\frac{R_F}{R_S}u_s = -12u_s$$

(2) 利用反相放大器方程求解两个不同的 u_s 值,首先带入 $u_O = +15$ V,其次代入 $u_O = -15$ V

$$15 = -12u_s,则 \ u_s = -1.25 \ V$$

$$-15 = -12u_s,则 \ u_s = 1.25 \ V$$

因此,如果输入电压 u_s 范围是 $-1.25 \ V \leqslant u_s \leqslant +1.25 \ V$,放大器工作在线性区。

2. 同相比例运算电路

输入信号从同相输入端引入的运算便是同相运算。通常在工程应用中,将同相运算配置为电压跟随器,有利于改善系统的性能。

同相比例运算电路如图 5.2.3 所示,根据理想运算放大器工作在线性区时的分析依据

$$u_- \approx u_+ = u_I$$

$$i_I \approx i_F$$

由图 5.2.2 可列出

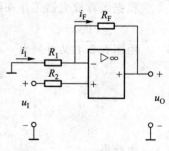

图 5.2.3　同相比例运算电路

$$i_1 = -\frac{u_-}{R_1} = -\frac{u_1}{R_1}$$

$$i_F = \frac{u_- - u_0}{R_F} = \frac{u_1 - u_0}{R_F}$$

由此得

$$u_0 = \left(1 + \frac{R_F}{R_1}\right)u_1 \tag{5.2.4}$$

则闭环电压放大倍数为

$$A_{uf} = \frac{u_0}{u_1} = 1 + \frac{R_F}{R_1} \tag{5.2.5}$$

可见 u_0 与 u_1 间的比例关系也可认为与运算放大器本身的参数无关,其精度和稳定性都很高。式(5.2.5)中, A_{uf} 为正值,这表示 u_0 与 u_1 同相,并且 A_{uf} 总是大于或等于 1,这点和反相比例运算不同。

当 $R_1 = \infty$ (断开)或 $R_F = 0$ 时,则

$$A_{uf} = \frac{u_0}{u_1} = 1 \tag{5.2.6}$$

这就是电压跟随器。

例 5.2.2　设计一个同相放大器,如图 5.2.4 所示,要求:

(1) 设计一个增益为 6 的同相放大器,假定运放是理想的。

(2) 设输入电压 u_g 范围是 $-1.5\text{ V} \leqslant u_g \leqslant +1.5\text{ V}$。若设计中的运放处于线性工作区,最小电源电压是多少?

解:(1) 使用同相放大器方程

$$u_0 = \frac{R_S + R_F}{R_S}u_g = 6u_g$$

则

$$\frac{R_S + R_F}{R_S} = 6$$

$$R_S + R_F = 6R_S$$

则

$$R_F = 5R_S$$

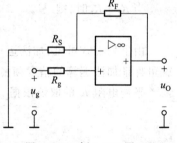

图 5.2.4　例 5.2.2 图

要求两个电阻的比值为 5。这里选择 $R_F = 10\text{ k}\Omega$,那么 $R_S = 2\text{ k}\Omega$。

(2) 利用反相放大器方程求解两个不同的 u_g 值,首先代入 $u_g = +1.5\text{ V}$,其次代入 $u_g = -1.5\text{ V}$

$$u_0 = 6 \times 1.5\text{ V} = 9\text{ V}$$

$$u_0 = 6 \times (-1.5)\text{ V} = -9\text{ V}$$

因此,如果在(1)中设计的同相放大器使用 $\pm 9\text{ V}$ 电源,以及 $-1.5\text{ V} \leqslant u_g \leqslant +1.5\text{ V}$,运放工作在线性区。

5.2.2 加法运算

如果在反相输入端增加若干输入电路,则构成反相加法运算电路,如图5.2.5所示。如果各输入支路电阻之间满足一定的比例关系,这就可以构成数模转换器基础。

由图5.2.5可列出

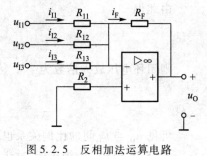

$$i_{I1} = \frac{u_{I1}}{R_{11}}$$

$$i_{I2} = \frac{u_{I2}}{R_{12}}$$

$$i_{I3} = \frac{u_{I3}}{R_{13}}$$

$$i_F = i_{I1} + i_{I2} + i_{I3}$$

图5.2.5 反相加法运算电路

$$i_F = -\frac{u_O}{R_F}$$

由上列各式可得

$$u_O = -\left(\frac{R_F}{R_{11}}u_{I1} + \frac{R_F}{R_{12}}u_{I2} + \frac{R_F}{R_{13}}u_{I3} \right) \tag{5.2.7}$$

当 $R_{11} = R_{12} = R_{13} = R_1$ 时,则

$$u_O = -\frac{R_F}{R_1}(u_{I1} + u_{I2} + u_{I3}) \tag{5.2.8}$$

当 $R_1 = R_F$ 时,则

$$u_O = -(u_{I1} + u_{I2} + u_{I3}) \tag{5.2.9}$$

由上列三式可见,加法运算电路也与运算放大器本身的参数无关,只要电阻阻值足够精确,就可保证加法运算的精度和稳定性。

平衡电阻 R_2 的取值依据

$$R_2 = R_{11} /\!/ R_{12} /\!/ R_{13} /\!/ R_F$$

5.2.3 减法运算

如果两个输入端都有信号输入,则为差分输入。差分运算在测量和控制系统中应用很多,其运算电路如图5.2.6所示。

由图可列出

$$u_- = u_{I1} - R_1 i_1 = u_{I1} - \frac{R_1}{R_1 + R_F}(u_{I1} - u_O)$$

$$u_+ = \frac{R_3}{R_2 + R_3}u_{I2}$$

因为 $u_- \approx u_+$,故从上列两式可得

$$u_O = \left(1 + \frac{R_F}{R_1} \right)\frac{R_3}{R_2 + R_3}u_{I2} - \frac{R_F}{R_1}u_{I1} \tag{5.2.10}$$

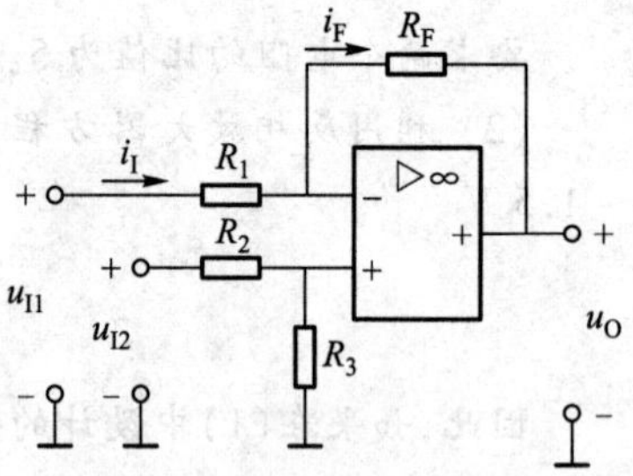

图5.2.6 差分减法运算电路

当 $R_1 = R_2$ 和 $R_F = R_3$ 时,则

$$u_0 = \frac{R_F}{R_1}(u_{I2} - u_{I1}) \tag{5.2.11}$$

当 $R_F = R_1$ 时,则得

$$u_0 = u_{I2} - u_{I1} \tag{5.2.12}$$

由上两式可见,输出电压 u_0 与两个输入电压的差值成正比,所以可以进行减法运算。

由式(5.2.11)可得出电压放大倍数

$$A_{uf} = \frac{u_0}{u_{I2} - u_{I1}} = \frac{R_F}{R_1} \tag{5.2.13}$$

在图 5.2.4 中,如将 R_3 断开($R_3 = \infty$),则式(5.2.10)变为

$$u_0 = \left(1 + \frac{R_F}{R_1}\right)u_{I2} - \frac{R_F}{R_1}u_{I1}$$

即为同相比例运算和反相比例运算输出电压之和。

由于电路存在共模电压,为了保证运算精度,应当选用共模抑制比较高的运算放大器或选用阻值合适的电阻。

5.2.4 积分运算

将反相比例运算电路中的 R_F 换成电容 C_F,则构成积分运算电路,如图 5.2.7 所示。

由"虚地"的概念有

$$u_- = u_+ = 0 \text{ V}$$

由此求出电流 i_1 $\qquad i_1 = \frac{u_1}{R_1}$

根据"虚断"有 $i_F = i_1$,而 i_F 是流经电容 C 的电流,所以有

$$u_C = \frac{1}{C_F}\int i_F dt = \frac{1}{C_F}\int \frac{u_I}{R_1}dt = \frac{1}{R_1 C_F}\int u_1 dt$$

因为 $\qquad u_0 = u_- - u_C = -u_C$

所以 $\qquad u_0 = -\frac{1}{R_1 C_F}\int u_1 dt \tag{5.2.14}$

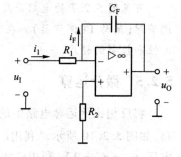

图 5.2.7 积分运算电路

式(5.2.14)说明,输出电压与输入电压的积分成正比。式中 $R_1 C_F$ 是积分常数,负号表示反相。若输入电压 u_1 为直流电压 U_1,则

$$u_0 = -\frac{U_1}{R_1 C_F}t \tag{5.2.15}$$

此时,u_0 与时间 t 具有线性关系,输出电压将随时间的增加而线性增长。图 5.2.8 所示是 u_1 为正向阶跃电压时,积分运算电路的输出电压波形。由图 5.2.8(b)中可知,u_0 开始时是线性下降,当积分时间足够长时,u_0 达到集成运算放大器输出负饱和值($-U_{om}$),此时电容 C 不会再充电,相当于断开,集成运算放大器负反馈不复存在,这时集成运算放大器已离开线性区而进入非线性区工作。所以电路的积分关系是只在集成运算放大器线性工作区内有效。

若此时去掉输入信号($u_0 = 0$),由于电容无放电回路,则输出电压 u_0 维持在 $-U_{om}$。当 u_0

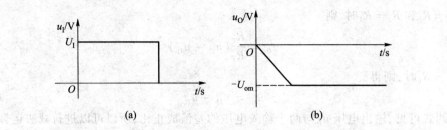

图 5.2.8 积分运算电路的阶跃响应

变为负值时,电容将反向放电,输出电压从 $-U_{om}$ 开始增加。

积分电路除用于信号运算外,在控制和测量系统中也广泛应用。

例 5.2.3 试求图 5.2.9 所示 PI(比例 – 积分)调节器控制电路中 u_I 与 u_O 的关系式。

解:由图 5.2.9 可列出

$$u_O - u_- = -R_F i_F - u_C = -R_F i_F - \frac{1}{C_F}\int i_F dt$$

$$i_I = \frac{u_I - u_-}{R_1}$$

因 $u_- \approx u_+ = 0$, $i_F \approx i_I$,故得

$$u_O = -\left(\frac{R_F}{R_1}u_I + \frac{1}{R_1 C_F}\int u_I dt\right)$$

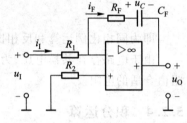

图 5.2.9 例 5.2.1 的图

可见图 5.2.7 的电路是反相比例运算和积分运算两者组合起来的,所以称它为比例 – 积分调节器(简称 PI 调节器)。在自动控制系统中需要有调节器(或称校正电路),以保证系统的稳定性和控制的精度。

5.2.5 微分运算

将反相比例运算电路中的 R_1 换成电容 C,可构成微分运算电路,如图 5.2.10 所示。利用 $i_+ = 0$ 以及 $u_+ = u_-$,确定反相输入端电压,$u_- = u_+ = 0\text{ V}$,利用已知电压 u_1,求出电流 i_C

$$i_C = C\frac{du_C}{dt} = C\frac{d(u_1 - u_-)}{dt} = C\frac{du_1}{dt}$$

利用 $i_- = 0$,求出电流 i_F,$i_F = i_C$,最后得到

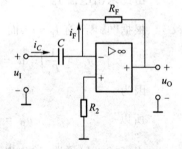

图 5.2.10 微分运算电路

$$u_O = -R_F \cdot i_F = -R_F C\frac{du_1}{dt} \qquad (5.2.16)$$

式中,$R_F C$ 为微分常数。输出电压正比于输入电压对时间的微分,负号表示电路实现反相功能,故称反相微分运算电路。

最后检验输出电压是否在线性范围内。

当微分电路输入端加上幅值为 U_1 的阶跃信号时,相当于电容上的电压近似地从 0 突变到 U_1。理论上电流将为无穷大,但受集成运算放大器输出饱和值的限制,输出电压只能突变到 $-U_{om}$。当输入信号 u_1 不变时,输出电压 $u_O = 0$。因此当输入信号 u_1 为正的阶跃电压时,如图 5.2.11(a)所示,输出电压 u_O 为幅值为 U_{om} 的负尖脉冲电压,如图 5.2.11(b)所示。同理,输入信

号 u_I 为幅值为 U_I 的负跃变时,输出信号 u_O 为幅值为 U_{om} 的正尖脉冲电压,如图 5.2.11(b)所示。

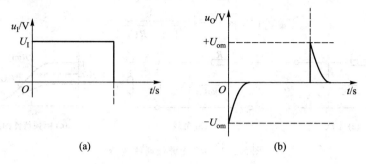

图 5.2.11 微分运算电路的阶跃响应

例 5.2.4 试求图 5.2.12 所示 PD 调节器控制电路中 u_O 与 u_I 的关系式。

解:由图 5.2.12 可列出

$$u_O = -R_F i_F$$

$$i_F = i_R + i_C = \frac{u_I}{R_1} + C_1 \frac{\mathrm{d}u_I}{\mathrm{d}t}$$

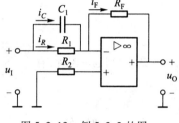

故得

$$u_O = -\left(\frac{R_F}{R_1}u_I + R_F C_1 \frac{\mathrm{d}u_I}{\mathrm{d}t}\right) \qquad (5.2.17)$$

图 5.2.12 例 5.2.2 的图

可见,图 5.2.12 的电路是反相比例运算和微分运算两者组合起来的,所以称它为比例 – 微分调节器(简称 PD 调节器),也用于控制系统中,使调速过程起加速作用。

练习与思考

5.2.1 基本运算电路中的集成运算放大器是工作在电压传输特性的哪个区?

5.2.2 什么是"虚地"? 在图 5.2.1 中,同相输入端接"地",反相输入端的电位接近"地"电位。既然这样,就把两个输入端直接连起来,是否会影响运算放大器的工作?

5.2.3 在图 5.2.1 中,若输入电压为正弦电压 $u_I = 100 \pi$ mV,试画出 u_I 和 u_O 的波形图。

5.2.4 在积分运算电路和微分运算电路中,若输入电压 u_I 是一周期性正、负交变的矩形波电压,试分别画出输出电压 u_O 的波形。

5.3 运算放大器在信号处理方面的应用

5.3.1 有源滤波

滤波是一种从混杂的信号中提取有用信号的方法,在信号处理系统中有着重要的应用。滤波器就是一种选频电路。它能使设定在频率范围内的信号顺利通过,衰减很小,而在此频率范围以外的信号不易通过,衰减很大。按设定频率范围的不同,滤波器可分为低通、高通、带通及带阻等。电阻、电感及电容元件的适当组合,可以构成各种类型的无源滤波器,典型的有低通滤波器、高通滤波器、带通滤波器以及带阻滤波器。

例如,一阶 RC 无源低通滤波电路如图 5.3.1(a)所示。幅频特性函数为

$$|H(j\omega)| = \frac{1}{\sqrt{1 + (RC\omega)^2}}$$

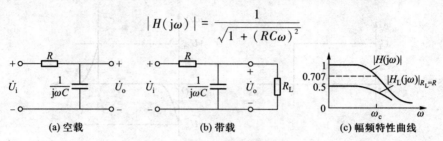

| (a) 空载 | (b) 带载 | (c) 幅频特性曲线 |

图 5.3.1 RC 无源低通滤波器

由此得幅频特性曲线如图 5.3.1(c)所示。该滤波器带上负载后[如图 5.3.1(b)所示],幅频特性函数变为

$$|H_L(j\omega)| = \frac{1}{\sqrt{\left(1 + \dfrac{R}{R_L}\right)^2 + (\omega RC)^2}} \tag{5.3.1}$$

显然,当 $\omega = 0$ 时,有

$$U_o = \frac{R_L}{R + R_L}U_i < U_i$$

当 $\omega = \omega_c$ 时,有

$$U_o = \frac{1}{\sqrt{\left(1 + \dfrac{R}{R_L}\right)^2 + 1}}U_i = \frac{\dfrac{R_L}{R + R_L}}{\sqrt{1 + \left(\dfrac{R_L}{R + R_L}\right)^2}}U_i < 0.707 \cdot U_i\big|_{\omega = 0}$$

且 R_L 越小(负载越大), $U_o\big|_{\omega = 0}$ 及 $U_o\big|_{\omega = \omega_c}$ 越低。

由此可见,在使用无源滤波器时,无法避免以下两方面问题:

① 无信号的放大能力。

② 负载能力差。

解决上述问题的有效方案是在无源滤波器与负载之间插入一个具有一定放大能力的同相放大器,形成有源滤波器,如图 5.3.2 所示。与无源滤波器相比较,有源滤波器具有体积小、效率高、频率特性好等一系列优点,因而得到广泛应用。

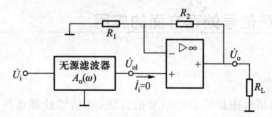

图 5.3.2 有源滤波器方案 1

图 5.3.2 所示电路中,由于运算放大器输入电流 $\dot{I}_i$ 和输出电阻 R_o 几乎为 0,使其幅频特性不再受负载的影响。容易推出

$$H(j\omega) = \frac{\dot{U}_o}{\dot{U}_i} = \frac{\dot{U}_o}{\dot{U}_{o1}} \frac{\dot{U}_{o1}}{\dot{U}_i} = \left(1 + \frac{R_2}{R_1}\right) H_o(j\omega) \tag{5.3.2}$$

显然,同相放大电路在消除负载影响的同时,引入了对信号 $\left(1 + \dfrac{R_2}{R_1}\right)$ 倍的放大。

从系统的角度看,滤波器的频域传递函数应具有如下的形式

$$\frac{\dot{U}_o}{\dot{U}_i} = \frac{a_n(j\omega)^n + \cdots + a_1(j\omega) + a_0}{b_m(j\omega)^m + \cdots + b_1(j\omega) + b_0} \tag{5.3.3}$$

也就是说,滤波器的放大倍数必须是信号频率的函数,它才能拥有滤波的功能。因此,一般地讲,滤波器应当具有图 5.3.3 所示的电路结构形式。在该电路中,Z_1 和 Z_2 分别是包含电阻和电容元件的组合网络的复数阻抗。电路结构与反相放大电路相同,借助于虚地的概念容易推出

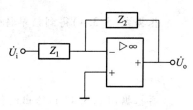

图 5.3.3 有源滤波器方案 2

$$\frac{\dot{U}_o}{\dot{U}_i} = -\frac{Z_2}{Z_1} \tag{5.3.4}$$

下面以低通滤波器为例,讨论此类滤波器的一般性设计方法。

例 5.3.1 设某声音信号受到高频噪声干扰,这时需要设计一个低通滤波器将声音信号还原。根据信号源及噪声源特点,要求滤波器:(1) 通带增益量为 1,且对 3 kHz 以上的信号,幅频响应开始以十倍频程的速率衰减,幅频波特图如图 5.3.4(a) 所示;(2) 输入阻抗为 10 kΩ。试设计具有图 5.3.4 所示结构的有源滤波器。

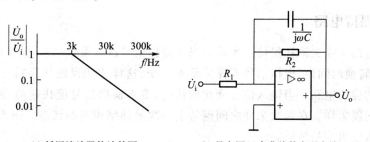

(a) 低通滤波器的波特图　　　(b) 具有图(a)中曲线的实现电路

图 5.3.4 例 5.3.1 的图

解:因为 Z_1 的一侧接滤波器的输入端,而另一侧接运算放大器的虚地点,于是滤波器的输入阻抗为 Z_1。根据要求,令

$$Z_1 = R_1 = 10 \text{ k}\Omega$$

为实现通频带增益为 1 的设计要求,需要当 $f < 3$ kHz 时,输出

$$U_o = \left|\frac{Z_2}{Z_1}\right| U_i = \frac{|Z_2|}{R_1} U_i = U_i$$

即

$$|Z_2| = R_1$$

因为 $f = 0$ 时,电容容抗 $X_C \to \infty$,电容元件所在支路开路,于是,网络 Z_2 中应包含一个与电容

相并联的电阻 R_2，使 $f = 0$ 时

$$|Z_2| = R_2 = R_1 = 10 \text{ k}\Omega$$

再从低通滤波特性考虑，当 $f \geqslant 3$ kHz 时，要求输出开始随频率的增加逐步衰减，特别当 $f \to \infty$ 时，因 $X_C = 0$ 而使 $Z_2 = R_2 \,/\!/\, -jX_C = 0$。可见 Z_2 可以取 R_2 与电容 C 的并联结构，如图5.3.4(b)所示。因为

$$Z_2 = \frac{R_2 \cdot \dfrac{R_2}{j2\pi fC}}{R_2 + \dfrac{1}{j2\pi fC}} = \frac{\dfrac{R_2}{2\pi R_2 C}}{jf + \dfrac{1}{2\pi R_2 C}} = \frac{R_2 f_c}{jf + f_c}$$

根据式(5.3.4)得到频率特性函数

$$\frac{\dot{U}_o}{\dot{U}_i} = -\frac{Z_2}{R_1} = -\frac{R_2}{R_1} \cdot \frac{f_c}{jf + f_c}$$

再根据图5.3.4(a)给出的低通滤波器截止频率($f_c = 3$ kHz)的要求，推知

$$R_2 C = \frac{1}{2\pi f_c} = \frac{1}{2\pi \times 3 \text{ kHz}}$$

由此解得

$$C = 5\ 300 \text{ pF}$$

于是得

$$\frac{\dot{U}_o}{\dot{U}_i} = -\frac{Z_2}{R_1} = -\frac{3}{jf + 3}$$

5.3.2 采样保持电路

采样保持电路又称为采样保持放大器。当对模拟信号进行模拟/数字转换时，需要一定的转换时间，在这个转换时间内，模拟信号要保持基本不变，这样才能保证转换精度。采样保持电路即为实现这种功能的电路。当输入信号变化较快时，要求输出信号能快速而准确地跟随输入信号的变化进行间隔采样。在两次采样之间保持上一次采样结束时的状态。图5.3.5所示是它的简单电路和输入输出信号波形。

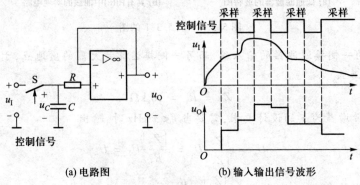

(a) 电路图　　　　　　(b) 输入输出信号波形

图5.3.5　采样保持电路

图中 S 是一个模拟开关,一般由场效晶体管构成。当控制信号为高电平时,开关闭合(即场效晶体管导通),电路处于采样周期。这时 u_1 对储能电容元件 C 充电,$u_0 = u_C = u_1$,即输出电压跟随输入电压的变化(运算放大器接成跟随器)。当控制电压变为低电平时,开关断开(即场效晶体管截止),电路处于保持周期。因为电容元件无放电电路,故 $u_0 = u_C$。这种将采样到的数值保持一定时间,在数字电路、计算机及程序控制等装置中都得到应用。

5.3.3 电压比较器

电压比较器是集成运放非线性应用电路,它将一个模拟量电压信号和一个参考固定电压相比较,在二者幅度相等的附近,输出电压将产生跃变,相应输出高电平或低电平。

图 5.3.6(a)所示是其中一种。U_R 是参考电压,加在同相输入端,输入电压 u_1 加在反相输入端。运算放大器工作于开环状态,由于开环电压放大倍数很高,即使输入端有一个非常微小的差值信号,也会使输出电压饱和。因此,用做比较器时,运算放大器工作在饱和区,即非线性区。当 $u_1 < U_R$ 时,$u_0 = +U_{O(sat)}$;当 $u_1 > U_R$ 时,$u_0 = -U_{O(sat)}$。图 5.3.6(b)所示是电压比较器的传输特性。可见,在比较器的输入端进行模拟信号大小的比较,在输出端则以高电平或低电平(即为数字信号 **1** 或 **0**)来反映比较结果。

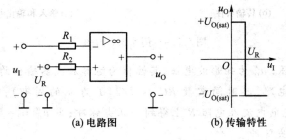

(a) 电路图　　　　　　(b) 传输特性

图 5.3.6　电压比较器

当 $U_R = 0$ 时,即输入电压和零电平比较,称为过零比较器,其电路和传输特性如图 5.3.7 所示。当输入电压为正弦波电压 u_i 时,则 u_0 为矩形波电压,如图 5.3.8 所示。

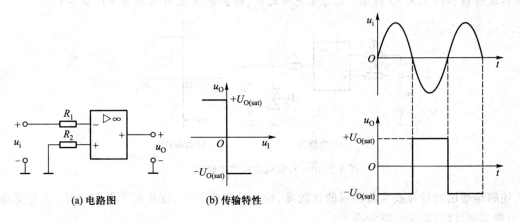

(a) 电路图　　　　(b) 传输特性

图 5.3.7　过零比较器

图 5.3.8　过零比较器将正弦波电压变换为矩形波电压

例 5.3.2 电路如图 5.3.9(a)所示,输入电压是一正弦电压 u_i,试分析并画出输出电压 u_O'', u_O' 和 u_O 的波形。

解:(1) 运算放大器构成过零比较器,从同相输入端输入,反相输入端接"地"。其传输特性如图 5.3.9(b)所示。

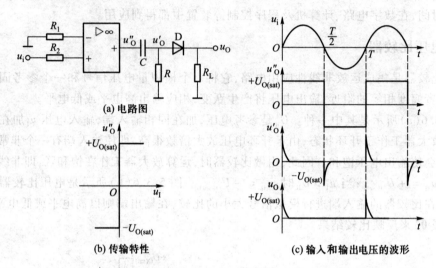

(a) 电路图

(b) 传输特性

(c) 输入和输出电压的波形

图 5.3.9 例 5.3.2 的图

(2) u_i 是正弦波电压,u_O'' 为矩形波电压,其幅值为运算放大器输出的正负饱和值。

(3) 设 RC 组成的电路,其时间常数 $RC \ll T/2$(T 为 u_i 的周期),充放电很快。当 $u_O'' = +U_{O(sat)}$ 时,迅速充电,充电电流在电阻 R 上得到一正尖脉冲;当 $u_O'' = -U_{O(sat)}$ 时,则得出一负尖脉冲。u_O' 为周期性正负尖脉冲。

(4) 二极管 D 起削波作用,削去负尖脉冲,使输出限于正尖脉冲。

有时为了将输出电压限制在某一特定值,以与接在输出端的数字电路的电平配合,可在比较器的输出端与"地"之间跨接一个双向稳压二极管 D_Z,作双向限幅用。稳压二极管的电压为 U_Z。电路和传输特性如图 5.3.10 所示。u_I 与零电平比较,输出电压 u_O 被限制在 $+U_Z$ 或 $-U_Z$。

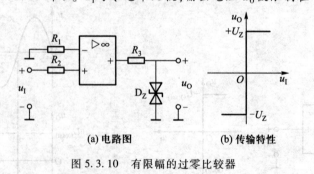

(a) 电路图

(b) 传输特性

图 5.3.10 有限幅的过零比较器

上述的是通用型运算放大器构成的比较器,输入的是模拟量,输出的不是高电平,就是低电平,即为数字量,以与数字电路配合。

另一种常用的比较器为滞回比较器,其电路如图 5.3.11(a)所示。

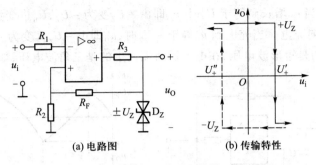

(a) 电路图　　　　(b) 传输特性

图 5.3.11　滞回比较器

当输出电压 $u_O = +U_Z$ 时

$$u_+ = U_+' = \frac{R_2}{R_2 + R_F} U_Z$$

当输出电压 $u_O = -U_Z$ 时

$$u_+ = U_+'' = -\frac{R_2}{R_2 + R_F} U_Z$$

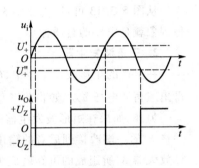

图 5.3.12　滞回比较器的波形图

设某一瞬时 $u_O = +U_Z$，当输入电压 u_i 增大到 $u_i \geqslant U_+'$ 时，输出电压 u_O 转变为 $-U_Z$，发生负向跃变。当 u_i 减小到 $u_i \leqslant U_+''$ 时，u_O 又转变为 $+U_Z$，发生正向跃变。如此周而复始，随着 u_i 的大小变化，u_O 为一矩形波电压，如图 5.3.12 所示。R_3 是限流电阻。

滞回比较器的传输特性如图 5.3.11(b)所示。U_+' 称为上门限电压，U_+'' 称为下门限电压，两者之差 $U_+' - U_+''$ 称为回差。

从以上分析可以看出，滞回比较器比过零比较器有两个优点。

（1）能加速输出电压的转变过程，改善输出波形在跃变时的陡度。

（2）回差提高了电路的抗干扰能力。输出电压一旦转变为 $+U_Z$ 或 $-U_Z$ 后，u_+ 随即自动变化，u_i 必须有较大的反向变化才能使输出电压转变。

5.3.4　波形发生器

1. 矩形波发生器

矩形波电压常用于数字电路中作为信号源。图 5.3.13(a)所示是一种矩形波发生器的电路。在图中，运算放大器作滞回比较器用；D_Z 是双向稳压二极管，使输出电压的幅值被限制在 $+U_Z$ 或 $-U_Z$；R_2 上的电压 U_R 是输出电压幅值的一部分，即

$$U_R = \pm \frac{R_2}{R_1 + R_2} \cdot U_Z$$

U_R 加在同相输入端，作为参考电压；u_C 加在反相输入端，u_C 和 U_R 相比较从而决定 u_O 的极性；R_3 是限流电阻。

电路的工作已稳定后，当 u_O 为 $+U_Z$ 时，U_R 也为正值；这时 $u_C < U_R$，u_O 通过 R_F 对电容 C 充电，

u_C 按指数规律增长。当 u_C 增长到等于 U_R 时，u_0 即由 $+U_Z$ 变为 $-U_Z$，U_R 也变为负值。电容 C 开始通过 R_F 放电，而后反向充电。当充电到 u_C 等于 $-U_R$ 时，u_0 即由 $-U_Z$ 又变为 $+U_Z$。如此周期性地变化，在输出端得到的是矩形波电压，在电容器两端产生的是三角波电压，如图 5.3.13(b) 所示。

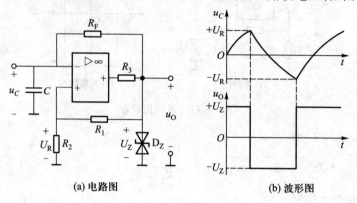

(a) 电路图   (b) 波形图

图 5.3.13 矩形波发生器

从图 5.3.13 可见，电路中无外加输入电压，而在输出端也有一定频率和幅度的信号输出，这种现象就是电路的自激振荡。

2. 三角波发生器

在上述的矩形波发生器中，R_F 和 C 所构成的电路实为一积分电路，矩形波电压 u_0 经积分后得出三角波电压 u_C。如将此三角波电压作为输出信号，就成为三角波发生器。

另外，如果在矩形波发生器的输出端接一个积分电路，以替代图 5.3.13(a) 中的 R_FC 电路，并将 R_2 的一端改接到后者的输出端，也构成三角波发生器，其电路和波形如图 5.3.14 所示。运算放大器 A_1 所组成的电路就成为比较器，A_2 组成积分电路。

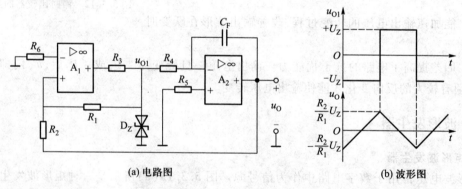

(a) 电路图   (b) 波形图

图 5.3.14 三角波发生器

电路的工作稳定后，当 u_{O1} 为 $-U_Z$ 时，可应用叠加定理求出 A_1 同相输入端的电位

$$u_{1+} = \frac{R_2}{R_1 + R_2}(-U_Z) + \frac{R_1}{R_1 + R_2}u_0 \tag{5.3.5}$$

式中，第一项是 A_1 的输出电压 u_{O1} 单独作用时（A_2 的输出端接"地"短路，即 $u_0 = 0$）的 A_1 同相输入端的电位；第二项是 A_2 的输出电压 u_0 单独作用时（A_1 的输出端接"地"短路，即 $u_{O1} = 0$）的 A_1 同相输入端的电位。比较器的参考电压 $U_R = u_{1-} = 0$。要使 u_{O1} 从 $-U_Z$ 变为 $+U_Z$，必须在 $u_{1+} = u_{1-} = 0$ 时，

这时可从式(5.3.5)得出

$$u_O = \frac{R_2}{R_1} U_Z$$

即当 u_O 上升到 $\frac{R_2}{R_1} U_Z$ 时，u_{O1} 才能从 $-U_Z$ 变为 $+U_Z$。

同理，当 u_{O1} 为 $+U_Z$ 时，A_1 同相输入端的电位为

$$u_{1+} = \frac{R_2}{R_1 + R_2} U_Z + \frac{R_1}{R_1 + R_2} u_O \tag{5.3.6}$$

要使 u_{O1} 从 $+U_Z$ 变为 $-U_Z$，也必须在 $u_{1+} = u_{1-} = 0$ 时，这时

$$u_O = -\frac{R_2}{R_1} U_Z$$

如此周期性地变化，A_1 输出的是矩形波电压 u_{O1}，A_2 输出的是三角波电压 u_O。所以图 5.3.14(a) 所示的也称为矩形波 – 三角波发生器电路。

3. 锯齿波发生器

锯齿波电压在示波器、数字仪表等电子设备中作为扫描之用。锯齿波发生器的电路与上述的三角波发生器的电路基本相同，只是积分电路反相输入端的电阻 R_4 分为两路，使正、负向积分的时间常数大小不等，故两者积分速率明显不等。图 5.3.15 所示是锯齿波发生器的电路和波形。

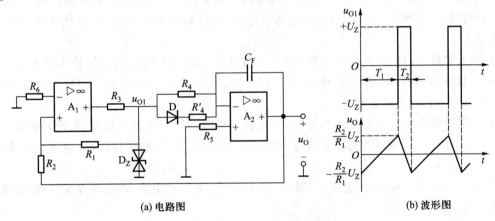

(a) 电路图　　　　　　　　　(b) 波形图

图 5.3.15　锯齿波发生器

当 u_{O1} 为 $+U_Z$ 时，二极管 D 导通，故积分时间常数为 $(R_4 /\!/ R_4')C_F$，远小于 u_{O1} 为 $-U_Z$ 时的积分时间常数 $R_4 C_F$。可见，正、负向积分的速率相差很大，$T_2 \ll T_1$，从而形成锯齿波电压。

练习与思考

5.3.1　试说明上述三种信号处理电路中的运算放大器各工作在线性区还是饱和区？

5.3.2　图 5.3.16 所示是一种电平检测器，图中 U_R 为参考电压且为正值，D_R 和 D_G 分别为红色和绿色发光二极管，试判断在什么情况下它们会亮？

5.3.3　某一理想集成运算放大器开环工作，其所接电源电压为 $\pm U_{CC}$，当输入对地电压 $U_+ > U_-$ 时的输出电压 U_o 为多少？

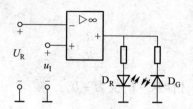

图 5.3.16 练习与思考 5.3.2 的图

5.3.4 电压比较器与放大电路和运算电路的输出电平和工作状态有何不同?

5.3.5 有源滤波电路的优点是什么?

5.4 运算放大器的应用设计

5.4.1 运算放大器的使用技巧

1. 器件选择

集成运放选用一般遵循如下原则:

① 如果没有特殊的要求,一般可选用通用型运放,因为这类元器件直流性能较好,种类较多,并且价格较低。在通用运放系列中,又有单运放、双运放、四运放等多种。对于多运放元器件,其最大特点是内部对称性好,因此在考虑电路中需使用多个放大器(如有源滤波器)或要求放大器对称性好(如测量放大器)时,可选用多运放,这样也可减少元器件、简化线路、缩小面积和降低成本。

② 如果被放大的信号源的输出阻抗很大,则可选用高输入阻抗的运算放大器组成放大电路。另外,像采样/保持电路、峰值检波、积分器,以及生物信号放大、提取、测量放大器电路等也需要使用高输入阻抗集成运放。

③ 如果系统对放大电路要求低噪声、低漂移、高精度,则可选用高精度、低漂移的低噪声集成运放,适用于在毫伏级或者更弱的信号检测、精密模拟运算、高精度稳压源、高增益直流放大、自控仪表等场合。

④ 对于视频信号放大、高速采样/保持、高频振荡及波形发生器、锁相环等场合,则应选用高速宽带集成运放。

⑤ 对于要求低功耗的场合,如便捷式仪表、遥感遥测等,可选用低功耗运放;对于需要高压输入/输出的场合,可选用高压运放;对于需要增益控制的场合,可选用程控运放。

其他如宽范围电压振荡、伺服放大和驱动、DC/DC 变换等场合,可选用跨导型、电流型相应的集成运放。

在选用运放时需要注意,盲目选用高档的运放不一定能保证检测系统的高质量,因为运放的性能参数之间常相互制约。

2. 调零

由于运算放大器的内部参数不可能完全对称,以至当输入信号为零时,仍有输出信号。为此,在使用时要外接调零电路。如图 5.4.1 所示的 F007 运算放大器,它的调零电路由 −15 V 电源、1 kΩ 电阻和 10 kΩ 调零电位器 R_P 组成。先消振,再调零,调零时应将电路接成闭环。一种是在无输入时调零,即将两个输入端接"地",调节调零电位器,使输出电压为零。另一种是在有输入时调零,即按已知输入信号电压计算输出电压,而后将实际值调整到计算值。

3. 消振

由于运算放大器增益极高,加上内部晶体管的极间电容和其他寄生参数的影响,很容易产生自激振荡,破坏正常工作。为此,在使用时要注意消振。通常是外接 RC 消振电路或消振电容,用它来破坏产生自激振荡的条件。是否已消振,可将输入端接"地",用示波器观察输出端有无自激振荡。目前由于集成工艺水平的提高,运算放大器内部已有消振元件,无须外部消振。

4. 保护

（1）输入端保护

由于运算放大器最大差模输入电压和最大共模输入电压的限制,实际运算放大器的输入信号电压是不可以任意加大的,当输入端所加的差模或共模电压过高时会损坏输入级的晶体管。为此,在输入端接入反向并联的二极管,如图 5.4.2 所示,将输入电压限制在二极管的正向压降以下。

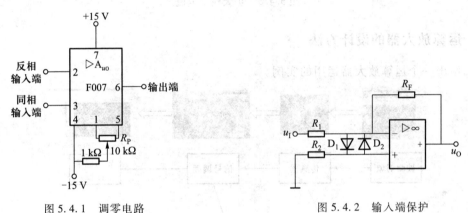

图 5.4.1   调零电路   图 5.4.2   输入端保护

（2）输出端保护

为了防止输出电压过高,影响后面的电路工作,常常采用输出端稳压二极管限幅电路进行输出端保护,如图 5.4.3 所示。将两个稳压二极管反向串联,将输出电压限制在 $(U_Z + U_D)$ 的范围内。U_Z 是稳压二极管的稳定电压,U_D 是它的正向压降。

（3）电源保护

为了保证加到运算放大器上的电源极性正确无误,防止将正、负电源加错而损坏电路,可用二极管来实现电源保护,如图 5.4.4 所示。

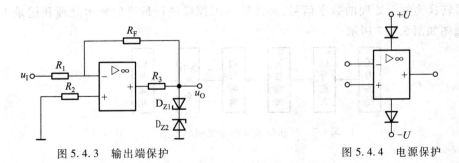

图 5.4.3   输出端保护   图 5.4.4   电源保护

5. 扩大输出电流

由于运算放大器的输出电流一般不大,如果负载需要的电流较大时,可在输出端加接一级互补对称电路,如图 5.4.5 所示。

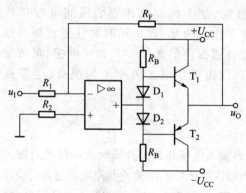

图 5.4.5 扩大输出电流

5.4.2 运算放大器的设计方法

下面给出一个运算放大器运用的实例。

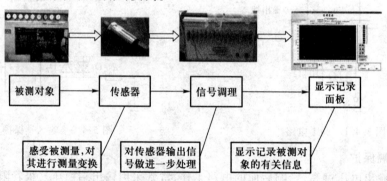

图 5.4.6 列车制动装置的气压检测试验系统

列车制动装置的气压检测试验系统如图 5.4.6 所示,该系统要求将一定范围内的气压信号实时采集并存储显示,以便于研究人员实时监控实验过程中气压变化,并可以回放调用数据进行更详尽的观察、比较和分析。图中气压信号经过气压传感器将气压转换为 −500 mV 到 +500 mV 的电信号,并进行滤波和隔离,再送入数据采集卡的模拟输入通道 0~15,然后经过 A/D 转换模块将模拟信号转换为便于处理的数字信号,再传输到工控机进行最终的显示处理和记录工作。该系统组成框图如图 5.4.7 所示。

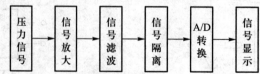

图 5.4.7 气压检测试验系统组成框图

由传感器直接送出的信号,其幅度仅达到了 -500 mV 到 $+500$ mV,不仅干扰大,杂波多,而且没有达到标准的 A/D 转换电压范围(即 -5 V 到 $+5$ V),所以先要经过信号放大,再经过低通滤波,才能进行 A/D 转换。

信号放大模块电路如图 5.4.8 所示。

根据"虚断"、"虚短"原理,可知 $\dfrac{U_i - 0}{R_1} = \dfrac{0 - U_o}{R_F}$,运算后可推出 $U_o = -\dfrac{R_F}{R_1}U_i$。由于标准的 A/D 转换电压范围是 -5 V 到 $+5$ V。所以需要将信号放大 10 倍,即 $R_F = 10R_i$。实际进行器材选择时,可以考虑选取 $R_F = 100$ kΩ, $R_1 = 10$ kΩ。

低通滤波选用的是二阶低通滤波器,二阶低通滤波器的典型传递函数表达式为

$$A(s) = \frac{A_0\omega_n^2}{s^2 + (\omega_n/Q) \cdot s + \omega_n^2}$$

其中,ω_n 为特征角频率,Q 为等效品因数。电路如图 5.4.9 所示。

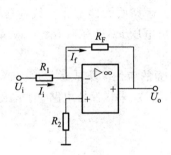

图 5.4.8　信号放大模块电路

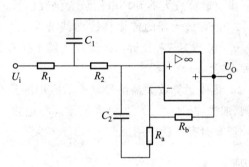

图 5.4.9　二阶低通滤波器电路

根据电路结构,可计算出其传递函数如下

$$A(s) = \frac{U_o(s)}{U_i(s)} = \frac{A_0}{R_1R_2C_1C_2s^2 + [R_2C_2 + R_1C_2 + R_1C_1(1 - A_0)]s + 1}$$

$$A_0 = 1 + R_b/R_a, \omega_n^2 = 1/(R_1R_2C_1C_2)$$

$$Q = \frac{\sqrt{R_1R_2C_1C_2}}{C_2(R_1 + R_2) + R_1C_1(1 - A_0)}$$

若令 $R_1 = R_2 = R, C_1 = C_2 = C$,则滤波器的参数为: $\omega_n = \dfrac{1}{RC}$, $Q = \dfrac{1}{3 - A_0}$ 可见为了保证滤波器稳定工作,要求 $Q > 0$,则该滤波器的电压放大倍数必须小于 3。

根据现场干扰以及实际气压数据采集方面的要求,二阶低通滤波器的通带截止频率设为 100 kHz,品质因数 $Q = 1$。接着需要确定电路中电阻、电容元件的参数值。首先选用二阶低通有源滤波器的电路结构如图 5.4.9 所示。且令 $R_1 = R_2 = R, C_1 = C_2 = C$,先选定电容 $C = 1\,000$ pF,则电阻 R 为

$$R = \frac{1}{2\pi f_n C} = \frac{1}{2\pi \times 100 \times 10^3 \times 1\,000 \times 10^{-12}}\Omega = 1\,592\ \Omega,\ 选用\ 1.6\ \text{kΩ}$$

根据 $Q = \dfrac{1}{3 - A_0}$，故 $A_0 = 1 + R_b/R_a = 3 - \dfrac{1}{Q} = 3 - 1 = 2$，即 $R_b = R_a$。

可选择电阻 $R_b = R_a = 10\ \text{k}\Omega$。由于滤波器处理的信号频率不高，集成运算放大器选用 LM741。

练习与思考

5.4.1　集成运放选用一般遵循什么原则？

5.4.2　如图 5.4.9 所示的二阶低通滤波器电路，令 $R_1 = R_2 = R$，$C_1 = C_2 = C$，选定电容 $C = 250\ \text{pF}$，则电阻 R 为多少？

小结 ➤

1. 集成运算放大器的电路常可分为输入级、中间级、输出级和偏置电路四个基本组成部分。集成运算放大器开环电压放大倍数的数值很大，差模输入电阻很高，输出电阻较低。

2. 运算放大器的传输特性曲线分为线性区和饱和区。运算放大器工作在线性区时可用"虚短"和"虚断"来分析。运算放大器工作在饱和区时，输出电压 u_O 只有 $+ U_{O(\text{sat})}$ 或 $- U_{O(\text{sat})}$ 两种可能。

3. 集成运算放大器的最基本的应用即是在信号运算方面的应用。集成运算放大器可组成比例、加法、减法、微分、积分等数学运算电路。另外，在有源滤波、采样保持电路、电压比较等信号处理方面有广泛应用。

习题 ➤

5.1.1　已知 F007 运算放大器的开环电压放大倍数 $A_{uo} = 100\ \text{dB}$，差模输入电阻 $r_{id} = 2\ \text{M}\Omega$，最大输出电压 $U_{OM} = \pm 13\ \text{V}$。为了保证工作在线性区，试求：(1) u_+ 和 u_- 的最大允许差值；(2) 输入端电流的最大允许值。

5.1.2　F007 运算放大器的正、负电源电压为 $\pm 15\ \text{V}$，开环电压放大倍数 $A_{uo} = 2 \times 10^5$，输出最大电压（即 $\pm U_{O(\text{sat})}$）为 $\pm 13\ \text{V}$。如果在如图 5.01 所示的电路中分别加下列输入电压，求输出电压及其极性：(1) $u_+ = 15\ \mu\text{V}$，$u_- = -10\ \mu\text{V}$；(2) $u_+ = -5\ \mu\text{V}$，$u_- = 10\ \mu\text{V}$；(3) $u_+ = 0\ \mu\text{V}$，$u_- = 5\ \text{mV}$；(4) $u_+ = 5\ \text{mV}$，$u_- = 0\ \text{V}$。

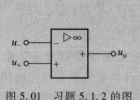

图 5.01　习题 5.1.2 的图　　　　　　图 5.02　习题 5.2.3 的图

5.2.1　使用理想运放设计一个增益为 4 的反相放大器，其反馈支路电阻为 $30\ \text{k}\Omega$，电源为 $\pm 12\ \text{V}$。在保证运放工作在线性区的条件下，求输入电压范围。

5.2.2 使用理想运放设计一个增益为 6 的同相放大器,其反馈支路电阻为 75 kΩ,画出最终电路图;如果输入信号范围为 $-2.5\ \text{V} \leqslant u_g \leqslant +1.5\ \text{V}$,在保证运放工作在线性区的条件下,电源电压的最小值是多少?

5.2.3 电路如图 5.02 所示,试分别计算开关 S 断开和闭合时的电压放大倍数 A_{uf}。

5.2.4 电路如图 5.03 所示,求 u_o。

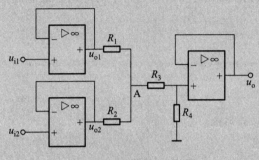

图 5.03 习题 5.2.4 的图

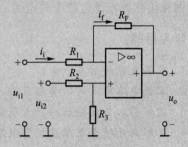

图 5.04 习题 5.2.5 的图

5.2.5 在如图 5.04 所示电路中,输入电压 $u_{i1} = u_{ic1} + u_{id1}$,$u_{i2} = u_{ic2} + u_{id2}$,其中 $u_{ic1} = u_{ic2}$ 是共模分量,$u_{id1} = -u_{id2}$ 是差模分量。如果 $R_1 = R_2 = R_3$,试问 R_F 多大时输出电压 u_o 不含共模分量?

5.2.6 试求如图 5.05 所示电路 u_o 与 u_i 的关系式。

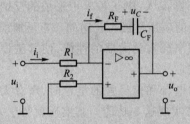

图 5.05 习题 5.2.6 的图

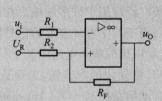

图 5.06 习题 5.3.1 的图

5.3.1 在如图 5.06 所示的滞回比较器中,已知集成运算放大器的输出饱和电压 $U_{OM} = 9\ \text{V}$,$u_i = 8\sin\omega t\ \text{V}$,$U_R = 3\ \text{V}$,$R_2 = 1\ \text{k}\Omega$,$R_F = 5\ \text{k}\Omega$。求该电路的上、下限触发电压和滞回宽度,并画出 u_o 的波形。

5.3.2 在图 5.07(a)中,运算放大器的最大输出电压 $U_{OM} = \pm 12\ \text{V}$,参考电压 $U_R = 3\ \text{V}$,输入电压 u_i 为三角波电压,如图 5.07(b)所示,试画出输出电压 u_o 的波形。

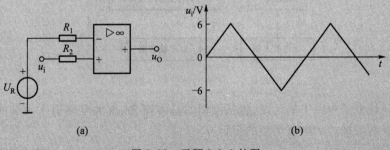

(a)   (b)

图 5.07 习题 5.3.2 的图

第6章 电子电路中的反馈和振荡电路

本章首先介绍电路中反馈(feedback)的基本概念、反馈类型及其判别方法,接着归类分析放大电路中负反馈的四种组态类型,在此基础上讨论负反馈在放大电路中的应用。最后分析讨论正反馈在正弦波振荡电路中的应用。

学习目的:

1. 了解反馈的基本概念;
2. 掌握电路中反馈的类型及其判定方法;
3. 理解引入负反馈后对放大电路各项指标的影响;
4. 了解正反馈在正弦波振荡电路中的应用。

6.0 引例

1920年,贝尔实验室的哈罗德·布朗克基于电子放大器输出信号的回输问题,首次在文献中使用了"反馈"这一概念。随着人类对反馈认识的不断深入,电子技术中形成的反馈理论迅速发展,已被广泛应用于许多领域。在电子电路中,反馈的应用是极为普遍的。正反馈应用于各种振荡电路,用于产生各种波形的信号源;而负反馈则用来改善放大器的性能,使其工作在最佳状态。在实际应用的放大电路中几乎都采取负反馈措施。

例如日常使用的收音机,为保证在收听信号弱的电台和信号强的电台时,声音大小基本一致,采用自动增益控制 AGC(Automatic Gain Control)来实现这一功能。其实质就是引入反馈,自动稳定输出。原理框图如图 6.0.1 所示,当输出量 u_O 因输入信号 u_I 降低而减小时,从输出端经检波器、直流放大器引回的反馈信号 u_F 将通过比较器与参考信号 u_R 比较,产生一个控制信号 u_C,使保证输出稳定。

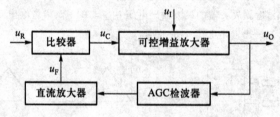

图 6.0.1 自动增益控制中的反馈

下面集中讨论电子电路中的反馈,包括反馈的基本概念、放大电路引入反馈的实际意义、反馈的分析方法及对反馈放大电路类型的辨识等。

6.1 反馈的基本概念

6.1.1 什么是反馈

在电子电路中,将输出信号(输出电压或电流)的一部分或全部通过一定的电路返送到输入端,对输入信号产生一定的影响,这样的电路形式就是反馈。带反馈的放大电路框图如图 6.1.1(a)所示,可以看出信号的传输除了由输入端到输出端的正向通道(即放大电路 A)外,还有一条由输出端经反馈网络 F 回到输入端的反向通道,输入与输出之间由此构成了环路,因此通常将带反馈的电路称为闭环系统。而不含反馈回路的电路称为开环系统,其框图如图6.1.1(b)所示。在带反馈的电路中,反馈信号 x_F 与输入信号 x_I 在输入回路相互叠加,形成净输入信号 x_D,x_D 通过放大电路 A 放大后得到输出信号 x_O。如果叠加的反馈信号使净输入信号加强,从而使输出信号比没有反馈时大,这样的反馈称为正反馈;相反,反馈信号削弱了净输入信号,使输出信号比没有反馈时小,则称为负反馈。

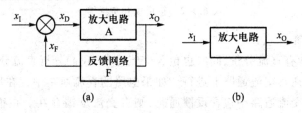

图 6.1.1　反馈的概念

6.1.2 反馈的分类及判别

反馈除了有正负极性之分以外,还有很多种类。根据反馈量成分可分为直流反馈和交流反馈;根据反馈网络采集的输出信号可分为电压反馈和电流反馈;而按反馈信号与输入信号的叠加方式则可分为串联反馈和并联反馈。不同类型的反馈各有特点,用途也不尽相同,掌握反馈的不同类型及其判断方法,可以帮助我们更好地设计和分析电路。在分析判断反馈类型之前,首先应当确定电路中是否存在反馈,明确有反馈存在后再进一步判断其类型,分析其特性和作用。判断电路中有无反馈存在,关键是分析该电路中是否存在将输出回路与输入回路连接起来的反馈网络。没有反馈网络,电路处于开环状态,就没有反馈存在;只有存在反馈网络,才能形成反馈。

1. 电路中正反馈和负反馈的判别

瞬时极性法是判别电路中正反馈与负反馈的基本方法。所谓瞬时极性法,就是首先假定输入信号相对于公共参考点在某一个瞬时极性(用"＋"或"－"表示),接着由相位关系沿着信号传递的环路依次标示出各点相应的瞬时极性,最后根据获得的反馈信号的极性判断其对净输入信号是增强还是削弱,如果增强就是正反馈,而削弱则是负反馈。

例 6.1.1　用瞬时极性法判断图 6.1.2 中电路的反馈极性。

解:图 6.1.2(a)是同相比例运算电路,反馈电阻 R_F 跨接在集成运放输入输出端,与 R_2 构成反馈网络。设某一瞬时输入电压 u_1 为正(+),运用瞬时极性法则有：$u_1(+) \to u_+ (+) \to u_0(+) \to u_- (+)$，净输入值 $u_D = u_+ - u_-$，可见与没有引入反馈时比较，反馈分量 u_F 削弱了 u_D，因此是负反馈。

图 6.1.2(b)是前面介绍过的滞回比较器，其中 R_F 与 R_1 构成了反馈通路。设某一瞬时输入电压 u_1 为正(+)，运用瞬时极性法则有：$u_1(+) \to u_- (+) \to u_0(-) \to u_- (-)$，净输入信号 u_D 增强，此反馈为正反馈。

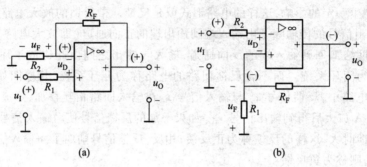

(a)　　　　　　　　　　　(b)

图 6.1.2　正反馈和负反馈

2. 交流和直流反馈

在放大电路中既含有直流分量，同时也包含交流分量，我们分析直流分量需要依据其直流通路，而分析交流分量则在其交流通路上进行。如果电路的直流通路中存在反馈通路，表明该电路存在直流反馈；若在其交流通路中包含反馈通路，则有交流反馈存在。在很多情况下，反馈信号中既包含直流成分又包含交流成分，这样的反馈称为交直流反馈。通常直流反馈用于稳定放大电路的静态工作点，交流反馈用于改善放大电路的交流性能。

对交流和直流反馈的判定可通过观察反馈通路能否通过交流和直流信号加以判断。一般可以根据反馈环节中电容元件的情况进行判定。通常情况下，反馈通路如果存在隔断直流的电容元件，往往就是交流反馈；反馈通路存在交流接地电容，由于交流信号接地，则仅存在直流反馈；如果不存在电容元件，则是交直流反馈。

例 6.1.2　判断图 6.1.3 所示电路中，T_1 与 T_2 两级之间的反馈是交流反馈还是直流反馈。

解：可以看出 T_1 与 T_2 之间反馈有 R_{F1} - C_2 和 R_{F2} 两个反馈。反馈 R_{F1} - C_2 中，C_2 隔断直流信号，传递交流信号，因此这是交流反馈；而反馈 R_{F2} 中交直流信号均可通过，则是交直流反馈。

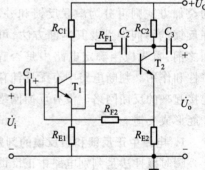

图 6.1.3　交直流反馈判断

3. 电压反馈和电流反馈

判断反馈是电压反馈还是电流反馈，需要考察反馈通路的起点，即放大电路的输出回路。如果反馈采样的是输出电压，其反馈信号的大小直接由输出电压决定，就是电压反馈；而采样输出电流，形成的反馈信号大小由输出电流决定则是电流反馈。需要指出，本书第 3 章的晶体管放大电路中，其输出电流指的是晶体管的集电极电流或发射极电流，而不是负载电阻 R_L 上的电流。电压反馈往往可以用"短路法"加以判定：令输出电压为零，即短路输出端，如果反馈信号也随之为零，则可确定是电压反馈。

4. 并联反馈和串联反馈

判断反馈是并联反馈还是串联反馈,则需要考察反馈的终点,即放大电路的输入回路。如果反馈信号与输入信号在放大器件输入回路的同一输入端进行叠加(比较),就是并联反馈;而反馈信号与输入信号在放大器件的不同的输入端进行叠加,则为串联反馈(如图6.1.4所示)。

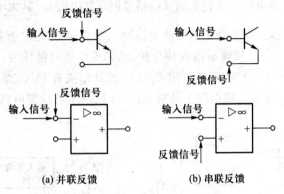

(a) 并联反馈　　　　　　(b) 串联反馈

图 6.1.4　并联反馈和串联反馈的判断

6.1.3　负反馈放大电路的四种组态

虽然负反馈在放大电路中的具体电路形式多种多样,但依据反馈网络在放大电路输入回路和输出回路的连接方式,总可以归类为串联或并联反馈、电压或电流反馈。由此组合出负反馈放大电路具有的四种基本组态,即串联电压、并联电压、串联电流和并联电流四种基本形式,以下分别举例分析。

1. 串联电压负反馈

图 6.1.5(a)所示的电路为第 5 章的同相比例运放电路,电阻 $R_F - R_2$ 构成了反馈网络。从输出端分析,反馈网络直接采样运算放大器的输出电压,按一定比例产生反馈电压,$u_F = \dfrac{R_2}{R_2 + R_F} u_O$,这是电压反馈;从输入端分析,输入电压 u_I 与反馈电压 u_F 分别作用于运算放大器的同相和反相输入端,以串联的形式叠加,形成净输入电压 $u_D = u_I - u_F$,因而是串联反馈;按照瞬时极性法分析,当输入端电压 u_I 瞬时极性为(+)时,经运算放大器同相放大后的输出电压 u_O 为(+),反馈到运算放大器反相输入端的反馈电压 u_F 极性也为(+),净输入电压 u_D 与没有反馈时相比较被削弱了,因而这是负反馈。因此,图 6.1.5(a)中的电路引入了串联电压负反馈,而图 6.1.5(b)是这种反馈形式的示意框图,箭头是信号传递方向,$\otimes$ 表示输入信号与反馈信号的叠加比较环节。

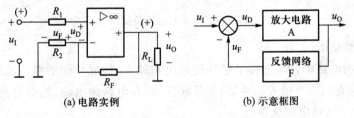

(a) 电路实例　　　　　　　　　(b) 示意框图

图 6.1.5　串联电压负反馈

2. 并联电压负反馈

图6.1.6(a)是反相比例运算电路,电阻 R_F – R_2 构成了反馈网络。从输入端分析,输入信号与反馈信号全部作用于运算放大器反相输入端,在同一端进行叠加,是并联反馈;在输出端,反馈网络采样输出电压,形成与输出电压直接相关的反馈信号即反馈电流 i_F,其大小为 $i_F = \dfrac{u_- - u_0}{R_F} \approx -\dfrac{u_0}{R_F}$,是电压反馈。输入信号和反馈信号在运算放大器同一端叠加,是以电流量的大小进行比较,产生净输入电流信号 $i_D = i_1 - i_F$。用瞬时极性法分析,当输入端瞬时极性为(+)时,经运算放大器反相放大后的输出端极性为(−),在反馈电阻 R_F 上的反馈电流 i_F 增大,净输入电流 i_D 由于分流作用而被削弱了,因而是负反馈。根据以上分析,这是并联电压负反馈电路,图6.1.6(b)是其原理示意框图。

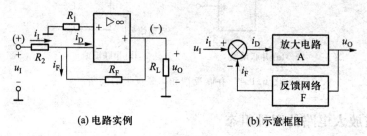

(a) 电路实例　　　　　　　　　　(b) 示意框图

图6.1.6　并联电压负反馈

3. 串联电流负反馈

图6.1.7(a)的电路中,反馈电阻 R_F 引入的反馈电压信号 u_F 与输入电压 u_I 分别作用在运算放大器不同输入端,形成净输入信号 u_D,这是串联反馈。反馈网络没有采样输出电压 u_0,而是由输出电流 i_0 的大小产生反馈信号 $u_F = i_0 R_F$,因而是电流反馈。当输入端瞬时极性为(+),运算放大器输出极性也为(+),R_F 上的反馈信号 u_F 极性为(+),净输入信号 u_D 与没有引入反馈时比较,其大小被削弱了,可知这是负反馈,图6.1.7(b)是这个串联电流负反馈电路的原理框图。

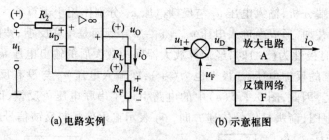

(a) 电路实例　　　　　　　　　　(b) 示意框图

图6.1.7　串联电流负反馈

4. 并联电流负反馈

图6.1.8(a)的电路中,R_F 连接了电路的输出和输入,形成反馈通路。从电路输入端看,反馈信号与输入信号在同一个输入端叠加,是并联反馈;在电路输出端,反馈直接采样输出电流 i_0 产生了反馈信号 i_F,这是电流反馈。

因为运算放大器反相输入端 $u_- \approx 0$,可以近似看做接地,则 $u_R \approx i_0(R \mathbin{/\!/} R_F)$,所以反馈电流为

$$i_{\mathrm{F}} = -\frac{u_{\mathrm{R}}}{R_{\mathrm{F}}} = -\frac{i_{\mathrm{O}}(R \mathbin{/\mkern-5mu/} R_{\mathrm{F}})}{R_{\mathrm{F}}} = -\frac{R}{R + R_{\mathrm{F}}}i_{\mathrm{O}}$$

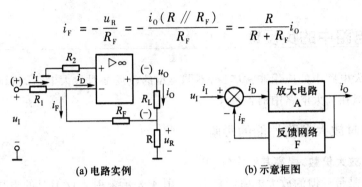

(a) 电路实例　　　　　　　(b) 示意框图

图 6.1.8　并联电流负反馈

依据瞬时极性法,当输入端瞬时极性为(+)时,运算放大器的输出端极性为(−),u_{R} 极性为(−),导致反馈电流 i_{F} 增大,净输入电流 i_{D} 削弱,因此图 6.1.8(a)是并联电流负反馈电路,其原理框图如图 6.1.8(b)所示。

例 6.1.3　在图 6.1.9 的(a)、(b)两个多级放大电路中,判断级间反馈的类型。

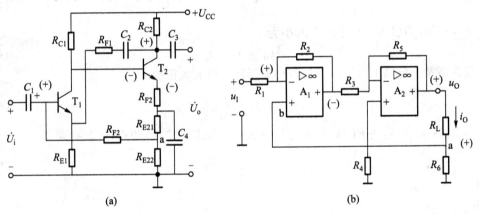

(a)　　　　　　　　　　　　　(b)

图 6.1.9　例 6.1.3 的图

解:在如图 6.1.9(a)所示电路中,有两个级间反馈:$R_{\mathrm{F1}}(C_2, R_{\mathrm{E1}})$ 和 $R_{\mathrm{F2}}(R_{\mathrm{E22}})$。

对于反馈 $R_{\mathrm{F1}}(C_2, R_{\mathrm{E1}})$:有电容 C_2 隔断直流,是交流反馈;采样输出电压,是电压反馈;反馈信号与输入信号分别作用于放大器件 T_1 的不同输入端(T_1 的发射极和基极),是串联反馈;由瞬时极性法,设 T_1 的基极极性为(+),则在反馈作用下导致发射极极性为(+),削弱了净输入电压,是负反馈。所以这是交流的串联电压负反馈。

对于反馈 $R_{\mathrm{F2}}(R_{\mathrm{E22}})$:由于电容 C_4 将交流信号接地,只有直流反馈;没有连接在电压输出端,而是采样 T_2 发射极电流,则是电流反馈;反馈信号与输入信号在同一端(T_1 的基极)叠加,是并联反馈;由瞬时极性法,T_1 的基极极性为(+)则 a 点极性为(−),R_{F2} 上的分流削弱了净输入电流,是负反馈。所以这是直流的并联电流负反馈。

在如图 6.1.9(b)所示电路中,有级间反馈 R_6(a→b)。这一反馈通路中交直流信号均可传递,则是交直流反馈;反馈信号与输入信号作用在运算放大器 A_1 不同输入端,是串联反馈;反馈采样输出电流 i_{O},则是电流反馈;输入端(A_1 的反相输入端)瞬时极性为(+),则 a 点极性为(+),电路净输入被削弱,是负反馈。因此,这是交直流的串联电流负反馈。

6.2 放大电路中的负反馈

负反馈在放大电路中的应用非常广泛,不同类型的负反馈对放大电路的影响也不尽相同,下面分析讨论负反馈在放大电路中的各种作用。

6.2.1 负反馈对放大电路性能的影响

1. 降低电压放大倍数,提高其稳定性

图 6.1.1(a)是带反馈的放大电路示意框图,用 A 表示未引入反馈时的电压放大倍数,称为开环放大倍数

$$A = \frac{x_O}{x_D} \tag{6.2.1}$$

F 为反馈网络的反馈系数

$$F = \frac{x_F}{x_O} \tag{6.2.2}$$

x_D 是净输入信号,当引入负反馈时其大小为

$$x_D = x_I - x_F \tag{6.2.3}$$

引入负反馈后整个电路的电压放大倍数称为闭环电压放大倍数 A_f

$$A_f = \frac{x_O}{x_I} \tag{6.2.4}$$

因为 $x_I = x_D + x_F = x_D + F(Ax_D) = x_D(1 + AF)$,由式(6.2.1)和式(6.2.4)可知

$$A_f = \frac{A}{1 + AF} \tag{6.2.5}$$

其中

$$AF = \frac{x_F}{x_D} \tag{6.2.6}$$

可见引入负反馈后电路的闭环电压放大倍数 A_f 改变了,其大小与 $1 + AF$ 有关,我们把 $1 + AF$ 称为反馈深度,而 AF 则称为环路增益。如果考虑信号频率的影响,放大倍数 A 和反馈系数 F 都是频率的函数,即它们的大小和相位都是频率的函数。为了分析方便,我们忽略频率的因素,这时可以认为 A 和 F 都是实数。

引入负反馈时,$1 + AF > 1$,由式(6.2.5)可知 $|A_f| < |A|$,表明负反馈降低了放大电路的放大倍数;如果 $1 + AF \gg 1$ 时,则有 $A_f \approx \frac{1}{F}$,说明在深度负反馈的情况下,电路的放大倍数仅取决于反馈网络,而与其开环的放大倍数 A 无关。例如在运算放大器组成的比例运算电路中,由于运放的开环放大倍数 A 非常高,使 $1 + AF \gg 1$,引入了深度负反馈,因此其闭环放大倍数(即输入输出的比例系数)由运放的外接电阻决定,与运放本身的放大能力无关。

虽然引入负反馈降低了放大倍数,但在更多的方面提高了放大电路的性能,稳定放大电路的放大倍数就是主要用途之一。当电源电压、输出负载及环境温度等因素发生变化时,会影响到放大电路工作性能,例如第 3 章中讲述的共射放大电路在负载增大时放大倍数会下降、温度变化导

致的静态工作点改变等。引入负反馈可以降低这些因素造成的影响,提高电路工作的稳定性。

对(6.2.5)求微分,可得

$$dA_f = \frac{(1+AF)dA - AFdA}{(1+AF)^2} = \frac{1}{(1+AF)^2}dA$$

上式两边分别同除以 $A_f = \frac{A}{1+AF}$,则得

$$\frac{dA_f}{A_f} = \frac{1}{1+AF} \cdot \frac{dA}{A} \tag{6.2.7}$$

式(6.2.7)表明闭环放大倍数的相对变化量 $\frac{dA_f}{A_f}$ 只有开环放大倍数的相对变化量 $\frac{dA}{A}$ 的

$\frac{1}{1+AF}$,可见引入负反馈后电压放大倍数虽然下降,但却提高了其稳定性。

例 6.2.1 同相比例运算电路如图 6.1.5(a)所示,运放的开环放大倍数 $A = 10^4$,$R_F = 100\text{ k}\Omega$,$R_2 = 5.1\text{ k}\Omega$,求反馈系数 F 及闭环放大倍数 A_f;当环境温度变化使 A 产生 $\pm 10\%$ 变化时,A_f 相对变化量多大。

解:

$$u_F = \frac{R_2}{R_2+R_F}u_O,\ 则\ F = \frac{u_F}{u_O} = \frac{R_2}{R_F+R_2} = \frac{5.1}{100+5.1} = 0.049$$

由式(6.2.5)得 $A_f = \frac{A}{1+AF} = \frac{10\ 000}{1+10\ 000 \times 0.049} = 20.4$

$$\frac{dA_f}{A_f} = \frac{1}{1+AF} \cdot \frac{dA}{A} = \frac{1}{1+10\ 000 \times 0.049} \times (\pm 10\%) = \pm 0.02\%$$

2. 改变输入电阻和输出电阻

放大电路中引入的交流负反馈类型不同,对输入和输出电阻产生的影响也各不相同。了解其基本规律,可以帮助我们在电路设计中以适当的负反馈形式,灵活的改变输入电阻和输出电阻,从而满足特定的应用需求。

(1) 对输入电阻的影响

负反馈对放大电路输入电阻的影响仅取决于反馈网络与输入回路的连接方式,即是串联负反馈还是并联负反馈。引入串联负反馈将增大输入电阻,而引入并联负反馈将减小输入电阻。

如图 6.2.1(a)所示的串联负反馈电路框图中,引入反馈前输入电阻为 $r_i = \frac{u_D}{i_1}$ 引入反馈后

输入电阻为 $r_{if} = \frac{u_1}{i_1}$,

其中 $$u_1 = u_D + u_F = (1+AF)u_D$$

所以 $$r_{if} = \frac{u_1}{i_1} = (1+AF)\frac{u_D}{i_1} = (1+AF)r_i$$

可见引入串联负反馈后,输入电阻增大为原来的 $(1+AF)$ 倍;

图 6.2.1(b)所示的并联负反馈电路框图中,引入反馈前输入电阻为 $r_i = \frac{u_1}{i_D}$,而引入反馈后

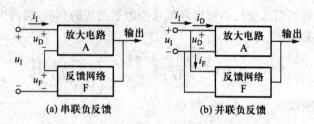

图 6.2.1　负反馈对输入电阻的影响

输入电阻为 $r_{if} = \dfrac{u_1}{i_1}$，

其中
$$i_1 = i_D + i_F = (1 + AF)i_D$$

因此
$$r_{if} = \frac{1}{1 + AF} \cdot \frac{u_1}{i_D} = \frac{1}{1 + AF}r_i$$

可见引入并联负反馈后，输入电阻将减小为原来的 $\dfrac{1}{1 + AF}$；

（2）对输出电阻的影响

负反馈对放大电路输出电阻的影响仅取决于反馈网络与输出回路的连接方式，即观察是引入的电压负反馈还是电流负反馈，二者对输出电阻的影响各不相同。

电压负反馈稳定输出电压，使放大电路的输出趋于恒压源，因而输出电阻（电源内阻）很小，理想的恒压源内阻趋于零；电流负反馈稳定输出电流，使放大电路的输出趋于恒流源，其输出电阻（电源内阻）必然很大，理想的恒流源内阻趋于无穷大。可以证明基本放大电路引入电压负反馈后其输出电阻降低为原来的 $\dfrac{1}{1 + AF}$，而引入电流负反馈后其输出电阻将增大为原来的 $1 + AF$。

需要注意，负反馈对放大电路输入电阻和输出电阻的影响，仅局限于其反馈环路以内的部分，而对其反馈环路以外的电路不产生影响。

3. 减小非线性失真

由于放大电路静态工作点选择不适当或输入信号过大等因素，会导致放大器件工作在非线性区，信号不能线性放大，输出信号出现非线性失真。在放大电路中引入负反馈，可以减小这类非线性失真。假设正弦信号 u_1 输入开环放大电路 A，出现了非线性失真，输出信号 u_0 的正半周幅值明显大于负半周幅值，如图 6.2.2(a) 所示。引入负反馈后，反馈网络采样失真的输出信号 u_0，取得的反馈信号 u_F 与 u_0 成线性比例关系，也是正半周幅值大于负半周幅值的失真波形。但由此产生的净输入信号 $u_D(u_D = u_1 - u_F)$ 则恰好相反，即正半周幅值小于负半周幅值，这样的净输入信号反方向补偿并校调了电路的非线性失真，使输出波形的正负半周变得更加对称，如图 6.2.2(b) 所示。从以上分析可以看出，负反馈是利用输出的失真来改善失真，因此它只能减小失真，而不能完全消除失真。

4. 展宽通频带

从前面的分析我们知道，放大电路引入负反馈后，放大倍数稳定性提高，其变化率明显降低（见例 6.2.1）。这一结论在信号频率对放大倍数产生影响时也不例外，图 6.2.3 中可以看出，没有反馈时，放大倍数因频率影响而发生改变的部分，其变化率高，曲线很陡；引入负反馈后放大倍

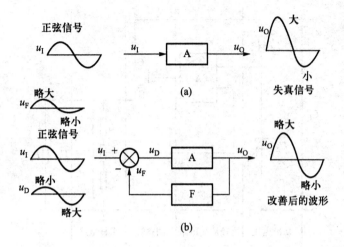

图 6.2.2 负反馈减小非线性失真

数降低,变化率也明显下降,其大小随频率的变化的趋势减缓了,即下降段的特性曲线更加平缓。这样放大倍数随着频率变化(升高或降低)而下降到截止频率的过程被延缓了,因此 $BW_f > BW$,即展宽了通频带。

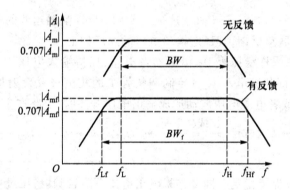

图 6.2.3 负反馈展宽放大电路的通频带

6.2.2 直流稳压电源中的负反馈

引入电压负反馈稳定输出电压是直流稳压电源设计中的基本方法,常见的电路结构是串联反馈式稳压电路,第 2 章介绍的集成稳压器内部就普遍采用这种电路形式。下面结合反馈的理论知识,加以分析。

串联型反馈式稳压电路的结构如图 6.2.4 所示,主要包括基准电压电路、比较放大电路、调整管和采样电路几部分。其中 U_I 是整流滤波电路的输出电压,T 为调整管;稳压管 D_Z 和限流电阻 R 产生恒定的基准电压 U_Z,作为比较放大电路中集成运放输入参考电压;电阻 R_1、R_2 和 R_P 组成的反馈网络,是对输出电压的采样环节。

首先判定电路中反馈的类型。在输出回路,反馈网络 R_1、R_2 和 R_P 直接采样输出电压 U_O,因此是电压反馈,其反馈电压为 $U_- = U_F = \dfrac{R_2'}{R_1' + R_2'} \cdot U_O$。

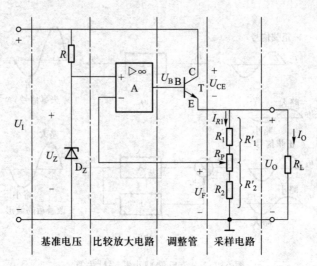

图 6.2.4 串联反馈式稳压电路

而在输入回路,反馈电压 U_F 与输入基准电压 U_Z 分别作用在运放的反相和同相输入端,则是串联反馈。

由瞬时极性法可知:

$U_+(+) \rightarrow V_B(+) \rightarrow V_E(+) \rightarrow U_0(+) \rightarrow U_-(+)$,反馈削弱运放的净输入值,则是负反馈。因此电路引入了电压串联负反馈,其稳定输出电压的原理如下:

在运放同相输入端,采样稳压管 D_Z 提供参考电压,保持输入电压 U_+ 恒定。运放输出端连接调整管基极,其电压(即基极电压 U_B)控制调整管 T 的集电极 – 发射极电压 U_{CE},U_B 增大则 U_{CE} 降低。当负载变化或者电源电压波动造成输出电压升高时,电路产生下面的稳压过程:

$$U_0 \uparrow \rightarrow U_F(U_-) \uparrow \xrightarrow{\quad U_+ 或 U_Z 不变 \quad} (U_+ - U_-) \downarrow \rightarrow U_B \downarrow \rightarrow U_{CE} \uparrow$$
$$U_0 \downarrow \longleftarrow$$

这样,输出电压可以保持稳定。同样如果输出电压下降,则其稳压过程原理相同。电路中调整管 T 一般为采样功率管或复合管,这样不仅能调节输出,也可提供较大的输出电流。

练习与思考

6.2.1 要实现下列要求,放大电路应如何引入反馈?
(1)稳定输出电压,提高输入电阻。
(2)稳定输出电流,降低输入电阻。
6.2.2 引入负反馈能够消除放大电路的非线性失真吗?
6.2.3 举例说明引入深度负反馈后,电路的闭环放大倍数更稳定,而且其大小仅决定于反馈系数。
6.2.4 如何理解交流反馈和直流反馈在放大电路中的不同作用。

6.3　振荡电路

在正反馈的应用中,振荡电路是一种最常见的电路形式,其最大的特点就是通过自激振荡输出周期信号。依据输出信号特性的不同,振荡电路一般分为正弦波振荡电路和非正弦波振荡电路。正弦波振荡电路主要有 RC 振荡电路、LC 振荡电路和石英振荡器电路等,其输出为某一频率的正弦波信号;而非正弦波振荡电路主要有方波发生器、锯齿波发生器,其输出为多谐波信号。本节仅讨论正弦波振荡电路。

6.3.1　自激振荡

电路在没有外部输入信号作用的情况下,由于其内部正反馈的作用而在输出端产生有一定频率和幅度的信号,这就是所谓的自激振荡。在放大电路中如果存在自激振荡,放大器将不能正常工作,需要采取一定措施消除自激振荡;而振荡电路中正是利用自激振荡来产生我们所需要的输出信号。

自激振荡电路的结构框图如图 6.3.1 所示。其中放大电路 A 与正反馈网络 F 构成闭环回路,反馈信号 u_F 即放大电路的输入信号 u_I,A 为开环放大倍数,F 为反馈系数。下面我们以此分析自激振荡这一过程。

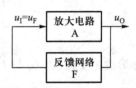

图 6.3.1　自激振荡
电路方框图

电路在电源接通的瞬间,会产生一个冲激信号,把这个信号等效为放大电路 A 的输入端,这就是振荡电路的初始信号。初始信号首先经放大电路 A 的放大产生输出信号 u_O,u_O 又经反馈网络获得反馈信号 u_F,成为放大电路 A 的新的输入信号 u_I,如此反复。如果环路增益 AF > 1,在没有输入的情况下,电路自身产生信号并且沿闭环回路不断增强,通过循环的反馈和放大过程维持相应输出,这样就形成了自激振荡。

在环路增益 AF > 1 的情况下,经过每一次反馈回到输入端的信号都不断增大(即增幅振荡),输出信号会不会也无限增大呢? 其实这样的情况不会发生。当输出增大到一定程度时,由于受电源电压和静态工作点的限制,放大电路会进入非线性工作区域,导致开环放大倍数 A 下降,环路增益 AF 随之减小并最终稳定为 AF = 1,电路将从增幅振荡自动转换为等幅振荡。

总之,自激振荡的形成必须满足如下条件。

相位条件:反馈信号 u_F 要与放大电路的输入端信号 u_I 同相,必须引入正反馈。即放大电路 A 与反馈网络 F 的相位关系为 $\varphi_A + \varphi_F = \pm 2n\pi,(n = 0,1,2\cdots)$;

振幅条件:环路增益 $|AF| = 1$,确保所传递的信号在放大电路 A 与反馈网络 F 组成的环路中不会衰减。

6.3.2　正弦波振荡电路

正弦波振荡电路用来产生一定频率和幅度的正弦信号。要实现这个要求,需要在前面讨论的自激振荡电路基础上,进一步增加选频网络和限幅环节。选频网络确定振荡电路的振荡频率,使电路输出单一频率的正弦信号;限幅环节保证输出稳定在要求的幅值,让振荡电路保持在等幅振荡的状态。

常用的正弦波振荡电路有 RC 振荡电路和 LC 振荡电路。前者输出功率较小,适用于几兆赫兹以内的低频信号;后者输出功率较大,适用的频率也较高。

1. RC 正弦波振荡电路

常见的 RC 正弦波振荡电路如图6.3.2所示,左边点画线框是 RC 串并联电路,其既是正反馈电路,又是选频网络;右边点画线框是同相比例放大电路,它的放大倍数为 $A = 1 + \dfrac{R_F}{R_1}$,其中 $R_F = R_{F1} + R_{F2}$,二极管 D_1、D_2 与 R_{F2} 并联构成限幅环节。

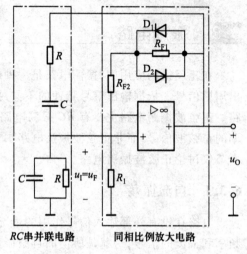

图6.3.2中输出电压 u_0 经过 RC 串并联电路分压,在 RC 并联电路两端取得反馈电压 u_F,并作为同相比例放大电路的输入电压 u_I,其反馈系数为

图 6.3.2　RC 正弦波振荡电路

$$F = \frac{\dot{U}_f}{\dot{U}_o} = \frac{\left(R \mathbin{/\!/} \dfrac{1}{j\omega C} \right)}{\left(R + \dfrac{1}{j\omega C} \right) + \left(R \mathbin{/\!/} \dfrac{1}{j\omega C} \right)} = \frac{1}{3 + j\left(\omega RC - \dfrac{1}{\omega RC} \right)} \tag{6.3.1}$$

要形成正反馈,则 $\dot{U}_f$ 与 $\dot{U}_o$ 同相,F 为正实数,由式(6.3.1)得

$$\omega RC - \frac{1}{\omega RC} = 0$$

$$\omega = \frac{1}{RC}$$

$$f = \frac{1}{2\pi RC} \tag{6.3.2}$$

由此可见,RC 电路对于特定频率 $f_0 = \dfrac{1}{2\pi RC}$ 的信号形成了正反馈且反馈系数为 $F = \dfrac{1}{3}$。如果同相比例运算电路的放大倍数设定为 $A > 3$(即 $R_F \geqslant 2R_1$),则有 $AF > 1$,达到了产生增幅自激振荡的条件。

电路通电后,初始信号中频率为 f_0 的谐波分量因满足自激振荡条件而被不断放大,形成增幅振荡,而其他频率的谐波分量则被电路衰减消除,电路输出频率 f_0 且幅度不断增大的信号,这一过程称做起振。当输出达到一定幅度后,限幅二极管正向导通,使 $R_F = 2R_1$,则 $AF = 1$,电路进入并保持等幅振荡状态,输出稳定的正弦信号。调节 R 和 C 的大小,可以改变振荡频率,获得所需的正弦信号。

2. LC 正弦波振荡电路

图6.3.3是变压器反馈式 LC 振荡电路。其中放大电路为晶体管 T 构成的共射放大电路,L_1-L_F 是反馈网络,选频网络由 $L_1 C$ 并联谐振回路组成。

选频网络 $L_1 C$ 对频率 $f_0 \approx \dfrac{1}{2\pi \sqrt{L_1 C}}$ 的信号发生并联谐振,其并联阻抗最大而且呈现纯电阻特性。这时,$L_1 C$ 并联电路可等效为共射放大电路的集电极电阻,放大电路中晶体管 T 的基极与

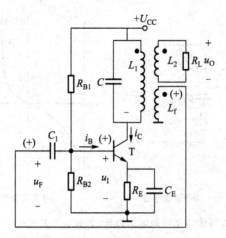

图6.3.3 变压器反馈式 LC 振荡电路

发射极反相,放大倍数 |A| 最大。由瞬时极性法有如下过程:

$$u_I(+) \rightarrow V_C(-) \rightarrow L_F \cdot (+) \rightarrow u_F(+)$$

$$u_I(+) \longleftarrow$$

可以看出,对频率 f_o 的信号,输入量与反馈量同相,形成了正反馈,满足自激振荡的相位条件;当 $|AF| > 1$ 时,满足自激振荡的振幅条件,将产生频率为 f_o 的自激振荡。随着振荡幅度不断增大,晶体管由放大状态逐渐进入非线性状态,其电流放大系数 β 降低导致放大倍数 A 下降,最终使 $|AF|$ 稳定为1,电路进入等幅振荡,由电感 L_2 输出频率为 f_o 的正弦信号。

变压器反馈式 LC 振荡电路起振容易、调频方便,但由于其输出中高频谐波干扰较大,对输出波形有一定影响。

电容反馈式振荡电路也称为电容三点式振荡电路,是另一种形式的 LC 正弦波振荡电路,如图 6.3.4 所示。L、C_1 和 C_2 构成 LC 谐振回路,起反馈和选频作用。调节 C_1 和 C_2 的比值,可以改变反馈系数从而达到自激振荡的振幅条件,由瞬时极性法可以看出电路引入正反馈,满足相位条件,因此电路能够起振,其振荡频率为

$$f_0 = \frac{1}{2\pi \sqrt{L \dfrac{C_1 C_2}{C_1 + C_2}}} \quad (6.3.3)$$

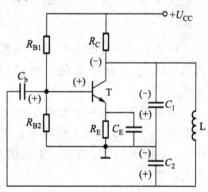

图6.3.4 电容反馈式振荡电路

这种振荡电路具有振荡波形较好、频率稳定性高的特点,但频率调节不方便,调节范围也较小,适用于频率固定的电路。

3. 石英晶体振荡器

对于频率稳定度有很高要求的应用,如高精度信号源、通信设备等,前面讨论的传统 RC 和 LC 振荡电路因元器件参数限制均无法满足要求,通常采用石英晶体构成的选频电路来解决。石英晶体振荡器的电路符号、等效电路、电抗频率特性曲线如图 6.3.5(a)、(b)、(c) 所示。其中等效电感 L 较大,约为数十毫亨到数百毫亨(mH),C_0 约为几十皮法(pF),C 约为百分之几皮法

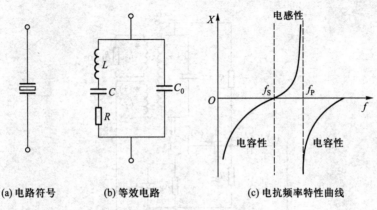

(a) 电路符号　　　　(b) 等效电路　　　　(c) 电抗频率特性曲线

图 6.3.5　石英晶体振荡器的电路符号、等效电路及其电抗频率特性曲线

（pF），R 的阻值很小，几欧到几百欧。当加在回路两端的信号频率很低时，C_0、C 两个支路的容抗很大，整个电路等效电抗为电容性；随着频率升高，R、L、C 支路发生串联谐振，此时阻抗很小为 R，所对应的频率称为串联谐振频率 f_S；频率继续升高，R、L、C 支路电抗转变为电感性且感抗随之上升，直到与 C_0 构成的 LC 并联回路发生谐振，所对应的频率称为并联谐振频率 f_P，此时回路阻抗趋于无穷大；频率超过 f_P 后，C_0 支路起主要作用，这时回路电抗为电容性。

串联谐振频率：
$$f_S = \frac{1}{2\pi\sqrt{LC}} \tag{6.3.4}$$

并联谐振频率：
$$f_P = \frac{1}{2\pi\sqrt{L\dfrac{C_0 C}{C_0 + C}}} = f_S\sqrt{1 + \frac{C}{C_0}} \tag{6.3.5}$$

由于 $C_0 \gg C$，可见 f_S 与 f_P 非常接近，石英晶体振荡器工作在 $f_S \sim f_P$ 之间电感性区域，电抗曲线很陡峭，对频率变化有很强的补偿作用，可见其品质因数 Q 很高，具有很强的频率稳定性。

若将图 6.3.4 所示电路中的电感 L 用石英晶体振荡器替换，就构成石英晶体振荡器电路，如图 6.3.6 所示。当工作频率 f_0 在 $f_S \sim f_P$ 时，石英晶体振荡器呈电感特性，在电路中起电感作用，与电容 C_1、C_2 构成了正反馈及选频网络，这时电路谐振频率 f_0 主要由石英晶体振荡器决定。即

$$f_0 \approx f_S = \frac{1}{2\pi\sqrt{LC}}$$

练习与思考

6.3.1　自激振荡产生的条件是什么？

6.3.2　正弦波振荡电路由哪几部分构成？

6.3.3　正弦波与方波及锯齿波的区别是什么？简述选频网络的作用和种类。

6.3.4　正弦波振荡电路中，稳幅环节如何稳定振荡幅度？

6.3.5　根据石英晶体振荡器的电抗频率特性曲线，分析其对频率变化的自动补偿作用。

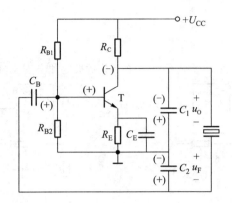

图 6.3.6 石英晶体振荡器构成的振荡电路

小结 ➤

1. 反馈是指将输出信号(电压或电流)的一部分或全部通过反馈网络返送到输入端,从而影响输入的过程。反馈通路把输出与输入连接在一起,在输入和输出间形成了一个环路。判定有无反馈需要观察有无闭环通路。正负反馈的判断使用瞬时极性法判定。

2. 反馈按照传递的信号类型可分为交流反馈和直流反馈;而依据反馈采样的物理量则可划分为电压反馈和电流反馈;如果按照反馈与输入回路的连接形式可分为串联反馈与并联反馈。负反馈放大电路中,反馈包括串联电压、并联电压、串联电流和并联电流四种组态。

3. 负反馈对放大电路的影响可以通过反馈类型来确定:电压负反馈稳定输出电压,电流负反馈稳定输出电流;串联负反馈增加输入电阻而并联负反馈减小输入电阻,电压负反馈减小输出电阻而电流负反馈增大输出电阻。

同样,负反馈虽然降低了放大电路的放大能力,但提高其稳定性,改善非线性失真,扩展了通频带。

4. 振荡电路是正反馈的一种应用形式,当满足一定相位和振幅条件后电路会产生自激振荡。

相位条件:放大电路 A 与反馈网络 F 的相位关系为 $\varphi_A + \varphi_F = \pm 2n\pi, (n = 0, 1, 2 \cdots)$;

振幅条件:环路增益 $|AF| = 1$;

此时电路在没有外部输入信号作用的情况下,由于其内部正反馈的作用而在输出端产生有一定频率和幅度的信号,这就是自激振荡。

5. 在放大电路中需要避免自激振荡的产生,而正弦波振荡电路则利用自激振荡产生满足要求的正弦波信号。通常在满足自激振荡条件的基础上,进一步增加选频网络和限幅环节就构成了正弦波振荡电路,按结构划分正弦波振荡电路主要有 RC 和 LC 两种类型。

6. 石英晶体振荡器具有串联谐振频率 f_S 和并联谐振频率 f_P,两者非常接近。当工作频率在 f_S 和 f_P 之间时,等效为电感,且其感抗随频率变化率非常高。石英晶体振荡器具有很高的频率稳定度。

习题 ▶

6.1.1　用瞬时极性法判别如图 6.01 所示各电路的反馈的极性,指出是交流反馈还是直流反馈。

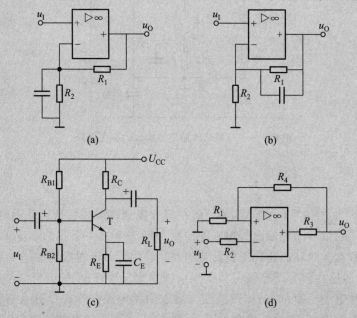

图 6.01　习题 6.1.1 的图

6.1.2　判定如图 6.02 所示各电路中的反馈组态类型。

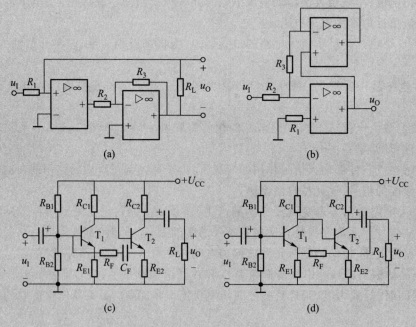

图 6.02　习题 6.1.2 的图

6.2.1 在如图 6.03 所示电路中,J、K、M、N 四点中哪两点连接起来形成的反馈,可以满足下列要求:

(1) 提高输入电阻,稳定输出电压;

(2) 减小输入电阻,增大输出电阻。

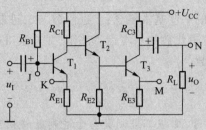

图 6.03 习题 6.2.1 的图

6.2.2 已知某负反馈放大电路的开环放大倍数 $A = 1\,000$,反馈系数 F 为 0.049,试问:(1) 闭环放大倍数 A_f 是多少? (2) 如果 A 发生 $\pm 10\%$ 的变化,则闭环放大倍数 A_f 的相对变化为多少?

6.3.1 正弦波振荡电路和放大电路中都引入了反馈,其作用和目的各有什么不同?

6.3.2 用相位和幅度的条件判别图 6.04 中的电路能否产生自激振荡。

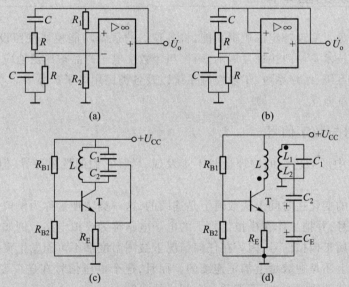

图 6.04 习题 6.3.2 的图

6.3.3 RC 正弦波振荡电路如图 6.05 所示,$R = 20\,k\Omega$,$R_1 = 3\,k\Omega$,R_2 为热敏电阻。试回答:

(1) 对热敏电阻 R_2 有何要求?

(2) 当双联可调电容变化由 3 000 pF 到 6 000 pF 时,输出信号的振荡频率范围是多少?

6.3.4 电容三点式 LC 正弦波振荡电路如图 6.3.4 所示,已知 $C_1 = C_2 = 100\,pF$,若要求其振荡频率 $f_0 = 100\,kHz$,试问电感 L 应选多大?

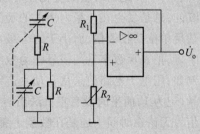

图 6.05 习题 6.3.3 的图

第7章 数字逻辑电路基础

本章简单介绍了数字系统的一些基本概念;二进制数与二进制代码的基本概念及其与十进制数的相互转换;重点介绍了逻辑代数的基本运算法则,并着重讲述了如何用逻辑代数的基本运算法则和卡诺图法化简逻辑函数。

学习目的:

1. 了解模拟信号与数字信号,掌握二进制数与十进制数的相互转换以及二进制数的运算;
2. 了解二进制代码,掌握8421BCD码与十进制数的相互转换;
3. 掌握逻辑代数的基本运算法则,会用逻辑代数的基本运算法则化简逻辑函数;
4. 会用卡诺图法化简逻辑函数。

7.1 数字系统的基本概念

数字系统是指为了实现特定的逻辑功能,将各独立的逻辑功能模块按照设计连接起来的电路系统。数字电子技术是一门快速发展的学科,当今数字电子产品被广泛地应用于通信、雷达制导、军事系统、办公系统、医疗系统、工业控制系统以及各类民用电子产品中。本节将简要介绍数字系统中的一些基本概念。

7.1.1 模拟信号与数字信号

在观察自然界中形形色色的物理量时不难发现,尽管它们的性质各异,但就其变化规律而言,不外乎两大类。

一类是物理量的变化在时间上或数值上是连续的,这一类物理量称为模拟量,把表示模拟量的信号称为模拟信号,并把工作在模拟信号下的电子电路称为模拟电路。例如,热电偶在工作时输出的电压信号就属于模拟信号,因为在任何情况下被测温度都不可能发生突跳,所以测得的电压信号无论在时间上还是在数量上都是连续的。而且,这个电压信号在连续变化的过程中的任何一个取值都有具体的物理意义,即表示一个相应的温度。

另一类是物理量的变化在时间和数量上都是离散的,也就是说,它们的变化在时间上是不连续的,总是发生在一系列离散的瞬间。同时,它们的数值大小和每次的增减变化都是某一个最小数量单位的整数倍,而小于这个最小数量单位的数值没有任何物理意义。这一类物理量称为数字量,把表示数字量的信号称为数字信号,并且把工作在数字信号下的电子电路称为数字电路。例如,用电子电路记录从自动生产线上输出的零件数目时,每送出一个零件便给电子电路一个信号,记为 **1**,而平时没有零件送出时加给电子电路的信号是 **0**,所以不记数。可见,零件数目这个信号无论在时间上还是在数量上都是不连续的,因此它是一个数字信号,最小的数量单位就是1个。

7.1.2　逻辑电平

时间和数值上离散的数字信号通常用 **0** 和 **1** 来表示,称为逻辑 **0** 和逻辑 **1**,或者二值数字逻辑。**0** 和 **1** 不代表数值的大小,而是表示两种对立的状态。如图 7.1.1 所示的数字信号,高电压 5 V 用逻辑 **1** 表示,低电压 0 V 用逻辑 **0** 表示。这两个电压值又称为逻辑电平,其中高电平为 5 V,低电平为 0 V。

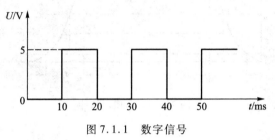

图 7.1.1　数字信号

7.1.3　脉冲信号

数字系统中的脉冲信号,脉冲跃变后的值比初始值高的脉冲称为正脉冲;脉冲跃变后的值比初始值低的脉冲称为负脉冲。图 7.1.2 所示为理想的正脉冲和负脉冲。

数字系统中,大多数波形都由一系列脉冲组成,可称其为脉冲序列。脉冲序列有周期波和非周期波两种。图 7.1.3 所示数字信号为理想周期性脉冲。理想的周期性脉冲通常用四个参数描述:脉冲幅度 U_m、脉冲宽度 t_w、信号周期 T 及占空比 q。如图 7.1.3 所示,脉冲幅度 U_m 表示电压波形变化的最大值;脉冲宽度 t_w 表示脉冲作用的时间;信号周期 T 表示两个相邻脉冲信号间的时间间隔;占空比 q 表示脉冲宽度占整个周期的百分比:$q = \dfrac{t_w}{T} \times 100\%$。

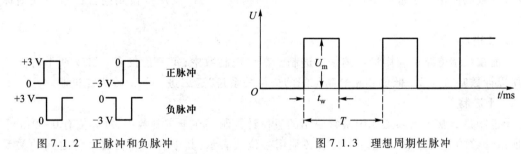

图 7.1.2　正脉冲和负脉冲　　　　　图 7.1.3　理想周期性脉冲

例 7.1.1　某周期性数字信号的一部分波形如图 7.1.4 所示,时间单位为 ms,求其周期、频率、脉冲宽度及占空比。

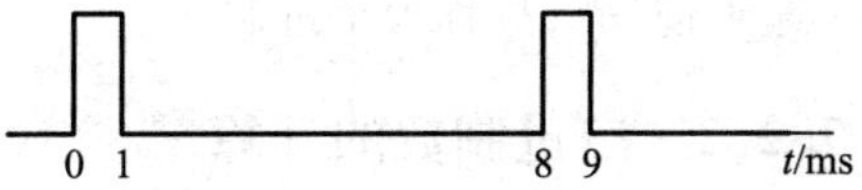

解:

图 7.1.4　例 7.1.1 图

周期:$T = (8 - 0)$ ms $= 8$ ms　　频率:$f = \dfrac{1}{T} = \dfrac{1}{8 \text{ ms}} = 125$ Hz

脉冲宽度:$t_w = (1 - 0)$ ms $= 1$ ms　　　占空比:$q = \dfrac{t_w}{T} \times 100\% = \dfrac{1}{8} = 12.5\%$

图 7.1.5 为非理想脉冲,其脉冲宽度 t_w 指对应脉冲幅度的 50% 的两个时间点所跨越的时

间;t_r是指从脉冲幅度的 10% 上升到 90% 所经历的上升时间;t_f是指从脉冲幅度的 90% 下降到 10% 所经历的下降时间。对于实际脉冲,其上升时间 t_r 和下降时间 t_f 越短越接近理想脉冲。大多数实际脉冲的上升时间与下降时间为纳秒级,可看作理想脉冲。

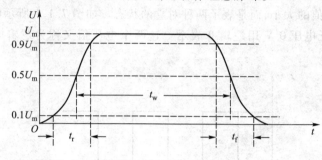

图 7.1.5 非理想脉冲

练习与思考

7.1.1 什么是模拟信号? 什么是数字信号? 试阐述模拟信号与数字信号的区别。

7.1.2 什么是电平? 数字电路中电平用什么表示?

7.1.3 脉冲波形的参数主要有哪些? 如何测量或计算这些参数?

7.2 数制与数制转换

7.2.1 数制

用数字量表示物理量的大小时,仅用一位数码往往不够用,因此经常需要用进位计数的方法组成多位数码使用。通常把多位数码中每一位的构成方法以及从低位到高位的进位规则称为数制。

1. 二进制

目前在数字电路中应用最广的是二进制。在二进制数中,每一位仅有 **0** 和 **1** 两个可能的数码,所以计数基数为 2。低位和相邻高位间的进位关系是"逢二进一",故称为二进制。

2. 十进制

十进制是日常生活和工作中最常使用的进位计数制。在十进制数中,每一位有 0~9 十个数码,所以计数的基数是 10。超过 9 的数必须用多位数表示,其中低位和相邻高位之间的关系是"逢十进一",故称十进制。

7.2.2 二进制数的计算

1. 二进制数的运算

二进制数只有 **0** 和 **1** 两个数码,它的每一位都可以用电子元件来实现,且运算规则简单,相应的运算电路也容易实现。其运算规则如下:

加法规则:$0+0=0, 0+1=1, 1+0=1, 1+1=10$

乘法规则:$0 \cdot 0=0, 0 \cdot 1=0, 1 \cdot 0=0, 1 \cdot 1=1$

2. 2 的幂运算(二进制数转换为十进制数)

任何一个二进制数均可展开为

$$D = \sum k_i 2^i \tag{7.2.1}$$

并计算出它所表示的十进制数的大小,这称为二－十转换。例如:

$$(101.11)_2 = 1 \times 2^2 + 0 \times 2^1 + 1 \times 2^0 + 1 \times 2^{-1} + 1 \times 2^{-2} = (5.75)_{10}$$

上式中分别使用下脚注的 2 和 10 表示括号里的数是二进制和十进制数。有时也用 B(Binary)和 D(Decimal)代替 2 和 10 这两个脚注。

3. 十进制数转换为二进制数

把十进制数转换成等值的二进制数,又称为十－二转换。

这里仅讨论整数的转换,不涉及小数的转换。

假设十进制整数为 $(S)_{10}$,等值的二进制数为 $(k_n k_{n-1} \cdots k_0)_2$,则依式(7.2.1)可知

$$
\begin{aligned}
(S)_{10} &= k_n 2^n + k_{n-1} 2^{n-1} + \cdots + k_1 2^1 + k_0 2^0 \\
&= 2(k_n 2^{n-1} + k_{n-1} 2^{n-2} + \cdots + k_1) + k_0
\end{aligned}
\tag{7.2.2}
$$

式(7.2.2)表明,若将 $(S)_{10}$ 除以 2,则得到的商为 $(k_n 2^{n-1} + k_{n-1} 2^{n-2} + \cdots + k_1)$,而余数即 k_0。

同理,将式(7.2.2)中的商除以 2 得到新的商可写成

$$
\begin{aligned}
&k_n 2^{n-1} + k_{n-1} 2^{n-2} + \cdots + k_1 \\
&= 2(k_n 2^{n-2} + k_{n-1} 2^{n-3} + \cdots + k_2) + k_1
\end{aligned}
\tag{7.2.3}
$$

由式(7.2.3)不难看出,若将 $(S)_{10}$ 除以 2 所得的商再次除以 2,则所得的余数即 k_1。

依次类推,反复将每次得到的商再除以 2,就可求得二进制数的每一位了。

例如,将 $(215)_{10}$ 化为二进制数可如下进行:

$$
\begin{array}{rll}
2 \, \underline{\big|\, 215} & & \cdots 余1 = k_0 \\
2 \, \underline{\big|\, 107} & & \cdots 余1 = k_1 \\
2 \, \underline{\big|\, 53} & & \cdots 余1 = k_2 \\
2 \, \underline{\big|\, 26} & & \cdots 余0 = k_3 \\
2 \, \underline{\big|\, 13} & & \cdots 余1 = k_4 \\
2 \, \underline{\big|\, 6} & & \cdots 余0 = k_5 \\
2 \, \underline{\big|\, 3} & & \cdots 余1 = k_6 \\
2 \, \underline{\big|\, 1} & & \cdots 余1 = k_7 \\
0 & &
\end{array}
$$

故 $(215)_{10} = (11010111)_2$。

练习与思考

7.2.1 什么是二进制数? 二进制数与十进制数如何转换?

7.2.2 二进制数的逻辑运算与二进制数的加法运算有何不同?

7.3　二进制代码

　　不同的数码不仅可以表示数量的不同大小,而且还能用来表示不同的事物。在后一种情况下,这些数码已没有表示数量大小的含意,只是表示不同事物的代号而已。这些数码称为代码。

　　例如在举行长跑比赛时,为便于识别运动员,通常给每个运动员编一个号码。显然,这些号码仅仅表示不同的运动员,已失去了数量大小的含意。

　　为便于记忆和处理,在编制代码时总要遵循一定的规则,这些规则就叫做码制。

　　例如用 4 位二进制数码表示 1 位十进制数的 0~9 这十个状态时,就有多种不同的码制。通常将这些代码称为二 - 十进制代码,简称 BCD(Binary Coded Decimal)代码。

表 7.3.1　几种常见的 BCD 代码

十 进 制 数	8421 码	余 3 码	格雷码	2421 码	5421 码
0	0000	0011	0000	0000	0000
1	0001	0100	0001	0001	0001
2	0010	0101	0011	0010	0010
3	0011	0110	0010	0011	0011
4	0100	0111	0110	0100	0100
5	0101	1000	0111	1011	1000
6	0110	1001	0101	1100	1001
7	0111	1010	0100	1101	1010
8	1000	1011	1100	1110	1011
9	1001	1100	1101	1111	1100
权	8421			2421	5421

　　表 7.3.1 中列出了几种常见的 BCD 代码,它们的编码规则各不相同。其中 2421 码、5421 码和 8421 码都是有权码,余 3 码和格雷码是无权码。不同的编码方式都有其各自的特点,适用于不同的电路。

　　其中 8421 码是 BCD 代码中最常用的一种。在这种编码方式中每一位二值代码的 1 都代表一个固定数值,把每一位的 1 代表的十进制数加起来,得到的结果就是它所代表的十进制数码。由于代码中从左到右每一位的 1 分别表示 8、4、2、1,所以把这种代码叫做 8421 码。每一位的 1 代表的十进制数称为这一位的权。8421 码中每一位的权是固定不变的,它属于恒权代码。

练习与思考

7.3.1　什么是二进制代码?什么是 BCD 码?

7.3.2　二进制数与二进制代码有何不同?

7.3.3　8421BCD 码与十进制数如何转换?

7.4　逻辑代数

逻辑代数或称布尔代数,是分析与设计逻辑电路的数学工具,其基本思想是英国数学家乔治·布尔(George Boole)于 1854 年提出的。

人物简介:

布尔(George Boole 1815 ~ 1864)是英国数学家及逻辑学家。出身于一个手工业者的家庭,家境不十分宽裕。他原是一位中学教师,后来通过刻苦钻研,自学成才当上了大学教授。他对研究人类思维规律的逻辑学有着浓厚的兴趣。

1854 年,布尔发表了著作《思维规律研究》,成功地将形式逻辑归结为一种代数运算,这就是布尔代数。布尔代数产生于 19 世纪中叶,当时被认为"既无明显的实际背景,也不可能考虑到它的实际应用",可是一个世纪后它却在计算机的理论和实践领域放射出耀眼的光彩。布尔代数在后来的机电计算机及电子式计算机的各类逻辑部件和程序的设计中都是不可缺少的数学工具。

在众多为计算机事业做出杰出贡献的科学家中,布尔终身没有接触过计算机,但他的研究成果却为现代计算机设计提供了重要的理论

乔治·布尔

根据。他所创立的布尔代数或称逻辑代数理论现在是、以后也仍将是计算机专业的必修课程。

7.4.1　基本逻辑

逻辑代数虽然和普通代数一样也用字母$(A,B,C,\cdots)$表示变量,但变量的取值只有 **1** 和 **0** 两种,即所谓的逻辑 **1** 和逻辑 **0**。它们不是数字符号,而是代表两种相反的逻辑状态。布尔代数所表示的是逻辑关系,而不是数量关系,这是它与普通代数的本质区别。随着半导体器件制造工艺的发展,各种具有良好开关性能的微电子器件不断涌现,因而布尔代数已成为分析和设计现代数字逻辑电路不可缺少的数学工具。

在布尔代数中只有逻辑乘(**与**运算)、逻辑加(**或**运算)和求反(**非**运算)三种基本运算。根据这三种基本运算可以推导出逻辑运算的一些法则。

7.4.2　逻辑代数的运算法则

1. 基本运算法则

表 7.4.1 为布尔代数的基本运算法则。

表 7.4.1　布尔代数的基本运算法则

自等律	$A + 0 = A$	$A \cdot 1 = A$	
0 - 1 律	$A + 1 = 1$	$A \cdot 0 = 0$	
重叠律	$A + A = A$	$A \cdot A = A$	
还原律	$\overline{\overline{A}} = A$		

续表

互补律	$A + \bar{A} = 1$	$A \cdot \bar{A} = 0$	
交换律	$A + B = B + A$	$A \cdot B = B \cdot A$	
结合律	$(A + B) + C = A + (B + C)$	$(A \cdot B) \cdot C = A \cdot (B \cdot C)$	
分配律	$A \cdot (B + C) = A \cdot B + A \cdot C$	$A + (B \cdot C) = (A + B) \cdot (A + C)$	
反演律	$\overline{A + B} = \bar{A} \cdot \bar{B}$	$\overline{A \cdot B} = \bar{A} + \bar{B}$	又称摩根定律
吸收律	$A + (A \cdot B) = A$	$A \cdot (A + B) = A$	对偶式
	$A + (\bar{A} \cdot B) = A + B$	$A \cdot (\bar{A} + B) = A \cdot B$	对偶式
	$A \cdot B + A \cdot \bar{B} = A$	$(A + B) \cdot (A + \bar{B}) = A$	对偶式

2. 基本定理

（1）代入定理

在任何一个包含变量 A 的逻辑等式中，若以另外一个逻辑式代入式中所有 A 的位置，则等式仍然成立，这就是代入定理。

因为变量 A 仅有 0 和 1 两种可能的状态，所以无论将 $A = 0$ 还是 $A = 1$ 代入逻辑等式，等式都一定成立。而任何一个逻辑式的取值也不外是 0 和 1 两种，所以用它取代式中的 A 时，等式自然也成立。因此，可以把代入定理看做无须证明的公理。

利用代入定理能很容易将表 7.4.1 中的公式推广为多变量的形式。

例 7.4.1 用代入定理证明反演律也适用于多变量的情况。

解：已知二变量的反演律为

$$\overline{A + B} = \bar{A} \cdot \bar{B} \quad \text{及} \quad \overline{A \cdot B} = \bar{A} + \bar{B}$$

今以 $(B + C)$ 代入左边等式中 B 的位置，同时以 $(B \cdot C)$ 代入右边等式中 B 的位置，于是得到

$$\overline{A + (B + C)} = \bar{A} \cdot \overline{(B + C)} = \bar{A} \cdot \bar{B} \cdot \bar{C} \quad \text{及} \quad \overline{A \cdot (B \cdot C)} = \bar{A} + \overline{B \cdot C} = \bar{A} + \bar{B} + \bar{C}$$

（2）反演定理

对于任意一个逻辑式 Y，若将其中所有的"·"换成"+"，而"+"换成"·"，0 换成 1，而 1 换成 0，原变量换成反变量，反变量换成原变量，则得到的结果就是 $\bar{Y}$。这个规律即称为反演定理。

反演定理为求取已知逻辑式的反逻辑式提供了方便。

在使用反演定理时，需注意以下两个规则：

① 仍需遵守"先括号、然后乘、最后加"的运算优先次序。

② 不属于单个变量上的反号应保留不变。

例 7.4.2 已知 $Y = A(B + C) + CD$，求 $\bar{Y}$。

解：根据反演定理可写出

$$\bar{Y} = (\bar{A} + \bar{B} \cdot \bar{C}) \cdot (\bar{C} + \bar{D}) = \bar{A} \cdot \bar{C} + \bar{B} \cdot \bar{C} + \bar{A} \cdot \bar{D} + \bar{B} \cdot \bar{C} \cdot \bar{D} = \bar{A} \cdot \bar{C} + \bar{B} \cdot \bar{C} + \bar{A} \cdot \bar{D}$$

例7.4.3 若 $Y = \overline{\overline{\overline{A \cdot \overline{B} + C} + D + C}}$，求 $\overline{Y}$。

解: 根据反演定理可直接写出

$$\overline{Y} = \overline{\overline{\overline{(\overline{A} + B) \cdot \overline{C}} \cdot \overline{D} \cdot \overline{C}}}$$

前面表 7.4.1 中的反演律就是反演定理的一个特例。

（3）对偶定理

若两逻辑式相等,则它们的对偶式也相等,这就是对偶定理。

所谓对偶式就是:对于任何一个逻辑式 Y,若将其中的"·"换成"+",而"+"换成"·",$\mathbf{0}$ 换成 $\mathbf{1}$,而 $\mathbf{1}$ 换成 $\mathbf{0}$,则得到一个新的逻辑式 Y',这个 Y' 就叫做 Y 的对偶式。或者说 Y 与 Y' 互为对偶,如前面表 7.4.1 中的最后三对式子。

$$\text{例如,若 } Y = A \cdot (B + C) \qquad \text{则 } Y' = A + B \cdot C$$
$$\text{若 } Y = \overline{A \cdot B + C \cdot D} \qquad \text{则 } Y' = \overline{(A + B) \cdot (C + D)}$$
$$\text{若 } Y = A \cdot B + \overline{C + D} \qquad \text{则 } Y' = (A + B) \cdot \overline{C \cdot D}$$

为了证明两个逻辑式相等,也可以通过证明它们的对偶式相等来完成,因为有些情况下证明它们的对偶式相等更加容易。

例7.4.4 证明式 $A + (B \cdot C) = (A + B) \cdot (A + C)$ 成立。

解: 首先写出等式两边的对偶式,得到

$$A \cdot (B + C) \qquad \text{和} \qquad A \cdot B + A \cdot C$$

根据分配律可知,这两个对偶式是相等的,即 $A \cdot (B + C) = A \cdot B + A \cdot C$。由对偶定理即可确定原来的两式也一定相等。

练习与思考

7.4.1 什么是逻辑代数？逻辑代数与普通代数的本质区别是什么？

7.4.2 逻辑代数的基本定理是哪些？

7.4.3 反演定理和对偶定理有何异同？

7.5 逻辑函数的代数变换及化简

通常一个特定的逻辑问题,对应的真值表是唯一的,但实现它的电路却是多种多样的。这给设计电路带来了方便,当我们手里缺少某种逻辑门的器件时,可以通过逻辑函数表达式的变换,避免使用这种器件而改用其他器件。这种情形在实际工作中常会用到。

一个逻辑函数可以有多种不同的逻辑表达式,例如**与－或**表达式、**或－与**表达式、**与非－与非**表达式、**或非－或非**表达式及**与－或－非**表达式等。例如:

$$
\begin{aligned}
Y &= AB + \overline{A}D & &\text{与 － 或}\\
&= (\overline{A} + B) \cdot (A + D) & &\text{或 － 与}\\
&= \overline{\overline{AB} \cdot \overline{\overline{A}D}} & &\text{与非 － 与非}\\
&= \overline{\overline{(\overline{A} + B)} + \overline{(A + D)}} & &\text{或非 － 或非}\\
&= \overline{\overline{A}\,\overline{B} + \overline{A}\,\overline{D}} & &\text{与 － 或 － 非}
\end{aligned}
$$

以上是同一函数的五种不同形式的最简表达式。可见,同一逻辑函数的逻辑表达式是多种多样的。下面将讨论与–或表达式的化简,因为与–或表达式易于从真值表直接写出,而且只需运用一次摩根定律就可以从最简与–或表达式变换为与非–与非表达式,从而可以用与非门电路来实现。

最简与–或表达式有以下两个特点:

(1) 与项(即乘积项)的个数最少;

(2) 每个乘积项中变量的个数最少。

7.5.1　代数法化简

代数法化简逻辑函数是运用逻辑代数的基本定律和恒等式进行化简,常用的方法有如下四种。

1. 并项法

利用 $A + \overline{A} = 1$ 的公式,将两项合并成一项,并消去一个变量。

例 7.5.1　试用并项法化简逻辑函数 $Y = \overline{A}B\overline{C} + A\overline{B}\ \overline{C} + AB\overline{C} + \overline{A}B\overline{C}$

解:

$$Y = \overline{A}B\overline{C} + A\overline{B}\ \overline{C} + AB\overline{C} + \overline{A}B\overline{C}$$
$$= B\overline{C}(A + \overline{A}) + A\overline{B}(\overline{C} + C)$$
$$= B\overline{C} + A\overline{B}$$

2. 吸收法

利用 $A + AB = A$ 的公式,消去多余的项。

例 7.5.2　试用吸收法化简逻辑函数 $Y = \overline{A}B + \overline{A}BCD(E + F)$

解:　　　$Y = \overline{A}B + \overline{A}BCD(E + F) = \overline{A}B[1 + CD(E + F)] = \overline{A}B$

3. 加项法

应用 $A + A = A$ 的公式,在逻辑式中加相同的项,而后合并化简。

例 7.5.3　试用加项法化简逻辑函数 $Y = ABC + \overline{A}\ \overline{B}C + \overline{A}BC$

解:

$$Y = ABC + \overline{A}\ \overline{B}C + \overline{A}BC$$
$$= ABC + \overline{A}\ \overline{B}C + \overline{A}BC + \overline{A}BC$$
$$= \overline{A}C(\overline{B} + B) + (\overline{A} + A)BC$$
$$= \overline{A}C + BC$$

4. 配项法

先利用公式 $A + \overline{A} = 1$,增加必要的乘积项,再用并项或吸收的办法使项数减少。

例 7.5.4　试用配项法化简逻辑函数 $Y = AB + \overline{A}\ \overline{C} + B\overline{C}$

解:

$$Y = AB + \overline{A}\ \overline{C} + B\overline{C}$$
$$= AB + \overline{A}\ \overline{C} + (A + \overline{A})B\overline{C}$$

$$= AB + \overline{A}\,\overline{C} + AB\overline{C} + \overline{A}B\overline{C}$$
$$= AB(1 + \overline{C}) + \overline{A}\,\overline{C}(1 + B)$$
$$= AB + \overline{A}\,\overline{C}$$

通常对逻辑表达式进行化简,要灵活、交替地综合使用上述技巧,才能得到最后的化简结果,否则会出现越化越繁的情况。下面再看几个例子。

例 7.5.5 化简逻辑函数 $Y = AC + \overline{B}C + B\overline{D} + C\overline{D} + A(B + \overline{C}) + \overline{A}BC\overline{D} + A\overline{B}DE$

解:

$$Y = AC + \overline{B}C + B\overline{D} + C\overline{D} + A(B + \overline{C}) + \overline{A}BC\overline{D} + A\overline{B}DE$$
$$= AC + \overline{B}C + B\overline{D} + (1 + \overline{A}B)C\overline{D} + A\,\overline{\overline{B}\,\overline{C}} + A\overline{B}DE$$
$$= AC + \overline{B}C + B\overline{D} + C\overline{D} + A\,\overline{\overline{B}\,\overline{C}} + A\overline{B}DE$$
$$= AC + \overline{B}C + B\overline{D} + C\overline{D} + A + A\overline{B}DE$$
$$= A(1 + C + \overline{B}DE) + (\overline{B}C + B\overline{D} + C\overline{D})$$
$$= A + \overline{B}C + B\overline{D}$$

例 7.5.6 化简逻辑函数 $Y = \overline{A}BC + \overline{B}D + \overline{A}B\overline{C} + \overline{C}D + BC$

解:

$$Y = \overline{A}BC + \overline{B}D + \overline{A}B\overline{C} + \overline{C}D + BC$$
$$= \overline{A}B(C + \overline{C}) + (\overline{B} + \overline{C})D + BC$$
$$= \overline{A}B + \overline{BC}D + BC$$
$$= \overline{A}B + D + BC$$

由以上的例子可以看出,用代数法化简逻辑函数,要求对逻辑代数的公式及基本运算规则非常熟悉,并且在化简时需要对各种公式及运算规则熟练、灵活地应用,特别是经代数法化简后得到的逻辑表达式是否是最简也较难掌握。这给使用代数法化简带来一定难度。下面将介绍一种简单直观的逻辑代数的表示及化简的方法——卡诺图法,利用画图的形式对逻辑代数进行化简。对逻辑代数来说是除代数法之外的又一项非常实用的工具。

7.5.2 卡诺图化简

1. 表示最小项的卡诺图

将 n 变量的全部最小项各用一个小方块表示,并使具有逻辑相邻性的最小项在几何位置上也相邻地排列起来,所得到的图形叫做 n 变量最小项的卡诺图。

(1)最小项

在 n 变量逻辑函数中,若 m 为包含 n 个因子的乘积项,而且这 n 个变量均以原变量或反变量的形式在 m 中出现一次,则称 m 为该组变量的最小项。

例如,A、B、C 是 3 个输入,有 8 种组合,相应的乘积项也有 8 个:$\overline{A}\,\overline{B}\,\overline{C}$、$\overline{A}\,\overline{B}C$、$\overline{A}B\overline{C}$、$\overline{A}BC$、$A\overline{B}\,\overline{C}$、$A\overline{B}C$、$AB\overline{C}$、$ABC$。它们的特点是:

(a)每项都含有 3 个输入变量,每个变量是它的 1 个因子;

(b)每项中每个因子或以原变量(A、B、C)的形式或以反变量($\overline{A}$、$\overline{B}$、$\overline{C}$)的形式出现一次。

这 8 个乘积项就是输入变量 A、B、C 的最小项。n 变量的最小项应有 2^n 个。

输入变量的每一组取值都使一个对应的最小项的值等于 1。例如上面的 3 变量 A、B、C 的最小项中,当 $A=1$、$B=0$、$C=1$ 时,如果把 $A\overline{B}C$ 的取值 101 看做一个二进制数,那么它所表示的十进制数就是 5。通常为了使用方便,将 $A\overline{B}C$ 这个最小项记作 m_5。下表 7.5.1 为三变量最小项的编号表。

表7.5.1 三变量最小项的编号表

最小项	使最小项为1的变量取值			对应的十进制数	编 号
	A	B	C		
$\overline{A}\,\overline{B}\,\overline{C}$	**0**	**0**	**0**	0	m_0
$\overline{A}\,\overline{B}C$	**0**	**0**	**1**	1	m_1
$\overline{A}B\overline{C}$	**0**	**1**	**0**	2	m_2
$\overline{A}BC$	**0**	**1**	**1**	3	m_3
$A\overline{B}\,\overline{C}$	**1**	**0**	**0**	4	m_4
$A\overline{B}C$	**1**	**0**	**1**	5	m_5
$AB\overline{C}$	**1**	**1**	**0**	6	m_6
ABC	**1**	**1**	**1**	7	m_7

同样的,可以把 A、B、C、D 这 4 个变量的 16 个最小项记作 $m_0 \sim m_{15}$。为了简化,常用最小项的标号来代表最小项。例如一个最小项的逻辑函数可以如下表示

$$Y = ABC + AB\overline{C} + \overline{A}BC + \overline{A}\,\overline{B}C = m_7 + m_6 + m_3 + m_1 = \sum m(1,3,6,7)$$

由上面最小项的定义出发,可以得出它具有如下的重要性质:

a. 对于任何一个最小项,只有一组变量取值使它的值为 **1**,而在变量取其他各组值时,这个最小项的值都是 **0**;

b. 不同的最小项,使它的值为 **1** 的那一组变量取值也不同;

c. 对于变量的任一组取值,任意两个最小项的乘积为 **0**;

d. 对于变量的任一组取值,全体最小项之和为 **1**;

e. 具有相邻性的两个最小项之和可以合并成一项并消去一对因子。

利用逻辑代数的基本公式,可以把任意一个逻辑函数化成一种典型的表达式,这种典型的表达式是一组最小项之和,称为最小项表达式。任意一个逻辑函数可以利用基本公式 $A + \overline{A} = \mathbf{1}$ 化为最小项表达式。

例 7.5.7 写出 $Y = AB + BC + CA$ 的最小项逻辑式。

解:

$$Y = AB + BC + CA$$
$$= AB(C + \overline{C}) + BC(A + \overline{A}) + CA(B + \overline{B})$$
$$= ABC + AB\overline{C} + ABC + \overline{A}BC + ABC + A\overline{B}C$$
$$= ABC + AB\overline{C} + \overline{A}BC + A\overline{B}C$$

同一个逻辑函数可以用不同的逻辑式来表达,但由最小项组成的**与 - 或**逻辑式是唯一的,而逻辑状态表是用最小项表示的,因此也是唯一的。

（2）卡诺图

如前所述，所谓卡诺图，就是与变量的最小项对应的按一定规则排列的方格图，每一小方格填入一个最小项。

n 个变量有 2^n 种组合，最小项就有 2^n 个，卡诺图也相应有 2^n 个小方格。图 7.5.1 所示分别为 2 变量、3 变量和 4 变量卡诺图。在卡诺图的行和列分别标出变量及其状态。

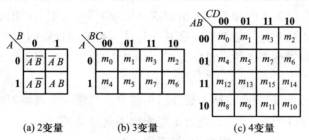

A \ B	0	1
0	$\overline{A}\,\overline{B}$	$\overline{A}B$
1	$A\overline{B}$	AB

(a) 2变量

A \ BC	00	01	11	10
0	m_0	m_1	m_3	m_2
1	m_4	m_5	m_7	m_6

(b) 3变量

AB \ CD	00	01	11	10
00	m_0	m_1	m_3	m_2
01	m_4	m_5	m_7	m_6
11	m_{12}	m_{13}	m_{15}	m_{14}
10	m_8	m_9	m_{11}	m_{10}

(c) 4变量

图 7.5.1　卡诺图

变量状态的次序是 **00**、**01**、**11**、**10**，而不是一般二进制递增的次序 **00**、**01**、**10**、**11**。这样排列是为了使任意两个相邻最小项之间只有一个变量改变。小方格也可用与二进制数对应的十进制数编号，即用表 7.5.1 中的 m_0、m_1、m_2、…来编号。

2. 用卡诺图表示逻辑函数

既然任何一个逻辑函数都能表示为若干最小项之和的形式，自然也可以设法用卡诺图来表示任意一个逻辑函数。首先将逻辑函数化为最小项之和的形式，然后在卡诺图上与这些最小项对应的位置上填入 **1**，在其余的位置上填入 **0**（或者不填），就得到了表示该逻辑函数的卡诺图。即：任何一个逻辑函数都等于它的卡诺图中填入 **1** 的那些最小项之和。

例 7.5.8　用卡诺图表示逻辑函数 $Y = \overline{A}\,\overline{B}\,\overline{C} + \overline{A}BC + ABC + A\overline{B}C$

解：这已经是一个最小项逻辑表达式，卡诺图可以直接由表达式画出，如图 7.5.2 所示。

例 7.5.9　用卡诺图表示逻辑函数 $Y = \overline{A}\,\overline{B}\,\overline{C}D + \overline{A}B\overline{D} + ACD + A\overline{B}$

解：这不是一个最小项逻辑表达式，应先利用公式 $A + \overline{A} = \mathbf{1}$ 将逻辑函数化为最小项表达式，再画出对应的卡诺图，如图 7.5.3 所示。

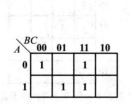

A \ BC	00	01	11	10
0	1		1	
1		1	1	

图 7.5.2　例 7.5.8 的卡诺图

AB \ CD	00	01	11	10
00		1		
01	1			1
11			1	
10	1	1	1	1

图 7.5.3　例 7.5.9 的卡诺图

$$
\begin{aligned}
Y &= \overline{A}\,\overline{B}\,\overline{C}D + \overline{A}B\overline{D} + ACD + A\overline{B} \\
&= \overline{A}\,\overline{B}\,\overline{C}D + \overline{A}B\overline{D}(C + \overline{C}) + ACD(B + \overline{B}) + A\overline{B}(C + \overline{C})(D + \overline{D}) \\
&= \overline{A}\,\overline{B}\,\overline{C}\,D + \overline{A}BC\overline{D} + \overline{A}B\overline{C}\,\overline{D} + ABCD + A\overline{B}CD + A\overline{B}CD + A\overline{B}C\overline{D} + A\overline{B}\,\overline{C}D + A\overline{B}\,\overline{C}\,\overline{D} \\
&= \overline{A}\,\overline{B}\,\overline{C}D + \overline{A}BC\overline{D} + \overline{A}B\overline{C}\,\overline{D} + ABCD + A\overline{B}CD + A\overline{B}C\overline{D} + A\overline{B}\,\overline{C}D + A\overline{B}\,\overline{C}\,\overline{D}
\end{aligned}
$$

3. 用卡诺图化简逻辑函数

用卡诺图化简逻辑函数依据的基本原理是最小项性质的最后一条:具有相邻性的最小项可以合并,并消去不同的因子。由于在卡诺图上,几何位置相邻与逻辑上的相邻性是一致的,所以从卡诺图上能直观地找出那些具有相邻性的最小项并将其合并化简。

应用卡诺图化简逻辑函数时,通常首先将逻辑表达式用卡诺图表示出来,然后:

(1) 将卡诺图中取值为 **1** 的相邻小方格圈成矩形或方形,由于卡诺图具有循环邻接的特性,所以相邻小方格也包括最上行与最下行及最左列与最右列的同行或同列两端的两个小方格。

所圈取值为 **1** 的相邻小方格的个数应为 2^n ($n=0,1,2,3,\cdots$),即 $1,2,4,8,\cdots$ 不允许 $3,5,6,10,12$ 等。

(2) 圈的个数应最少,圈内小方格个数应尽可能多。每圈一个新的圈时,必须包含至少一个在已圈过的圈中未出现过的最小项,否则会重复而得不到最简式。

每一个取值为 **1** 的小方格可被圈多次,但不能遗漏。

(3) 相邻的 2 项可合并为 1 项,并消去 1 个因子;相邻的 4 项可合并为 1 项,并消去 2 个因子;类推,相邻的 2^n 项可合并为 1 项,并消去 n 个因子。

最小的圈可以只含一个小方格,不用化简。最后将合并的结果相加,即为所求的最简与 – 或式。

下面通过举例来熟悉用卡诺图化简逻辑函数的方法。

例 7.5.10　应用卡诺图化简逻辑函数 $Y = A\overline{C} + \overline{A}C + B\overline{C} + \overline{B}C$

解:(1) 由逻辑表达式画出对应的卡诺图,如图 7.5.4 所示。

(2) 画包围圈合并最小项,得简化的与 – 或表达式。

由图 7.5.4 可见,有两种可取的合并最小项的方案。按图 7.5.4(a) 的方案合并最小项,得到函数的最简与 – 或表达式为 $Y = A\overline{B} + \overline{A}C + B\overline{C}$;按图 7.5.4(b) 的方案合并最小项,得到函数的最简与 – 或表达式为 $Y = A\overline{C} + \overline{B}C + \overline{A}B$。两个化简结果都符合最简与 – 或表达式的标准。

由例 7.5.10 可知,有时一个逻辑函数的化简结果不是唯一的,即最简与 – 或表达式不一定是唯一的。

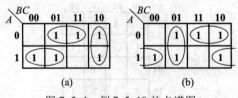

图 7.5.4　例 7.5.10 的卡诺图

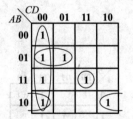

图 7.5.5　例 7.5.11 的卡诺图

例 7.5.11　应用卡诺图化简逻辑函数
$$Y = \overline{A}\,\overline{B}\,\overline{C}\,\overline{D} + \overline{A}BC\overline{D} + \overline{A}BCD + AB\,\overline{C}\,\overline{D} + \overline{A}BCD + ABC\,\overline{D} + ABCD$$

解:(1) 由逻辑表达式画出对应的卡诺图,如图 7.5.5 所示。

(2) 画包围圈合并最小项,得简化的与 – 或表达式。

由图 7.5.5 可得到函数的最简与 – 或表达式 $Y = A\overline{B}\,\overline{D} + \overline{A}B\overline{C} + ABCD + \overline{C}\,\overline{D}$

例7.5.12 应用卡诺图化简逻辑函数

$$Y = \overline{A}\,\overline{B}C + \overline{A}BC + A\overline{B}\,\overline{C} + A\overline{B}C + AB\overline{C} + ABC$$

解:(1)由逻辑表达式画出对应的卡诺图,如图7.5.6所示。

(2)画包围圈合并最小项,得简化的**与－或**表达式。

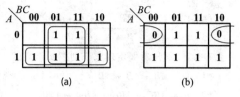

图 7.5.6 例 7.5.12 的卡诺图

由上图可见,按图 7.5.6(a)的方案,将取值为**1**的小方格圈成两个圈,得出函数的最简**与－或**表达式为 $Y = A + C$;按图 7.5.6(b)的方案,将取值为**0**的两个小方格圈成一个圈,得出 $\overline{Y} = \overline{A}\,\overline{C}$,利用摩根定律有 $Y = \overline{\overline{A}\,\overline{C}} = A + C$。

由上例可知,利用卡诺图化简逻辑函数时,圈 1 和圈 0 都可以对逻辑函数进行化简。如果卡诺图中 0 的小方格比 1 的小方格少得多时,圈 0 更为简便。但是应注意,圈 0 时,求出的逻辑函数为非函数 $\overline{Y}$,要得到原来函数的最简表达式,应再对其取反。

练习与思考

7.5.1 什么是最简**与－或**表达式? 最简**与－或**表达式就是最小项表达式吗?

7.5.2 代数法化简逻辑函数时应注意哪些问题?

7.5.3 卡诺图法化简逻辑函数时应注意哪些问题?

小结 ➤

1. 数字信号和模拟信号适用于不同的电路,具有不同的性能特点,故其分析方法也不相同。

2. 用**0**和**1**可以组成二进制数表示数量的大小,也可以表示对立的两种逻辑状态。数字系统中常用二进制数来表示数值。二进制和十进制之间可以相互转换。

3. 二进制码常用来表示十进制数。如 8421 码、2421 码、5421 码、余三码、格雷码等。

4. 公式法是利用逻辑代数的公式、定理和规则来对逻辑函数化简,这种方法适用于各种复杂的逻辑函数,但需要熟练地运用公式和定理,且具有一定的运算技巧。

5. 图形法就是利用函数的卡诺图来对逻辑函数化简,这种方法简单直观,容易掌握,但变量太多时卡诺图太复杂,图形法已不适用。

习题 ➤

7.1.1 某个波形中的脉冲每 10 ms 出现一次,则其频率为多少? 若其脉冲宽度为 2 ms,则其占空比为多少?

7.2.1 将十进制数 13,43,121 转换为二进制数;将二进制数 **10101,11111,000011** 转换为十进制数。

7.2.2 试说明 $1+1=2, 1+1=10, 1+1=1$ 各式的含义。

7.3.1 将 8421BCD 码 **10101,10011,100011** 转换为十进制数;将十进制数 6875,51,324 转换为 8421BCD 码。

7.4.1 试用反演定理求下列逻辑函数的 $\overline{Y}$:(不需要化简)

(1) $Y = AB + \overline{A}B + A\overline{B}$

（2）$Y = ABC + \overline{A}BC + AB\overline{C} + \overline{A}\,\overline{B}C$

（3）$Y = \overline{\overline{A} + \overline{B} + C}$

（4）$Y = (A\overline{B} + \overline{A}B)(A + C + D + \overline{A}B\overline{D})$

（5）$Y = ABC + \overline{\overline{A} + \overline{B} \cdot \overline{C} + D}$

7.4.2 试用对偶定理求下列逻辑函数的 Y' :（不需要化简）

（1）$Y = AB + \overline{A}B + A\overline{B}$

（2）$Y = ABC + \overline{A}BC + AB\overline{C} + \overline{A}\,\overline{B}C$

（3）$Y = \overline{A} + \overline{B} + C$

（4）$Y = (A\overline{B} + \overline{A}B)(A + C + D + \overline{A}B\overline{D})$

（5）$Y = AB\overline{C} + \overline{\overline{A} + \overline{B} \cdot \overline{C}} + D$

7.5.1 应用逻辑代数运算法则化简：

（1）$Y = \overline{A}B + \overline{C} + A\overline{C} + B$

（2）$Y = A\overline{C} + ABC + AC\overline{D} + CD$

（3）$Y = \overline{(A + B)} + AB$

（4）$Y = (AB + A\overline{B} + \overline{A}B)(A + B + D + \overline{A}\,\overline{B}\,\overline{D})$

（5）$Y = \overline{A}B(C + D) + B\overline{C} + \overline{A}\,\overline{B} + \overline{A}C + BC + \overline{B}\,\overline{C}\,\overline{D}$

7.5.2 应用逻辑代数运算法则推证下列各式：

（1）$ABC + \overline{A} + \overline{B} + \overline{C} = 1$

（2）$AB + \overline{A}C + BC = AB + C$

（3）$AB + \overline{A}\,\overline{B} = \overline{\overline{A}B + A\overline{B}}$

（4）$A(\overline{A} + B) + B(B + C) + B = B$

（5）$\overline{(\overline{A} + B)} + \overline{(A + \overline{B})} + \overline{(\overline{A}B)(A\overline{B})} = 1$

7.5.3 应用卡诺图化简下列各式：

（1）$Y = AC + \overline{B}\,\overline{C} + AB\overline{C}$

（2）$Y = A\overline{B}\,\overline{C}\,\overline{D} + \overline{A}B\overline{C}D + \overline{A}BCD + AB\overline{C}D$

（3）$Y(A,B,C,D) = \sum m(0,2,3,7)$

（4）$Y(A,B,C,D) = \sum m(1,2,4,6,10,12,13,14)$

（5）$Y = \overline{A}\,\overline{B}C + AB\overline{D} + ABC + \overline{B}D + \overline{A}\,\overline{B}CD$

第8章　组合逻辑电路

本章主要介绍基本门电路、TTL 门电路、CMOS 门电路,逻辑函数的表示方法及其转换,组合逻辑电路的分析及设计方法,常用组合逻辑电路的工作原理和功能。

学习目的:

1. 掌握基本门电路的逻辑功能、逻辑符号、状态表和逻辑表达式。了解 TTL 门电路、CMOS 门电路的特点;
2. 会分析和设计简单的组合逻辑电路;
3. 理解加法器、编码器、译码器等常用组合逻辑电路的工作原理和功能。

8.0　引例

如图 8.0.1 所示,交通信号灯的正常情况为:红灯(R)、黄灯(Y)或绿灯(G)中只有一个灯亮;如果信号灯全不亮或全亮或两个灯同时亮,都是处于故障状态。交通信号灯故障检测电路将故障状态以指示灯亮显示出来。

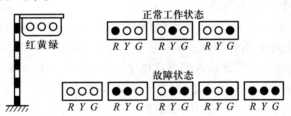

图 8.0.1　交通信号灯状态

在本章第 3 节中将介绍交通信号灯故障检测逻辑电路的设计。

8.1　门电路

所谓"门"就是一种条件开关。如果把输入信号看作"条件",把输出信号看作"结果",当"条件"满足时,"门"能允许信号通过,"结果"就会发生。"条件"不满足时,信号无法通过。门电路的输入信号和输出信号之间存在一定的逻辑关系,所以门电路又称为逻辑门电路。门电路(Gate Circuit)是用以实现数字电路的基本逻辑运算和复合逻辑运算的基本单元。

最基本的逻辑门电路有**与门**(AND Gates)、**或门**(OR Gates)和**非门**(Inverter Gates)。在实际使用中,常用的是具有复合逻辑功能的门电路,如**与非门**(NAND Gates)、**或非门**(NOR Gates)、**异或门**(Exclusive-OR Gates/XOR,互斥**或门**)、**同或门**(Equivalence Gates/NXOR)等电路。

在电子电路中,高电平与低电平指两个可以区分的高电位、低电位的电压范围,它们代表两个不同的状态,这两个不同的开关状态对应两个不同的逻辑取值 **0** 或 **1**。用高、低电平表示二值

逻辑的 **1** 和 **0** 两种逻辑状态时,有两种定义方法。如图 8.1.1 所示,如果以高电平表示逻辑 **1**,以低电平表示逻辑 **0**,则称这种表示方法为正逻辑。反之,若以高电平表示逻辑 **0**,而以低电平表示逻辑 **1**,则称这种表示方法为负逻辑,如图 8.1.1 所示,表示逻辑 **1** 或逻辑 **0** 的高、低电平都有一个允许的范围。本书除特殊说明外,均采用正逻辑。

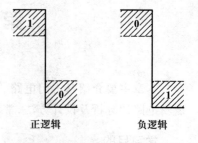

图 8.1.1 正逻辑与负逻辑表示法

在最初的数字逻辑电路中,每个门都是由若干个分立元件构成,实际使用的开关都是二极管、晶体管以及场效应晶体管等器件构成。这些器件具有两种工作状态,可以起到断开和闭合的开关作用。但目前大量使用的是集成逻辑门电路,有双极型晶体管组成的逻辑门电路(Transistor-Transistor Logic,简称为 TTL 电路)和金属 – 氧化物 – 半导体互补对称逻辑门电路(Complementary Metal Oxide Semiconductor,简称 CMOS 电路)等。

本节在分析二极管和晶体管的开关特性(Switching Characteristic)基础上,以分立元件构成的基本门电路入手,分析其工作原理,再介绍目前应用最广泛的集成化 TTL 电路和 CMOS 电路。

8.1.1 基本门电路及其组合

1. 分立元器件基本逻辑门电路

（1）二极管和晶体管的开关特性

二极管具有单向导电特性,即外加正向电压大于二极管开始导通的死区电压(开启电压)时,二极管导通;外加反向电压时截止,所以它相当于一个受外加电压极性控制的开关。图 8.1.2(a)为二极管开关电路。假定输入信号高电平 u_{IH} = 3 V、低电平 u_{IL} = 0 V、二极管 D 为理想元件。若当 $u_I = u_{IH}$ 时,二极管 D 导通,相当于开关闭合,如图 8.1.2(b)所示,$u_O = u_{IH}$ = 3 V。而当 $u_I = u_{IL}$ 时,D 截止,相当于开关断开,如图 8.1.2(c)所示,u_O = 0 V。因此可以用 u_I 的高低电平控制二极管的开关状态,并在输出端得到相应的高、低电平输出信号。

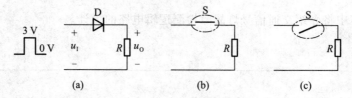

图 8.1.2 二极管开关电路

在近似的开关电路分析中,二极管可以当做一个理想开关来分析;但在严格的电路分析或者在高速开关电路中,二极管则不能当做一个理想开关。

由于晶体管有截止、饱和和放大三种工作状态,在一般模拟电子线路中,晶体管常常当做线性放大元件或非线性元件来使用,在数字电路中,在大幅度脉冲信号作用下,晶体管也可以作为电子开关,而且晶体管易于构成功能更强的开关电路,因此它的应用比开关二极管更广泛。图 8.1.3 为晶体管开关电路,由晶体管的输入特性可知,当晶体管输入信号为高电平时,晶体管工作在深度饱和状态,$U_{CE} \approx 0$ V;而晶体管输入信号 u_I 为低电平时,晶体管工作在截止状态，$I_C \approx 0$。晶体管的集电极与发射极间就相当于一个受 u_I 控制的开关。晶体管饱和导通时相当于开关闭合，如图 8.1.3(b)所示，输出低电平；晶体管截止是相当于开关断开，如图 8.1.3(c)所示，输出高电平。

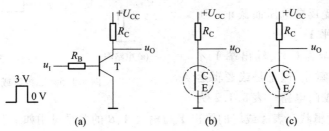

图 8.1.3　晶体管开关电路

（2）二极管与门电路

最简单的**与门**电路可用二极管和电阻组成。图 8.1.4(a)所示为两个输入端的**与门**电路，A、B 为两个输入信号或称输入变量，Y 为输出信号或称输出变量，图 8.1.4(b)所示为**与门**电路的逻辑符号，其中左侧是国标符号，右侧是国际符号，下同。

设电源 $U_{CC} = 5\ \text{V}$。对于输入端 A、B 而言，都只能有两种状态：高电平或低电平。当输入端 A、B 全为高电平"**1**"时（设两个输入端的电位均为 3 V），两个二极管均导通，输出端 Y 电位为 3.7 V，因此，输出端 Y 也是高电平 **1**。

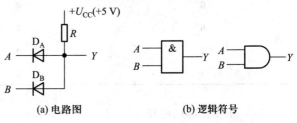

(a) 电路图　　　　(b) 逻辑符号

图 8.1.4　二极管与门电路

当输入端不全为 **1**，而有一个或一个以上为 **0** 时，必有一个二极管因正向偏置而导通，输出端 Y 的电平近似等于 0.7 V，为低电平，即 Y 为 **0**。

若把输入端 A、B 看做逻辑变量，Y 看做逻辑函数，根据以上分析可知：只有当 A、B 都为 **1** 时，Y 才为 **1**，否则，Y 为 **0**，这正是**与**逻辑运算，可用表 8.1.1 完整地列出所有四种输入、输出逻辑状态，称为逻辑状态表或真值表。将此电路称为**与门**电路。**与门**的输出 Y 与输入 A、B 的关系可用如下逻辑式来表达

$$Y = A \cdot B \tag{8.1.1}$$

表 8.1.1　与门逻辑状态表

A	B	Y
0	0	0
0	1	0
1	0	0
1	1	1

（3）二极管或门电路

图 8.1.5(a)所示为两个输入端的二极管**或门**，图 8.1.5(b)所示为**或门**电路的逻辑符号。

输入端只要有一个为 **1**,其输出就为 **1**。例如,A 端为高电平 **1**,而 B 端为低电平 **0** 时,则二极管 D_A 因承受较高的正向电压而导通,此时 D_B 承受反向电压而截止。所以输出端 Y 为高电平 **1**。

只有在输入端全为 **0** 时,输出端 Y 才为 **0**,两个二极管都截止,这正是**或**逻辑运算,将此电路称为**或门**电路。表 8.1.2 为**或门**的输入、输出逻辑状态表。**或门**的输出 Y 与输入 A、B 的关系可用如下逻辑式来表达

$$Y = A + B \tag{8.1.2}$$

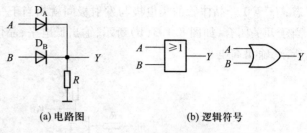

(a) 电路图　　　　　　(b) 逻辑符号

图 8.1.5　二极管**或**门电路

表 8.1.2　或门逻辑状态表

A	B	Y
0	0	0
0	1	1
1	0	1
1	1	1

（4）晶体管非门电路

图 8.1.6(a)所示的是晶体管非门电路。当输入 A 为高电平时,晶体管饱和,输出 Y 为低电平 **0**。当输入 A 为低电平时,晶体管截止,输出 Y 为高电平 **1**。输入输出之间为非的关系。将此电路称为非门电路。可用表 8.1.3 为非门的输入、输出逻辑状态表。非门的输出 Y 与输入 A 的关系可用如下逻辑式来表达

$$Y = \overline{A} \tag{8.1.3}$$

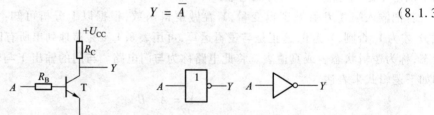

(a) 电路图　　　　　　(b) 逻辑符号

图 8.1.6　晶体管非门电路

表 8.1.3　非门逻辑状态表

A	Y
0	1
1	0

2. 基本逻辑门电路的组合

上面介绍的二极管**与**门和**或**门电路简单、经济,但存在着严重的缺点。由于二极管有正向压

降,通过一级门电路以后,输出的高、低电平数值和输入的高、低电平数值不相等。如果把这个门的输出作为下一级门的输入信号,高低电平就发生偏移,以至造成错误的结果。此外,二极管门电路带负载能力也较差,不用来直接驱动负载电路,只用于集成电路内部的逻辑单元。

采用二极管与晶体管门组合,组成**与非**门、**或非**门。**与非**门和**或非**门在带负载能力、工作速度和可靠性方面都有所提高,因此成为逻辑电路中最常用的基本单元。

图 8.1.7(a)是一个简单的**与非**门电路,它是由二极管**与**门和晶体管**非**门串联而成,组成二极管—晶体管逻辑门,简称 DTL(Diode-Transistor Logic)电路。图 8.1.7(b)是**与非**门的逻辑符号。**与**门的输出 $\overline{Y}$ 即为**非**门的输入,从表 8.1.4 所示的状态表可见,只要输入 A 或 B 有一个为 **0** 时,输出就为 **1**;只有当输入 A 和 B 全为高电平 **1** 时,输出 Y 才为 **0**。**与非**门的逻辑表达式为

$$Y = \overline{A \cdot B} \tag{8.1.4}$$

(a) (b)

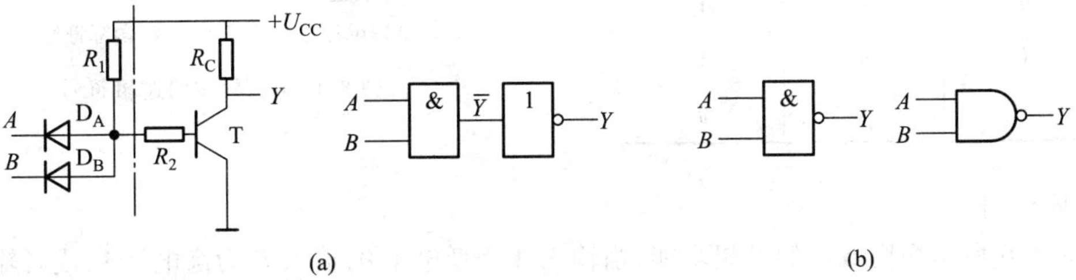

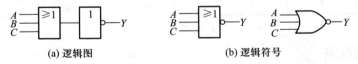

图 8.1.7 与非门电路

表 8.1.4 与非门逻辑状态表

A	B	$\overline{Y}$	Y
0	**0**	**0**	**1**
0	**1**	**0**	**1**
1	**0**	**0**	**1**
1	**1**	**1**	**0**

同理,可用二极管**或**门和晶体管**非**门组成**或非**门电路,如图 8.1.8 所示。若将二极管的**与**门电路的输出同由二极管与晶体管组成的**或非**门电路的输入相连,便可构成**与或非**门电路,如图 8.1.9 所示。这些都是逻辑电路中常用的基本逻辑单元。

(a) 逻辑图 (b) 逻辑符号

图 8.1.8 或非门电路

(a) 逻辑图 (b) 逻辑符号

图 8.1.9 与或非门电路

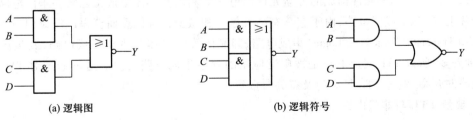

3. 异或门

表 8.1.5 所示为**异或门**的逻辑功能:当输入 A 为低电平 **0**,输入 B 为高电平 **1**,或者输入 A 为高电平 **1**,输入 B 为低电平 **0** 时,输出为高电平 **1**;当输入 A 和 B 同为低电平 **0** 或者同为高电平时 **1**,输出为低电平 **0**。逻辑符号如图 8.1.10 所示,其中(a)为国标符号,(b)为国际符号。**异或门**的逻辑表达式如下:

$$Y = \overline{A}B + A\overline{B} = A \oplus B \tag{8.1.5}$$

表 8.1.5　异或门逻辑状态表

A	B	Y
0	0	0
0	1	1
1	0	1
1	1	0

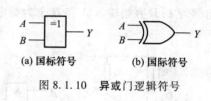

(a) 国标符号　(b) 国际符号

图 8.1.10　异或门逻辑符号

4. 同或门

表 8.1.6 所示为**同或门**的逻辑功能:当输入 A 为低电平 **0**,输入 B 为高电平 **1**,或者输入 A 为高电平 **1**,输入 B 为低电平 **0** 时,输出为低电平 **0**;当输入 A 和 B 同为低电平 **0** 或者同为高电平 **1** 时,输出为高电平 **1**。逻辑符号如图 8.1.11 所示,其中(a)为国标符号,(b)为国际符号。**同或门**的逻辑表达式如下:

$$Y = \overline{A}\,\overline{B} + AB = A \odot B \tag{8.1.6}$$

表 8.1.6　同或门逻辑状态表

A	B	Y
0	0	1
0	1	0
1	0	0
1	1	1

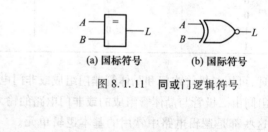

(a) 国标符号　(b) 国际符号

图 8.1.11　同或门逻辑符号

8.1.2　TTL 门电路

前面讨论的是单个元件构成的分立元件门电路。利用半导体集成工艺将多个门电路做在同一块硅片上,称为集成门电路,由于它具有高可靠性和微型化等优点而获得广泛应用。

TTL(Transistor-Transistor Logic)集成电路,即晶体管 – 晶体管逻辑集成电路,其生产历史最长,品种繁多,所以 TTL 集成电路是被广泛应用的数字集成电路之一。这里通过对 TTL 与非门典型电路的介绍,熟悉 TTL 与非门及有关参数等。

1. 典型 TTL 与非门电路

图 8.1.12 所示是标准 TTL74 系列与非门电路及其逻辑符号。它包括输入级、中间级和输出级三个部分。

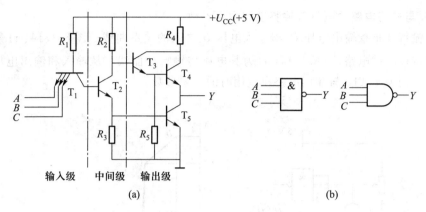

图 8.1.12 TTL 与非门电路及其逻辑符号

输入级由多发射极晶体管 T_1 和电阻 R_1 组成，T_1 的任何一个发射极都可与基极、集电极构成一个 NPN 型晶体管。发射极 A、B、C 作为**与非门**的输入端。中间级由 T_2 管和电阻 R_2、R_3 组成，它的作用是为后级提供较大的驱动电流，以增强输出级的带负载能力，同时 T_2 管的发射极和集电极分别向输出级提供同相和反相的信号，以控制输出级工作，所以该级又称为倒相级。输出级由晶体管 T_3、T_4、T_5 和电阻 R_4、R_5 组成，T_3 管和 T_4 管为两级射极跟随器，T_5 是倒相器，倒相器和射极跟随器串接，组成推拉式的输出级，以提高 TTL 电路的开关速度和带负载能力。

下面分析图 8.1.12 所示 TTL 门电路的工作原理以及如何实现**与非**逻辑功能。

（1）输入端不全为 **1** 时

当输入端有一个或几个为低电平 **0**（约为 0.3 V）时，T_1 的发射结导通，T_1 的基极电位 $V_{B1} \approx (0.3 + 0.7)V = 1 V$，不足以使 T_1 的集电极和 T_2、T_5 导通，T_2 和 T_5 截止，T_2 的集电极电位接近5 V，而使 T_3 和 T_4 导通，输出 Y 为高电平 **1**。

（2）输入端全为 **1** 时

当输入端全为 **1**（约为 3.6 V）时，T_1 的基极电位和集电极电位均要升高。当 V_{C1} 上升至 1.4 V 时，T_2、T_5 管的发射结均得到 0.7 V 的导通电压而导通，且处于饱和状态，此时 T_1 基极电位大约为 2.1 V，T_1 的三个发射结都处于反向偏置，T_1 截止。T_2 的集电极电位也是 T_3 的基极电位 $V_{B3} \approx (0.3 + 0.7)V = 1 V$，$T_3$、$T_4$ 截止，输出端 Y 为低电平 **0**。

由上述可知，该门电路具有**与非**的逻辑功能。

图 8.1.13 所示为 7400 的外形及引脚排列图，7400 为二输入四**与非门**，即内部有四个相互独立的二输入的**与非门**。

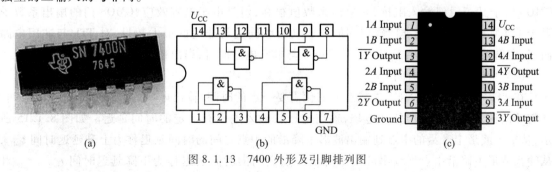

图 8.1.13 7400 外形及引脚排列图

2. TTL 与非门电路的电压传输特性和主要参数

电压传输特性是指输出电压 U_0 与输入电压 U_1 之间的关系曲线。图 8.1.14(a) 为 TTL 与非门电压传输特性测试电路,图 8.1.14(b) 为其电压传输特性曲线。从输入和输出电压变化的关系中可以了解到关于 TTL 与非门电路在应用时的主要参数。

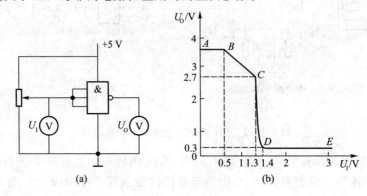

图 8.1.14 TTL 与非门的电压传输特性测试电路及电压传输特性曲线

电压传输特性大体可分成四段:

AB 段:输入电压 $U_1 < 0.5$ V 时,为低电平,T_2 和 T_5 截止,$U_0 \approx 3.6$ V,为高电平。

BC 段:U_1 在 $0.5 \sim 1.3$ V 之间,输出电压 U_0 随 U_1 的增大而减小。

CD 段:当 U_1 上升到一定数值后,输出电压很快下降为低电平。这是因为当 U_1 增大到约 1.4 V 时,T_5 开始导通,T_4 趋于截止,U_1 略有增加,迫使 T_3、T_4 截止,并促使 T_5 很快进入饱和状态,这一段称为特性曲线的转折区。T_4 由导通转为截止,或输出由高电平转为低电平所对应的输入电压称为"阈值电压"或"门槛电压",用 U_T 表示,分析电路时一般 U_T 取值为 1.4 V。

DE 段:$U_1 > 1.4$ V,T_5 处于深度饱和状态,输出电压维持低电平不变。

(1)输出高电平电压 U_{OH} 和输出低电平电压 U_{OL}

对应 *AB* 端的输出电压为输出高电平电压,用 U_{OH} 表示;对应 *DE* 端的输出电压为输出低电平电压,用 U_{OL} 表示。74 系列门电路,$U_{OH} \geqslant 2.4$ V,$U_{OL} \leqslant 0.4$ V。

(2)扇出系数 N_0

扇出(fan-out)系数是指逻辑门扇出,在门输出端所能连接的相同类型门的输入端的最大数目,并且连接后依然能保持输出电压电平在给定的范围内,它表示逻辑门的带负载能力。由于双极型逻辑门的技术特点,扇出系数对双极型逻辑电路而言是个重要的参数。下节介绍的 CMOS 由于其逻辑门输入阻抗,其扇出系数值很高,但是由于电容效应,CMOS 门的扇出系数受限于工作频率。例如,**与非门**输出端能够驱动后级同类**与非门**的最大数目,对 TTL **与非门**电路而言,扇出系数一般为 $8 \leqslant N_0 \leqslant 20$;对 CMOS **与非门**电路而言,扇出系数 $N_0 > 20$。

(3)平均传输延迟时间 t_{pd}

在 TTL 电路中,晶体管工作状态的变化需要一定的时间,输出电压的波形要滞后一段时间。在**与非门**输入端加上一个脉冲电压,输出电压较输入电压有一定的时间延迟。如图 8.1.15 所示,从输入波形上升沿的中点到输出波形下降沿的中点之间的时间延迟称为上升延迟时间 t_{pd1},从输入波形下降沿中点到输出波形上升沿中点之间的时间延迟称为下降延迟时间 t_{pd2}。t_{pd1} 和

t_{pd2} 的平均值称为平均传输延迟时间 t_{pd} ,即

$$t_{pd} = \frac{t_{pd1} + t_{pd2}}{2}$$

此值表示电路的开关速度,越小越好。

3. 集电极开路的门电路(OC 门)

前面所述的推拉式输出电路结构存在局限性。输出端不能并联使用,否则,若两个门一个输出高电平另一个输出低电平,当两个门的输出端并联以后,将有很大的电流从截止门流到导通门(如图 8.1.16 所示),可能使这两个门损坏。集电极开路门电路就是为克服以上局限性而设计的一种 TTL 门电路。

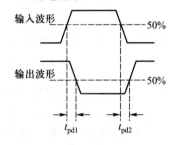

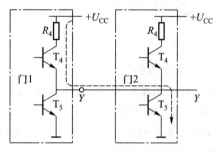

图 8.1.15　平均传输延迟时间的定义　　　　图 8.1.16　两个门的输出端直接相连

集电极开路门简称 OC 门(Open-Collector Gate)。如图 8.1.17(a)所示,集电极开路与非门电路是将 TTL 与非门输出级的倒相器 T_5 管的集电极有源负载 T_3、T_4 及电阻 R_4、R_5 去掉,保持 T_5 管集电极开路而得到的。由于 T_5 管集电极开路,因此使用时必须通过外部上拉电阻 R_L 接至电源 U_C。U_C 可以是不同于 U_{CC} 的另一个电源。图 8.1.17(b)所示为 OC 门的逻辑符号,用"◇"表示集电极开路。

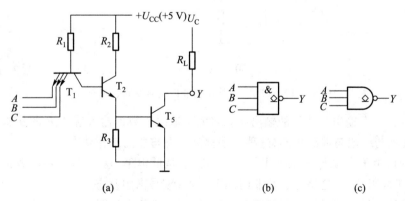

图 8.1.17　集电极开路与非门电路及其逻辑符号

OC 门的 R_L 的阻值可以根据需要来选取,只要该阻值选择得当,就可保证 OC 门的正常工作,所以允许几个 OC 门的输出端直接连在一起。

在实际使用中,OC 门在计算机中应用很广,它可实现**线与逻辑**、输入与输出之间逻辑电平的转换及总线传输。"**线与(Wired AND)**"即将多个逻辑门输出端直接连在一起实现"逻辑**与**"

功能的方法(如图 8.1.18 所示)。如果逻辑门输出端直接连在一起实现"逻辑或"的功能,则称为"线或(Wired-OR)"。另外,OC 门还可以直接接负载,如继电器(如图 8.1.19 所示)、指示灯、发光二极管等。

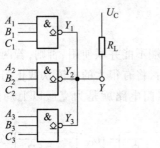 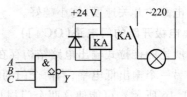

图 8.1.18　线与电路图　　　　　　　　图 8.1.19　OC 门的输出端驱动继电器

4. 三态输出与非门电路

在微型计算机系统中,信息是通过总线与各设备进行分时交换。为了减轻总线的负载和相互干扰,要求有三种状态的输出门电路,简称三态门(three state output gate)。所谓三态门,是指输出不仅有高电平和低电平两种状态,还有第三种状态——高阻输出状态。高阻输出状态可以减轻总线负载和相互干扰。

图 8.1.20(a)所示是一个简单的三态门电路,其中 E 为使能端,A、B 为数据输入端。

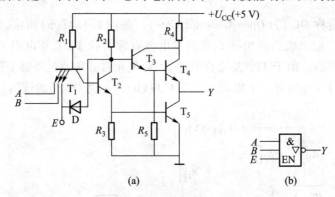

图 8.1.20　TTL 三态输出与非门电路及其逻辑符号

当 $E = 1$ 时,三态输出与非门的输出状态将完全取决于数据输入端 A、B 的状态,电路输出与输入的逻辑关系与一般与非门相同,这种状态称为三态与非门工作状态。

当 $E = 0$ 时,由于 E 端与 T_2 的集电极相连,V_{C2} 也是低电平,这时 $T_2 \sim T_5$ 均截止,从输出端看进去,电路处于高阻状态,这是三态与非门的第三种状态(高阻状态)。

三态输出与非门的逻辑状态表如表 8.1.7 所示,逻辑符号如图 8.1.20(b)所示。

三态门主要应用于总线传送,即实现用一根导线轮流传送几个不同的数据或控制信号而不至于互相干扰。它可进行单向数据传送,也可进行双向数据传送。

表 8.1.7 三态输出与非门的逻辑状态表

控制端 E	输入端		输出端 Y
	A	B	
1	0	0	1
1	0	1	1
1	1	0	1
1	1	1	0
0	×	×	高阻

用三态门构成单向总线如图 8.1.21 所示,控制信号 $E_1 \sim E_n$ 在任何时间里只能有一个为 1,即只能使一个门工作,也就是这个输入为 1 的三态门处于工作态,其他门均处于高阻态,此门相应的数据就被送上总线传送出去,从而实现了总线的复用。这样,总线就会轮流接受各三态门的输出。在计算机中广泛采用这种用总线来传送数据或信号的方法。

用三态门构成双向总线如图 8.1.22 所示,当控制信号 E 为 1 时,G_1 三态门处于工作态,G_1 就将数据输入信号 D_0 的非送到数据总线,G_2 三态门处于高阻状态;当控制信号 E 为 0 时,G_1 三态门处于高阻状态,G_2 三态门处于工作态,G_2 就将数据总线上的信号的非送到 D_1。这样就可以通过改变控制信号 E 状态,实现分时的数据双向传送。

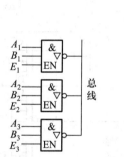

图 8.1.21 三态门构成单向总线

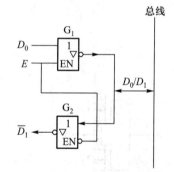

图 8.1.22 三态门构成双向总线

三态门不需要外接负载,门的输出级采用的是推拉式输出,输出电阻低,因而开关速度快。

8.1.3 CMOS 门电路

除 TTL 门电路外,集成逻辑门电路另一类是由 CMOS 器件组成的逻辑电路,它是一种互补对称场效应晶体管集成电路。

与双极型逻辑电路相比,CMOS 集成逻辑电路具有功耗低、工作电流电压范围宽、抗干扰能力强、输入阻抗高、扇出系数大、集成度高,成本低等一系列优点,其应用领域十分广泛,尤其在大规模、超大规模集成电路方面已经超过了双极型逻辑电路的发展,是目前得到广泛应用的器件。

1. CMOS 非门电路

CMOS 非门电路是 CMOS 集成电路最基本的逻辑元件之一,其电路如图 8.1.23 所示。驱动

管 T_1 为 N 沟道增强型 MOS 管(NMOS),负载管 T_2 为 P 沟道增强型 MOS 管(PMOS),组成互补对称型 MOS 非门电路。

当输入信号为低电平时,负载管 T_2 的栅-源电压大于开启电压而导通,驱动管 T_1 的栅-源电压小于开启电压的绝对值,T_1 截止,电源电压主要降在 T_1 上,输出 Y 为高电平。

当输入信号为高电平时,驱动管 T_1 的栅-源电压大于开启电压导通,T_2 截止,电源电压主要降在 T_2 上,输出 Y 为低电平。

可见,输出与输入之间为逻辑非的关系,$Y = \overline{A}$。该电路构成 CMOS 非门,又称 CMOS 反相器。

无论输入是高电平还是低电平,T_1 和 T_2 总是工作在一个导通而另一个截止的状态,即所谓互补状态,所以把这种电路结构形式称为互补对称金属—氧化物—半导体电路(Complementary Symmetery Metal Oxide Semiconductor Circuit,简称 CMOS 电路)

无论输入是高电平还是低电平,T_1 和 T_2 总有一个是截止的,而且截止内阻又极高,流过 T_1 和 T_2 的静态电流极小,因而 CMOS 非门的静态功耗极小。这是 CMOS 电路最突出的一大优点。

2. CMOS 与非门电路

在 CMOS 门电路的系列产品中,除非门外常用的还有**或非门**、**与非门**、**或门**、**与门**、**与或非门**、**异或门**等几种。

图 8.1.24 是 CMOS **与非门**的基本结构形式,它由两个串联的 N 沟道增强型 MOS 管 T_1、T_2 和两个并联的 P 沟道增强型 MOS 管 T_3、T_4 组成。

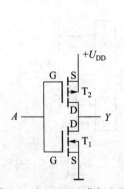

图 8.1.23　CMOS 非门电路

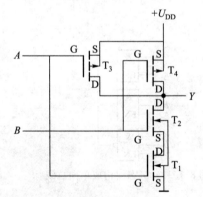

图 8.1.24　CMOS 与非门电路

当输入 A、B 至少有一个为低电平时,T_1、T_2 中就至少有一管截止,T_3、T_4 中就至少有一管导通,输出为高电平;当输入 A、B 均为高电平时,T_1 和 T_2 都导通,T_3 和 T_4 都截止,输出为低电平。所以,该电路实现了**与非门**的功能,输出 Y 和输入 A、B 的逻辑关系为 $Y = \overline{AB}$。

3. CMOS 或非门电路

CMOS **或非门**电路如图 8.1.25 所示,其电路形式刚好和**与非门**相反,并联的两个驱动管 T_1 和 T_2 为 N 沟道增强管,串联的两个负载管 T_3 和 T_4 为 P 沟道增强管。当输入 A、B 均为低电平时,T_1 和 T_2 都截止,T_3 和 T_4 都导通,输出为高电平;当输入 A、B 中至少有 1 个为高电平时,T_1、T_2 中至少有 1 个导通,T_3、T_4 中至少有 1 个截止,输出为低电平。可见,该电路实现了**或非门**的功能,输

出 Y 和输入 A、B 的逻辑关系为 $Y = \overline{A + B}$ 。

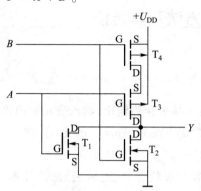

图 8.1.25 CMOS 或非门电路

4. CMOS 漏极开路门(Open Drain Gate,OD 门)

CMOS 逻辑门与 TTL 逻辑门一样,不允许将两个以上逻辑门的输出端直接并联,举例说明,如图 8.1.26(a)所示,如果当反相门 G_1 门输出高电平,而反相门 G_2 门输出低电平时,必然出现一个低阻通路,即一个很大电流从 G_1 门的 T_{P1} 管流经 G_2 门的 T_{N2} 管到地,以致损坏门电路。因此,如果要实现并联**线与**功能,如图 8.1.26(b)所示,必须采用漏极开路的 CMOS 逻辑门(OD 门)。与 OC 门一样,必须再通过外部上拉电阻 R_L 接至电源 U_C,通过电阻限制电流并实现**线与**功能。另外,OD 门逻辑符号与同功能 TTL 的 OC 门完全一致。

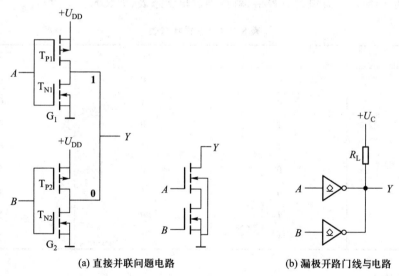

(a) 直接并联问题电路   (b) 漏极开路门线与电路

图 8.1.26 CMOS 非门电路的 OD 门

练习与思考

8.1.1 什么是组合逻辑电路? 它们在逻辑行为和结构上有什么特点?

8.1.2 TTL **与非**门电路输入端悬空是相当于低电平还是高电平?

8.1.3 三态门的输出有哪几种状态?

8.2 逻辑函数的表示方法及其转换

8.2.1 逻辑函数的表示方法

以逻辑变量作为输入,以运算结果作为输出,输入变量取值确定后,输出变量的取值也确定,输出与输入之间的函数关系称为逻辑函数(Logic function),即

$$Y = F(A, B, C, \cdots) \tag{8.2.1}$$

常用的逻辑函数表示方法有逻辑状态表、逻辑函数式(简称逻辑式)、逻辑图、波形图、卡诺图和硬件描述语言等。

1. 逻辑状态表

逻辑状态表又称真值表,是用输入、输出变量的逻辑状态(**0** 或 **1**)以表格形式来表示逻辑函数。若 n 个输入变量组合的状态有 2^n 个,将这 2^n 个状态及其对应的输出函数值列成表格,即得到逻辑状态表。

例如举重比赛裁判规则为:若举重比赛有 3 个裁判,1 个主裁判(A)和 2 个副裁判(B、C)。只有当 2 个或 2 个以上裁判判明成功(输入为 **1**),并且其中有 1 个为主裁判时,表明举重成功(输出为 **1**),否则举重不成功(输出为 **0**)。根据上述要求,3 个输入有 $2^3 = 8$ 种不同状态,把 8 种输入状态下对应的输出状态值列成表格,就得到逻辑状态表,如表 8.2.1 所示。

表 8.2.1　逻辑状态表

A	B	C	Y
0	**0**	**0**	**0**
0	**0**	**1**	**0**
0	**1**	**0**	**0**
0	**1**	**1**	**0**
1	**0**	**0**	**0**
1	**0**	**1**	**1**
1	**1**	**0**	**1**
1	**1**	**1**	**1**

2. 逻辑函数式

将输入与输出之间的逻辑关系用**与**、**或**、**非**等运算的组合式来表达逻辑的表示式。

逻辑式通常采用**与或**表达式,即将每个输出变量 $Y = 1$ 的相对应一组输入变量($A, B, C, \cdots$)组合状态以逻辑乘形式表示(用原变量表示该变量取值 **1**,用反变量形式表示该变量取值 **0**),再将所有 $Y = 1$ 的逻辑乘进行逻辑加,即得出 Y 的逻辑函数表达式,这种表达式称为**与或**表达式。由逻辑状态表列逻辑函数式的步骤如下:

(1)取 $Y = 1$(或 $Y = 0$)列逻辑式

（2）对一种组合而言，输入变量之间是**与**逻辑关系。对应于 $Y=1$，如果输入变量为 **1**，则取其原变量（如 A）；如果输入变量为 **0**，则取其反变量（如 $\overline{A}$）。而后取乘积项。

（3）各种组合之间，是**或**逻辑关系，故取以上乘积项之和。

对应表 8.2.1，最后 3 项 $Y=1$，故写出逻辑函数的**与或**表达式为

$$Y = A\overline{B}C + AB\overline{C} + ABC \tag{8.2.2}$$

根据第 7 章所介绍的方法可将该逻辑表达式化简为

$$Y = A(B + C) \tag{8.2.3}$$

3. 逻辑图

将逻辑函数中各变量之间的**与**、**或**、**非**等逻辑关系用图形符号表示出来，即得到表示逻辑函数关系的逻辑图（Logic Diagram）。逻辑乘用**与门**实现，逻辑加用**或门**实现，求反用**非门**实现。

式（8.2.3）可用图 8.2.1 所示电路实现。

4. 卡诺图

上一章介绍了用卡诺图来表示任意一个逻辑函数。如式 8.2.2 所示的逻辑函数对应的卡诺图如图 8.2.2 所示。

如果已知逻辑函数的状态表，画出卡诺图是十分容易的。对应逻辑变量取值的组合，函数值为 **1** 时，在小方格内填 **1**；函数值为 **0** 时，在小方格内填 **0**（也可以不填）。例如逻辑函数 Y 的状态表如表 8.2.1 所示，其对应的卡诺图如图 8.2.2 所示。

5. 波形图

如果将逻辑函数输入变量每一种可能出现的取值与对应的输出值按时间顺序依次排列起来，就得到了该逻辑函数的波形图（Waveform），也称为时序图（Timing Diagram）。如果用波形图来描述表 8.2.1 的逻辑函数，只需将表中给出的输入变量与对应的输出变量取值依时间顺序排列便可得到如图 8.2.3 所示的波形图。

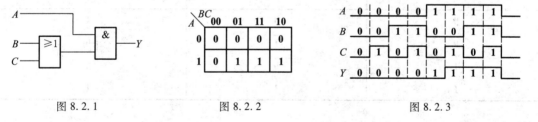

图 8.2.1　　　　　　　　　图 8.2.2　　　　　　　　　图 8.2.3

8.2.2 逻辑函数表示方法之间的转换

由于同一个逻辑函数可以用不同的方法描述，所以这些逻辑函数的表示方法之间是可以相互转换的。下面由几个例子说明逻辑函数表示方法之间转换的常用的几种方式。

1. 由逻辑状态表写出逻辑函数表达式

例 8.2.1　有一 T 形走廊，在相会处有一路灯，在进入走廊的 A、B、C 三地各有控制开关，都能独立进行控制。任意闭合一个开关，灯亮；任意闭合两个开关，灯灭；三个开关同时闭合，灯亮。设 A，B，C 代表三个开关（输入变量），开关闭合其状态为 **1**，断开状态为 **0**；灯亮 Y（输出变量）状态为 **1**，灯灭 Y 状态为 **0**。

解：按照上面给出的逻辑要求，可以列出逻辑真值表如表 8.2.2 所示。

表 8.2.2　三地控制一灯的逻辑状态表

A	B	C	Y
0	0	0	0
0	0	1	1
0	1	0	1
0	1	1	0
1	0	0	1
1	0	1	0
1	1	0	0
1	1	1	1

由表 8.2.2 可写出相应的三地控制一灯的逻辑表达式

$$Y = \overline{A}\,\overline{B}C + \overline{A}B\overline{C} + A\overline{B}\,\overline{C} + ABC$$

2. 由逻辑函数表达式列出逻辑状态表

将输入变量取值的所有组合状态逐一代入逻辑式求出其函数值,列成表,即可得到逻辑表。

例 8.2.2　已知逻辑函数 $Y = \overline{A}B + A\overline{B}$,求它对应的逻辑状态表。

解:将 A、B 的各种取值逐一代入 Y 式中计算,将计算结果列表,即得如表 8.2.3 所示的状态表。

表 8.2.3　例 8.2.2 的状态表

A	B	Y
0	0	1
0	1	0
1	0	0
1	1	1

3. 由逻辑函数表达式画出逻辑图

用图形符号代替逻辑函数表达式中的运算符号,就可以画出逻辑图了。

例 8.2.3　已知逻辑函数为 $Y = \overline{A}B + A\overline{B}$,画出对应的逻辑图。

解:将式中所有的与、或、非运算符号用图形符号代替,并依据运算优先顺序把这些图形符号连接起来,就得到如图 8.2.4 所示的对应的逻辑图。

4. 由逻辑图写出逻辑函数表达式

从输入端到输出端逐级写出每个图形符号对应的逻辑式,即可得到对应的逻辑函数表达式了。

例 8.2.4　已知函数的逻辑图如图 8.2.5 所示,试求它的逻辑函数表达式。

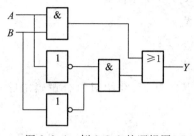

图 8.2.4 例 8.2.3 的逻辑图

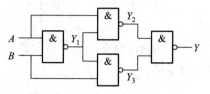

图 8.2.5 例 8.2.4 的逻辑图

解：从输入端 A、B 开始逐个写出每个图形符号输出端的逻辑表达式，得到

$$Y_1 = \overline{AB} \quad Y_2 = \overline{AY_1} \quad Y_3 = \overline{BY_1}$$

$$Y = \overline{Y_2 Y_3} = \overline{\overline{A \cdot \overline{AB}} \cdot \overline{B \cdot \overline{AB}}} = \overline{A \cdot \overline{AB}} + \overline{B \cdot \overline{AB}} = A \cdot \overline{AB} + B \cdot \overline{AB}$$

$$= A(\overline{A} + \overline{B}) + B(\overline{A} + \overline{B}) = A\overline{B} + \overline{A}B$$

练习与思考

8.2.1 逻辑函数有哪几种表示法？它们之间如何转换？

8.2.2 试写出如图 8.2.6 所示输出逻辑函数表达式，并说明该电路的逻辑功能。

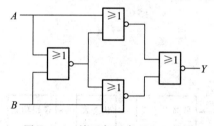

图 8.2.6 练习与思考 8.2.2 的图

8.3 组合逻辑电路的分析与设计

　　一个数字系统，通常包含许多数字逻辑电路。根据逻辑功能的不同特点，可以把这些逻辑电路分为两大类，一类叫做组合逻辑电路（简称组合电路，Combinational Logic Circuit），另一类叫做时序逻辑电路（简称时序电路，Sequential Logic Circuit）。本节将对组合逻辑电路的分析和设计方法进行讨论。

　　所谓组合逻辑电路，就是任意时刻的输出稳定状态仅仅取决于该时刻的输入信号，而与输入信号作用前电路所处的状态无关。这是组合逻辑电路在逻辑功能上的共同特点。

　　对于任何一个多输入、多输出的组合逻辑电路，都可以用图 8.3.1所示的框图表示。图中 $X_1, X_2, \cdots, X_n$ 表示输入变量，Y_1，$Y_2, \cdots, Y_m$ 表示输出变量。输出与输入的逻辑关系可以用一组逻辑函数表示．

图 8.3.1 组合逻辑电路框图

$$\begin{cases} Y_1 = F_1(X_1, X_2, \cdots, X_n) \\ Y_2 = F_2(X_1, X_2, \cdots, X_n) \\ \vdots \\ Y_m = F_m(X_1, X_2, \cdots, X_n) \end{cases} \qquad (8.3.1)$$

本节将运用前面所介绍的逻辑代数和逻辑门电路等基本知识,介绍对组合逻辑电路进行分析和设计的方法。

8.3.1 组合逻辑电路的分析

组合逻辑电路的分析是指找出已知电路中输出与输入之间的逻辑函数关系,从而判断电路的逻辑功能。实际工作中经常会碰到这种电路分析问题,其目的是通过分析来评估电路的性能。

前面已经介绍过,逻辑函数有多种表示方法:逻辑状态表、函数表达式、逻辑图、卡诺图和波形图等,这些表示方法之间可以互相转换。如图 8.3.2 所示,组合逻辑电路的分析步骤就是根据已知的逻辑电路图,写出逻辑函数表达式,利用代数法或卡诺图法化简函数,并列出逻辑状态表,根据逻辑状态表概括电路的逻辑功能。实际操作中可视具体情况略去部分步骤。下面通过具体实例详细介绍组合逻辑电路的分析过程。

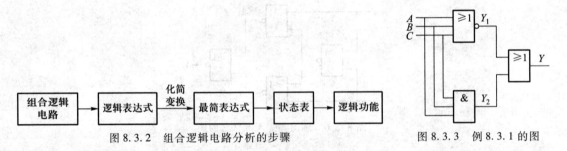

图 8.3.2 组合逻辑电路分析的步骤 图 8.3.3 例 8.3.1 的图

例 8.3.1 试分析如图 8.3.3 所示的组合逻辑电路的功能。

解:(1) 由逻辑图逐级写出逻辑表达式。为了写表达式方便,可借助中间变量,根据电路中每种逻辑门电路的功能,从输入到输出,逐渐写出各逻辑门的函数表达式

$$Y_1 = \overline{A + B + C}$$

$$Y_2 = ABC$$

$$Y = Y_1 + Y_2 = \overline{A + B + C} + ABC$$

(2) 化简与变换电路的输出函数表达式。要通过化简与变换,使表达式有利于列状态表,一般应变换成**与或**表达式或最小项表达式

$$Y = \overline{A + B + C} + ABC = \overline{A}\,\overline{B}\,\overline{C} + ABC$$

(3) 由化简后的逻辑函数表达式列出状态表,见表 8.3.1。经过化简与变换的表达式为两个最小项之和的非,所以很容易列出状态表。

(4) 分析逻辑功能

由状态表可知,该电路仅当输入 A、B、C 取值都为 **0** 或都为 **1** 时,输出 Y 的值为 **1**,其他情况下输出 Y 均为 **0**。也就是说,当输入一致时输出为 **1**,输入不一致时输出为 **0**。可见,该电路具有

检查输入信号是否一致的逻辑功能,输出为1,表明输入一致;输出为0,则表明输入不一致。因此,通常称该电路为"判一致电路"。

表8.3.1 状 态 表

A	B	C	Y
0	0	0	1
0	0	1	0
0	1	0	0
0	1	1	0
1	0	0	0
1	0	1	0
1	1	0	0
1	1	1	1

在某些对信息的可靠性要求非常高的系统中,往往采用几套设备同时工作,一旦运行结果不一致,便由"判一致电路"发出报警信号,通知操作人员排除故障,以确保系统的可靠性。

例8.3.2 分析如图8.3.4所示组合电路,说明电路的逻辑功能。

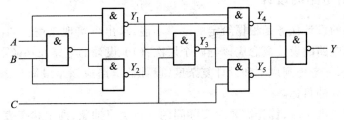

图8.3.4 例8.3.2的图

解:(1) 由逻辑电路图逐级写出逻辑表达式。为书写方便,引入图8.3.4所示中间变量 Y_1、Y_2、Y_3、Y_4、Y_5,经过简化处理可得到如下逻辑关系

$$Y_1 = \overline{A \cdot \overline{AB}} = \overline{A\overline{B}}$$

$$Y_2 = \overline{B \cdot \overline{AB}} = \overline{\overline{A}B}$$

$$Y_3 = \overline{\overline{Y_1} \cdot \overline{Y_2} \cdot C} = \overline{\overline{A\overline{B}} \cdot \overline{\overline{A}B} \cdot C} = A\overline{B} + \overline{A}B + \overline{C}$$

$$Y_4 = \overline{\overline{Y_1} \cdot \overline{Y_2} \cdot Y_3} = \overline{\overline{A\overline{B}} \cdot \overline{\overline{A}B} \cdot (A\overline{B} + \overline{A}B + \overline{C})} = \overline{\overline{A\overline{B}} \cdot \overline{\overline{A}B} \cdot \overline{C}} = A\overline{B} + \overline{A}B + C$$

$$Y_5 = \overline{Y_3 \cdot C} = \overline{(A\overline{B} + \overline{A}B + \overline{C}) \cdot C} = \overline{(A\overline{B} + \overline{A}B) \cdot C}$$

于是

$$Y = \overline{Y_4 Y_5} = \overline{Y_4} + \overline{Y_5} = \overline{A\overline{B} + \overline{A}B + C} + \overline{(A\overline{B} + \overline{A}B) \cdot C}$$

$$= \overline{A\overline{B} + \overline{A}B} \cdot \overline{C} + (A\overline{B} + \overline{A}B) \cdot C = \overline{A}\,\overline{B}\,\overline{C} + AB\overline{C} + A\overline{B}C + \overline{A}BC$$

(2) 根据逻辑函数表达式,列出状态表,如表8.3.2所示。

表 8.3.2　状　态　表

A	B	C	Y
0	0	0	1
0	0	1	0
0	1	0	0
0	1	1	1
1	0	0	0
1	0	1	1
1	1	0	1
1	1	1	0

（3）由状态表可知，输入变量 A、B、C 的取值组合中，当出现奇数个 **1** 时，输出为 **0**；出现偶数个 **1** 时，输出为 **1**。因此，该电路是三变量奇偶校验电路。

上述两个例子中，逻辑函数的输出变量只有一个。对于多个输出变量的组合逻辑电路，分析方法完全相同。当逻辑功能很难用几句话表达出来时，列出逻辑状态表即可。

8.3.2　组合逻辑电路的设计

组合逻辑电路的设计任务是根据给定的逻辑功能，求出可实现该逻辑功能的最合理组合电路。理解组合逻辑电路的设计概念应该分两个层次：（1）设计的电路在功能上是完整的，能够满足所有设计要求；（2）考虑到成本和设计复杂度，设计的电路应该是最简单的，设计最优化是设计人员必须努力达到的目标。

在设计组合逻辑电路时，首先需要对实际问题进行逻辑抽象，列出状态表，建立起逻辑模型；然后利用代数法或卡诺图法化简逻辑函数，找到最简或最合理的函数表达式；根据简化的逻辑函数画出逻辑图，并验证电路的功能完整性。设计过程中还应该考虑到一些实际的工程问题，如被选门电路的驱动能力、扇出系数是否足够，信号传递延时是否合乎要求等。组合电路的基本设计步骤可用图 8.3.5 来表示。

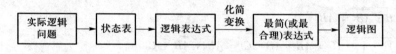

图 8.3.5　组合电路设计步骤示意图

例 8.3.3　有一个火灾报警系统，设有烟感、温感和紫外光感三种不同类型的火灾探测器。为了防止误报警，只有当其中两种或三种探测器发出探测信号时，报警系统才产生报警信号，试用**与非门**设计产生报警信号的电路。

解：第一步：根据给定的逻辑要求建立状态表。

电路的输入信号为烟感、温感和紫外光感三种探测器的输出信号，分别用 A、B、C 表示，且规定有火灾探测信号时用 **1** 表示，否则用 **0** 表示。报警电路的输出用 Y 表示，且规定需报警时 Y 为 **1**，否则 Y 为 **0**。根据只有当其中两种或三种探测器发出探测信号才产生报警信号的要求可知，函数和变量的关系是：当三个变量 A、B、C 中有两个或两个以上取值为 **1** 时，函数 Y 的取值为 **1**，其他情况下函数 Y 的取值为 **0**。因此，可列出该逻辑要求的状态表如表 8.3.3 所示。

表 8.3.3 例 8.3.3 的状态表

A	B	C	Y
0	**0**	**0**	**0**
0	**0**	**1**	**0**
0	**1**	**0**	**0**
0	**1**	**1**	**1**
1	**0**	**0**	**0**
1	**0**	**1**	**1**
1	**1**	**0**	**1**
1	**1**	**1**	**1**

第二步：根据状态表写出函数的最小项表达式。

由表 8.3.3 所示的状态表，可写出函数 Y 的最小项表达式为

$$Y = \sum m(3,5,6,7)$$

第三步：化简函数表达式，并转换成适当的形式。

将函数的最小项表达式填入如图 8.3.6 所示的卡诺图，利用卡诺图对逻辑函数进行化简，得最简**与或**表达式为

$$Y = AB + AC + BC$$

由于该题要求使用**与非**门实现，故将上式变换成**与非－与非**表达式

$$Y = AB + AC + BC = \overline{\overline{AB + AC + BC}} = \overline{\overline{AB} \cdot \overline{AC} \cdot \overline{BC}}$$

第四步：画出逻辑电路图。

由函数的**与非－与非**表达式，可画出实现给定功能的逻辑电路图如图 8.3.7 所示。

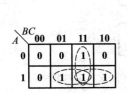

图 8.3.6 例 8.3.3 的卡诺图

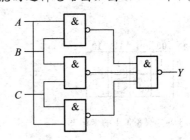

图 8.3.7 例 8.3.3 的电路图

例 8.3.4 设计本章引例中的交通信号灯故障检测电路。

解：列状态表如表 8.3.4 所示。

输入变量：定义红灯、黄灯、绿灯的状态为输入变量，分别用 R、Y、G 表示，并规定灯亮时为 **1**，不亮时为 **0**。取故障信号为输出变量，用 F 表示，规定正常状态下 F 为 **0**，发生故障时为 **1**。

表 8.3.4　例 8.3.4 的状态表

输　　入			输　　出
R	Y	G	F
0	0	0	1
0	0	1	0
0	1	0	0
0	1	1	1
1	0	0	0
1	0	1	1
1	1	0	1
1	1	1	1

写出函数 F 的最小项表达式为

$$F = \sum m(0,3,5,6,7)$$

用卡诺图化简，如图 8.3.8 所示。

化简后得到

$$F = \overline{R}\,\overline{Y}\,\overline{G} + RY + RG + YG$$

将上式进行化简变换后得到如下逻辑函数式

$$F = \overline{\overline{\overline{R}\,\overline{Y}\,\overline{G} + RY + RG + YG}} = \overline{\overline{\overline{R}\,\overline{Y}\,\overline{G}} \cdot \overline{RY} \cdot \overline{RG} \cdot \overline{YG}}$$

用**与非门**来实现，其逻辑电路图如图 8.3.9 所示。发生故障时组合电路输出 F 为高电平，晶体管 T 导通，继电器 KA 通电，其动合触点 KA 闭合，故障指示灯亮。

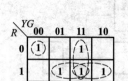

图 8.3.8　例 8.3.4 的卡诺图

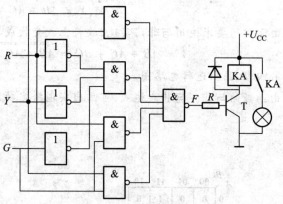

图 8.3.9　例 8.3.4 的电路图

　　在实际设计逻辑电路时，有时并不是表达式最简单，就能满足设计要求，还应考虑所使用集成器件的种类，将表达式转换为能用所要求的集成器件实现的形式，并尽量使所用集成器件最少，就是设计步骤框图中所说的"最合理表达式"。

练习与思考

8.3.1　如何对组合逻辑电路进行分析？

8.3.2 组合逻辑电路的设计步骤有哪些？

8.3.3 如何由任务的文字描述建立状态表？如何根据状态表写出逻辑表达式？

8.4 常用组合逻辑电路

8.4.1 加法器

算术运算是数字系统的基本功能之一，更是数字计算机中不可缺少的组成单元。在数字系统中对二进制数进行加、减、乘、除运算时，都是转换成加法运算完成的，所以加法器（Adder）是构成运算电路的基本单元。

最基本的加法器是一位加法器，一位加法器按功能不同又有半加器（Half Adder）和全加器（Full Adder）之分。

1. 半加器

不考虑来自低位进位的，对两个一位二进制数进行相加得到和及进位的电路称为半加器。按照二进制数运算规则得到表 8.4.1 所示半加器状态表，其中 A、B 是两个加数，S（Sum）是相加的和，C（Carry Out）是向高位的进位。

表 8.4.1 半加器状态表

输	入	输	出
A	B	S	C
0	**0**	**0**	**0**
0	**1**	**1**	**0**
1	**0**	**1**	**0**
1	**1**	**0**	**1**

由状态表可以得到如下逻辑表达式

$$S = \overline{A}B + A\overline{B} = A \oplus B \qquad (8.4.1)$$

$$C = AB \qquad (8.4.2)$$

因此，半加器是由一个**异或**门和一个**与**门组成，半加器逻辑图及符号如图 8.4.1(a)、(b)所示。

2. 全加器

能对两个一位二进制数相加并考虑低位来的进位，得到和及进位的逻辑电路称为全加器。根据二进制加法运算规则可列出 1 位全加器的状态表（如表 8.4.2 所示），表中 C_{i-1} 为低位来的进位，A_i、B_i 是两个加数，S_i 是全加和，C_i 是向高位的进位。

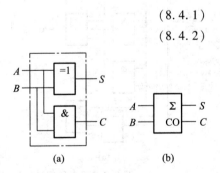

图 8.4.1 半加器逻辑图及符号

表 8.4.2 全加器状态表

输入			输出	
A_i	B_i	C_{i-1}	S_i	C_i
0	0	0	0	0
0	0	1	1	0
0	1	0	1	0
0	1	1	0	1
1	0	0	1	0
1	0	1	0	1
1	1	0	0	1
1	1	1	1	1

从状态表可得到如下表达式

$$S_i = \sum m(1,2,4,7) = \overline{A_i}\,\overline{B_i}C_{i-1} + \overline{A_i}B_i\overline{C_{i-1}} + A_i\overline{B_i}\,\overline{C_{i-1}} + A_iB_iC_{i-1}$$

$$= \overline{A_i}(B_i \oplus C_{i-1}) + A_i(\overline{B_i \oplus C_{i-1}}) = A_i \oplus B_i \oplus C_{i-1} \tag{8.4.3}$$

$$C_i = \sum m(3,5,6,7) = \overline{A_i}B_iC_{i-1} + A_i\overline{B_i}C_{i-1} + A_iB_i\overline{C_{i-1}} + A_iB_iC_{i-1}$$

$$= A_iB_i + B_iC_{i-1} + A_iC_{i-1} \tag{8.4.4}$$

由逻辑表达式可画出逻辑图如图 8.4.2(a)所示。

3. 集成一位全加器

74LS183 是双一位全加器(集成了两个一位全加器),输入信号为低位进位 C_{n-1} 和两个加数 A、B,输出为全加和 S 与本级进位 C_n,其引脚图如图 8.4.3 所示。全加器的逻辑符号如图 8.4.2 (b)所示。

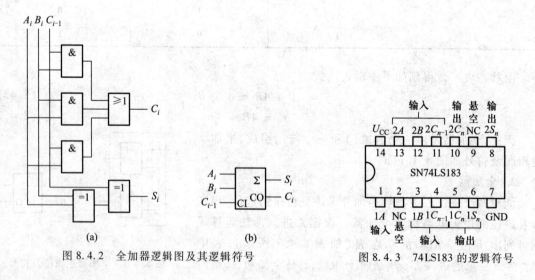

图 8.4.2 全加器逻辑图及其逻辑符号   图 8.4.3 74LS183 的逻辑符号

8.4.2 编码器

在数字系统中,常常需要将某一信息变换为特定的二值代码以便系统识别。把二进制代码按一定的规律编排,使每组代码具有一特定的含义称为编码(Encode)。编码器(Encoder)的逻辑功能就是把输入的每一个高、低电平信号编成一个对应的二进制代码输出,以便于对信号进行观察、分析和监控。例如,按电话键上的任何一个数字(例如 8)时,仅按一个键,而要让系统知道已按了这个数字,必须将这个数字转换成一个系统可识别的代码(如 8421 码),这个过程就是编码。常用的编码器有普通编码器和优先编码器(Priority Encoder)两类,编码器又可分为二进制编码器和二—十进制编码器。

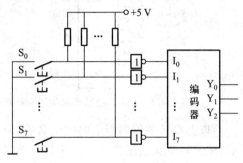

图 8.4.4 八键编码电路

N 位二进制符号有 2^N 种不同的组合,因此有 N 位输出的编码器可以表示 2^N 个不同的输入信号。

1. 二进制编码器

二进制编码器是将输入信号编成二进制代码的电路。

下面我们以图 8.4.4 所示的键盘编码电路为例来说明编码器的逻辑功能。键盘编码电路共有 8 个按键,相当于 8 个输入信号。有键按下时,对应的输入信号为低电平。为分辨究竟是哪个按键被按下,图中的编码器将 8 个按键分别用三位输出的不同状态 **000 ~ 111** 来表示,每一有效输入信号即可转换为其对应的编码而得到辨识。这实际上是 3 位二进制普通编码器,其框图如图 8.4.5 所示。

假设在任何时刻有且仅有一个键按下,即任何时刻 8 个输入信号 $I_0 \sim I_7$ 中总有一个且仅有一个输入为 **1**,其余输入为 **0**。于是可得到编码器的编码表,如表 8.4.3 所示。

表 8.4.3 编码器的编码表

输 入	输 出		
	Y_2	Y_1	Y_0
I_0	**0**	**0**	**0**
I_1	**0**	**0**	**1**
I_2	**0**	**1**	**0**
I_3	**0**	**1**	**1**
I_4	**1**	**0**	**0**
I_5	**1**	**0**	**1**
I_6	**1**	**1**	**0**
I_7	**1**	**1**	**1**

根据编码表可直接写出 Y_2、Y_1、Y_0 的函数表达式

$$\begin{cases} Y_2 = I_4 + I_5 + I_6 + I_7 \\ Y_1 = I_2 + I_3 + I_6 + I_7 \\ Y_0 = I_1 + I_3 + I_5 + I_7 \end{cases}$$

图 8.4.6 就是根据上式得出的编码器电路。这个电路是由 3 个**或**门组成的。

从逻辑图中可看到输入信号中并没有 I_0。这一点可理解为当 $I_1 \sim I_7$ 均为 **0** 时,I_0 有效,编码结果为 **000**。

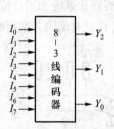

图 8.4.5 3 位二进制普通编码器框图

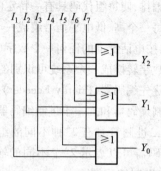

图 8.4.6 3 位二进制普通编码器

以上设计的编码器电路结构简单,但无法投入实际使用。因为若两个或两个以上键同时有效,编码器就无法正常工作。例如,I_2 和 I_4 同时有效时,输出 $Y_2Y_1Y_0$ 为 **110**,即编码结果不是对应 I_2 或 I_4,而是等于 I_6 单独有效时的编码,显然编码的结果是错误的。因此,普通编码器工作时,在任何时刻只允许输入一个编码信号,否则输出将发生混乱。而优先编码器工作时,由于电路设计时考虑了信号按优先级排队处理过程,故当几个输入信号同时出现时,只对其中优先权最高的一个信号进行编码,从而保证了输出的稳定。

2. 二－十进制编码器

(1) 8421 编码

二－十进制编码器是将十进制数码 0、1、2、3、4、5、6、7、8、9 编成二进制代码的电路。输入 0~9 十个数码,输出是对应的二进制代码。这二进制代码又称二－十进制代码,简称 BCD(Binary-Coded-Decimal)码。

输入是十个数码,所以输出为四位二进制代码。四位二进制代码可以表示十六种不同的状态,其中任何十种状态都可以表示 0~9 十个数码,最常用的是 8421 码,即在四位二进制代码的十六种状态中取出前十种状态来表示 0~9 十个数码。其编码表见表 8.4.4 所示。

表 8.4.4 8421 码编码器

输　　入	输　　　　出			
十进制数	Y_3	Y_2	Y_1	Y_0
0(I_0)	0	0	0	0
1(I_1)	0	0	0	1
2(I_2)	0	0	1	0
3(I_3)	0	0	1	1
4(I_4)	0	1	0	0
5(I_5)	0	1	0	1
6(I_6)	0	1	1	0
7(I_7)	0	1	1	1
8(I_8)	1	0	0	0
9(I_9)	1	0	0	1

（2）二－十进制优先编码器

所谓优先编码器，是指为输入信号定义不同的优先级，当多个输入信号同时有效时，只对优先级最高的信号进行编码，而对其他优先级别低的信号不予理睬。

74LS147 为 10－4 线二进制优先编码器，表 8.4.5 所示是其功能表。该编码器的特点是可以对输入进行优先编码，以保证只编码最高位输入数据线，该编码器九个输入信号中 $\overline{I_9}$ 的优先权最高，$\overline{I_1}$ 的优先权最低，输入信号低电平有效；输出是 8421BCD 码，输出以反码的形式表示，对应 $0 \sim 9$ 十个十进制数码。它的引脚图如图 8.4.7 所示。

表 8.4.5　74LS147 型优先编码器的功能表

输入（低电平有效）									输　　出			
$\overline{I_9}$	$\overline{I_8}$	$\overline{I_7}$	$\overline{I_6}$	$\overline{I_5}$	$\overline{I_4}$	$\overline{I_3}$	$\overline{I_2}$	$\overline{I_1}$	$\overline{Y_3}$	$\overline{Y_2}$	$\overline{Y_1}$	$\overline{Y_0}$
1	1	1	1	1	1	1	1	1	1	1	1	1
0	×	×	×	×	×	×	×	×	0	1	1	0
1	0	×	×	×	×	×	×	×	0	1	1	1
1	1	0	×	×	×	×	×	×	1	0	0	0
1	1	1	0	×	×	×	×	×	1	0	0	1
1	1	1	1	0	×	×	×	×	1	0	1	0
1	1	1	1	1	0	×	×	×	1	0	1	1
1	1	1	1	1	1	0	×	×	1	1	0	0
1	1	1	1	1	1	1	0	×	1	1	0	1
1	1	1	1	1	1	1	1	0	1	1	1	0

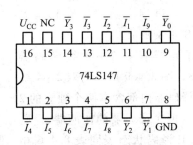

图 8.4.7　74LS147 引脚图

8.4.3　译码器和显示输出

译码是编码的逆过程。编码将信号转换为具有特定含义的二进制代码，译码则是对输入的二进制代码进行"翻译"，转换成二进制代码对应的输出高电平、低电平信号或十进制数码。即译码过程就是由输入端的二进制取值组合来决定哪条输出信号线上有一个有效的电平或脉冲信号。

实现译码功能的逻辑电路称为译码器（Decoder），其功能和编码器相反。译码器是一种多输入多输出的组合电路。从功能来分，译码器分为通用的译码器和显示译码器。通用的译码器包括二进制译码器、二—十进制译码器和代码转换器等，用于对电路进行逻辑控制；显示译码器用于电路输出的数字显示部分。

1. 二进制译码器

N 位二进制译码器有 N 个输入端和 2^N 个输出端,且对应于输入代码的每一种状态,2^N 个输出中只有一个有效(为 **1** 或为 **0**),其余全无效(为 **0** 或为 **1**)。

下面以 2-4 线译码器为例,说明译码器的设计过程。2-4 线译码器将二位二进制代码的组合状态翻译成对应的四个输出信号,由此可列出如表 8.4.6 所示的 2-4 线译码器的功能表。其中,A_1、A_0 为输入信号输入端,$\overline{Y_3} \sim \overline{Y_0}$ 为 4 个输出信号,$\overline{S}$ 是使能控制信号(也称为选通信号),当 $\overline{S}=0$(有效)时,译码器处于工作状态;当 $\overline{S}=1$(无效)时,译码器处于禁止工作状态,此时,全部输出端都输出高电平(无效状态)。

表 8.4.6 2-4 线译码器的功能表

输　入			输　出			
使　能　端	选　　择		$\overline{Y_3}$	$\overline{Y_2}$	$\overline{Y_1}$	$\overline{Y_0}$
$\overline{S}$	A_1	A_0				
1	×	×	**1**	**1**	**1**	**1**
0	**0**	**0**	**1**	**1**	**1**	**0**
0	**0**	**1**	**1**	**1**	**0**	**1**
0	**1**	**0**	**1**	**0**	**1**	**1**
0	**1**	**1**	**0**	**1**	**1**	**1**

由状态表写出逻辑表达式为

$$\overline{Y_0} = \overline{S\,\overline{A_1}\,\overline{A_0}} \qquad\qquad \overline{Y_1} = \overline{S\,\overline{A_1}A_0}$$

$$\overline{Y_2} = \overline{SA_1\,\overline{A_0}} \qquad\qquad \overline{Y_3} = \overline{SA_1A_0}$$

由逻辑式画出逻辑图,如图 8.4.8 所示。

常用的中规模集成电路译码器有双 2-4 线译码器 74LS139,3-8 线译码器 74LS138。图 8.4.9 所示为双 2-4 线译码器 74LS139 的引脚排列,该译码器内部含有两个独立的 2 线-4 线译码器。$1\overline{S}$ 和 $2\overline{S}$ 分别为两个译码器的使能端,译码输出和控制端均为低电平有效,其译码状态表同表 8.4.6 相同。图 8.4.10 为 3-8 线译码器 74LS138 的引脚排列,它具有三个使能端 S_1、$\overline{S_2}$ 和 $\overline{S_3}$,其中 $\overline{S_2}$ 和 $\overline{S_3}$ 为低电平有效。这三个使能端又称为片选端,利用它们可以将多片连接起来扩展译码器的功能。74LS138 的译码器的状态表见表 8.4.7。在状态表中 $S_{23} = \overline{S_2} + \overline{S_3}$,从状态表可以看出当 $S_1=1$ 且 $S_{23}=0$ 时该译码器处于工作状态,否则输出被禁止,输出高电平。

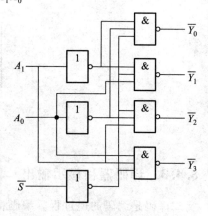

图 8.4.8 2-4 线译码器的逻辑图

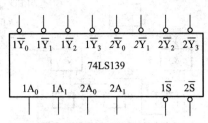

图 8.4.9 74LS139 译码器的引脚排列

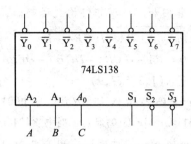

图 8.4.10 3-8 线译码器 74LS138 的引脚排列

表 8.4.7 3-8 线译码器 74LS138 的功能表

输 入					输 出							
使能端		选择										
S_1	S_{23}	A_2	A_1	A_0	$\overline{Y}_0$	$\overline{Y}_1$	$\overline{Y}_2$	$\overline{Y}_3$	$\overline{Y}_4$	$\overline{Y}_5$	$\overline{Y}_6$	$\overline{Y}_7$
×	1	×	×	×	1	1	1	1	1	1	1	1
0	×	×	×	×	1	1	1	1	1	1	1	1
1	0	0	0	0	0	1	1	1	1	1	1	1
1	0	0	0	1	1	0	1	1	1	1	1	1
1	0	0	1	0	1	1	0	1	1	1	1	1
1	0	0	1	1	1	1	1	0	1	1	1	1
1	0	1	0	0	1	1	1	1	0	1	1	1
1	0	1	0	1	1	1	1	1	1	0	1	1
1	0	1	1	0	1	1	1	1	1	1	0	1
1	0	1	1	1	1	1	1	1	1	1	1	0

二进制译码器的应用很广,典型的应用有以下几种:

(1) 实现存储系统的地址译码;

(2) 实现逻辑函数;

(3) 带使能端的译码器可用做数据分配器。

这里主要介绍用译码器实现逻辑函数。$N—2^N$ 线译码器有 2^N 个代码组合,包含了 N 变量函数的全部最小项。当译码器的使能端有效时,每个输出(一般为低电平输出)对应相应的最小项,即 $\overline{Y}_i = \overline{m}_i = M_i$,因此只要将函数的输入变量加至译码器的地址输入端,并在输出端辅以少量的门电路,便可以实现逻辑函数。

一般步骤为:

(1) 写出函数的标准**与或**表达式(最小项之和),并变换为**与非 - 与非**形式;

(2) 画出用二进制译码器和**与非门**实现这些函数的接线图。

例 8.4.1 分析图 8.4.11 所示电路的逻辑功能。

解:8421 编码器将"0~9"十种输入状态编码为对应的十组 8421 二-十进制码(即 BCD 码),而 D、C、B、A 的状态影响着 Y 的状态。

三个**非门**和三个**与非门**构成译码器,其输出 Y 为

$$Y = \overline{\overline{\overline{D}\,\overline{C}\,BA} \cdot \overline{\overline{D}A}} = \overline{D}\,\overline{C}\,BA + \overline{D}A$$
$$= \overline{D}\,\overline{C}\,BA + \overline{D}\,CBA + \overline{D}C\,\overline{B}A + \overline{D}CBA + D\,\overline{C}\,\overline{B}A$$
$$= \sum m(1,3,5,7,9)$$

即当译码器输入端 $DCBA$ 为 **0001**、**0011**、**0101**、**0111**、**1001** 五个 BCD 码时(分别与 8421 编码器的 1,3,5,7,9 五个输入端相对应),输出高电平,$Y = 1$。当 $Y = 1$ 时,发光二极管正常导通发亮。

因此电路的逻辑功能是:当奇数输入端输入为 **1** 时,发光二极管亮;当偶数(含 **0**)输入端输入为 **1** 时,发光二极管不亮。即具有一位十进制数的判奇功能。

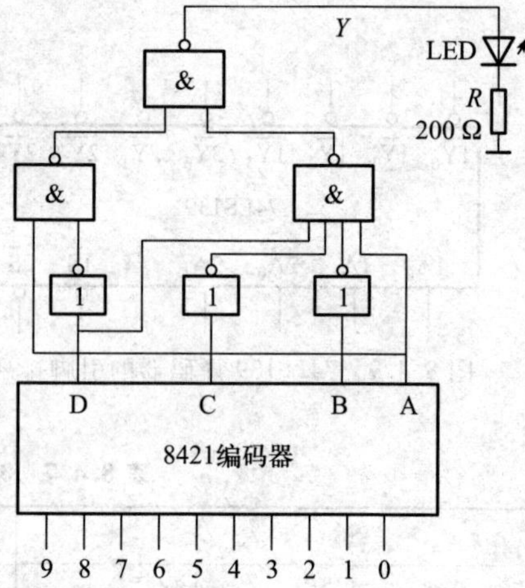

例 8.4.2 试利用 3 – 8 线译码器 74LS138 设计一个多输出的组合逻辑电路。输出的逻辑函数式为

$$Z_1 = \overline{A}\,\overline{B}\,\overline{C} + AB, \quad Z_2 = \overline{A}C + \overline{A}B\,\overline{C}, \quad Z_3 = A\overline{B}\,\overline{C} + AC$$

解:(1) 最小项之和形式

$$Z_1 = \overline{A}\,\overline{B}\,\overline{C} + AB\overline{C} + ABC = m_0 + m_6 + m_7$$
$$Z_2 = \overline{A}\,\overline{B}C + \overline{A}BC + \overline{A}B\overline{C} = m_1 + m_3 + m_4$$
$$Z_3 = A\overline{B}\,\overline{C} + AC = A\overline{B}\,\overline{C} + A\overline{B}C + ABC = m_4 + m_5 + m_7$$

(2) 化为与非 – 与非式

$$Z_1 = \overline{m_0 + m_6 + m_7} = \overline{\overline{m_0} \cdot \overline{m_6} \cdot \overline{m_7}}$$
$$Z_2 = \overline{m_1 + m_3 + m_4} = \overline{\overline{m_1} \cdot \overline{m_3} \cdot \overline{m_4}}$$
$$Z_3 = \overline{\overline{m_4} \cdot \overline{m_5} \cdot \overline{m_7}}$$

(3) 画出逻辑电路

逻辑电路图如图 8.4.12 所示。

2. 二 – 十进制显示译码器

在数字仪表等其他数字系统中,常常需要将数字量以十进制数码直观地显示出来,供人们直接读取结果或监视数字系统的工作状况。因此,数字显示系统电路是许多数字设备中不可缺少的部分。数字显示电路通常由显示译码器和数字显示器两部分组成。

(1) 半导体数码管

目前广泛使用的显示器件是七段数码显示器(Seven-Segment Character Mode Display),由 $a \sim g$ 等 7 段可发光的线段拼合而成,通过控制各段的亮或灭,就可以显示不同的字符或数字。七段数码显示器有半导体数码显示器和液晶显示器两种。

半导体数码管(或称 LED 数码管)由发光二极管(Light Emitting Diode, LED)组成。图 8.4.13(a)所示是七段数码管的外形图,七段数码管将十进制数码分成七个字符,每段为一发光管。有的数码管(如图 8.4.13(b)所示)在右下角还增设了一个小数点,形成八段显示。发光二

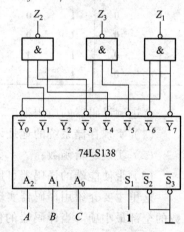

图 8.4.11 例 8.4.1 的图

图 8.4.12 例 8.4.2 的
逻辑电路图

极管的阳极连在一起连接到电源正极的接法称为共阳极数码管(如图 8.4.13(c)所示),阴极接低电平的二极管发光;发光二极管的阴极连在一起连接到电源负极的接法称为共阴极数码管(如图 8.4.13(d)所示),阳极接高电平的二极管发光。

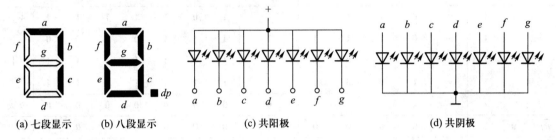

(a) 七段显示   (b) 八段显示   (c) 共阳极   (d) 共阴极

图 8.4.13　数码管的等效电路

七段式数字显示器是使用不同的发光段组合显示不同的数字。为了把计数器中的二进制数用七段数字显示器以十进制数显示,在计数器与七段数码显示器之间必须有一个逻辑电路,这个逻辑电路就是七段数字译码器。七段数字译码器的输入为四位二进制数 8421 BCD 码。例如,8421 BCD 码 **0111** 对应十进制数 7,那么,七段数字译码器的输出电平应当把七段数字显示器中的 a、b 和 c 点亮,显示十进制数 7。

（2）七段显示译码器

七段显示译码器的功能是把"8421"二－十进制代码译成对应于数码管的七个字段信号,驱动数码管,显示出相应的十进制代码。

显示译码器有很多集成产品,如用于共阳极数码管的译码电路 74LS46/47 和 74LS247 等,用于共阴极数码管的译码电路 74LS48 和 74LS248 等,下面以 74LS248 为例介绍七段显示译码器。

74LS248 是 BCD－7 段译码器/驱动器,该电路接受 4 位二进制编码－十进制数(BCD)输入,并根据辅助输入的状态,将这些数据译成驱动其他元件的码。输出是高电平有效。功能表如表 8.4.8 所示,图 8.4.14 所示是它的引脚排列图。它有四个输入端 A、B、C、D 和七个输出端 $a \sim g$,当某字段的电平为 **1** 时,该字段发亮,否则不亮。另外还有一些控制输入端:试灯输入端 ($\overline{LT}$)、灭灯输入/动态灭灯输出端 ($\overline{BI}/\overline{RBO}$) 及灭 **0** 输入端 ($\overline{RBI}$)。

表 8.4.8　74LS248 七段译码器的功能表

十进制或功能	输　　入						$\overline{BI}/\overline{RBO}$	输　　出							显示
	$\overline{LT}$	$\overline{RBI}$	D	C	B	A		a	b	c	d	e	f	g	
0	1	1	0	0	0	0	1	1	1	1	1	1	1	0	Ｏ
1	1	×	0	0	0	1	1	0	1	1	0	0	0	0	１
2	1	×	0	0	1	0	1	1	1	0	1	1	0	1	２
3	1	×	0	0	1	1	1	1	1	1	1	0	0	1	３
4	1	×	0	1	0	0	1	0	1	1	0	0	1	1	４
5	1	×	0	1	0	1	1	1	0	1	1	0	1	1	５

续表

十进制或功能	输	入				$\overline{BI}/\overline{RBO}$	输	出						显示
	$\overline{LT}$	$\overline{RBI}$	D	C	B	A		a	b	c	d	e	f	g	
6	**1**	×	**0**	**1**	**1**	**0**	**1**	**1**	**0**	**1**	**1**	**1**	**1**	**1**	6
7	**1**	×	**0**	**1**	**1**	**1**	**1**	**1**	**1**	**1**	**0**	**0**	**0**	**0**	7
8	**1**	×	**1**	**0**	**0**	**0**	**1**	**1**	**1**	**1**	**1**	**1**	**1**	**1**	8
9	**1**	×	**1**	**0**	**0**	**1**	**1**	**1**	**1**	**1**	**1**	**0**	**1**	**1**	9
$\overline{BI}$ 灭灯	×	×	×	×	×	×	**0**	**0**	**0**	**0**	**0**	**0**	**0**	**0**	全灭
$\overline{RBI}$ 灭 0	**1**	**0**	**0**	**0**	**0**	**0**	**0**	**0**	**0**	**0**	**0**	**0**	**0**	**0**	灭 0
$\overline{LT}$ 试灯	**0**	×	×	×	×	×	**1**	**1**	**1**	**1**	**1**	**1**	**1**	**1**	8

$\overline{LT}$:试灯输入端,低电平有效。当 $\overline{LT}=0$ 时,各字段 $a\sim g$ 均输出高电平,显示数字 8,可以对数码管进行测试,检查能否正常工作。正常译码时 $\overline{LT}=1$。

$\overline{BI}/\overline{RBO}$:可以作为输入端使用,也可以作为输出端使用。$\overline{BI}/\overline{RBO}$ 作为输入端使用时为灭灯输入端,低电平有效。当 $\overline{BI}=0$ 时,不管其他输入端为何种电平,各字段均输出 **0**。$\overline{BI}/\overline{RBO}$ 作为输出端使用时,称为灭灯输出端,低电平有效。只有 $DCBA=0000$,而且灭 0 输入信号 $\overline{RBI}=0$ 时,$\overline{RBO}$ 才会输出 **0**,否则输出 **1**。因此 $\overline{RBO}=0$ 表示译码器已经将本来应该显示的零熄灭了。

$\overline{RBI}$:灭 0 输入端,低电平有效。当输入端 $DCBA=0000$ 时,只要 $\overline{RBI}=0$,译码器各字段输出均为 **0**,不显示数字 0。

图 8.4.15 所示是 74LS248 译码器和共阴极半导体数码管的连接图。

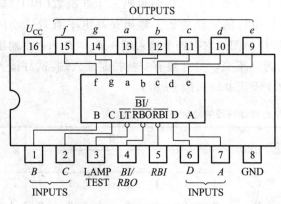

图 8.4.14　74LS248 的引脚图

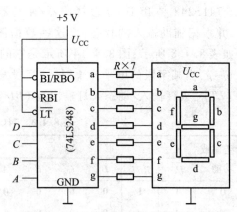

图 8.4.15　74LS248 和数码管的连接图

8.4.4　数据分配器和数据选择器

数据分配器(Data Distributor)和数据选择器(Demultiplexer)都是数字电路中的多路开关。

1. 数据分配器

数据分配器是将一路输入数据分时分配给多路数据输出中的某一路输出的一种组合逻辑电路,可用译码器实现。

如图 8.4.16 所示为四路数据分配器原理框图,S 为使能端,A_0、A_1 为控制信号,用以确定将输入数据信号 D 送到数据分配器的哪个输出端。

例如用 74LS138 译码器改接成 8 路数据分配器的一种接线方法,如图 8.4.17 所示。将译码器的两个控制端 $\overline{S_2}$ 和 $\overline{S_3}$ 并联作为分配器的数据输入端 D;使能端 S_1 接高电平;译码器的输入端 A、B、C 作为分配器的地址输入端,根据它们的八种组合将数据 D 分配给八个输出端。如 $ABC = \mathbf{101}$ 时,数据由输入端分配到 $\overline{Y}_5$ 端输出,而其他输出端保持为高电平。

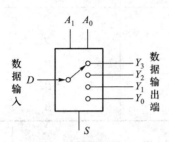

图 8.4.16 数据分配器原理框图

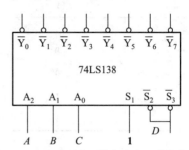

图 8.4.17 74LS138 译码器改接成 8 路数据分配器

2. 数据选择器

数据选择器是一种多路输入,单路输出的组合逻辑电路。它的逻辑功能是:从多路输入中选择一路输入送到输出端输出。选择哪一路输出由输入选择控制端决定。如果一个数据选择器有 2^n 个输入端,则要有 n 个输入选择控制端。

常用的数据选择有 4 路选择器、8 路选择器和 16 路选择器。下面以双 4 选 1 数据选择器 74LS153 为例,它包含两个完全相同的 4 选 1 数据选择器,两个数据选择器有公共的地址输入端,而数据输入端和输出端是各自独立的。通过给定不同的地址代码,即可从 4 个输入数据中选出所要的一个,并送至输出端 Y。其引脚图如图 8.4.18(a)所示,图 8.4.18(b)为其逻辑图。图中,$D_3 \sim D_0$ 是四个数据输入端;A_1 和 A_0 是地址输入端;$\overline{S}$ 是使能端,低电平有效;Y 是输出端。

$\overline{S} = \mathbf{1}$ 时,$Y = 0$,禁止选择;$\overline{S_1} = \mathbf{0}$ 时,正常工作。

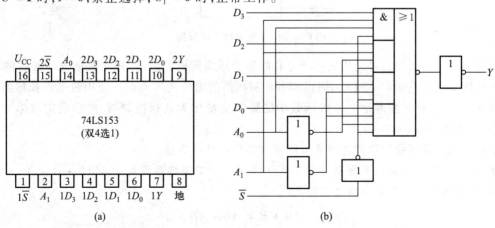

图 8.4.18 74LS153 型 4 选 1 数据选择器

由逻辑图可写出逻辑式

$$Y = D_0\overline{A_1}\,\overline{A_0}S + D_1\overline{A_1}A_0S + D_2A_1\overline{A_0}S + D_3A_1A_0S$$

由逻辑式列出数据选择器的功能表,如表 8.4.9 所示。

表 8.4.9　74LS153 型数据选择器的功能表

	输　入		输　出
$\overline{S}$	A_1	A_0	Y
1	×	×	0
0	0	0	D_0
0	0	1	D_1
0	1	0	D_2
0	1	1	D_3

图 8.4.19 为用一片双 4 选 1 数据选择器 74LS153 组成一个 8 选 1 数据选择器。

从使用的角度,数据选择器除了有从多路输入中选择一路输入送到输出端输出的功能以外,$D_7 \sim D_0$ 是 8 个数据输入端;8 选 1 需要三个地址输入端,除 A_1、A_0 外还将使能端作为高位地址输入端 A_3。还可以使用数据选择器实现逻辑函数。

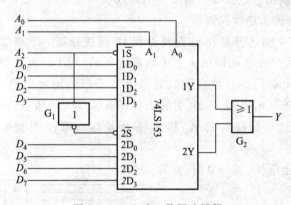

图 8.4.19　8 选 1 数据选择器

任何组合逻辑函数总可以用最小项之和的标准形式构成。所以,利用数据选择器的输入 D_i 来选择地址变量组成的最小项 m_i,可以实现任何所需的组合逻辑函数。使用数据选择器实现逻辑函数的方法是:首先要确定把逻辑函数中的哪些变量作为选择控制端,然后确定数据输入端 D_0、D_1、$\cdots$、D_7 的数据即可。

下面用例子说明使用数据选择器可以实现逻辑函数的方法。

例 8.4.3　试用 4 选 1 数据选择器 74LS153 实现如下逻辑函数式 $Y = A\overline{B} + B$。

解:逻辑函数变形为最小项之和形式

$$Y = A\overline{B} + B = A\overline{B} + \overline{A}B + AB$$

$$= m_1 + m_2 + m_3$$

$$= D_0 m_0 + D_1 m_1 + D_2 m_2 + D_3 m_3$$

将输入变量 A、B 分别对应地接到数据选择器的选择端 A_1、A_0。由上式比较可得,将数据输入端 D_3、D_2、D_1 接 **1**,D_0 接 **0**,即可实现输出 Y,如图 8.4.20 所示。

多路选择器广泛应用于多路模拟量的采集及 A/D 转换器中。

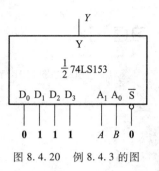

图 8.4.20 例 8.4.3 的图

练习与思考

8.4.1 简述全加器、编码器、译码器、数据选择器的逻辑功能及主要用途。

小结 ➤

1. 最基本的逻辑门电路有**与门、或门和非门**。在实际使用中,常用的是具有复合逻辑功能的门电路,如**与非门、或非门、异或门、与或门**电路,另外还包括 OC 门、OD 门、三态门等电路。

2. 常用的逻辑函数表示方法有逻辑状态表、逻辑函数式(简称逻辑式)、逻辑图、波形图、卡诺图和硬件描述语言等。逻辑状态表又称真值表,是用输入、输出变量的逻辑状态(**0** 或 **1**)以表格形式来表示逻辑函数;逻辑的表示式将输入与输出之间的逻辑关系用**与、或、非**等运算的组合式来表达。逻辑图是将逻辑函数中各变量之间的**与、或、非**等逻辑关系用图形符号表示出来而得到的;卡诺图是与变量的最小项对应的按一定规则排列的方格图,每一小方格填入一个最小项,常用于化简逻辑函数;波形图是将逻辑函数输入变量每一种可能出现的取值与对应的输出值按时间顺序依次排列起来而得到的。逻辑函数的表示方法之间是可以相互转换的。

3. 组合逻辑电路,就是任意时刻的输出稳定状态仅仅取决于该时刻的输入信号,而与输入信号作用前电路所处的状态无关。组合逻辑电路的分析是指找出已知电路中输出与输入之间的逻辑函数关系,从而判断电路的逻辑功能。组合逻辑电路的分析步骤就是根据已知的逻辑电路图,写出逻辑函数表达式,利用代数法或卡诺图法化简函数,并列出逻辑状态表,根据逻辑状态表概括电路的逻辑功能。组合逻辑电路的设计任务是根据给定的逻辑功能,求出可实现该逻辑功能的最合理组合电路。在设计组合逻辑电路时,首先需要对实际问题进行逻辑抽象,列出真值表,建立起逻辑模型;然后利用代数法或卡诺图法化简逻辑函数,找到最简或最合理的函数表达式;根据简化的逻辑函数画出逻辑图,并验证电路的功能完整性。

4. 常用组合逻辑电路有加法器、编码器、译码器和数据分配器等。最基本的加法器是一位加法器,一位加法器按是否来自低位进位分为半加器和全加器;编码器的逻辑功能就是把输入的每一个高、低电平信号编成一个对应的二进制代码输出;译码器是一种输入的二进制代码转换成二进制代码对应的输出高电平、低电平信号或十进制数码的组合电路;数据分配器是将一路输入数据分时分配给多路数据输出中的某一路输出的一种组合逻辑电路,可用译码器实现;数据选择器是一种从多路输入中选择一路输入送到输出端输出的多路输入、单路输出的组合逻辑电路。

习题 ➤

8.1.1　电路如图 8.01 所示,试写出输出 Y 与输入 A、B、C 的逻辑关系式。并画出逻辑图。

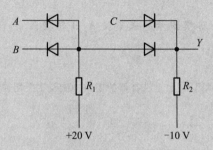

图 8.01　习题 8.1.1 的图

8.1.2　在 CMOS 电路中有时采用图 8.02(a) ~ (d) 所示的扩展功能用法,试分析各图的逻辑功能,写出 Y_1 ~ Y_4 的逻辑式。已知电源电压 $U_{DD} = 10V$,二极管的正向导通压降为 0.7 V。

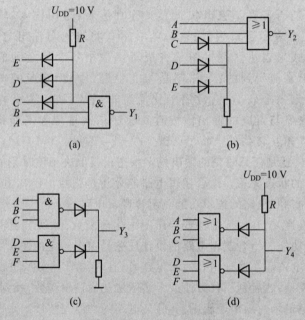

图 8.02　习题 8.1.2 的图

8.1.3　如图 8.03(a)、(b) 所示两个电路中,试计算当输入端分别接 0V、5V 和悬空时输出电压 u_O 的数值,并指出晶体管工作在什么状态。假定晶体管导通后 $U_{BE} \approx 0.7$ V,电路参数如图中所注。

8.1.4　已知逻辑门电路及输入波形如图 8.04 所示,试画出各输出 Y_1、Y_2、Y_3 的波形,并写出逻辑式。

8.1.5　已知逻辑电路及其输入波形如图 8.05 所示,试分别画出输出 Y_1、Y_2 的波形。

8.1.6　试分别画出由图 8.06 所示的与非门、或非门、与或非门和异或门实现非门功能的等效电路图。

8.1.7　图 8.07 所示各门电路均为 CMOS 电路,分别指出电路的输出状态是高电平还是低电平。

8.1.8　图 8.08 所示各门电路均为 74 系列 TTL 电路,分别指出电路的输出状态(高电平、低电平或高阻态)。

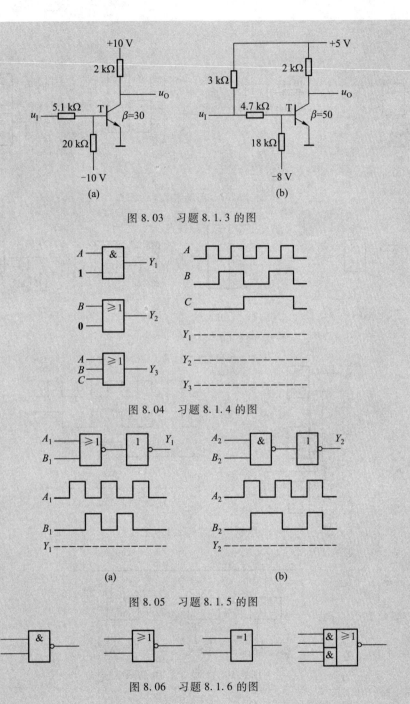

图 8.03　习题 8.1.3 的图

图 8.04　习题 8.1.4 的图

图 8.05　习题 8.1.5 的图

图 8.06　习题 8.1.6 的图

8.1.9　已知逻辑图和输入 A、B、C 的波形如图 8.09 所示,试画出 Y 的波形。

8.1.10　图 8.10 所示为用三态门传输数据的示意图,图中 N 个三态门连到总线 BUS,其中 D_1、D_2、$\cdots$、D_n 为数据输入端,EN_1、EN_2、$\cdots$、EN_n 为三态门使能控制端,试说明电路能传输数据的原理。

8.1.11　试说明下列各种门电路中哪些可以将输出端并联使用(输入端的状态不一定相同)。

(1)具有推拉式输出级的 TTL 电路;

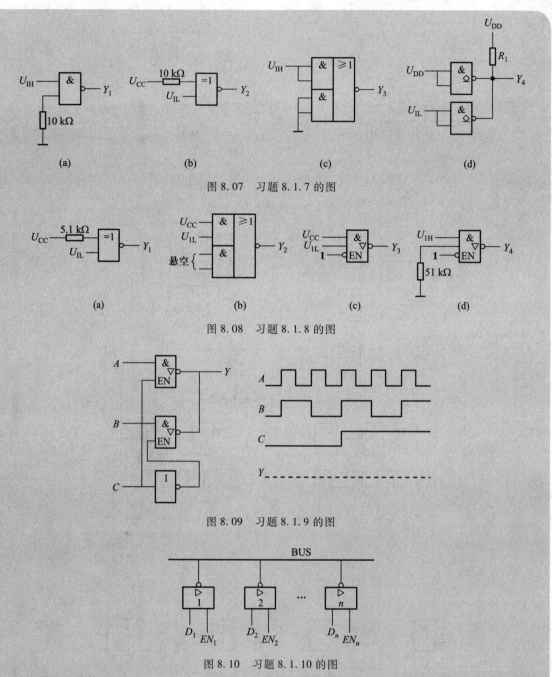

图 8.07 习题 8.1.7 的图

图 8.08 习题 8.1.8 的图

图 8.09 习题 8.1.9 的图

图 8.10 习题 8.1.10 的图

（2）TTL 电路的 OC 门；

（3）TTL 电路的三态输出门；

（4）普通的 CMOS 门；

（5）漏极开路输出的 CMOS 门；

（6）CMOS 电路的三态输出门。

8.2.1 某两逻辑电路的状态表如表 8.01 所示，其输入变量为 A、B、C，输出为 Y，试写出 Y 的逻辑式。

表 8.01　习题 8.2.1 的表

A	B	C	Y	A	B	C	Y
0	0	0	1	0	0	0	1
0	0	1	1	0	0	1	0
0	1	0	1	0	1	0	0
0	1	1	1	0	1	1	0
1	0	0	1	1	0	0	0
1	0	1	1	1	0	1	0
1	1	0	1	1	1	0	0
1	1	1	0	1	1	1	0

8.2.2　已知逻辑电路输入 A、B、C 及输出 Y 的波形如图 8.11 所示,试分别列出状态表,写出逻辑式,画出逻辑图。

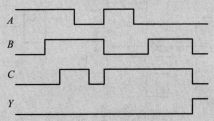

图 8.11　习题 8.2.2 的图

8.2.3　试化简 $Y = \overline{AB}(A + B) + AB\overline{(A + B)}$ 的逻辑式,并画逻辑图。

8.2.4　某两逻辑状态表如表 8.02 所示,其输入变量为 A、B,输出为 Y。试写出 Y 的逻辑式。

表 8.02　习题 8.2.4 的表

A	B	Y	A	B	Y
0	0	1	0	0	0
0	1	0	0	1	1
1	0	0	1	0	1
1	1	1	1	1	0

8.2.5　求图 8.12 所示电路的输出表达式。

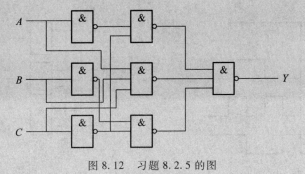

图 8.12　习题 8.2.5 的图

8.2.6 逻辑电路如图 8.13 所示,试用逻辑代数证明两图具有相同的逻辑功能。

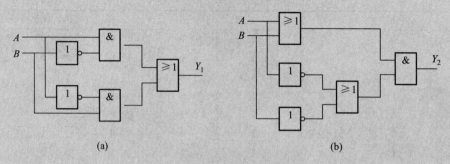

图 8.13 习题 8.2.6 的图

8.2.7 逻辑电路如图 8.14 所示,写出逻辑式,用摩根定律变换成**与或**表达式,说明具有什么逻辑功能。

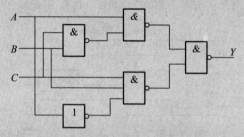

图 8.14 习题 8.2.7 的图

8.2.8 画出 $Y = \overline{AB + (A + B)C}$ 的逻辑图。

8.2.9 逻辑电路如图 8.15 所示,写出逻辑式,并用与非门实现之,写出其与非逻辑式,画出逻辑图。

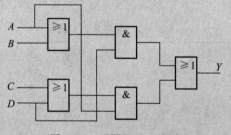

图 8.15 习题 8.2.9 的图

8.2.10 组合逻辑电路的输入 A、B、C 及输出 Y 的波形如图 8.16 所示,试列出状态表,写出逻辑式,并画出逻辑图。

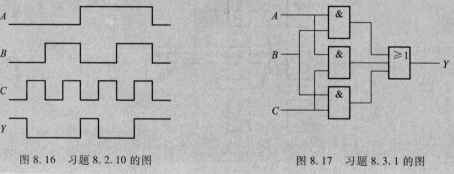

图 8.16 习题 8.2.10 的图   图 8.17 习题 8.3.1 的图

8.2.11 用一片 74LS00(四组 2 输入端与非门)实现异或逻辑关系 $Y = A \oplus B$,画出逻辑图。

8.3.1 分析图 8.17 所示电路,写出 Y 的逻辑表达式,列出状态表,说明电路功能。

8.3.2 电路如图 8.18 所示,请写出 Y 的逻辑函数式,列出真值表,指出电路所完成的功能。

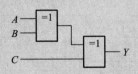

图 8.18 习题 8.3.2 的图

8.3.3 由与非门构成的某表决电路如图 8.19 所示。其中 A、B、C、D 表示 4 个人,$Y = 1$ 时表示决议通过。试分析电路,说明决议通过的情况有几种? A、B、C、D 四个人中,谁的权利最大?

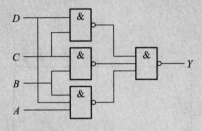

图 8.19 习题 8.3.3 的图

8.3.4 试分析图 8.20 所示的组合逻辑电路。(1)写出输出逻辑表达式;(2)化为最简与或式;(3)列出真值表;(4)说明逻辑功能。

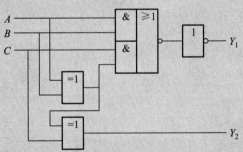

图 8.20 习题 8.3.4 的图

8.3.5 用与非门设计四变量的多数表决电路。当输入变量 A、B、C、D 有 3 个或 3 个以上为 **1** 时输出为 **1**,输入为其他状态时输出为 **0**。

8.3.6 设有甲、乙、丙三台电机,它们运转时必须满足这样的条件,即任何时间必须有而且仅有一台的电机运行,如不满足该条件,就输出报警信号。试设计此报警电路。

8.3.7 一个电机可以从三个开关中任何一个开关起动与关闭,另有温度传感器,当温度超过某值时关闭电机并报警,同时各个开关再也不能起动电机。试设计组合电路实现所述功能。

8.4.1 某 3 位二进制编码器如图 8.21 所示,试写出 A,B,C 的逻辑式及编码表。

8.4.2 图 8.22 所示为 74LS138 的集成电路封装图,为了使其第 10 脚输出为低电平,请标出各输入端应置的逻辑电平。

8.4.3 试用 74LS138 设计一个能对 16 个地址(00h ~ 0Fh)进行译码的地址译码电路。

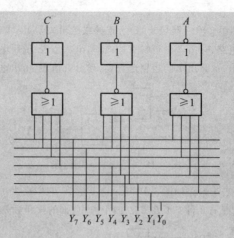

图 8.21 题 8.4.1 图

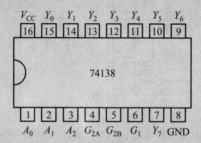

图 8.22 题 8.4.2 图

8.4.4 试用 3—8 线译码器 74LS138 和少量门器件实现逻辑函数

$$Y = \sum m(0,3,6,7)$$

8.4.5 如图 8.23 所示 3—8 线译码器 74LS138 与两个与非门构成的电路。正常工作时，$S_1 = 1$。写出 Z_1 和 Z_2 的表达式，列出状态表，说明电路功能。

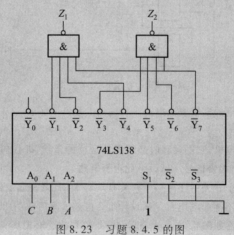

图 8.23 习题 8.4.5 的图

8.4.6 试用 74LS138 型译码器实现 $Y = \overline{A}\,\overline{B}\,\overline{C} + \overline{A}BC + AB$ 的逻辑函数。

8.4.7 试设计一个用 74LS138 型译码器监测信号灯工作状态的电路。信号灯有红(A)、黄(B)、绿(C)三种，正常工作时，只能是红（或绿或红黄或绿黄）灯亮，其他情况视为故障，电路报警，报警输出为 1。

8.4.8　根据表 8.4.8 所示 74LS248 七段译码器的功能表,回答以下问题:

(1) 正常显示时,$\overline{LT}$、$\overline{BI}/\overline{RBO}$ 应处于什么电平?

(2) 测试灯时,希望七段全亮,应如何处理 $\overline{LT}$ 端? 对数据输入端 $DCBA$ 端有什么要求?

(3) 要灭灯时,应如何处理 $\overline{RBI}$ 端? 当 $\overline{RBI}=0$,但输入数据不为 0 时,七段数码显示器是否正常显示? 当灭灯时,$\overline{BI}/\overline{RBO}$ 输出什么电平?

(4) 74LS248 适合与哪一类显示数码管配合使用(共阳极还是共阴极)?

8.4.9　试用 74LS153 型双 4 选 1 数据选择器产生逻辑函数 $Y = ABC + \overline{A}C + BC$。

8.4.10　如图 8.24 所示,4 选 1 数据选择器的逻辑函数式为

$Y = [D_0\overline{A_1}\,\overline{A_0} + D_1\overline{A_1}A_0 + D_2A_1\overline{A_0} + D_3A_1A_0]S$,用两个这样的数据选择器组成逻辑电路,试写出输出 Z 与输入 M、N、P、Q 之间的逻辑函数式。

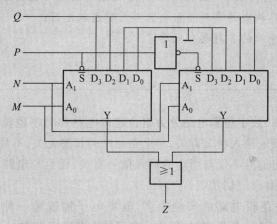

图 8.24　习题 8.4.10 的图

第9章 时序电路

本章着重介绍了 RS、JK、D、T 和 T' 等双稳态触发器的工作原理及性能特点；简单介绍了由 555 定时器构成的单稳态及无稳态触发器；由双稳态触发器引出了寄存器和计数器，并介绍了常用的寄存器及计数器集成电路的使用方法及其应用。

学习目的：

1. 掌握 RS、JK、D、T 和 T' 触发器的逻辑功能及不同结构触发器的动作特点；
2. 了解寄存器、移位寄存器、二进制计数器、十进制计数器的逻辑功能；
3. 了解由 555 定时器构成的单稳态触发器和无稳态触发器；
4. 学会使用本章所介绍的各种集成电路。

9.0 引例

通过上一章介绍可知，数字逻辑电路分为组合逻辑电路和时序逻辑电路两大类。组合逻辑电路的输出状态只与当前的输入状态有关，与电路原来的状态无关，不具有记忆功能。而时序逻辑电路在任意时刻的输出信号不仅与当前的输入信号有关，而且与电路原来的状态有关。时序逻辑电路含有存储电路，具有记忆功能。

在日常生活中，时序逻辑电路的实例很多，其中电子钟就是一种常见的时序逻辑电路。图 9.0.1 为电子钟的一个可行电路，图 9.0.2 为电子钟电路原理框图。

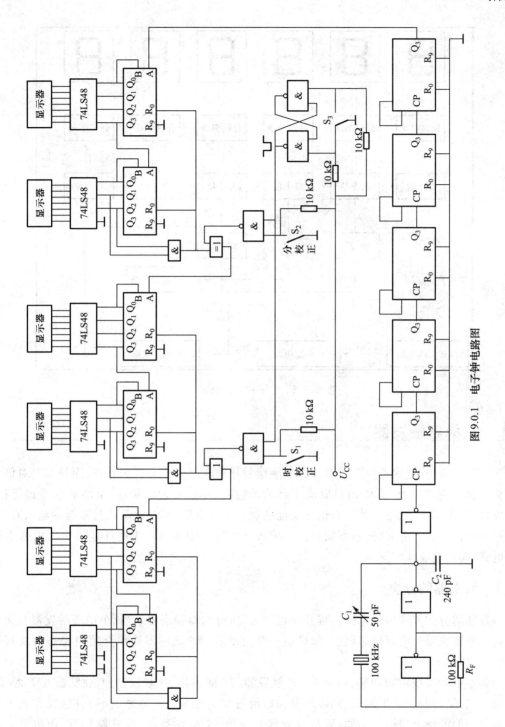

图 9.0.1 电子钟电路图

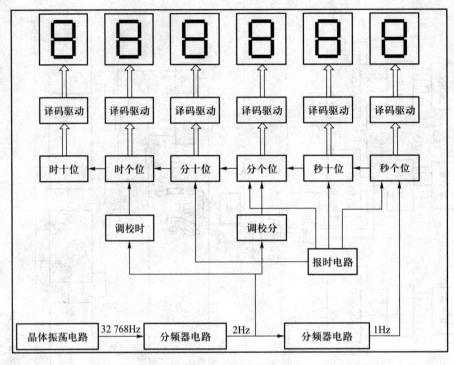

图 9.0.2 电子钟电路原理框图

9.1 双稳态触发器

在数字电路中,通常不仅需要对二值数字信号进行逻辑运算和逻辑处理,而且需要对信号进行存储。组合逻辑电路,其输出只取决于当前的输入,不具备记忆功能,不能对信号进行存储。而触发器(flip – flop)则是一种具有记忆功能的逻辑单元电路,其输出不仅与当前的输入有关,而且与原来保存的状态有关,能够存储一位二值数字信号。触发器作为时序逻辑电路的基本逻辑单元电路,其用途非常广泛。

9.1.1 触发器的分类

触发器的分类方式多种多样。按其稳定状态,可分为双稳态触发器、单稳态触发器和无稳态触发器。本章主要介绍双稳态触发器,最后一节会结合 555 定时器简单介绍单稳态触发器和无稳态触发器。

双稳态触发器按逻辑功能,可分为 SR 触发器、JK 触发器、D 触发器、T 触发器及 T' 触发器;按触发方式,又可分为电平触发、同步触发和边沿触发的触发器。通常,同一种触发方式可用在不同逻辑功能的触发器中。例如:同步触发器有同步 SR 触发器、同步 D 触发器,而边沿触发器有边沿 JK 触发器、边沿 D 触发器;而同一种逻辑功能的触发器也可以采用不同的触发器方式。例如:D 触发器中既有同步 D 触发器,也有边沿 D 触发器。理解触发器的逻辑功能和触发方式是学习触发器的重点。

根据存储数据的原理不同,还可以分为静态触发器和动态触发器。

9.1.2 双稳态触发器的概念及逻辑功能

能存储 1 位 **0** 或 **1** 信号的基本单元统称为触发器,它是时序逻辑电路的基本单元。双稳态触发器通常都必须具备两个特点:

(1) 触发器有两种能自行保持的稳定状态,分别表示二进制数 **0** 和 **1** 或二值信息逻辑 **0** 和逻辑 **1**;

(2) 适当的触发信号作用下,触发器可从一种稳定状态转变为另一种稳定状态;当触发信号消失后,能保持现有状态不变。

1. *RS* 触发器

(1) 基本 *RS* 触发器

基本 *RS* 触发器(又称 *SR* 锁存器)是最简单的一种触发器,许多复杂触发器都是由基本 *RS* 触发器组成的。

将两个**与非门** G_1 和 G_2 的输出端反馈回输入端,就构成基本 *RS* 触发器,其逻辑图如图 9.1.1(a) 所示。图 9.1.1(b) 为基本 *RS* 触发器的逻辑符号,输入端处的小圈表示该信号低电平有效,所以用 $\overline{R}_D$ 和 $\overline{S}_D$ 来表示。其中,$\overline{R}_D$ 端为直接复位端或直接置 **0** 端;$\overline{S}_D$ 端为直接置位端或直接置 **1** 端。Q 和 $\overline{Q}$ 为触发器的输出端,两者为互补状态。规定 Q 的状态为触发器的状态,当 $Q =$ **0**($\overline{Q} =$ **1**) 时,称触发器处于复位或置 **0** 状态;当 $Q =$ **1**($\overline{Q} =$ **0**) 时,称触发器处于置位或置 **1** 状态。

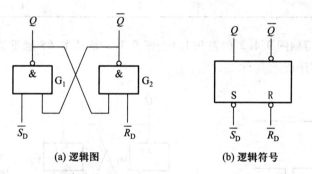

(a) 逻辑图　　　　(b) 逻辑符号

图 9.1.1 **与非门**构成的基本 *RS* 触发器

下面分析基本 *RS* 触发器的逻辑功能。设 Q^n 为电路原来的状态,称为现态;Q^{n+1} 为电路加了触发信号(正、负脉冲或时钟脉冲)之后的状态,称为次态。

(a) $\overline{R}_D = \mathbf{0}$, $\overline{S}_D = \mathbf{1}$

当 $\overline{R}_D = \mathbf{0}$ 时,对**与非门** G_2,按其逻辑关系"有 **0** 出 **1**",有 $\overline{Q} = \mathbf{1}$;此输出信号经反馈线反馈回 G_1 门的输入端,此时 $\overline{S}_D = \mathbf{1}$,按与非门的逻辑关系"全 **1** 出 **0**",使 $Q = \mathbf{0}$;此信号再反馈到 G_2 门的输入端,使 G_2 门锁住,即使 $\overline{R}_D$ 消失,仍有 $\overline{Q} = \mathbf{1}$。所以,无论触发器现态为何种状态(**0** 或 **1**),加入触发信号 $\overline{R}_D = \mathbf{0}$,$\overline{S}_D = \mathbf{1}$ 后,触发器的次态都为 **0**($Q = \mathbf{0}$) 状态。

(b) $\overline{R}_D = \mathbf{1}$, $\overline{S}_D = \mathbf{0}$

当 $\overline{S}_D = \mathbf{0}$ 时,对**与非门** G_1,按其逻辑关系"有 **0** 出 **1**",有 $Q = \mathbf{1}$;此输出信号经反馈线反馈回 G_2 门的输入端,此时 $\overline{R}_D = \mathbf{1}$,按与非门的逻辑关系"全 **1** 出 **0**",使 $\overline{Q} = \mathbf{0}$;此信号再反馈到 G_1 门

的输入端,使 G_1 门锁住,即使 $\overline{S}_D$ 消失,仍有 $Q = 1$。所以,无论触发器现态为何种状态(0 或 1),加入触发信号 $\overline{R}_D = 1$,$\overline{S}_D = 0$ 后,触发器的次态都为 1($Q = 1$)状态。

(c) $\overline{R}_D = 1$,$\overline{S}_D = 1$

当 $\overline{R}_D$ 和 $\overline{S}_D$ 都为 1 时,不难推出,触发器的次态和现态保持一致。

(d) $\overline{R}_D = 0$,$\overline{S}_D = 0$

当 $\overline{R}_D$ 和 $\overline{S}_D$ 都为 0 时,G_1 门和 G_2 门的输出端都为 1,此时 Q 和 $\overline{Q}$ 不互补。而且当触发信号 $\overline{R}_D = 0$,$\overline{S}_D = 0$ 消失后,触发器的状态不确定。所以,这种情况不允许在使用中出现。

表 9.1.1　与非门构成的基本 RS 触发器逻辑状态表

$\overline{R}_D$	$\overline{S}_D$	Q^n	Q^{n+1}	功　能
0	0	0	×	禁止
		1	×	
0	1	0	0	置0
		1	0	
1	0	0	1	置1
		1	1	
1	1	0	0	保持
		1	1	

由以上分析,可得到图 9.1.2 和表 9.1.1。图 9.1.2 是基本 RS 触发器电路的波形图,在时序逻辑电路中又称时序图。

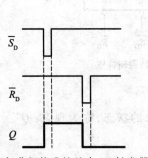

图 9.1.2　与非门构成的基本 RS 触发器时序图

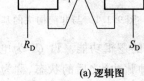
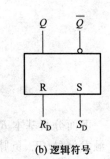

(a) 逻辑图　　　　(b) 逻辑符号

图 9.1.3　或非门构成的基本 RS 触发器

此外,基本 RS 触发器还可以用**或非门**构成。其逻辑图及逻辑符号分别如图 9.1.3(a)、(b) 所示;图 9.1.4 为**或非门**构成基本 RS 触发器的时序图。其逻辑状态表见表 9.1.2。

表 9.1.2　或非门构成的基本 RS 触发器逻辑状态表

R_D	S_D	Q^n	Q^{n+1}	功　能
0	0	0	0	保持
		1	1	

续表

R_D	S_D	Q^n	Q^{n+1}	功　能
0	**1**	**0**	**1**	置1
		1	**1**	
1	**0**	**0**	**0**	置0
		1	**0**	
1	**1**	**0**	×	禁止
		1	×	

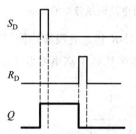
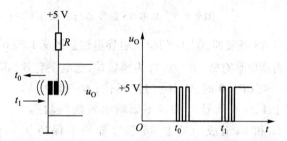

图 9.1.4　或非门构成的基本 RS 触发器时序图　图 9.1.5　机械开关及其通断时对电路电压波形的影响

例 9.1.1　利用基本 RS 触发器,消除由于机械开关振动产生的脉冲。

解:如图 9.1.5 所示,机械开关通断时会由于机械振动使电路的电压或电流产生"毛刺"。这种"毛刺"通常会被电路误认为是脉冲信号,使电路产生误动作,所以在电子电路中通常不允许出现这种现象。

利用基本 RS 触发器的记忆功能,可以消除由于机械开关振动产生的脉冲信号,机械开关和基本 RS 触发器的连接方式及其对电路电压波形的影响如图 9.1.6 所示。当开关 S 接 B 点时,$\overline{R}_D = 0$,$\overline{S}_D = 1$,基本 RS 触发器处于置0状态 $Q = 0$;当开关 S 离开 B 点时在 B 点处有机械振动,此时触发器的输入端会短暂交替出现 $\overline{R}_D = 1$,$\overline{S}_D = 1$ 及 $\overline{R}_D = 0$,$\overline{S}_D = 1$ 两种情况,触发器处于保持或置0状态,仍有 $Q = 0$;当开关 S 离开 B 点拨向 A 点前有一段悬空时间,此时触发器的输入端 $\overline{R}_D = 1$,$\overline{S}_D = 1$,触发器处于保持状态 $Q = 0$;开关 S 接到 A 点时 A 点又会出现机械振动,此时触发器的输入端会短暂交替出现 $\overline{R}_D = 1$,$\overline{S}_D = 1$ 及 $\overline{R}_D = 1$,$\overline{S}_D = 0$ 两种情况,触发器处于保持或置1状态,故有 $Q = 1$;开关 S 稳定在 A 点时,$\overline{R}_D = 1$,$\overline{S}_D = 1$,触发器处于置1状态 $Q = 1$。同样可分析开关由 A 点拨向 B 点时的情况。可见,由于引入了基本 RS 触发器,消除了由于机械开关的振动引起的电路中的"虚假"脉冲信号。

(2) 可控 RS 触发器

基本 RS 触发器的触发翻转由输入信号直接控制,$\overline{R}_D$ 和 $\overline{S}_D$ 变化,Q 随之变化,可见,基本 RS 触发器的抗干扰能力较弱。而且在实际系统中,常要求各触发器在规定的时刻同时触发翻转,这个时刻可由时钟脉冲 CP 决定。CP 脉冲和输入信号都可由引导电路引入基本 RS 触发器,实现时钟脉冲对输入端的控制,构成可控 RS 触发器。

图 9.1.7(a) 和 (b) 分别为可控 RS 触发器的逻辑图和逻辑符号。图 9.1.7(a) 中,G_1、G_2 门构成

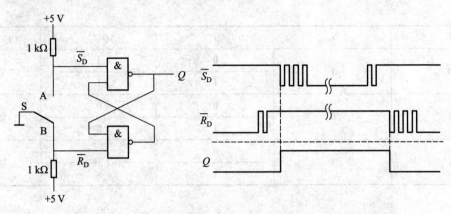

图 9.1.6 基本 RS 触发器与机械开关的连接方式及其对电路电压波形的影响

基本 RS 触发器;G_3、G_4 门组成引导电路。图 9.1.7(b) 中,输入信号 R 和 S 处没有小圈,表示输入信号为高电平有效。$\overline{R}_D$ 和 $\overline{S}_D$ 为预置端,低电平有效,正常工作中都将其处于高电平状态。

当 $CP = 0$ 时,G_3、G_4 门被锁住,Q_3 和 Q_4 都等于 1,输入信号 R 和 S 不影响触发器的状态,由 G_1 和 G_2 组成的基本 RS 触发器处于保持状态,次态等于现态 $Q^{n+1} = Q^n$;当 $CP = 1$ 时,触发器的状态由输入信号 R 和 S 决定。其逻辑关系分析如下:

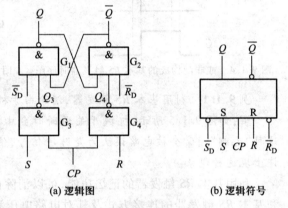

(a) 逻辑图　　(b) 逻辑符号

图 9.1.7 可控 RS 触发器

(a) $R = 0, S = 1$

此时 $Q_3 = 0$,$Q_4 = 1$,由 G_1 和 G_2 组成的基本 RS 触发器处于置 1 状态,所以无论触发器原来是什么状态,都有 $Q^{n+1} = 1$。

(b) $R = 1, S = 0$

此时 $Q_3 = 1$,$Q_4 = 0$,由 G_1 和 G_2 组成的基本 RS 触发器处于置 0 状态,所以无论触发器原来是什么状态,都有 $Q^{n+1} = 0$。

(c) $R = 0, S = 0$

此时 $Q_3 = Q_4 = 1$,由 G_1 和 G_2 组成的基本 RS 触发器处于保持状态,所以有 $Q^{n+1} = Q^n$。注意:此时触发器的保持是触发脉冲 CP 有效,即触发器被触发时由输入信号 R 和 S 确定的保持,与 $CP = 0$ 时的保持不同。

(d) $R = 1, S = 1$

此时 $Q_3 = 0$,$Q_4 = 0$,由 G_1 和 G_2 组成的基本 RS 触发器处于禁止状态,所以可控 RS 触发器也处于禁止状态。

由以上分析,可得到可控 RS 触发器的时序图 9.1.8 和可控 RS 触发器的逻辑状态表 9.1.3。

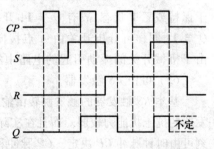

图 9.1.8 可控 RS 触发器时序图

表 9.1.3 可控 RS 触发器逻辑状态表

R	S	Q^n	Q^{n+1}	功　能
0	0	0	0	保持
		1	1	
0	1	0	1	置1
		1	1	
1	0	0	0	置0
		1	0	
1	1	0	×	禁止
		1	×	

例 9.1.2　如图 9.1.7 所示可控 RS 触发器,假设其初始状态为 **0**,画出 Q 的波形。

解:如图 9.1.9 所示为可控 RS 触发器在 CP 和 R、S 共同作用下的时序图。当 $CP=0$ 时触发器处于保持状态,当 $CP=1$ 时触发器的状态由 R 和 S 的状态共同决定。$CP=1$ 时段内,R 和 S 的状态发生变化,触发器的状态随之而变化。

由例 9.1.2 可知,可控触发器的触发翻转被控制在一个时间段以内,而不是在某一个时刻进行。这种控制方式会产生"空翻"现象(即:在一个时钟脉冲期间触发器翻转一次以上),在实际电路的应用中有很大局限性,故下面引入在某一个时刻触发翻转的触发器。

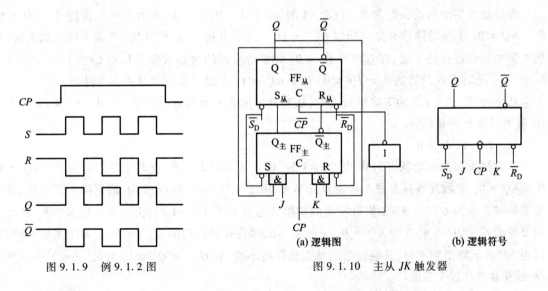

图 9.1.9　例 9.1.2 图　　　　　图 9.1.10　主从 JK 触发器

2. JK 触发器

同步触发器有"空翻"现象,在实际电路的应用中有很大局限性。为了提高触发器的可靠性,增强触发器的抗干扰能力,故设计在某一个时刻触发翻转的边沿触发器。边沿触发器的状态被控制在 CP 脉冲的上升沿或下降沿跳变的瞬间,在这之前或之后触发器的状态都不会受到输入信号的影响发生变化。边沿触发器的结构多种多样,主要有:主从型、维持阻塞型及利用传输延迟实现的触发器等。

图 9.1.10(a)和(b)是由两个可控 RS 触发器构成的主从型边沿 JK 触发器的逻辑图和逻辑

符号。因为两个可控 RS 触发器一个是主触发器，一个是从触发器，从触发器的状态取决于主触发器，并保持主从状态一致，所以称做主从触发器。从触发器的状态就是整个 JK 触发器的状态。CP 时钟脉冲通过一个非门分别连接在主触发器和从触发器上，使主触发器和从触发器不能同时触发翻转；触发器的输出 Q 和 $\overline{Q}$ 通过反馈线与输入信号 J 和 K 构成**与逻辑关系**：$S = J\overline{Q}$，$R = KQ$，主触发器的输出即为从触发器的输入信号：$S_\text{从} = Q_\text{主}$，$R_\text{从} = \overline{Q}_\text{主}$。$\overline{R}_\text{D}$ 和 $\overline{S}_\text{D}$ 为预置端，低电平有效，正常工作时都将其处于高电平状态。图 9.1.10(b) 中 CP 时钟脉冲端靠近方框处有一个小圈，表示时钟的下降沿为触发时刻，CP 脉冲对应的方框内的"∧"表示触发器为边沿触发。

主从 JK 触发器的逻辑功能分析如下：

(a) $J = 0$，$K = 0$

由于 $J = 0$，$K = 0$，此时主触发器的 $S = J\overline{Q} = 0$，$R = KQ = 0$，当 $CP = 1$ 时，主触发器打开，从触发器封锁，整个触发器的状态不变。主触发器此时具有保持功能 $Q_\text{主}^{n+1} = Q_\text{主}^n$。由于主从一致，所以主触发器的现态（原来的状态）就是从触发器的现态（原来的状态）；当 CP 由 1 变为 0，即 CP 的下降沿到来时，主触发器封锁，从触发器打开，由于主从一致，从触发器的次态（触发后的状态）就是主触发器的次态（触发后的状态），所以，从触发器的状态也保持不变，有 $Q^{n+1} = Q^n$。可见，$J = 0$，$K = 0$ 时 JK 触发器具有保持功能。

(b) $J = 0$，$K = 1$

假设触发器的初始状态为 0，当 $CP = 1$ 时，由于 $J = 0$，$K = 1$，此时主触发器的 $S = J\overline{Q} = 0$，$R = KQ = 0$，主触发器具有保持功能 $Q_\text{主}^{n+1} = Q_\text{主}^n$。由于主从一致，所以当 CP 的下降沿到来时，从触发器的状态也保持不变，有 $Q^{n+1} = Q^n = 0$。如果触发器的初始状态为 1，当 $CP = 1$ 时，由于 $J = 0$，$K = 1$，此时主触发器的 $S = J\overline{Q} = 0$，$R = KQ = 1$，主触发器此时具有置 0 功能 $Q_\text{主}^{n+1} = 0$。由于主从一致，所以当 CP 的下降沿到来时，从触发器的状态也为 $Q^{n+1} = 0$。可见，$J = 0$，$K = 1$ 时 JK 触发器具有置 0 功能。

(c) $J = 1$，$K = 0$

假设触发器的初始状态为 0，当 $CP = 1$ 时，由于 $J = 1$，$K = 0$，此时主触发器的 $S = J\overline{Q} = 1$，$R = KQ = 0$，主触发器具有置 1 功能 $Q_\text{主}^{n+1} = 1$。由于主从一致，所以当 CP 的下降沿到来时，从触发器的状态也为 $Q^{n+1} = 1$。如果触发器的初始状态为 1，当 $CP = 1$ 时，由于 $J = 1$，$K = 0$，此时主触发器的 $S = J\overline{Q} = 0$，$R = KQ = 0$，主触发器此时具有保持功能 $Q_\text{主}^{n+1} = Q_\text{主}^n$。由于主从一致，所以当 CP 的下降沿到来时，从触发器的状态也保持不变，有 $Q^{n+1} = Q^n = 1$。可见，$J = 1$，$K = 0$ 时 JK 触发器具有置 1 功能。

(d) $J = 1$，$K = 1$

假设触发器的初始状态为 0，当 $CP = 1$ 时，由于 $J = 1$，$K = 1$，此时主触发器的 $S = J\overline{Q} = 1$，$R = KQ = 0$，主触发器具有置 1 功能 $Q_\text{主}^{n+1} = 1$。由于主从一致，所以当 CP 的下降沿到来时，从触发器的状态也为 $Q^{n+1} = 1$。如果触发器的初始状态为 1，当 $CP = 1$ 时，由于 $J = 1$，$K = 1$，此时主触发器的 $S = J\overline{Q} = 0$，$R = KQ = 1$，主触发器具有置 0 功能 $Q_\text{主}^{n+1} = 0$。由于主从一致，所以当 CP 的下降沿到来时，从触发器的状态也为 $Q^{n+1} = 0$。可见，$J = 1$，$K = 1$ 时 JK 触发器具有翻转功能，由于每来一个 CP 脉冲触发器的状态会翻转一次，所以又称触发器具有计数功能或翻转计数功能。

由以上分析,可得到主从 JK 触发器的时序图 9.1.11 和主从 JK 触发器的逻辑状态表 9.1.4。

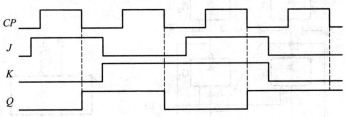

图 9.1.11 主从 JK 触发器时序图

表 9.1.4 主从 JK 触发器逻辑状态表

J	K	Q^n	Q^{n+1}	功　　能
0	0	0	0	保持
0	0	1	1	
0	1	0	0	置0
0	1	1	0	
1	0	0	1	置1
1	0	1	1	
1	1	0	1	翻转计数
1	1	1	0	

主从 JK 触发器当脉冲信号 $CP = 1$ 时,主触发器接受外接的 J、K 信号,此时如果 J、K 信号发生变化,会影响从触发器的逻辑功能,故下面引入维持阻塞型的 D 触发器。

3. D 触发器

维持阻塞型的边沿 D 触发器逻辑图和逻辑符号如图 9.1.12(a)、(b)所示。其基本结构为基本 RS 触发器,并由另 4 个与非门 G_3、G_4、G_5 和 G_6 引入 CP 时钟脉冲和输入信号 D。图 9.1.12 (b)中 CP 时钟脉冲上升沿为触发时刻。$\overline{R}_D$ 和 $\overline{S}_D$ 为预置端,低电平有效。

其逻辑功能分析如下:

(a) $D = 0$

当 $CP = 0$ 时,G_3、G_4 和 G_6 均输出为 **1**,G_5 输出为 **0**,此时由 G_1 和 G_2 组成的基本 RS 触发器处于保持状态,触发器状态不变,有 $Q^{n+1} = Q^n$;当 CP 脉冲由 **0** 变为 **1** 即脉冲的上升沿到来时 $CP =$ **1**,G_3 和 G_6 输出为 **1**,G_4 和 G_5 输出为 **0**。因为 G_4 的输出为 **0**,使基本 RS 触发器处于置 **0** 状态,有 $Q^{n+1} =$ **0**。G_4 的输出反馈回 G_6 的输入端,使 G_6 门锁住,此时无论 D 如何变化,触发器都保持 0 状态不变。

(b) $D = 1$

当 $CP = 0$ 时,G_3、G_4 和 G_5 均输出为 **1**,G_6 输出为 **0**,此时由 G_1 和 G_2 组成的基本 RS 触发器处于保持状态,触发器状态不变,有 $Q^{n+1} = Q^n$;当 CP 脉冲的上升沿到来时 $CP = $ **1**,G_4 和 G_5 输出为 **1**,G_3 和 G_6 输出为 **0**。因为 G_3 的输出为 **0**,使基本 RS 触发器处于置 **1** 状态,有

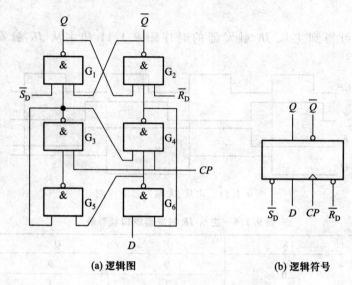

(a) 逻辑图　　　　　　　　(b) 逻辑符号

图 9.1.12　维持阻塞型 D 触发器

$Q^{n+1} = 1$。G_3 的输出反馈回 G_4 和 G_5 的输入端,使 G_4 和 G_5 门锁住,此时无论 D 如何变化,触发器都保持 **1** 状态不变。

由上述分析可知,维持阻塞型的 D 触发器是一种边沿触发器,其次态只与 CP 脉冲的触发沿(上升或下降沿)到达时刻前瞬间的输入信号状态有关,而与其他时间($CP = 0$ 或 $CP = 1$)的输入状态无关。触发器的这种功能可以提高其可靠性及抗干扰能力。图 9.1.13 是 D 触发器的时序图,其逻辑功能如表 9.1.5 所示。

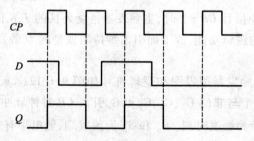

图 9.1.13　D 触发器时序图

表 9.1.5　D 触发器逻辑状态表

D	Q^n	Q^{n+1}	功　能
0	0	0	置 0
	1	0	
1	0	1	置 1
	1	1	

9.1.3　双稳态触发器的转换

如上节所述,JK 触发器和 D 触发器的功能都比较完善,特别是 D 触发器,接线简单,集成度高,在很多中、小规模集成电路中应用非常广泛。所以,可将 JK 触发器或 D 触发器增加一些外围电路,转换为另一种触发器。

1. JK 触发器转换为 D 触发器

比较表 9.1.4 和表 9.1.5 可知,JK 触发器和 D 触发器都具有置 **0** 和置 **1** 功能。当 $D = J = \overline{K}$ 时,JK 触发器和 D 触发器的逻辑功能完全相同。所以,可如图 9.1.14 所示,对 JK 触发器做一定改变,将其转换为 D 触发器。图 9.1.14 中改变后得到的 D 触发器为 CP 时钟脉冲下降沿触发,$\overline{R}_D$ 和 $\overline{S}_D$ 仍为预置端,低电平有效。

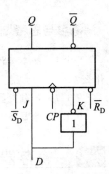

图 9.1.14 JK 触发器转换为 D 触发器

2. JK 触发器转换为 T 触发器

T 触发器只具有保持和翻转技术功能,其逻辑功能如表 9.1.6 所示。与 JK 触发器的逻辑状态表 9.1.4 比较,可知当 $T = J = K$ 时,JK 触发器和 T 触发器的逻辑功能完全相同。所以,可如图 9.1.15 所示,对 JK 触发器做一定变化,将其转换为 T 触发器。图中改变后得到的 T 触发器为 CP 时钟脉冲下降沿触发,$\overline{R}_D$ 和 $\overline{S}_D$ 仍为预置端,低电平有效。

表 9.1.6 T 触发器逻辑状态表

T	Q^n	Q^{n+1}	功 能
0	**0**	**0**	保持
	1	**1**	
1	**0**	**1**	翻转计数
	1	**0**	

3. D 触发器转换为 T' 触发器

T' 触发器只具有翻转技术功能,来一个时钟脉冲触发器就翻转一次 $Q^{n+1} = \overline{Q^n}$,其逻辑功能如表 9.1.7 所示。如图 9.1.16 所示,对 D 触发器做一定变化,可将其转换为 T' 触发器。图中改变后得到的 T' 触发器为 CP 时钟脉冲上升沿触发。

表 9.1.7 T' 触发器逻辑状态表

CP	Q^n	Q^{n+1}	功 能
有效	Q^n	$\overline{Q^n}$	翻转计数

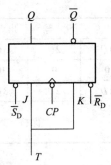

图 9.1.15 JK 触发器转换为 T 触发器

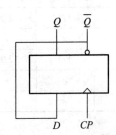

图 9.1.16 D 触发器转换为 T' 触发器

9.1.1　基本 *RS* 触发器、可控 *RS* 触发器、*JK* 触发器、*D* 触发器、*T* 触发器、*T'* 触发器的逻辑功能分别是什么？

9.1.2　各触发器的预置端的功能是什么？当触发器正常工作时，预置端应处于有效状态吗？

9.1.3　若要将 *D* 触发器转换为 *JK* 触发器，应如何转换？

9.2　寄存器

9.2.1　寄存器的概念及逻辑功能

在数字系统及数字计算机中，寄存器被广泛地应用。它主要用于存放二进制数或二进制代码。寄存器的主要组成部分是触发器，因为一个触发器能存储一位二进制数，所以 n 位二进制数需要由 n 个触发器构成的寄存器来存储。

存入和取出寄存器的信号通常有并行和串行两种方式。并行方式即被存取的所有数码同时送入或取出寄存器；串行方式即被存取的数码逐位送入或取出寄存器。

寄存器通常有数码寄存器和移位寄存器两种，数码寄存器只有寄存数据或代码的功能；移位寄存器除了存储数据和代码的功能外还具有移位功能。移位寄存器又有单向移位寄存器和双向移位寄存器之分。

9.2.2　寄存器的种类

1. 数码寄存器

数码寄存器只有寄存数据或代码的功能，通常由基本 *RS* 触发器或 *D* 触发器构成。4 位寄存器 74LS175 的逻辑电路图及引脚图如图 9.2.1 所示。由图 9.2.1 可知，寄存器由 4 个 *D* 触发器及外围电路构成，采用并行输入和并行输出的送数方式工作。$1D \sim 4D$ 端为数据输入端，数据输出端为 $1Q \sim 4Q$ 或 $\overline{1Q} \sim \overline{4Q}$；*CP* 为触发脉冲端，时钟上升沿有效；$R_D$ 为清零端，低电平有效，工作时首先清零，然后 R_D 一直处于高电平。

74LS175 的逻辑功能如表 9.2.1 所示。

表 9.2.1　74LS175 的逻辑功能表

输　　　　入						输　　　出			
R_D	*CP*	$1D$	$2D$	$3D$	$4D$	$1Q$	$2Q$	$3Q$	$4Q$
L	×	×	×	×	×	**0**	**0**	**0**	**0**
H	↑	$1D$	$2D$	$3D$	$4D$	$1D$	$2D$	$3D$	$4D$
H	H	×	×	×	×	保持			
H	L	×	×	×	×				

2. 移位寄存器

移位寄存器工作时，每来一个时钟脉冲，触发器的状态向左或向右移动 1 位。

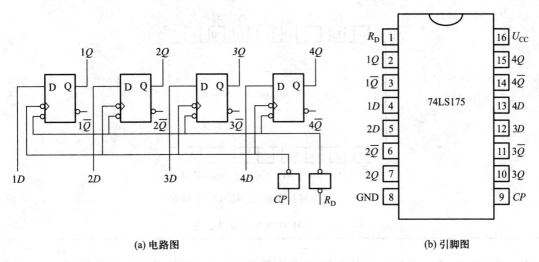

(a) 电路图　　　　　　　　　　　　　　(b) 引脚图

图 9.2.1　寄存器 74LS175

（1）单向移位寄存器

图 9.2.2 是由 JK 触发器构成的 4 位左移移位寄存器。$\overline{R}_D$ 为清零端，低电平有效，工作时首先清零，然后 $\overline{R}_D$ 一直处于高电平；FF_0 接成 D 触发器形式，数码由输入端 D 送入，$Q_0 \sim Q_3$ 为输出端，输入、输出方式为串行输入—并行输出或串行输入—串行输出；CP 时钟脉冲下降沿有效，每来一个 CP 脉冲 JK 触发器的状态都左移移位。4 个 CP 脉冲后，输入端送入的数都送到了 $Q_0 \sim Q_3$，可并行输出；再 4 个 CP 脉冲后，输入端送入的数可由 Q_3 端串行输出。

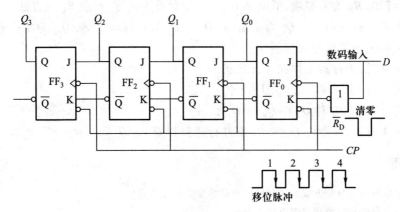

图 9.2.2　左移移位寄存器

（2）双向移位寄存器

在单向移位寄存器基础上增加一些门控电路，可构成既能左移（由高位向低位）又能右移（由低位向高位）的双向移位寄存器。

集成双向移位寄存器 74LS194 是由 4 个 RS 触发器和一些输入控制电路构成的。图 9.2.3 为其引脚排列图，表 9.2.2 为其逻辑功能表。

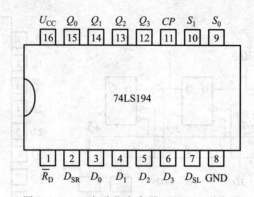

图 9.2.3 双向移位寄存器 74LS194 引脚图

表 9.2.2 74LS194 的逻辑功能表

$\overline{R}_D$	CP	S_1	S_0	D_{SL}	D_{SR}	D_3	D_2	D_1	D_0	Q_3	Q_2	Q_1	Q_0
			输	入							输	出	
0	×	×	×	×	×	×	×	×	×	**0**	**0**	**0**	**0**
1	**0**	×	×	×	×	×	×	×	×	保持			
1	↑	**1**	**1**	×	×	d_3	d_2	d_1	d_0	d_3	d_2	d_1	d_0
1	↑	**0**	**1**	×	d	×	×	×	×	右移			
1	↑	**1**	**0**	d	×	×	×	×	×	左移			
1	×	**0**	**0**	×	×	×	×	×	×	保持			

由功能表可知，$\overline{R}_D$ 为清零端，低电平有效，工作时首先清零，然后 $\overline{R}_D$ 一直处于高电平；CP 端为时钟脉冲，上升沿有效；$Q_3 \sim Q_0$ 为输出端；$D_3 \sim D_0$ 为并行输入端，D_{SL} 为左移输入端，D_{SR} 为右移输入端；S_1 和 S_0 为工作方式控制端。

$S_1 = S_0 = 0$ 时，寄存器工作在保持状态；

$S_1 = 0$，$S_0 = 1$ 时，右移 $D_{SR} \rightarrow Q_3 \rightarrow Q_0$；

$S_1 = 1$，$S_0 = 0$ 时，左移 $Q_3 \leftarrow Q_0 \leftarrow D_{SL}$；

$S_1 = S_0 = 1$ 时，寄存器由 $D_3 \sim D_0$ 端并行送数到 $Q_3 \sim Q_0$。

练习与思考

9.2.1 寄存器有哪些分类方式？其存储信息的多少由什么决定？

9.2.2 数码寄存器和移位寄存器有什么异同？

9.2.3 左移移位寄存器输入数据是由高位向低位传送还是由低位向高位传送？右移移位寄存器呢？

9.3 计数器

计数器是数字电路中使用得最多的时序逻辑电路。它不仅能对时钟脉冲计数，而且能用于定时、分频、产生节拍脉冲和脉冲序列等。计数器种类多种多样，按计数器中触发器是否同时触发翻转，可把计数器分为同步计数器和异步计数器；按计数器中进位体制的不同，可把计数器分为二进制计数器、二—十进制计数器及任意进制计数器;按计数过程中数字的增减不同,可把计数器分为加法计数器、减法计数器及可逆计数器等。

9.3.1 二进制计数器

1. 异步二进制计数器

触发器翻转时间有先有后,不同时翻转,触发器的状态与计数脉冲不同步的计数器称做异步计数器。二进制加法即"逢二进一",表 9.3.1 为 4 位二进制加法计数器的状态表。观察表 9.3.1 可发现,最低位触发器的状态 Q_0 每来一个 CP 脉冲会翻转一次;而高位(第 n 位)触发器的状态 Q_n,在相邻低位(第 $n-1$ 位)触发器的状态 Q_{n-1} 由 **1** 翻转为 **0** 时转换。

表 9.3.1 4 位二进制加法计数器状态表

计数脉冲个数	二 进 制 数			
	Q_3	Q_2	Q_1	Q_0
0	**0**	**0**	**0**	**0**
1	**0**	**0**	**0**	**1**
2	**0**	**0**	**1**	**0**
3	**0**	**0**	**1**	**1**
4	**0**	**1**	**0**	**0**
5	**0**	**1**	**0**	**1**
6	**0**	**1**	**1**	**0**
7	**0**	**1**	**1**	**1**
8	**1**	**0**	**0**	**0**
9	**1**	**0**	**0**	**1**
10	**1**	**0**	**1**	**0**
11	**1**	**0**	**1**	**1**
12	**1**	**1**	**0**	**0**
13	**1**	**1**	**0**	**1**
14	**1**	**1**	**1**	**0**
15	**1**	**1**	**1**	**1**
16	**0**	**0**	**0**	**0**

由此,可得到如图 9.3.1 所示,由 JK 触发器构成的 4 位异步二进制加法计数器电路。其中,每个触发器都处于翻转计数状态即 $J=K=1$,而触发器是否真正翻转,只看时钟脉冲是否到来。CP 脉冲下降沿有效;高位触发器的时钟是否到来,由相邻低位触发器的输出决定,当低位触发器输出由 **1** 变为 **0** 时,相邻的高位触发器翻转计数,否则保持原状态不变;CR 为清零端,低电平有效;图 9.3.2 为图 9.3.1 所示电路的时序图。

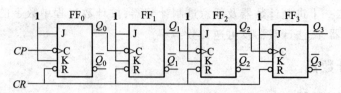

图 9.3.1 由 JK 触发器构成的 4 位异步二进制加法计数器电路

由时序图 9.3.2 可知，$f_{Q_0} = \dfrac{1}{2}f_{CP}$、$f_{Q_1} = \dfrac{1}{4}f_{CP}$、$f_{Q_2} = \dfrac{1}{8}f_{CP}$、$f_{Q_3} = \dfrac{1}{16}f_{CP}$，所以该电路又可作为分频器使用。

图 9.3.2 为理想状态时计数器的时序图，在实际电路中，由于各触发器不是同时翻转，而是逐级翻转实现计数进位，所以电路很可能出现瞬间的逻辑错误，如图 9.3.3 所示。当计数脉冲 CP 频率很快时，甚至很难分辨输出 $Q_3 \sim Q_0$ 的状态。故实际电路中多采用同步二进制计数器。

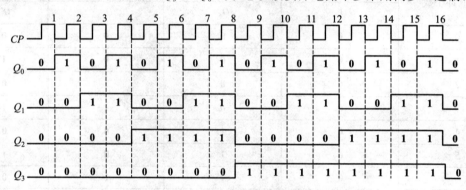

图 9.3.2 由 T' 触发器构成的 4 位异步二进制加法计数器时序图

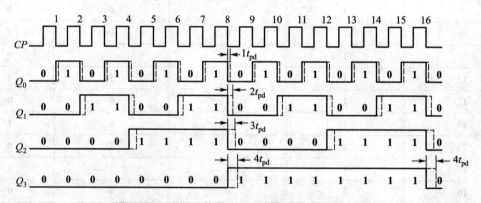

图 9.3.3 实际 4 位异步二进制加法计数器时序图

2. 同步二进制计数器

计数脉冲同时加到所有触发器的 CP 端，使所有触发器同时被触发，触发器的状态与计数脉冲同步的计数器称为同步计数器。由于同步计数器所有触发器同时被触发，所以其计数的速度比异步计数器快，但异步计数器的电路更简单。

观察表 9.3.1 可知，最低位触发器若为 FF_0，其状态 Q_0 每来一个 CP 脉冲会翻转一次，故触发器处于翻转计数状态,有 $J_0 = K_0 = 1$;第二位触发器 FF_1,只有当 $Q_0 = 1$ 时,再来一个计数脉冲才会翻转,故有 $J_1 = K_1 = Q_0$;第三位触发器 FF_2,只有当 Q_0 和 Q_1 同时为 **1** 时,再来一个计数脉冲才会翻转,故有 $J_2 = K_2 = Q_0Q_1$;第四位触发器 FF_3,只有当 Q_0、Q_1 和 Q_2 同时为 **1** 时,再来一个计数脉冲才会翻转,故有 $J_3 = K_3 = Q_0Q_1Q_2$。

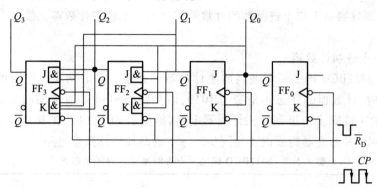

图 9.3.4 由 JK 触发器构成的 4 位同步二进制加法计数器电路

由此,可得到如图 9.3.4 所示,由 JK 触发器构成的 4 位同步二进制加法计数器电路。由表 9.3.1 可知,当第 16 个 CP 脉冲到来时,所有触发器都将回到零状态,重新开始计数,所以,4 位二进制加法计数器,最大能计 $2^4 - 1 = 15$ 个脉冲。实际上,n 位二进制加法计数器,最大能计 $2^n - 1$ 个脉冲。当脉冲个数超出最大计数脉冲时,计数器会溢出。

集成器件 74LS161 是常用的 4 位同步二进制加法计数器。其引脚图及逻辑功能表分别如图 9.3.5 和表 9.3.2 所示。

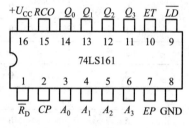

图 9.3.5 4 位同步二进制计数器 74LS161 引脚图

表 9.3.2 4 位二进制计数器 74LS161 逻辑功能表

输　　　入									输　　出			
$\overline{R}_D$	CP	$\overline{LD}$	EP	ET	A_3	A_2	A_1	A_0	Q_3	Q_2	Q_1	Q_0
0	×	×	×	×	×	×	×	×	**0**	**0**	**0**	**0**
1	↑	**0**	×	d_3	d_2	d_1	d_0		d_3	d_2	d_1	d_0
1	↑	**1**	**1**	**1**	×	×	×	×	计数			
1	×	**1**	**0**	×	×	×	×	×	保持			
1	×	**1**	×	**0**	×	×	×	×	保持			

其中,$\overline{R}_D$ 为异步清零端(无论 CP 是否到来都清零),低电平有效;$\overline{LD}$ 为同步置数端(只有当 CP 到来才置数),低电平有效,$\overline{R}_D$ 的优先级别高于 $\overline{LD}$;CP 为时钟脉冲,上升沿有效;$A_3 \sim A_0$ 为预置端,当 $\overline{LD}$ 有效且 CP 时钟上升沿到来时,$A_3 \sim A_0$ 将预置数到 $Q_3 \sim Q_0$;$Q_3 \sim Q_0$ 为数据输出端;RCO 为进位输出端,高电平有效,当计数器计满最大脉冲个数回零时,会由 RCO 输出有效信

号,此端口可用于级联;EP 和 ET 为计数控制端,只有 $EP = ET = 1$ 时计数器才处于计数状态,EP 或 ET 中有任意一个为 0 或两个都为 0 时,计数器处于保持状态。

9.3.2 二 – 十进制计数器

用 4 位二进制数表示 1 位十进制数的计数器称为二 – 十进制计数器。使用二 – 十进制计数器读数更为方便。

1. 同步二 – 十进制计数器

表 9.3.3 为 8421BCD 码二 – 十进制加法计数器状态表。与表 9.3.1 比较可发现,当第 10 个 CP 脉冲到来时,计数器的状态不是变为 **1010**,而是回到 **0000**。故前面图 9.3.4 所示的,由 JK 触发器构成的 4 位同步二进制加法计数器电路,触发器 FF₁ 和 FF₃ 的接线将发生变化,得到如图 9.3.6 所示由 JK 触发器构成的 4 位同步二 – 十进制加法计数器电路。

表 9.3.3 8421BCD 码二 – 十进制加法计数器状态表

计数脉冲个数	二 进 制 数			
	Q_3	Q_2	Q_1	Q_0
0	0	0	0	0
1	0	0	0	1
2	0	0	1	0
3	0	0	1	1
4	0	1	0	0
5	0	1	0	1
6	0	1	1	0
7	0	1	1	1
8	1	0	0	0
9	1	0	0	1
10	0	0	0	0

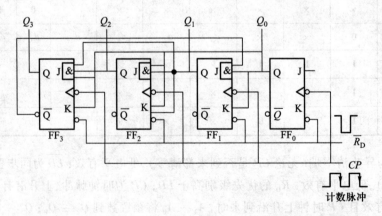

图 9.3.6 由 JK 触发器构成的 4 位同步二 – 十进制加法计数器电路

其中,触发器 FF_1 中 $J_1 = Q_0\overline{Q_3}$,$K_1 = Q_0$;触发器 FF_3 中 $J_3 = Q_0Q_1Q_2$,$K_3 = Q_0$。具体状态变化可由读者自行分析。图 9.3.7 为同步二 – 十进制加法计数器时序图。

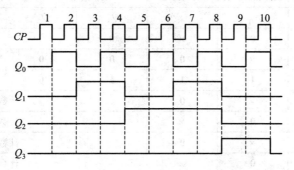

图 9.3.7 同步二 – 十进制加法计数器时序图

集成器件 74LS160 是常用的同步二 – 十进制加法计数器,其引脚及逻辑功能与 74LS161 基本一致。

2. 异步二 – 十进制计数器

异步二 – 十进制计数器也是在修改异步二进制加法计数器的基础上得到的,修改时同样要注意如何省略 **1010 ~ 1111** 这 6 个状态,具体分析方法请读者自行进行。

集成器件 74LS290 是常用的异步二 – 十进制计数器。图 9.3.8(a)、(b) 是 74LS290 的逻辑电路图及引脚图。由逻辑电路图可见,该电路分为两部分:触发器 FF_0 单独构成一个二进制计数器,由 CP_0 提供外加时钟脉冲;触发器 $FF_1 \sim FF_3$ 组成一个五进制计数器,由 CP_1 提供外加时钟脉冲;两部分电路独立存在,需通过外部电路将其连成十进制计数器。所以,该器件又称为二 – 五 – 十进制计数器。

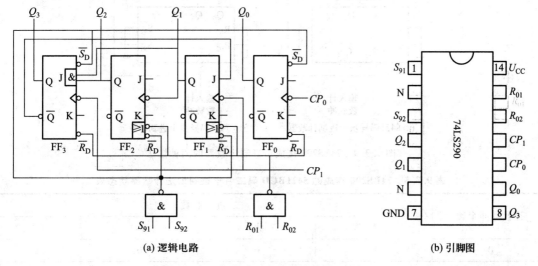

(a) 逻辑电路   (b) 引脚图

图 9.3.8 集成二 – 十进制计数器 74LS290

其中 R_{01} 和 R_{02} 是异步清零输入端,都是高电平有效,当 $R_{01} = R_{02} = \mathbf{1}$ 时,四个触发器强制性清零;S_{91} 和 S_{92} 是异步置 9 输入端,都是高电平有效,当 $S_{91} = S_{92} = \mathbf{1}$ 时,四个触发器强制性置 9;时钟脉冲 CP_0 和 CP_1 都是下降沿有效。表 9.3.4 为 74LS290 的逻辑功能表。

表 9.3.4　74LS290 逻辑功能表

输　　　入				输　　　出			
R_{01}	R_{02}	S_{91}	S_{92}	Q_3	Q_2	Q_1	Q_0
1	**1**	**0**	×	**0**	**0**	**0**	**0**
1	**1**	×	**0**	**0**	**0**	**0**	**0**
×	×	**1**	**1**	**1**	**0**	**0**	**1**
×	**0**	×	**0**	计数			
0	×	**0**	×	计数			
0	×	×	**0**	计数			
×	**0**	**0**	×	计数			

由表 9.3.4 可知,只有当置 9 端无效时清零端才有效,置 9 端的优先级别高于清零端。清零端和置 9 端的两组输入,每一组的两个端口至少有一个为 **0** 时,计数器才处于计数状态。

74LS290 作为十进制计数器时,有两种接法:

（1）以 CP_0 为外加时钟脉冲,二进制计数器的触发器 FF_0 的输出 Q_0 接 CP_1 作为五进制计数器的时钟脉冲时,74LS290 可构成 8421BCD 码的十进制计数器;

（2）以 CP_1 为外加时钟脉冲,五进制计数器最高位触发器 FF_3 的输出 Q_3 接 CP_0 作为二进制计数器的时钟脉冲时,74LS290 可构成 5421BCD 码的十进制计数器;

两种接线方式如图 9.3.9 所示。5421 码异步十进制计数器的状态表如表 9.3.5 所示。

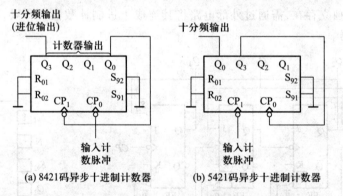

(a) 8421码异步十进制计数器　　(b) 5421码异步十进制计数器

图 9.3.9　74LS290 接成十进制计数器的两种接法

表 9.3.5　74LS290 构成的 5421BCD 码二 – 十进制加法计数器状态表

计数脉冲个数	二　进　制　数			
	Q_0	Q_3	Q_2	Q_1
0	**0**	**0**	**0**	**0**
1	**0**	**0**	**0**	**1**
2	**0**	**0**	**1**	**0**
3	**0**	**0**	**1**	**1**

续表

计数脉冲个数	二 进 制 数			
	Q_0	Q_3	Q_2	Q_1
4	**0**	**1**	**0**	**0**
5	**1**	**0**	**0**	**0**
6	**1**	**0**	**0**	**1**
7	**1**	**0**	**1**	**0**
8	**1**	**0**	**1**	**1**
9	**1**	**1**	**0**	**0**
10	**0**	**0**	**0**	**0**

9.3.3 用集成计数器构成任意进制计数器

集成计数器的种类繁多,但多数是二进制、十进制及十六进制。如果需要其他的任意进制计数器,通常用已有的计数器外接不同电路实现。若要用 M 进制集成计数器构成 N 进制计数器,当 $M > N$ 时,只需要一片 M 进制的集成计数器;当 $M < N$ 时,就需要多片 M 进制的集成计数器。

构成任意进制计数器主要有两种方法:反馈清零法和反馈置数法。

1. 反馈清零法

利用集成计数器的清零端,当计数器达到所需状态时强制性清零,使计数器的状态回到初始的 **0000** 状态开始重新计数,称作反馈清零法。通常有清零端的集成计数器可用反馈清零法实现任意进制计数器。

例如图 9.3.10 所示电路是 74LS290 构成的七进制计数器。它从 **0000** 开始计数,当来了 7 个计数脉冲后,计数器变为 **0111** 状态。此时由于 $R_{01} = R_{02} = Q_2Q_1Q_0 = 1$,所以计数器被强制性的清零,回到 **0000** 开始重新计数。状态 **0111** 在出现的瞬间就被清零回到 **0000** 状态,不能显示,只会出现 **0000**、**0001**、**0010**、**0011**、**0100**、**0101**、**0110** 七个状态,所以是七进制计数器。

例 9.3.1 试用反馈清零法用一片 74LS161 构成一个十二进制计数器。

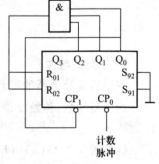

图 9.3.10 74LS290 构成的七进制计数器图

解:74LS161 是同步 4 位二进制计数器,它最大可计 16 个脉冲,所以一片 74LS161 就可以构成一个十二进制计数器。令 $EP = ET = 1$,$\overline{LD} = 1$,计数器处于计数状态。它从 **0000** 开始计数,当来了 12 个计数脉冲后,计数器有 **0000 ~ 1100** 十三个状态。如图 9.3.11 连线,将状态 **1100** 反馈回 $\overline{R}_D$ 端,使 $\overline{R}_D = \overline{Q_3Q_2} = 0$,计数器被强制性的清零,回到 **0000** 状态开始重新计数。状态 **1100** 在出现的瞬间就被清零回到 **0000** 状态,不能显示,只会出现 **0000 ~ 1011** 十二个状态,电路连线如图 9.3.11 所示。

例 9.3.2 试用反馈清零法用两片 74LS290 构成一个二十四进制计数器。

解:数字钟中的小时通常都是二十四进制,74LS290 是异步二 – 十进制计数器,它最大可计 10 个脉冲,所以构成一个二十四进制计数器需要两片 74LS290。两片 74LS290 都接成 8421BCD 码形式的十进制计数器,低位(个位)Q_3 端的进位脉冲作为高位(十位)的时钟脉冲;令两片 74LS290 的 $S_{91} = S_{92} = 0$,计数器处于计数状态。它从 **00000000** 开始计数,当来了 10 个计数脉冲后,低位计数器自动回零并向高位计数器送 1 个进位脉冲,当来了 24 个计数脉冲后,有 **00000000 ~ 00100100** 二十五个状态。如图 9.3.12 连线,将最后一个状态 **00100100** 反馈回清零端,使 $R_{01} = R_{02} = 1$,计数器被强制性的清零,回到 **00000000** 状态开始重新计数。状态 **00100100** 在出现的瞬间就被清零回到 **00000000** 状态,不能显示,只会出现 **00000000 ~ 00100011** 二十四个状态,电路连线如图 9.3.12 所示。

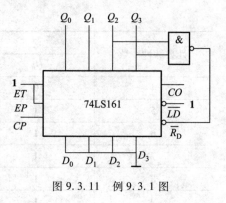

图 9.3.11　例 9.3.1 图

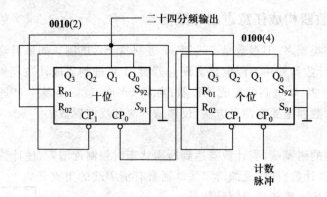

图 9.3.12　例 9.3.2 图

2. 反馈置数法

利用集成计数器的置数端,当计数器达到所需状态时强制性对其置数,使计数器从被置的状态开始重新计数,称做反馈置数法。通常有置数端的集成计数器可用反馈置数法实现任意进制计数器。

例如图 9.3.13(a)、(b)所示电路是 74LS161 构成的九进制计数器。图 9.3.13(a)从 **0000** 开始计数,当来了 8 个计数脉冲后,计数器变为 **1000** 状态。此时由于 $\overline{LD} = \overline{Q_3} = 0$,所以计数器处于置数状态,但还没有对 $Q_3 \sim Q_0$ 端置数,当再来一个计数脉冲时,置数开始,**0000** 被强制性的送到 $Q_3 \sim Q_0$ 端,计数器从 **0000** 状态开始重新计数。状态 **1000** 在下一个时钟脉冲出现后才会消失,可以显示,计数器会出现 **0000 ~ 1000** 九个状态,所以是九进制计数器。

图 9.3.13(b)是 74LS161 用反馈置数法构成九进制计数器的另一种接线方式。由 74LS161 的逻辑功能可知,当计数器状态为 **1111** 时,会在进位输出端 RCO 输出高电平 **1**。此信号经过非门反馈给置数端 $\overline{LD}$ 使 $\overline{LD} = 0$,计数器处于置数状态,但还没有对 $Q_3 \sim Q_0$ 端置数,当再来一个计数脉冲时,置数开始,**0111** 被强制性的送到 $Q_3 \sim Q_0$ 端,计数器从 **0111** 状态开始重新计数。状态 **1111** 在下一个时钟脉冲出现后才会消失,可以显示,计数器会出现 **0111 ~ 1111** 九个状态,所以是九进制计数器。

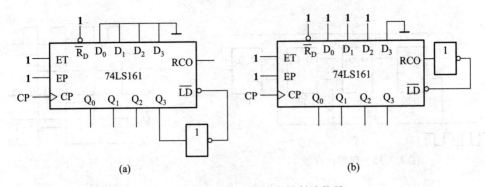

图 9.3.13　74LS161 构成九进制计数器

例 9.3.3　试用反馈置数法用一片 74LS161 构成一个十二进制计数器。

解：令 $EP = ET = 1$，$\overline{R}_D = 1$，计数器处于计数状态。如图 9.3.14 连线，将状态 **1011** 反馈回 $\overline{LD}$ 端，使 $\overline{LD} = \overline{Q_3 Q_1 Q_0} = 0$，计数器处于置数状态，但还没有对 $Q_3 \sim Q_0$ 端置数，当再来一个计数脉冲时，置数开始，**0000** 被强制性的送到 $Q_3 \sim Q_0$ 端，计数器从 **0000** 状态开始重新计数。状态 **1011** 在下一个时钟脉冲出现后才会消失，可以显示，所以，计数器会出现 **0000** ~ **1011** 十二个状态，构成十二进制计数器。

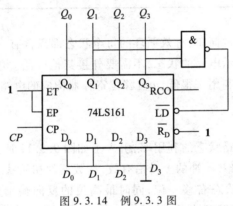

图 9.3.14　例 9.3.3 图

*9.3.4　环形计数器和环形分配器

1. 环形计数器

环形计数器是一种移位寄存器，其输入、输出方式是串行输入、串行输出，且最低位的输出端与最高位的输入端连接在一起，能产生循环的顺序脉冲信号。

如图 9.3.15 所示，CP 脉冲的上升沿有效，计数器的初始状态为 $Q_3 Q_2 Q_1 Q_0 = \mathbf{1000}$，每来一个 CP 脉冲计数器的状态右移一位，4 个脉冲之后，计数器回到 **1000** 状态，完成一次循环。由于环形计数器产生的是顺序脉冲，所以它是顺序脉冲发生器的一种。

图 9.3.16 为环形计数器的时序图，表 9.3.6 为环形计数器的状态表。

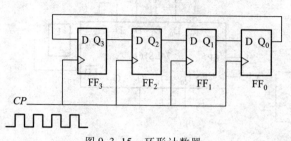

图 9.3.15　环形计数器

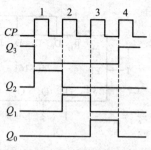

图 9.3.16　环形计数器时序图

表 9.3.6　环形计数器状态表

状 态 编 号	Q_3	Q_2	Q_1	Q_0
0	1	0	0	0
1	0	1	0	0
2	0	0	1	0
3	0	0	0	1
4	1	0	0	0

环形计数器电路结构非常简单,有效循环的每个状态都只含有一个 **1**(或 **0**)时,可以直接用各触发器输出端的 **1** 状态表示电路的状态,不需要外接其他电路。电路也不会出现竞争冒险现象。但是环形计数器的状态利用率很低,n 位移位寄存器构成的电路有 2^n 个状态,而环形计数器只用了 n 个状态,非常浪费。

2. 环形分配器

为了提高环形计数器电路状态的利用率,引入了如图 9.3.17 所示的环形分配器。表 9.3.7 为其状态表。图 9.3.17 中,CP 脉冲的上升沿有效,计数器的初始状态为 $Q_4Q_3Q_2Q_1Q_0 = $ **00000**,每来一个 CP 脉冲计数器的状态右移一位,同时最高位的反向输出信号送入最低位的输入端。10 个脉冲之后,计数器回到 **00000** 状态,完成一次循环。

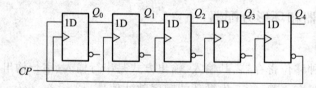

图 9.3.17　环形分配器

表 9.3.7　环形分配器状态表

状 态 编 号	Q_4	Q_3	Q_2	Q_1	Q_0
0	0	0	0	0	0
1	0	0	0	0	1

续表

状 态 编 号	Q_4	Q_3	Q_2	Q_1	Q_0
2	0	0	0	1	1
3	0	0	1	1	1
4	0	1	1	1	1
5	1	1	1	1	1
6	1	1	1	1	0
7	1	1	1	0	0
8	1	1	0	0	0
9	1	0	0	0	0
10	0	0	0	0	0

可见环形分配器的状态数比环形计数器提高了一倍,电路在状态转换时仍只有一个触发器的状态发生变化,不会出现竞争冒险现象。

练习与思考

9.3.1 什么是计数器? 计数器的分类方式有哪些?

9.3.2 异步计数器和同步计数器各有什么缺点?

9.3.3 用反馈清零法或反馈置数法构成任意进制计数器时应注意什么?

9.4 单稳态触发器和振荡电路

在本章开篇的例子电子钟电路中用到的计数脉冲以及前面提到的触发脉冲信号等的产生和整形通常由单稳态触发器和无稳态触发器(多谐振荡器)实现。

9.4.1 单稳态触发器的概念及 555 定时器

1. 单稳态触发器

9.1 节介绍的双稳态触发器有两个稳定状态,触发器状态的变化需要脉冲信号的触发,如果脉冲信号消失,触发器的状态仍能保持。单稳态触发器则只有一个稳定状态,它具有如下特点:

(1) 单稳态触发器有两种工作状态:稳态和暂稳态;

(2) 单稳态触发器在触发脉冲信号作用下,将从稳态转变为暂稳态,当触发信号消失后,触发器的暂稳态保持一段时间后自动变回稳态。

(3) 单稳态触发器暂稳态保持的时间与触发脉冲的幅度和脉宽无关,只取决于触发器自身的参数。

2. 555 定时器

555 定时器是集模拟、数字电路于一体的一种中规模集成电路。它能构成单稳态触发器和无稳态触发器,使用灵活、方便,在波形的产生、变换、定时、控制、检测及报警等领域应用非常广泛。

555 定时器型号繁多,但其引脚及功能都是一致的。以 TTL 定时器 CB555 为例,其引脚图和电路如图 9.4.1(a)、(b)所示。

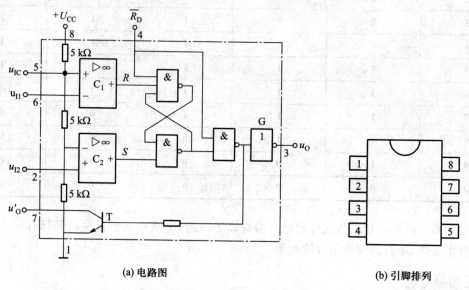

(a) 电路图　　　　　　　　　　(b) 引脚排列

图 9.4.1　CB555 定时器

由图 9.4.1 可知,CB555 定时器由 3 个 5 kΩ 电阻、2 个电压比较器 C_1 和 C_2、1 个与非门组成的基本 RS 触发器、与非门、非门及放电晶体管 T 构成。其中各引脚分别为:1 脚—接地端,2 脚—触发输入端,3 脚—输出端,4 脚—复位端,5 脚—控制电压端,6 脚—阈值输入端,7 脚—放电端,8 脚—电源端。3 个 5 kΩ 的电阻构成分压电路,提供两个电压比较器的参考电压,当 5 脚悬空时,电压比较器 C_1 和 C_2 的参考电压分别为 $\frac{2}{3}U_{CC}$ 和 $\frac{1}{3}U_{CC}$。CB555 定时器的逻辑功能如表 9.4.1 所示。

表 9.4.1　CB555 定时器逻辑功能表

输　　入			输　　出	
阈值输入(u_{I1})	触发输入(u_{I2})	复位($\overline{R}_D$)	输出(u_O)	放电管 T
×	×	0	0	导通
$< \frac{2}{3}U_{CC}$	$< \frac{1}{3}U_{CC}$	1	1	截止
$> \frac{2}{3}U_{CC}$	$> \frac{1}{3}U_{CC}$	1	0	导通
$< \frac{2}{3}U_{CC}$	$> \frac{1}{3}U_{CC}$	1	不变	不变

当复位端为 0 时,基本 RS 触发器强制性复位,输出 $u_O = 0$,正常工作时 $\overline{R}_D$ 端必须处于高电

平;当 $u_{I1} < \dfrac{2}{3}U_{CC}$ 且 $u_{I2} < \dfrac{1}{3}U_{CC}$ 时,比较器 C_1 输出高电平 $R = 1$,比较器 C_2 输出低电平 $S = 0$,基本 RS 触发器置 **1**,输出为高电平 $u_O = 1$;当 $u_{I1} > \dfrac{2}{3}U_{CC}$ 且 $u_{I2} > \dfrac{1}{3}U_{CC}$ 时,比较器 C_1 输出低电平 $R = 0$,比较器 C_2 输出高电平 $S = 1$,基本 RS 触发器置 **0**,输出为低电平 $u_O = 0$;当 $u_{I1} < \dfrac{2}{3}U_{CC}$ 且 $u_{I2} > \dfrac{1}{3}U_{CC}$ 时,比较器 C_1 输出高电平 $R = 1$,比较器 C_2 输出高电平 $S = 1$,基本 RS 触发器保持,输出也保持不变。

9.4.2 由 555 定时器构成的电路

1. 555 定时器构成单稳态触发器

以 555 定时器的 2 脚(触发输入端 u_{I2})作为触发信号的输入端,在 6 脚(阈值输入端)、7 脚(放电端)和 1 脚(接地端)之间加入外加电阻 R 和电容 C,将构成如图 9.4.2 所示单稳态触发器。

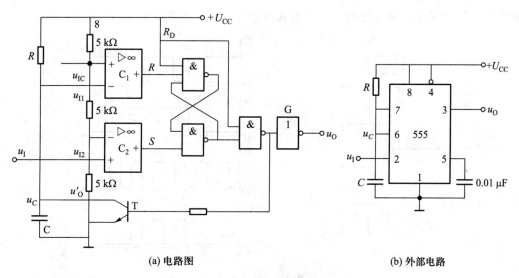

(a) 电路图　　　　　　　　　　　　(b) 外部电路

图 9.4.2　555 定时器构成单稳态触发器

假设没有触发信号时 $u_I = 1$,如果 $u_O = 0$,则放电管饱和导通,$u_C = 0.3\,\text{V}$,此时有 $u_{I1} < \dfrac{2}{3}U_{CC}$ 且 $u_{I2} > \dfrac{1}{3}U_{CC}$,基本 RS 触发器处于保持状态,单稳态触发器也保持 $u_O = 0$ 不变;如果 $u_O = 1$,则放电管截止,电源通过外加电阻 R 向外加电容 C 充电,u_C 逐渐增大,当 $u_C > \dfrac{2}{3}u_{CC}$ 时,有 $u_{I1} > \dfrac{2}{3}U_{CC}$ 且 $u_{I2} > \dfrac{1}{3}U_{CC}$,基本 RS 触发器处于置 **0** 状态,单稳态触发器也置 **0**,有 $u_O = 0$,同时放电管饱和导通,电容两端电压降至 $u_C = 0.3\,\text{V}$,单稳态触发器一直保持 $u_O = 0$ 不变。所以,没有触发信号时,单稳态触发器处于稳定状态 $u_O = 0$。

当触发信号到来时 $u_1 = 0$,此时有 $u_{I1} < \frac{2}{3}U_{CC}$ 且 $u_{I2} < \frac{1}{3}U_{CC}$,基本 RS 触发器处于置 **1** 状态,单稳态触发器也置 **1**,有 $u_O = \mathbf{1}$,单稳态触发器进入暂稳态;由于 $u_O = \mathbf{1}$,放电管截止,电源又通过外加电阻 R 向外加电容 C 充电,u_C 逐渐增大,当 $u_C > \frac{2}{3}U_{CC}$ 时,有 $u_{I1} > \frac{2}{3}U_{CC}$ 且 $u_{I2} > \frac{1}{3}U_{CC}$,基本 RS 触发器处于置 **0** 状态,单稳态触发器也置 **0**,有 $u_O = \mathbf{0}$,单稳态触发器自动回到稳定状态,同时放电管饱和导通,单稳态触发器一直保持 $u_O = \mathbf{0}$ 不变。

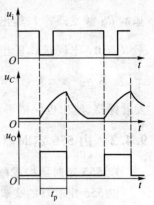

单稳态触发器的时序电路图如图 9.4.3 所示。暂稳态的长短 t_p 取决于 RC 的时间常数,有 $t_p = RC\ln3 = 1.1RC$。

例 9.4.1 利用单稳态触发器实现频率计。

解:如图 9.4.4 所示利用单稳态触发器的输出脉冲作为与门的输入端控制信号,通过调节 R、C 的大小使 $t_w = 1.1RC = 1\text{ s}$,则在 t_w 时段内与门打开,此时通过的脉冲的个数即为被测脉冲信号的频率。

图 9.4.3　555 定时器构成单稳态触发器的时序图

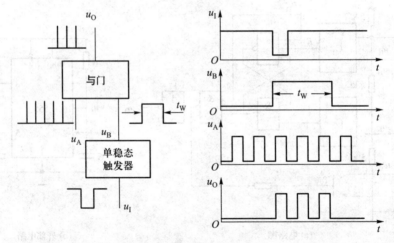

图 9.4.4　例 9.4.1 图

2. 555 定时器构成多谐振荡器

多谐振荡器是一种自激振荡电路,该电路在上电后无须外加触发信号,就可以自动产生一定幅度和频率的矩形脉冲,因为矩形波中含有丰富的高次谐波分量,所以称为多谐振荡器。又由于该电路在工作过程中只有暂稳态而没有稳定状态,所以又称做无稳态触发器。

由 555 定时器构成多谐振荡器的电路如图 9.4.5 所示。5 脚(控制电压端)通过 $0.01\ \mu\text{F}$ 的电容接地,6 脚(阈值输入端)和 2 脚(触发输入端)接在一起,外加电阻 R_1、R_2 和电容 C,有 $u_C = u_{I1} = u_{I2}$。

电路上电后,电源通过电阻 R_1 和 R_2 向电容 C 充电,电容两端电压上升,当 $0 < u_C < \frac{1}{3}U_{CC}$ 时,有 $u_{I1} < \frac{2}{3}U_{CC}$ 且 $u_{I2} < \frac{1}{3}U_{CC}$,基本 RS 触发器处于置 **1** 状态,单稳态触发器也置 **1**,有 $u_O =$

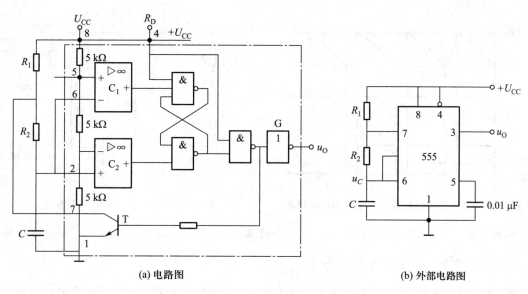

(a) 电路图　　　　　　　　　(b) 外部电路图

图 9.4.5　555 定时器构成多谐振荡器

1, 此时放电管 T 截止; 电容电压继续上升, 当 $\frac{1}{3}U_{CC} < u_c < \frac{2}{3}U_{CC}$ 时, 有 $u_{I1} < \frac{2}{3}U_{CC}$ 且 $u_{I2} > \frac{1}{3}U_{CC}$ 基本 RS 触发器处于保持状态, 单稳态触发器保持 $u_0 = 1$ 不变, 触发器处于第一暂稳态; 当电容电压上升到 $u_c > \frac{2}{3}U_{CC}$ 时, 有 $u_{I1} > \frac{2}{3}U_{CC}$ 且 $u_{I2} > \frac{1}{3}U_{CC}$, 基本 RS 触发器处于置 0 状态, 单稳态触发器也置 **0**, 有 $u_0 = 0$, 此时放电管饱和导通; 电容通过放电管 T 放电, 电容两端电压开始下降, 当 $\frac{1}{3}U_{CC} < u_c < \frac{2}{3}U_{CC}$ 时, 有 $u_{I1} < \frac{2}{3}U_{CC}$ 且 $u_{I2} > \frac{1}{3}U_{CC}$, 基本 RS 触发器处于保持状态, 单稳态触发器保持 $u_0 = 0$ 不变, 触发器处于第二暂稳态; 当电容电压降到 $0 < u_c < \frac{1}{3}U_{CC}$ 时, 又开始重复上述过程。555 定时器构成的多谐振荡器时序图如图 9.4.6 所示。

第一暂稳态的脉冲宽度 $t_{PH} \approx (R_1 + R_2)C\ln2 = 0.7(R_1 + R_2)C$ (9.4.1)

第二暂稳态的脉冲宽度 $t_{PL} \approx R_2C\ln2 = 0.7R_2C$ (9.4.2)

脉冲振荡周期 $T = t_{PH} + t_{PL} \approx 0.7(R_1 + 2R_2)C$ (9.4.3)

脉冲振荡频率 $f = \frac{1}{T} = \frac{1.43}{(R_1 + 2R_2)C}$ (9.4.4)

输出波形的占空比 $D = \frac{t_{PH}}{t_{PH} + t_{PL}} = \frac{R_1 + R_2}{R_1 + 2R_2}$ (9.4.5)

图 9.4.7 为由 555 定时器构成的占空比可调的多谐振荡器。电路利用二极管的单向导电性, 用 D_1 和 D_2 将电容 C 的充、放电回路分开, 并接入电位器 R_2。其占空比为: $D = \frac{R_A}{R_A + R_B}$。

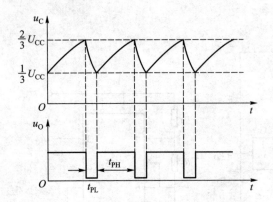

图 9.4.6　555 定时器构成多谐振荡器的时序图

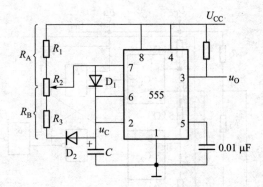

图 9.4.7　占空比可调的多谐振荡器

例 9.4.2　试用 CB555 定时器设计一个多谐振荡器,要求其振荡周期为 1 s,输出脉冲幅度大于 3 V 而小于 5 V,占空比为 $D = \dfrac{2}{3}$。

解:查 CB555 的特性参数可知,当 $U_{CC} = 5$ V 时,在 100 mA 的输出电流下输出电压的典型值是 3.3 V,故取 $U_{CC} = 5$ V 可以满足题目对输出脉冲幅度的要求。

若采用图 9.4.5 所示电路,由式(9.4.5)可得: $D = \dfrac{R_1 + R_2}{R_1 + 2R_2} = \dfrac{2}{3}$, 所以有 $R_1 = R_2$。

由式(9.4.3) $T = 0.7(R_1 + 2R_2)C = 1$, 若 $C = 10$ μF, 并将 $R_1 = R_2$ 带入,则

$$T = 0.7(R_1 + 2R_2)C = 0.7 \times 3R_1 C = 1$$

$$R_1 = \frac{1}{0.7 \times 3C} = \frac{1}{0.7 \times 3 \times 10^{-5}} \Omega \approx 47.6 \text{ k}\Omega$$

所以可以取两只电阻 $R_1 = R_2 = 47$ kΩ 与一个 2 kΩ 的电位器串联,设计的电路如图 9.4.8 所示。

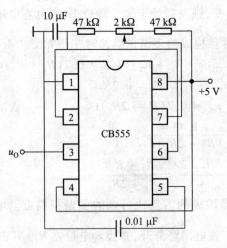

图 9.4.8　例 9.4.2 图

练习与思考

9.4.1 什么是 555 定时器？555 定时器的工作原理及性能特点如何？

9.4.2 什么是单稳态触发器？如何由 555 定时器构成单稳态触发器？

9.4.3 什么是多谐振荡器？如何由 555 定时器构成多谐振荡器？

*在本章开始的引言部分介绍了数字钟电路。该电路如图 9.0.1 所示，原理框图如图 9.0.2 所示。电路包含了秒信号发生器、校时电路、"时、分、秒"计数器、译码驱动器及显示器等几部分。秒信号发生器是整个系统的时基信号，由石英晶体振荡器（此部分电路即为多谐振荡器）产生 32 768 Hz 的脉冲信号，经整形后由分频电路产生秒脉冲信号送入计数器计数。分频电路由双稳态触发器构成。计数器、译码驱动器和显示器分为三组，分别表示时、分和秒。其中译码驱动器和显示器部分为组合逻辑电路，在第 8 章中已有介绍。分和秒计数器都是六十进制，秒计数器的信号为"秒脉冲"，累计 60 秒后回零并向分计数器发出一个"分脉冲"；分计数器累计 60 分后回零并向时计数器发出一个"时脉冲"；时计数器为二十四进制，可实现一天 24 小时的累计。校时电路由无振抖开关（基本 RS 触发器）和**与非**门实现，能对时和分显示数字进行校对调整。

可见，此数字钟电路既包含了组合逻辑电路，又包含了时序逻辑电路，是数字电路的经典应用。

小结

1. 时序逻辑电路的输出状态不仅取决于当时的输入信号，而且与电路原来的状态有关，当输入信号消失后，电路状态仍维持不变。

2. 双稳态触发器是一种具有记忆功能的逻辑单元电路，它有两个稳定状态 **0** 态和 **1** 态，能储存一位二进制码。不同的触发器之间可以相互转换。

3. 单稳态触发器有两种工作状态：稳态和暂稳态，在触发脉冲信号作用下，触发器将从稳态转变为暂稳态，当触发信号消失后，触发器的暂稳态保持一段时间后自动变回稳态。单稳态触发器暂稳态保持的时间与触发脉冲的幅度和脉宽无关，只取决于触发器自身的参数。

4. 555 定时器是一种将模拟电路和数字电路集成于一体的电子器件。用它可以构成单稳态触发器、多谐振荡器和施密特触发器等多种电路。555 定时器在工业控制、定时、检测、报警等方面有广泛应用。

5. 寄存器是数字系统常用的逻辑部件，它用来存放数码或指令等。它由触发器和门电路组成。一个触发器只能存放一位二进制数，存放 n 位二进制时，要 n 个触发器。

6. 计数器是数字电路和计算机中广泛应用的一种逻辑部件，可累计输入脉冲的个数，可用于定时、分频、时序控制等。

习题 ➤

9.1.1 由与非门组成的基本 RS 触发器输入端 $\overline{R}_D$ 和 $\overline{S}_D$ 波形如图 9.01 所示时,试画出 Q 端的输出波形。设初始状态为 **0** 和 **1** 两种情况。

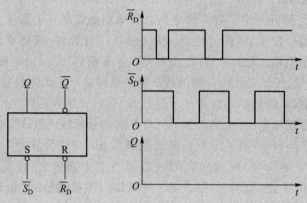

图 9.01 习题 9.1.1 的图

9.1.2 可控 RS 触发器的时钟脉冲 CP 和输入端 S、R 的波形如图 9.02 所示,试画出 Q 端的输出波形。设初始状态为 **0** 和 **1** 两种情况。

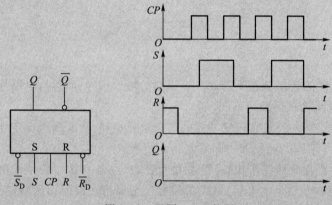

图 9.02 习题 9.1.2 的图

9.1.3 主从型 JK 触发器的时钟脉冲 CP 和输入端 J、K 的波形分别如图 9.03 所示,试画出 Q 端的输出波形。设初始状态为 **0**。

9.1.4 已知时钟脉冲 CP 的波形如图 9.04 所示,试分别画出(a)~(f)中各触发器输出端 Q 的波形。设它们的初始状态均为 **0**。指出哪个具有计数功能。(输入端悬空时,认为接高电平。)

9.1.5 逻辑图和时钟脉冲 CP 的波形如图 9.05 所示,试画出 Q_1 和 Q_2 端的波形。如果时钟脉冲的频率是 4 000 Hz,那么 Q_1 和 Q_2 波形的频率各为多少? 设初始状态 $Q_1 = Q_2 = 0$。

9.1.6 电路如图 9.06 所示,试画出 Q_1 和 Q_2 的波形。设两个触发器的初始状态均为 **0**。

9.1.7 图 9.07 所示电路是一个可以产生几种脉冲波形的信号发生器。试从所给出的时钟脉冲 CP 画出 Y_1,Y_2 和 Y_3 三个输出端的波形。设触发器的初始状态为 **0**。

9.2.1 试用四个 JK 触发器构成四位右移移位寄存器。

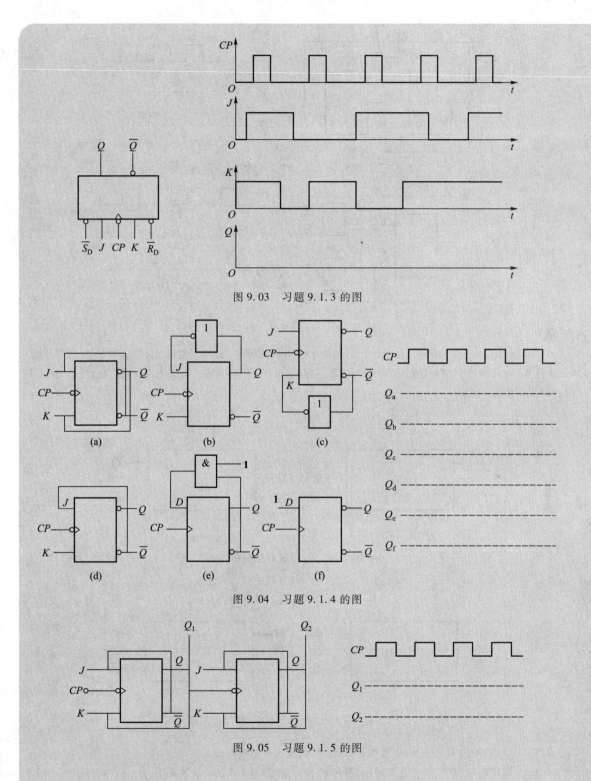

图 9.03　习题 9.1.3 的图

图 9.04　习题 9.1.4 的图

图 9.05　习题 9.1.5 的图

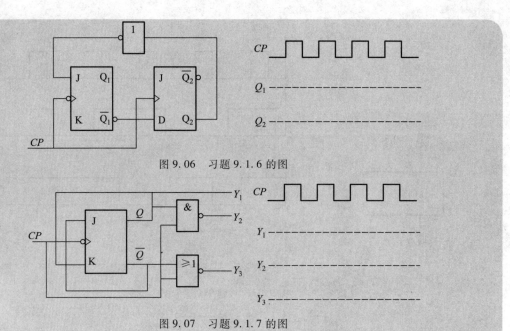

图 9.06　习题 9.1.6 的图

图 9.07　习题 9.1.7 的图

9.3.1　试用 74LS161 型同步二进制计数器(如图 9.08 所示)接成十一进制计数器:(1)用清零法;(2)用置数法。

9.3.2　试用两片 74LS161 型同步二进制计数器(如图 9.09 所示)接成一百二十八进制计数器:(1)用清零法;(2)用置数法。

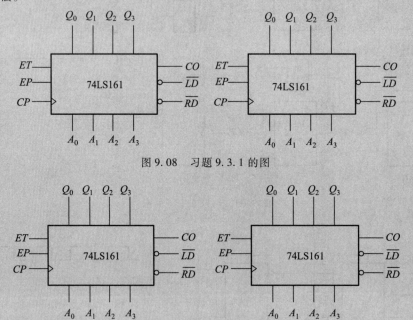

图 9.08　习题 9.3.1 的图

图 9.09　习题 9.3.2 的图

9.3.3　试用 74LS290 型计数器(如图 9.10 所示)接成五进制计数器。

9.3.4　试用两片 74LS290 型计数器(如图 9.11 所示)接成三十六进制计数器。

9.4.1　如图 9.12 所示由 555 定时器构成的单稳态触发器中,$V_{CC} = 9$ V、$R = 27$ kΩ、$C = 0.05$ μF,则:

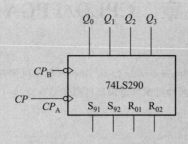

图 9.10　习题 9.3.3 的图

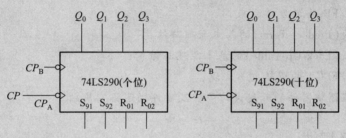

图 9.11　习题 9.3.4 的图

（1）估算输出脉冲 u_o 的脉冲宽度 t_W；

（2）若触发脉冲 u_i 为负脉冲，其 $t_W = 0.5\text{ms}$、$T = 5\text{ ms}$、高电平为 9 V、低电平为 0 V，试画出 u_i 及 u_o 的波形。

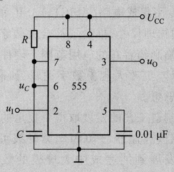

图 9.12　习题 9.4.1 的图

9.4.2　图 9.13 所示由 555 定时器构成的多谐振荡器中，$U_{CC} = 10$ V、$R_1 = 20$ kΩ、$R_2 = 30$ kΩ、$C = 0.1$ μF，则：

（1）计算输出脉冲 u_o 的振荡周期 T、振荡频率 f 及占空比 q；

（2）试画出 u_o 的波形。

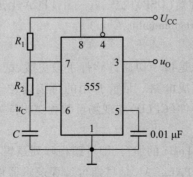

图 9.13　习题 9.4.2 的图

第 10 章　CPLD/FPGA 基础

本章主要介绍了 CPLD(Complex Programmable Logic Device,复杂可编程逻辑器件)、FPGA(Field Programmable Gate Array,现场可编程逻辑阵列)两种可编程逻辑器件的基础概念,包括它们的发展历程,常见基本结构、实现原理,及其开发设计特点。

学习目的:

1. 了解 CPLD/FPGA 的发展由来;
2. 了解乘积项(Product-Term)的基本原理与结构;
3. 了解查找表(Look-Up-Table)的基本原理与结构;
4. 了解 CPLD/FPGA 的逻辑电路实现;
5. 了解可编程逻辑器件的开发设计步骤及硬件描述语言基础。

10.1　发展及概述

随着微电子技术的发展,数字集成电路从电子管、晶体管、中小规模集成电路、超大规模集成电路(VLSIC)逐步发展到今天的专用集成电路(ASIC)。ASIC 的出现降低了产品的生产成本,提高了系统的可靠性,缩小了设计的物理尺寸,推动了社会的数字化进程。但是 ASIC 因其设计周期长,改版投资大,灵活性差等缺陷制约着它的应用范围。硬件工程师希望有一种更灵活的设计方法,根据需要,在实验室就能设计、更改大规模数字逻辑,研制自己的 ASIC 并马上投入使用,这是提出可编程逻辑器件的基本思想。

可编程逻辑器件随着微电子制造工艺的发展取得了长足的进步。从早期的只能存储少量数据,完成简单逻辑功能的可编程只读存储器(PROM)、紫外线可擦除只读存储器(EPROM)和电可擦除只读存储器(E^2PROM),发展到能完成中大规模的数字逻辑功能的可编程阵列逻辑(PAL)和通用阵列逻辑(GAL),今天已经发展成为可以完成超大规模的复杂组合逻辑与时序逻辑的复杂可编程逻辑器件(CPLD)和现场可编程逻辑阵列(FPGA)。随着工艺技术的发展与市场需要,超大规模、高速、低功耗的新型 FPGA/CPLD 不断推陈出新。新一代的 FPGA 甚至集成了中央处理器(CPU)或数字处理器(DSP)内核,在一片 FPGA 上进行软硬件协同设计,实现片上可编程系统(SOPC,System On Programmable Chip)。

1. 可编程逻辑器件的分类

一般来讲,可编程逻辑器件是指一切通过软件手段更改、配置器件内部连接结构和逻辑单元,完成既定设计功能的数字集成电路。目前常用的可编程逻辑器件主要有简单的逻辑阵列(PAL/GAL)、复杂可编程逻辑器件(CPLD)和现场可编程逻辑阵列(FPGA)等三类。

(1) PAL/GAL

PAL 是 Programmable Array Logic 的缩写,即可编程阵列逻辑;GAL 是 Generic Array Logic 的缩写,即通用可编程阵列逻辑。PAL/GAL 是早期可编程逻辑器件的发展形式,其特点是大多基于 E^2CMOS 工艺,结构较为简单,可编程逻辑单元多为**与**、**或**阵列,可编程单元密度较低,仅能适用于某些简单的数字逻辑电路。虽然 PAL/GAL 密度较低,但是它们一出现即以其低功耗、低成本、高可靠性、软件可编程、可重复更改等特点引发了当时数字电路领域的巨大震动。

（2）CPLD

CPLD 是 Complex Programmable Logic Device 的缩写,即复杂的可编程逻辑器件。CPLD 是在 PAL、GAL 的基础上发展起来的,一般也采用 E^2CMOS 工艺,也有少数厂商采用 Flash 工艺,其基本结构由可编程 I/O 单元、基本逻辑单元、布线池和其他辅助功能模块构成。CPLD 可实现的逻辑功能比 PAL、GAL 有了大幅度的提升,一般可以完成设计中较复杂、较高速度的逻辑功能。目前,CPLD 的主要器件供应商有 Altera、Lattice 和 Xilinx 等。

（3）FPGA

FPGA 是 Filed Programmable Gate Array 的缩写,即现场可编程逻辑阵列。FPGA 是在 CPLD 的基础上发展起来的新型高性能可编程逻辑器件,它一般采用 SRAM 工艺,也有一些专用器件采用 Flash 工艺或反熔丝(Anti – Fuse)工艺等。FPGA 的集成度很高,其器件密度从数万系统门到数千万系统门不等,可以完成极其复杂的时序与组合逻辑电路功能,适用于高速、高密度的高端数字逻辑电路设计领域。FPGA 的主要器件供应商有 Xilinx,Altera,Lattice,Actel 等。

2. 基本概念

下面重点讨论 FPGA 与 CPLD 这两种最通用的可编程逻辑器件的基本概念。

首先介绍 FPGA 的基本结构,FPGA 基本由以下几部分组成,分别为可编程输入/输出(I/O)单元、基本可编程逻辑单元、嵌入式块 RAM、丰富的布线资源、内嵌专用硬核、底层嵌入功能单元及全局时钟模块等,如图 10.1.1 所示。

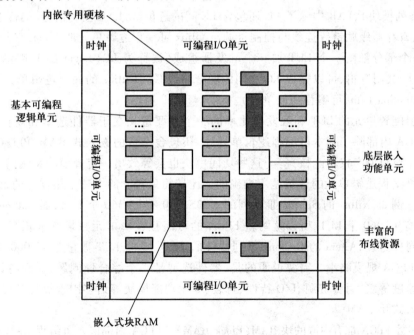

图 10.1.1 FPGA 的结构原理图

每个单元的基本概念介绍如下:

（1）可编程输入/输出单元

输入/输出(Input/Output)单元简称 I/O 单元,它们是芯片与外界电路的接口部分,完成不同电气特性下对输入/输出信号的驱动与匹配需求。为了使 FPGA 有更灵活的应用,目前大多数 FPGA 的 I/O 单元被设计为可编程模式,即通过软件的灵活配置,可以适配不同的电气标准与 I/O 物理特性;可以调整匹配阻抗特性,上下拉电阻;可以调整输出驱动电流的大小等。

可编程 I/O 单元支持的电气标准因工艺而异,不同器件商不同系列器件的 FPGA 支持的 I/O 标准也不同,一般说来,常见的电气标准有 LVTTL、LVCMOS、SSTL、HSTL、LVDS、LVPECL 和 PCI 等。值得一提的是,随着 ASIC 工艺的飞速发展,目前可编程 I/O 支持的最高频率越来越高,一些高端 FPGA 具有串行器/解串器(SERDES)技术的高速串行接口,可以支持高达 20 Gbit/s 以上的数据速率。

(2) 基本可编程逻辑单元

基本可编程逻辑单元是可编程逻辑的主体,可以根据设计灵活地改变其内部连接与配置,完成不同的逻辑功能。FPGA 一般是基于 SRAM 工艺的,其基本可编程逻辑单元几乎都是由查找表(LUT,Look Up Table)和触发器组成的。

FPGA 内部寄存器结构相当灵活,可以配置为带同步/异步复位或置位、时钟使能的触发器(FF,Flip Flop),也可以配置成为锁存器(Latch)。FPGA 一般依赖寄存器完成同步时序逻辑设计。一般来说,比较经典的基本可编程单元的配置是一个寄存器加一个查找表,但是不同厂商的寄存器和查找表的内部结构有一定的差异,而且寄存器和查找表的组合模式也不同。例如,Altera 可编程逻辑单元通常被称为 LE(Logic Element,逻辑单元),由一个触发器加一个 LUT 构成。Altera 大多数 FPGA 将 10 个 LE 有机地组合起来,构成更大功能单元——LAB(Logic Array Block,逻辑阵列模块),LAB 中除了 LE 还包含 LE 间的进位链、LAB 控制信号、局部互连线资源、LUT 级联链、寄存器级联链等连线与控制资源。Xilinx 可编程逻辑单元叫 Slice,它是由上下两个部分构成,每个部分都由一个 LUT 加一个触发器组成,被称为 LC(Logic Cell,逻辑单元),两个 LC 之间有一些共用逻辑,可以完成 LC 之间的配合与级联。Lattice 的底层逻辑单元叫 PFU(Programmable Function Unit,可编程功能单元)。

学习底层配置单元的 LUT 和触发器比率的一个重要意义在于器件选型和规模估算。但是由于目前 FPGA 内部除了基本可编程逻辑单元外,还包含丰富的嵌入式 RAM,PLL 或 DLL,专用 Hard IP Core(硬知识产权功能核)等。这些功能模块也会等效出一定规模的系统门,所以用系统门权衡基本可编程逻辑单元的数量是不准确的。比较简单科学的方法是用器件的触发器或 LUT 的数量衡量。例如,Xilinx 的 SpartanⅢ系列的 XC3S1000 有 15 360 个 LUT,而 Lattice 的 EC 系列 LFEC15E 也有 15 360 个 LUT,所以这两款 FPGA 的可编程逻辑单元数量基本相当,属于同一规模的产品。同样道理,Altera 的 Cyclone 系列器件的 EP1C12 的 LUT 数量是 12 060 个,就比前面提到的两款 FPGA 规模略小。需要说明的是,器件选型是一个综合性问题,需要将设计的需求、成本、规模、速度等级、时钟资源、I/O 特性、封装、专用功能模块等诸多因素综合考虑。

(3) 嵌入式块 RAM

目前大多数 FPGA 都有内嵌的块 RAM(Block RAM)。FPGA 内部嵌入可编程 RAM 模块,大大地拓展了 FPGA 的应用范围和使用灵活性。FPGA 内嵌的块 RAM 一般可以灵活配置为单端口 RAM(Single Port RAM)、双端口 RAM(Double Ports RAM)、FIFO(First In First Out)等常用存储结构。

不同器件商或不同系列器件的内嵌块 RAM 的结构不同,Xilinx 常见的块 RAM 大小是 4 kbit

和 18 kbit 两种结构,Lattice 常用的块 RAM 大小是 9 kbit,Altera 的块 RAM 最为灵活,一些高端器件内部同时含有 3 种块 RAM 结构,分别是 512 bit,4 kbit,512 kbit。

需要补充一点的是,除了块 RAM,Xilinx 和 Lattice 的 FPGA 还可以灵活地将 LUT 配置成 RAM、ROM、FIFO 等存储结构,这种技术被称为分布式 RAM(Distributed RAM)。根据设计需求,块 RAM 的数量和配置方式也是器件选型的一个重要标准。

(4) 丰富的布线资源

布线资源连通 FPGA 内部所有单元,连线的长度和工艺决定着信号在连线上的驱动能力和传输速度。FPGA 内部有着非常丰富的布线资源,这些布线资源根据工艺、长度、宽度和分布位置的不同而被划分为不同的等级,有一些是全局性的专用布线资源,用以完成器件内部的全局时钟和全局复位/置位的布线;一些叫做长线资源,用以完成器件 Bank(分区)间的一些高速信号和一些第二全局时钟信号(有时也被称为 Low Skew 信号)的布线;还有一些叫做短线资源,用以完成基本逻辑单元之间的逻辑互联与布线;另外,在基本逻辑单元内部还有着各式各样的布线资源和专用时钟、复位等控制信号线。实现过程中,一般不需要直接选择布线资源,而是由布局布线器自动根据输入的逻辑网表的拓扑结构和约束条件选择可用的布线资源连通所用的底层单元模块。设计者常常忽略布线资源,其实布线资源的优化与使用和设计的实现结果有直接关系。

(5) 内嵌专用硬核

这里的内嵌专用硬核与前面的"底层嵌入单元"是有区分的,这里讲的内嵌专用硬核主要指那些通用性相对较弱,不是所有 FPGA 器件都包含硬核(Hard Core)。我们称 FPGA 和 CPLD 为通用逻辑器件,是区分于专用集成电路(ASIC)而言的。其实 FPGA 内部也有两个阵营:一方面是通用性较强,目标市场范围很广,价格适中的 FPGA;另一方面是针对性较强,目标市场明确,价格较高的 FPGA。前者主要指低成本(Low Cost)FPGA,后者主要指某些高端通信市场的可编程逻辑器件。例如,Altera 的 Stratix V GT 系列器件内部集成了 28.05 Gbit/s SERDES(串并收发单元);Xilinx 的对应系列器件是 Virtex 系列;Lattice 器件的专用 Hard Core 的比重更大,有两类系列器件支持 SERDES 功能,分别是 Lattice 高端 SC 系列 FPGA 和现场可编程系统芯片(FPSC,Field Programmable System Chip)。

(6) 底层嵌入功能单元

底层嵌入功能单元的概念比较笼统,这里我们指的是那些通用程度较高的嵌入式功能模块,比如 PLL(Phase Locked Loop),DLL(Delay Locked Loop),DSP,CPU 等。随着 FPGA 的发展,这些模块被越来越多地嵌入到 FPGA 的内部,以满足不同场合的需求。

目前大多数 FPGA 厂商都在 FPGA 内部集成了 DLL 或者 PLL 硬件电路,用以完成时钟的高精度、低抖动的倍频、分频、占空比调整、移相等功能。目前,高端 FPGA 产品集成的 DLL 和 PLL 资源越来越丰富,功能越来越复杂,精度越来越高(一般在 ps 的数量级)。Altera 芯片集成的是 PLL,Xilinx 芯片主要集成的是 DLL,Lattice 的新型 FPGA 同时集成了 PLL 与 DLL 以适应不同的需求。Altera 芯片的 PLL 模块分为增强型 PLL(Enhanced PLL)和快速 PLL(Fast PLL)等。Xilinx 芯片 DLL 的模块名称为 CLKDLL,在高端 FPGA 中,CLKDLL 的增强型模块为 DCM(Digital Clock Manager,数字时钟管理模块)。这些时钟模块的生成和配置方法一般分为两种,一种是在 HDL 代码和原理图中直接实例化,另一种方法是在 IP 核生成器中配置相关参数,自动生成 IP。Altera

的 IP 核生成器叫做 Mega Wizard，Xilinx 的 IP 核生成器叫做 Core Generator，Lattice 的 IP 核生成器被称为 Module/IP Manager。另外可以通过在综合、实现步骤的约束文件中编写约束属性来完成时钟模块的约束。

越来越多的高端 FPGA 产品包含 DSP 或 CPU 等软处理核，从而 FPGA 将由传统的硬件设计手段逐步过渡为系统级设计平台。例如 Altera 的 Stratix 系列器件内部集成了 DSP Core，配合通用逻辑资源，还可以实现 ARM，MIPS，NIOS 等嵌入式处理器系统；Xilinx 的 Virtex 系列 FPGA 内部集成了 Power PC 的 CPU Core 和 MicroBlaze RISC 处理器 Core；Lattice 的 ECP 系列 FPGA 内部集成了系统 DSP Core 模块。这些 CPU 或 DSP 处理模块的硬件主要由一些加、乘、快速进位链、Pipelining 和 Mux 等结构组成，加上用逻辑资源和块 RAM 实现的软核部分，就组成了功能强大的软运算中心。这种 CPU 或 DSP 比较适合实现 FIR 滤波器、编码解码、FFT（快速傅里叶变换）等运算密集型应用。

FPGA 内部嵌入 CPU 或 DSP 等处理器，使 FPGA 在一定程度上具备了实现软硬件联合系统的能力，FPGA 正逐步成为 SOPC（System On Programmable Chip）的高效设计平台。Altera 的系统级开发工具是 SOPC Builder 和 DSP Builder，通过这些平台用户可以方便地设计标准的 DSP 处理器（如 ARM，NIOS 等），专用硬件结构与软硬件协同处理模块等。Xilinx 的系统级设计工具是 EDK 和 Platform Studio，Lattice 的嵌入式 DSP 开发工具是 Matlab 的 Simulink。

3. CPLD 的基本结构

CPLD 在工艺和结构上与 FPGA 有一定的区别，如前介绍，FPGA 一般都是 SRAM 工艺的，如 Xilinx，Altera，Lattice 的系列 FPGA 器件，其基本结构都是基于 LUT 查找表加寄存器结构的。CPLD 一般都是基于乘积项结构的，如 Altera 的 MAX3000A（E^2PROM 工艺）系列器件，Lattice 的 ispM-ACH4000，ispMACH5000（0.18 μm E^2CMOS 工艺）系列器件，Xilinx 的 XC9500（0.35 μm CMOS Fast Flash 工艺）、CoolRunner2（0.18 μm CMOS 工艺）系列器件等都是基于乘积项的 CPLD。

CPLD 的结构相对比较简单，主要由可编程 I/O 单元、基本逻辑单元、布线池和其他辅助功能模块构成，如图 10.1.2 所示。

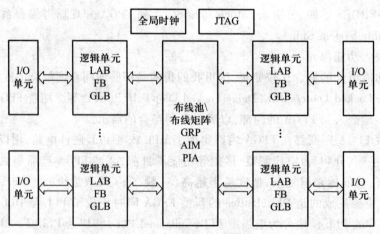

图 10.1.2　CPLD 的结构原理图

（1）可编程 I/O 单元

CPLD 的可编程 I/O 单元和 FPGA 的可编程 I/O 单元的功能一致，完成不同电气特性下对输入/输出信号的驱动与匹配。由于 CPLD 的应用范围局限性较大,所以其可编程 I/O 的性能和复杂度与 FPGA 相比有一定的差距。CPLD 的可编程 I/O 支持的 I/O 标准较少,频率也较低。

(2) 基本逻辑单元

与 FPGA 相似,基本逻辑单元是 CPLD 的主体,通过不同的配置,CPLD 的基本逻辑单元可以完成不同类型的逻辑功能。需要强调的是,CPLD 的基本逻辑单元的结构与 FPGA 相差较大。FPGA 的基本逻辑单元通常是由 LUT 和触发器按照 1∶1 的比例组成的,而 CPLD 中基本逻辑单元是一种被称为宏单元(Macro Cell,简称 MC)的结构。器件规模一般用 MC 的数目表示,器件标称中的数字一般都包含该器件的 MC 数量。CPLD 厂商通过将若干个 MC 连接起来完成相对复杂一些的逻辑功能,不同厂商的这种 MC 集合的名称不同,Altera 的 MAX3000A 系列 CPLD 将之称为逻辑阵列模块(LAB,Logic Array Block);Lattice 的 LC4000、ispLSI5000、ispLSI2000 系列 CPLD 将之称为通用逻辑模块(GLB,Generic Logic Block);Xilinx 9500 和 CoolRunner2 将之称为功能模块(FB,Function Block),其功能一致,但结构略有不同。

(3) 布线池、布线矩阵

CPLD 的布线及连接方式与 FPGA 差异较大。前面讲过,FPGA 内部有不同速度,不同驱动能力的丰富布线资源,用以完成 FPGA 内部所有单元之间的互连互通。而 CPLD 的结构比较简单,其布线资源也相对有限,一般采用集中式布线池结构。所谓布线池其本质就是一个开关矩阵,通过打结点可以完成不同 MC 的输入与输出项之间的连接。Altera 的布线池叫做可编程互联阵列(PIA,Programmable Interconnect Array);Lattice 的布线池被称为全局带线池(GRP,Global Routing Pool);Xilinx 9500 系列 CPLD 的布线池被称为高速互联与交叉矩阵(Fast Connect II Switch Matrix),而 CoolRuner II 系列 CPLD 则称之为先进的互联矩阵(AIM,Advanced Interconnect Matrix)。由于 CPLD 的器件内部互联资源比较缺乏,所以在某些情况下器件布线时会遇到一定的困难,Lattice 的 LC4000 系列器件在输出 I/O Bank 和功能模块 GLB 之间还添加了一层输出布线池(ORP,Output Routing Pool),在一定程度上提高了设计的布通率。

由于 CPLD 的布线池结构固定,所以 CPLD 的输入管脚到输出管脚的标准延时固定,被称为 Pin to Pin 延时,用 Tpd 表示,Pin to Pin 延时反映了 CPLD 器件可以实现的最高频率,也就清晰地标明了 CPLD 器件的速度等级。

(4) 其他辅助功能模块

CPLD 中还有一些其他的辅助功能模块,如 JTAG(IEEE 1532,IEEE 1149.1)编程模块,一些全局时钟、全局使能、全局复位/置位单元等。

综上,对比 FPGA 与 CPLD 的特点如表 10.1.1 所示。

表 10.1.1 FPGA 与 CPLD 的特点对比

对　比	FPGA	CPLD
组合逻辑的实现方法	查找表(LUT,Look Up Table)	乘积项(Product-Term) 查找表(LUT,Look Up Table)
编程	易失性(SRAM)	非易失性(Flash,E^2PROM)

对　　比	FPGA	CPLD
特点	· 内建高性能硬宏功能 · PLL · 存储器模块 · DSP 模块 · 用最先进的技术实现高集成度,高性能 · 需要外部配置 ROM	· 非易失性:即使切断电源,电路上的数据也不会丢失 · 立即上电:上电后立即开始运作 · 可在单芯片上运作
应用范围	偏向于较复杂且高速控制及数据处理应用	偏向于简单控制应用及组合逻辑
集成度	中/大规模	小/中规模

总的来说,CPLD 更适合用于多输入组合逻辑实现,但相比 FPGA,用于时序逻辑的触发器单元数不够充分,因此,如果设计中需用到大量触发器或者设计较复杂的时序逻辑系统,应首选 FPGA。

10.2　结构和原理

10.2.1　基于乘积项的原理与结构

CPLD 结构一个重要部分是乘积项基本逻辑单元,其一般结构框图如图 10.2.1 所示。**与**阵列和**或**阵列是它的基本组成部分,通过对**与或**阵列的编程实现所需的逻辑功能。输入电路是由输入缓冲器组成,通过它可以得到驱动能力力强,并且互补的输入信号变量送到**与**阵列。不同厂商 CPLD 定制的乘积项数目不同。乘积项阵列实际上就是一个**与或**阵列,每一个交叉点都是一个可编程熔丝,如果导通就是实现**与**逻辑,在**与**阵列后一般还有一个**或**阵列,用以完成最小逻辑表达式中的**或**关系。**与或**阵列配合工作,完成复杂的组合逻辑功能。图 10.2.2 所示为**与或**阵列电路结构示意图。

在图 10.2.2 所示**与或**阵列结构中,门阵列的每个交叉点称为"单元",单元的连接方式共有三种情况,如图 10.2.3 所示:

(1) 硬线连接。硬线连接是固定连接,不可以编程改变。

(2) 可编程"接通"单元。它依靠用户编程来实现"接通"连接。

(3) 可编程"断开"单元。编程实现断开状态。这种单元又称为被编程擦除单元。

如图 10.2.4 所示,是用**与或**阵列实现一个全加器的示例。

如图 10.2.5 所示,现以 Altera 的 MAX3000A 典型示例,介绍基于乘积项(Product-Term)的实际 CPLD 的内部结构,结构中包括逻辑阵列模块(LAB,Logic Array Block),宏单元(Macro Cell),可编程连线(PIA)和 I/O 控制块。每个 LAB 可包含 16 个宏单元,所谓宏单元,其本质是由一些**与或**阵列加上触发器构成的,其中**与或**阵列完成组合逻辑功能,触发器用以完成时序逻辑。可编程连线负责信号传递,连接所有的宏单元。I/O 控制块负责输入输出的电气特性控制,如设定 OC/OD 输出,三态输出等。图中的 INPUT/GCLK1,INPUT/GCLRn,INPUT/OE1,INPUT/OE2/ GCLK2 是全局时钟,清零和输出使能信号,这些重要信号有专用连线与每个宏单元相连,这些信号具有到每个宏单元的延时相同并且延时最短的特点。

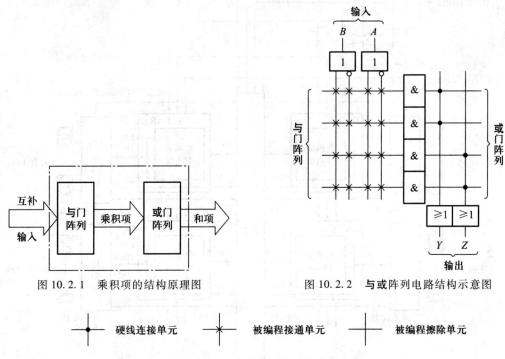

图 10.2.1 乘积项的结构原理图　　　　图 10.2.2 与或阵列电路结构示意图

●——硬线连接单元　　✕——被编程接通单元　　─┤├─——被编程擦除单元

图 10.2.3 与或阵列单元的连接方式

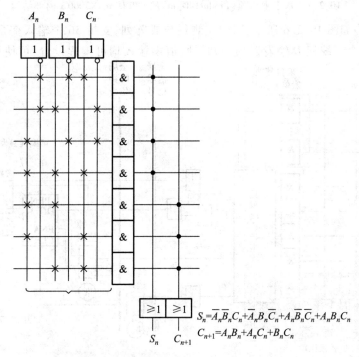

$$S_n = \overline{A}_n\overline{B}_nC_n + \overline{A}_nB_n\overline{C}_n + A_n\overline{B}_n\overline{C}_n + A_nB_nC_n$$
$$C_{n+1} = A_nB_n + A_nC_n + B_nC_n$$

图 10.2.4 与或阵列实现全加器的示例

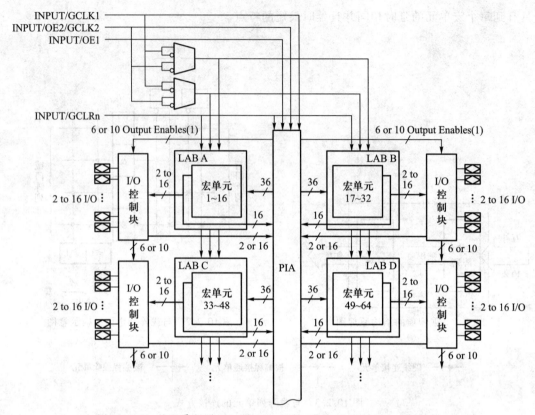

图 10.2.5　基于乘积项(Product-Term)的 CPLD MAX3000A 内部结构

　　宏单元的结构如图 10.2.6 所示,图中左侧是**与或**阵列,支持 36 个输入变量,完成组合逻辑功能,图右侧是一个可编程 D 触发器,它的时钟、清零输入均可编程设置,可使用专用的全局清

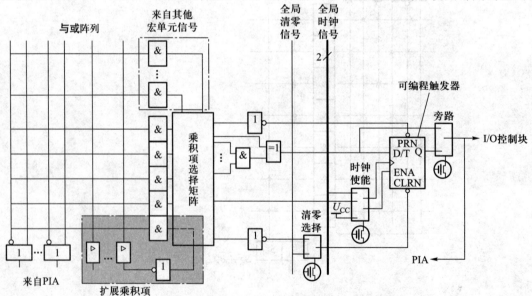

图 10.2.6　宏单元结构

零和全局时钟,也可使用内部逻辑产生的时钟和清零信号。如不需要触发器,可将此触发器旁路,信号直接输出到 PIA 或输出到 I/O 脚。图中乘积项矩阵可包含 5 个乘积项的选择,如通过宏单元乘积项扩展方式,可进一步增加逻辑函数乘积项数目。

下面以一个简单电路为例,具体说明 CPLD 是如何利用以上结构实现该电路逻辑的,电路如图 10.2.7 所示,设图中 AND3 的输出为 F,则 $F = (A + B)C\overline{D} = AC\overline{D} + BC\overline{D}$。

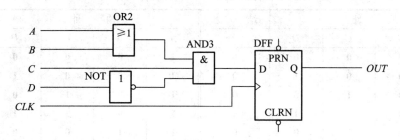

图 10.2.7　简单电路示例

用**与或**阵列实现 F 的输出结果,如图 10.2.8 所示。图 10.2.6 中的 D 触发器实现可直接利用宏单元中的可编程 D 触发器实现。时钟信号 CLK 由 I/O 脚输入后进入芯片内部全局时钟专用信号,直接连接到触发器时钟端,触发器的输出与 I/O 脚相连,输出最后结果,完成图 10.2.7 所示电路功能。这个电路只需要一个宏单元就可完成功能。但是,对于复杂电路,就需要通过将多个宏单元相连共享,甚至宏单元输出反馈到编程阵列后,再作为另一个宏单元的输入,以实现复杂逻辑。

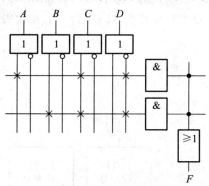

图 10.2.8　**与或**阵列实现 F 逻辑输出

10.2.2　基于查找表的原理和结构

FPGA 通常采用查找表 LUT(Look Up Table)这种结构实现基本逻辑单元,目前,CPLD 也有采用 LUT 结构实现,如 Altera 的 MAX II 系列,相比传统结构 CPLD 器件,其优势是功耗更低,集成度更高。

目前,FPGA 中多采用 4 输入或 6 输入 LUT 结构。LUT 本质是一个 RAM,如一个 4 输入 LUT 可以看成一个有 4 位地址线的 16 × 1 的 RAM。当一个逻辑电路系统经过 EDA 软件综合后,会自动得到此逻辑电路的所有可能结果,即真值表,并把结果写入 SRAM,这一过程就是所谓的编程。这样,对应每一种信号组合就是地址编码,逻辑运算结果根据地址有表可查,此后,SRAM 中的内容始终保持不变,LUT 就具有了确定的逻辑功能。

例如,要实现图 10.2.7 所示电路逻辑函数 $F = (A + B)C\overline{D} = AC\overline{D} + BC\overline{D}$,则可列出 F 的真值表,如表 10.2.1 所示。以 $ABCD$ 的各组合编码作为地址,将 F 的值写入 SRAM 中,这样,每输入一组 $ABCD$ 信号进行逻辑运算,就相当于输入一个地址进行查表,找出地址对应的内容输出,即 F 端便得到该组输入信号逻辑运算的结果,如图 10.2.9 所示。

表 10.2.1　F 的真值表

地			址	结　果	地			址	结　果
A	B	C	D	F	A	B	C	D	F
0	0	0	0	0	1	0	0	0	0
0	0	0	1	0	1	0	0	1	0
0	0	1	0	0	1	0	1	0	1
0	0	1	1	0	1	0	1	1	0
0	1	0	0	0	1	1	0	0	0
0	1	0	1	0	1	1	0	1	0
0	1	1	0	1	1	1	1	0	1
0	1	1	1	0	1	1	1	1	0

一般的 LUT 为 4 输入/6 输入结构,所以,当要实现多于 4 变量/6 变量的逻辑函数时,就需要用多个 LUT 级联来实现。一般 FPGA 中的 LUT 是通过数据选择器完成级联的。图 10.2.10 所示是由 4 个 LUT 和 1 个 4 选 1 数据选择器实现 6 变量($ABCDEF$)任意逻辑函数的原理图。该电路实际上将 4 个 16×1 位的 LUT 扩展成为 64×1 位。A、B 相当于 6 位地址的最高 2 位。

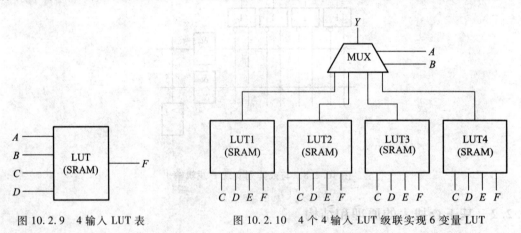

图 10.2.9　4 输入 LUT 表　　　　图 10.2.10　4 个 4 输入 LUT 级联实现 6 变量 LUT

在 LUT 和数据选择器基础上再增加触发器单元,就构成了既可实现组合逻辑功能,又可实现时序逻辑功能的基本逻辑单元电路。FPGA 中就是由很多这样的逻辑单元来实现各种复杂逻辑功能的。

现以 Xilinx 公司 FPGA 中的 Spartan 器件为例,了解其器件内部实际结构。如图 10.2.11(a)所示,是 Spartan II 的内部结构。Spartan FPGA 中,包括 CLBs,I/O 控制块,块 RAM 及 DLL 等其他功能块,一个 CLB 包括 2 个 Slice,每个 Slice 包括 2 个 LC 逻辑单元,分别有 2 个 LUT,2 个触发器和相关逻辑,如图 10.2.11(b)所示。

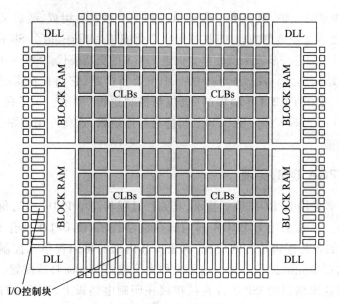

(a) Spartan II 的内部结构

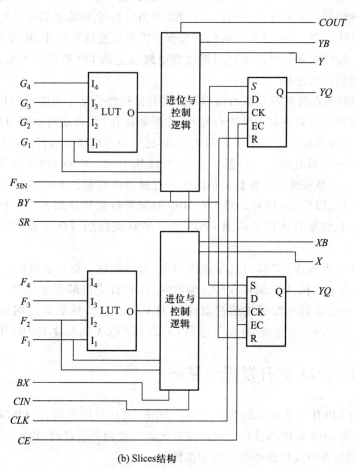

(b) Slices结构

图 10.2.11　Spartan 器件

CLBs 的组成结构更新较快,早期由 3 输入 LUT 和一个触发器组成,然后又增至两个 4 输入 LUT 和两个触发器,之后又发展到每个 CLB 可包含 2 个或 4 个 Slice,每个 Slice 包含两个 4 输入 LUT 和两个触发器,CLB 的进一步发展变化将会促进 FPGA 的更新换代。Slices 可以看做是 Spartan II 实现逻辑的最基本结构单元。现代 FPGA 的一个重要特征是,它们具有实现快速进位链所要求的专用逻辑和互连,如图 10.2.11(b)中的"进位与控制逻辑"所示。除了在每个 Slice 中的两个 LC 之间,每个 CLB 的 Slice 之间,及 CLB 之间都有互连逻辑,这些专用链路大大提升了 FPGA 的逻辑功能和算术功能。

10.2.3 CPLD/FPGA 逻辑实现

早期的 CPLD 大多采用 EPROM 编程技术,其编程过程与简单 PLD 一样,每次编程需要在专用或通用设备上进行。后来采用 E^2PROM 和闪烁存储器技术,使 CPLD 具有了"在系统可编程(ISP)"特性。CPLD 的各种逻辑功能的实现,都是由其内部的可编程单元控制的。编程过程就是将编程数据写入这些单元的过程。这一过程也称为下载(Download)或配置(Configure)。

在系统可编程可让未编程的 ISP 器件直接焊接在印制电路板上,然后通过计算机的数据传输端口和专用的编程电缆对焊接在电路板上的 ISP 器件直接多次编程,从而使器件具有所需要的逻辑功能。这种编程不需要使用专用的编程器,因为已将原来属于编程器的编程电路和升压电路集成在 ISP 器件内部。ISP 技术使得调试过程不需要反复拔插芯片,从而不会产生引脚弯曲变形现象,提高了可靠性,而且可以随时对焊接在电路板上的 ISP 器件的逻辑功能进行修改,从而加快了数字系统的调试过程。

写入 CPLD 中的编程数据都是由可编程器件的开发软件自动生成的。用户在开发软件中输入设计及要求。利用开发软件对设计进行检查、分析和优化,并自动对逻辑电路进行划分、布局和布线,然后按照一定的格式生成编程数据文件,再通过编程电缆将编程数据写入 CPLD 中。

由于 SRAM 在掉电后其内部的数据会丢失,所以基于 SRAM 的 FPGA 必须配置一个 PROM 芯片,根据 FPGA 芯片型号所需配置数据量的多少选择相应容量的 PROM,用以存放 FPGA 的配置数据。每次上电后,FPGA 可以自动将 PROM 中的配置数据装载到 FPGA 中,或通过控制 FPGA 相应的编程引脚,将配置数据装载到 FPGA 中。装载完成后,FPGA 按照配置好的逻辑功能开始工作。

目前,CPLD/FPGA 器件 ISP 接口基本支持 JTAG 标准编程。器件的编程必须具备三个条件:JTAG 专用编程电缆、PC 机、ISP 编程软件。编程时,用户首先将编程电缆的一端接到微机的数据传输端口上,另一端接到电路板被编程器件的 JTAG 接口上,然后通过编程软件发出编程命令,编程数据由开发软件自动生成,并将其送到 CPLD 或 FPGA 的配置 PROM 中。

10.3 CPLD/FPGA 的开发设计基础

尽管 FPGA 与 CPLD 在硬件结构上有一定的差异,但是对用户而言,FPGA 和 CPLD 的设计流程是相似的,使用 EDA 软件的设计方法也没有太大的差别。设计时,均视为可编程逻辑器件,需根据所选器件型号充分发挥器件的特性为原则。

CPLD/FPGA 的开发设计技术不断发展,总的趋势可以总结为:支持不断更新的器件,越来越人性化的设计,越来越好的设计优化效果,仿真软件的仿真速度越来越快和仿真精度越来越高,综合软件的综合优化效果越来越好,越来越完备的分析验证手段,布局布线软件的效率和优化效果不断提高。一般来说,完整的 CPLD/FPGA 开发设计流程包括电路设计与输入、功能仿真、综合优化、综合后仿真、实现、布线后仿真与验证、板级仿真验证与调试等主要步骤。

（1）电路设计与输入

电路设计与输入是指通过某些规范的描述方式,将电路设计构思输入给 EDA 工具。常用的设计输入方法有硬件描述语言（HDL）和原理图设计输入方法等。原理图设计输入法在早期应用得比较广泛,它根据设计要求,选用器件、绘制原理图、完成输入过程。这种方法的优点是直观、便于理解、元器件库资源丰富。但是在大型设计中,这种方法的可维护性较差,不利于模块构造与重用。更主要的缺点是当所选用芯片升级换代后,所有的原理图都要做相应的改动。目前进行大型工程设计时,最常用的设计方法是 HDL 设计输入法,其中影响最为广泛的 HDL 语言是VHDL 和 Verilog HDL。它们的共同特点是利于由顶向下设计,利于模块的划分与复用,可移植性好,通用性好,设计不因芯片的工艺与结构的不同而变化,更利于向 ASIC 的移植。波形输入和状态机输入方法是两种常用的辅助设计输入方法:使用波形输入法时,只要绘制出激励波形和输出波形,EDA 软件就能自动地根据响应关系进行设计;使用状态机输入法时,设计者只需画出状态转移图,EDA 软件就能生成相应的 HDL 代码或者原理图,使用十分方便。但需要指出的是,波形输入和状态机输入方法只能在某些特殊情况下缓解设计者的工作量,并不适合所有的设计。

（2）功能仿真

电路设计完成后,要用专用的仿真工具对设计进行功能仿真,验证电路功能是否符合设计要求。功能仿真有时也被称为前仿真。常用的仿真工具有 Mentor Graphics 公司的 ModelSim,Synopsys 公司的 VCS,Cadence 公司的 NC-Verilog 和 NC-VHDL,Aldec 公司的 Active HDL,VHDL/Verilog HDL 等。通过仿真能及时发现设计中的错误,加快设计进度,提高设计的可靠性。

（3）综合优化

综合优化（Synthesize）是指将 HDL 语言、原理图等设计输入翻译成由**与**、**或**、**非**门,RAM,触发器等基本逻辑单元组成的逻辑连接（网表）,并根据目标与要求（约束条件）优化所生成的逻辑连接,输出 edf 和 edn 等标准格式的网表文件,供 FPGA/CPLD 厂家的布局布线器进行实现。常用的专业综合优化工具有 Synplicity 公司的 Synplify/Synplify Pro,Ampliy,Synopsys 公司的 FPGA Compiler II,Mentor 公司旗下 Exemplar Logic 公司出品的 Leonardo Spectrum 和 Mentor Graphics 公司出品的 Precision RTL 等。另外,FPGA/CPLD 厂商的集成开发环境也自带综合工具。

（4）综合后仿真

综合完成后需要检查综合结果是否与原设计一致,做综合后仿真。在仿真时,把综合生成的标准延时文件反标注到综合仿真模型中去,可估计门延时带来的影响。综合后仿真虽然比功能仿真精确一些,但是只能估计门延时,不能估计线延时,仿真结果与布线后的实际情况还有一定的差距,并不十分准确。这种仿真的主要目的在于检查综合器的综合结果是否与设计输入一致。目前主流综合工具日益成熟,对于一般性设计,如果设计者确信自己表述明确,没有综合歧义发生,则可以省略综合后仿真步骤。但是如果在布局布线后仿真时发现有电路结构与设计意图不符的现象,则常常需要回溯到综合后仿真以确认是否是由于综合歧义造成的问题。在功能仿真中介绍的仿真工具一般都支持综合后仿真功能。

（5）实现与布局布线

综合结果的本质是一些由与、或、非门，触发器，RAM 等基本逻辑单元组成的逻辑网表，它与芯片实际的配置情况还有较大差距。此时应该使用 FPGA/CPLD 厂商提供的软件工具，根据所选芯片的型号，将综合输出的逻辑网表适配到具体 FPGA、CPLD 器件上，这个过程就叫做实现过程。因为只有器件开发商最了解器件的内部结构，所以实现步骤必须选用器件开发商提供的工具。在实现过程中最主要的过程是布局布线（PAR，Place And Route），所谓布局（Place）是指将逻辑网表中的硬件原语或者底层单元合理地适配到 FPGA 内部的固有硬件结构上，布局的优劣对设计的最终实现结果（在速度和面积两个方面）影响很大；所谓布线（Route）是指根据布局的拓扑结构，利用 FPGA 内部的各种连线资源，合理正确连接各个元件的过程。FPGA 的结构相对复杂，为了获得更好的实现结果，特别是保证能够满足设计的时序条件，一般采用时序驱动的引擎进行布局布线，所以对于不同的设计输入，特别是不同的时序约束，获得的布局布线结果一般有较大差异。CPLD 结构相对简单得多，其资源有限而且布线资源一般为交叉连接矩阵，故 CPLD 的布局布线过程相对简单明了，一般被称为适配过程。一般情况下，用户可以通过设置参数指定布局布线的优化准则，总的来说优化目标主要有两个方面，面积和速度。一般根据设计的主要矛盾，选择面积或者速度或者平衡两者等优化目标，但是当两者冲突时，一般满足时序约束要求更重要一些，此时选择速度或时序优化目标效果更佳。

（6）时序仿真

将布局布线的时延信息反标注到设计网表中，所进行的仿真就叫时序仿真或布局布线后仿真，简称后仿真。布局布线之后生成的仿真时延文件包含的时延信息最全，不仅包含门延时，还包含实际布线延时，所以布线后仿真最准确，能较好地反映芯片的实际工作情况。一般来说，布线后仿真步骤必须进行，通过布局布线后仿真能检查设计时序与 FPGA 实际运行情况是否一致，确保设计的可靠性和稳定性。布局布线后仿真的主要目的在于发现时序违规（Timing Violation），即不满足时序约束条件或者器件固有时序规则（建立时间、保持时间等）的情况。在功能仿真中介绍的仿真工具一般都支持布局布线后仿真功能。

可见，FPGA/CPLD 设计流程中 3 个不同阶段的仿真，功能仿真的主要目的在于验证语言设计的电路结构和功能是否和设计意图相符；综合后仿真的主要目的在于验证综合后的电路结构是否与设计意图相符，是否存在歧义综合结果；布局布线后仿真，即时序仿真的主要目的在于验证是否存在时序违规。这些不同阶段不同层次的仿真配合使用，能够更好地确保设计的正确性，明确问题定位，节约调试时间。

（7）板级仿真与验证

在有些高速设计情况下还需要使用第三方的板级验证工具进行仿真与验证，如 Mentor Tau、Forte Design Timing Designer、Mentor Hyperlynx、Mentor ICX、Cadence SPECCTRAQuest、Synopsys HSPICE。这些工具通过对设计的 IBIS，HSPICE 等模型的仿真，能较好地分析高速设计的信号完整性、电磁干扰（EMI）等电路特性等。

（8）调试与加载配置

设计开发的最后步骤就是在线调试或者将生成的配置文件写入芯片中进行测试。示波器和逻辑分析仪（LA，Logic Analyzer）是逻辑设计的主要调试工具。传统的逻辑功能板级验证手段是用逻辑分析仪分析信号,设计时要求 FPGA 和 PCB 设计人员保留一定数量 FPGA 管脚作为测试管脚,编写 FPGA 代码时将需要观察的信号作为模块的输出信号,在综合实现时再把这些输出信号锁定到测试管脚上,然后连接逻辑分析仪的探头到这些测试脚,设定触发条件,进行观测。逻辑分析仪的特点是专业、高速、触发逻辑可以相对复杂。缺点是价格昂贵,灵活性差。PCB 布线后测试脚的数量就固定了,不能灵活增加,当测试脚不够用时影响测试,如果测试脚太多又影响 PCB 布局布线。

以上的任何仿真或验证步骤出现问题,就需要根据错误的定位返回到相应的步骤更改或者重新设计。

10.4　硬件描述语言 HDL 基础

可编程逻辑器件(PLD)的硬件描述语言(HDL),常见的有两种,分别是 Verilog HDL 和 VHDL。Verilog HDL:Verilog 硬件描述语言(Verilog Hardware Description Language);VHDL:甚高速集成电路的硬件描述语言(Very high speed IC Hardware Description Language)。

VHDL 和 Verilog 包含了描述数字系统时序和逻辑特性的方法,完成可编程逻辑器件的设计。一般认为 VHDL 更通用,而 Verilog 更易学。

下面先将最基本的与门、或门、非门的两种 HDL 描述做简单介绍。VHDL 用实体/结构体来描述函数;Verilog HDL 用模块结构来描述函数。Verilog 用逻辑运算符号 **!** 表示非运算,用 **&&** 表示与运算,用 **||** 表示或运算;VHDL 用 **and** 表示与运算,用 **or** 表示或,用 **not** 表示非运算。在 VHDL 和 Verilog 中为了清晰起见,语言符号的关键字均用黑体标出。

图 8.1.4(b)**与门**的描述如下:

Verilog HDL

```
module ANDgate (A,B,Y);
  input A,B;
  output Y;
    assign Y = A&&B;
endmodule
```

VHDL

```
entity ANDgate is
  port (A,B:in bit;Y:out bit );
end entity ANDgate;
architecture ANDfunction of ANDgate is begin
  Y < = A and B;
end architecture ANDfunction;
```

图 8.1.5 **(b)或门**的描述如下:

Verilog HDL

```
module ORgate (A,B,X);
  input A,B;
```

```
    output X;
      assign X = A ‖ B;
  endmodule
```

VHDL

```
entity ORgate is
  port (A,B:in bit; X:out bit );
end entity ORgate;
architecture ORfunction of ORgate is begin
  X < = A or B;
end architecture ORfunction;
```

图 8.1.6 (b)非门的描述如下:

Verilog HDL

```
module Inverter (A,X);
  input A;
  output X;
    assign X = ! A;
endmodule
```

VHDL

```
entity Inverter is
  port (A:in bit;X:out bit );
end entity Inverter;
architecture NOTfunction of Inverter is begin
  X < = not A;
end architecture NOTfunction;
```

10.4.1　Verilog HDL 基础

1. Verilog HDL 与 C 语言

Verilog HDL(以下简称 Verilog)主要用于从行为级、寄存器级(RTL 级)、门级到开关级的多种抽象设计层次的数字系统建模。被建模的数字系统对象既可以是简单的门,也可以是完整的电子数字系统。另外,还可用 Verilog 进行仿真验证、时序分析和逻辑综合等。

从语法结构上看,Verilog 与 C 语言有许多相似之处,继承和借鉴了 C 语言的许多语法结构。表 10.4.1、10.4.2 中给出常用 C 语言与 Verilog 相对应的关键字、结构、运算符的比较。

表 10.4.1　C 语言与 Verilog 运算符比较 1

C 语言	Verilog	功能
+	+	加
−	−	减

C 语言	Verilog	功能
*	*	乘
/	/	除
%	%	取模
!	!	逻辑非
&&	&&	逻辑与
‖	‖	逻辑或
>	>	大于
<	<	小于
>=	>=	大于等于
<=	<=	小于等于
==	==	等于
!=	!=	不等于
~	~	取反
&	&	按位与
|	|	按位或
^	^	按位异或
<<	<<	左移
>>	>>	右移
?:	?:	等同于 if－else
	{}	拼接运算符

表 10.4.2　C 语言与 Verilog 语句比较 2

C 语言	Verilog
function	module, function, task
if－then－else	if－then－else
for	for
while	while
case	case
break	disable
define	define
printf	monitor, display, strobe
int	int
{;}	begin, end

从上表中可以看出,Verilog 与 C 语言有很多相同特征。+、−、*、/、% 是加、减、乘、除、取模运算符号在 Verilog 中和 C 语言基本是一样的。但是,作为一种硬件描述 HDL 语言、Verilog 与 C 语言在使用中有着本质的区别:C 语言是一行一行依次执行的,属于顺序结构;而 Verilog HDL 是用 HDL 的方式描述物理电路的行为,在任何时刻,只要接通电源,所有电路都同时工作,属于并行结构。

2. Verilog 模块结构

模块是 Verilog 的基本描述单元,模块代表硬件上的逻辑实体,其范围可以从简单的门到整个大的系统,比如一个加法器,一个存储子系统,一个 CPU 单元等。在 Verilog 语言中,首先要做的就是模块定义。模块(module)是 Verilog 程序的基本设计单元。

Verilog 模块结构在 **module** 和 **endmodule** 关键字之间,每个 Verilog 程序包括 4 个主要部分:模块声明、端口定义、数据类型说明和逻辑功能描述。

模块声明:	**module**	模块名(端口列表);
端口定义:	**input**	端口名 1,…,端口名 N;//输入端口
	output	端口名 1,…,端口名 N;//输出端口
	inout	端口名 1,…,端口名 N;//输入/输出端口
数据类型说明:	**wire**	数据名 1,…,数据名 N;//连线型数据
	reg	数据名 1,…,数据名 N;//寄存器型数据
	……	
功能描述:	**assign**	
	always	
	……	
	end module	

(1)模块声明

在模块声明中,"模块名"是模块唯一的标识符,模块名区分大小写。端口列表是由模块各个输入、输出和双向端口组成的列表,这些端口用来与其他模块进行连接,括号中的列表以逗号","来区分,列表的顺序先后自由。要注意关键字与模块名之间应留有空格,端口列表的最后要写入分号";"。

(2)端口定义

端口列表中所列端口要在端口定义中进行输入、输出的明确说明。输入和输出的端口名间分别以逗号","来区分,行末写入分号";"。Verilog 定义的端口类型有三种:input、output、inout,分别表示输入、输出和双向端口。在顶层模块中,端口对应的物理模型是芯片的管脚,在内部子模块中,端口对应的物理模型是内部连线。

(3)数据类型说明

对模块中用到的所有信号(包括端口信号、节点信号等)都必须进行数据类型的定义。下面将介绍 Verilog 语言提供的常用信号类型,这些信号类型分别模拟实际电路中的各种物理连接和物理实体。

(4)逻辑功能描述

模块中最重要的部分是逻辑功能描述。有 3 种方法可在模块中产生逻辑:

① 用"**assign**"赋值语句。这种方法的句法只需将逻辑表达式放在关键字"assign"后即可。

例 10.4.1 用"**assign**"赋值语句实现 1 位半加器(数据流描述方式)。

```
module half_add1 (A,B,Sum,Cout);
input    A,B;
output   Sum,Cout;
assign   Sum = A^B;
assign Cout = A&B;
endmodule
```

"**assign**"语句一般用于组合逻辑的赋值,称为持续赋值方式。

② 调用元件(元件例化)。调用元件的方法类似于在电路图输入方式下调入库元件。这种方法侧重于电路的结构描述。

例 10.4.2 调用门元件实现 1 位半加器(门级描述方式)。

```
module half_add2 (A,B,Sum,Cout);
input    A,B;
output   Sum,Cout;
and   (Cout,A,B);
xor   (Sum,A,B);
endmodule
```

③ 用"**always**"过程块赋值:用来描述逻辑功能,称之为行为描述方式,既可用于描述组合逻辑,也可描述时序逻辑。

例 10.4.3 用"**always**"过程块语句实现 1 位半加器(行为描述方式)。

```
module half_add3 (A,B,Sum,Cout);
input    A,B;
output   Sum,Cout;
reg   Sum,Cout;
always  @  (A or B)
    begin
        Sum = A^B;
        Cout  =A&B;
    end
endmodule
```

3. Verilog 数据类型

Verilog HDL 定义了多种数据类型,这里主要介绍连线型(**wire**)、寄存器型(**reg**)、整型(**integer**)。

(1)连线型(**wire**)

Verilog 中 **wire** 连线型变量对应硬件电路中的一根物理连线,因此连线型数据不能存储信息,只能传递信息。有两种方式驱动(赋值):一是在结构描述中把它连接到一个门或模块的输出端;二是用连续赋值语句对其进行赋值。当没有驱动源时,它将保持高阻态。**wire** 型数据常

用来表示以 **assign** 语句赋值的组合逻辑信号。当模块中输入/输出信号类型缺省时自动定义为 **wire** 型。**wire** 型信号可以用作任何表达式的输入,也可以用作 **assign** 语句或元件例化的输出。**wire** 型变量的格式:

　　wire[n-1:0]数据名 1,数据名 2,…,数据名 i;//共有 i 个数据,每个数据位宽 n

　　wire 是 **wire** 型数据的确认符,[n-1:0]代表该数据的位宽。当位宽缺省时,默认值为 1 位。

　　例 10.4.4　**wire**　　a,b;　　　　　　　//定义了两个 wire 变量 a 和 b,每个变量位宽为 1 位
　　　　　　　　　wire[7:0]　　databus;//数据总线 databus 的位宽是 8 位
　　　　　　　　　wire[19:0]　　addrbus;//地址总线 addrbus 的位宽是 20 位

　　例 10.4.5　已知门电路的逻辑函数表达式,试用 Verilog 语言对该门电路进行描述。

module logic_gate(A,B,C,D,F); //模块名为 logic_gate
input　　A,B,C,D;　　　　　　　//模块的输入端为 A,B,C,D
output　　F;　　　　　　　　　　//模块的输出端为 F
wire　　A,B,C,D;　　　　　　　　//定义信号的数据类型
assign　　F = ~((A&B)|(C&D)); //逻辑功能描述
endmodule

（2）寄存器型(**reg**)

寄存器型数据对应的是具有状态保持作用的硬件电路元件,如触发器、寄存器等。寄存器型数据与连线型数据的区别在于:寄存器型数据具有存储信息的能力,它能够一直保持最后一次的赋值,而连线型数据需要有持续的驱动。在设计中要求将寄存器型变量放在过程语句(如 always、initial)中,通过过程赋值语句赋值。在 always、initial 过程块中,被赋值的每一个信号必须定义为寄存器型。常用的寄存器数据类型的关键字是 **reg**。**reg** 型变量的格式:

　　reg[n-1:0]数据名 1,数据名 2,…,数据名 i;

　　例 10.4.6　**reg** a,b;　　　　　　　//定义两个 1 位的 **reg** 型变量 a、b

　　reg[7:0]　qout;　　　　　　　　//定义 qout 为 8 位宽的 **reg** 型变量

　　例 10.4.7　试用 Verilog 语言正确实现三输入与门的模块。

module and3 (a,b,c,out);
input　　a,b,c;
output　　outs;
reg　　outs;　　　　　　　　　//定义信号的数据类型
always @ (a or b or c)
　　　begin
　　　outs = a&b&c;　　　　　// out 在 always 过程块中被赋值
　　　end
end module

注意:Verilog 语言中的寄存器型数据和在数字逻辑电路中的寄存器逻辑单元不一样,后者需要用时钟驱动,而 Verilog 语言中的寄存器型数据与时钟没有直接关系;寄存器型变量的物理模型不一定是寄存器,在时序电路中对应的是寄存器,而在组合电路中则表示一根连线。

（3）整型（**integer**）

整型变量常用于循环控制变量，为二进制补码形式的 32 位有符号数。整型数据与 32 位的寄存器型数据在实际意义上相同，只是寄存器型数据作为无符号数来处理。

4. Verilog 数值表示

Verilog 语言中常量（信号）的取值通常由以下 4 种基本的逻辑状态组成：

0：低电平、逻辑 **0** 或假；

1：高电平、逻辑 **1** 或真；

x 或 **X**：未知状态，可能是 **0**，也可能是 **1** 或 **z**；

z 或 **Z**：高阻态。

Verilog HDL 中整型常量有 4 种进制表示形式：二进制型整数（b 或 B）、十进制型整数（d 或 D）、八进制型整数（o 或 O）、十六进制型整数（h 或 H）。

数字表示方法： +／－＜位宽＞'＜进制＞＜数字＞，其中位宽信息由二进制位宽决定。

例：   8'b11000101   //位宽为 8 位的二进制数 11000101

        16'hA5FE   //位宽为 16 位的十六进制数 A5FE

        5'o28   //位宽为 5 位的八进制数 28

5. Verilog 运算符

由表 10.4.1，Verilog 的运算符说明如下：

（1）对于/和%只能用在被除数或者除数是 2 的幂。

（2）~ 按位取反运算符，如 $A = 8'b11110000$，~ A 的值为 $8'b00001111$。

（3）& 按位与，如 $A = 8'b11110000$、$B = 8'b10101111$，A&B 结果为 $8'b10100000$。

（4）^ 异或运算符，如 $A = 8'b11110000$、$B = 8'b10101111$、A^B 结果为 $8'b01011111$。

（5）&& 逻辑与，如 $A = 1$、$B = 2$，A&&B 结果为**真**；如 $A = 1$、$B = 0$，则 A&&B 结果为**假**。

（6）？：是条件运算符，如"A = B？C:D"的含义是如果 B 为**真**，则把 C 与 A 连线，否则 D 与 A 连线。如代码"assign A = （B = = 2'd3）？1 : 0;"A 是一个的信号（**wire** 类型），当 $B = 2'd3$ 时，连线到高电平 **1**，否则连线到低电平 **0**。

（7）拼接运算符是将两个或多个信号的某些位拼接起来进行运算的操作。使用如下：

{信号 1 的某几位，信号 2 的某几位，……，信号 n 的某几位}

例：**wire** [7:0]   Dbus;

    wire [11:0]   Abus;

    assign   Dbus[7:4] = { Dbus[0],Dbus[1],Dbus[2],Dbus[3]};//低 4 位赋值给高 4 位

    assign   Dbus = { Dbus[3:0],Dbus[7:4]};//低 4 位与高 4 位互换

6. Verilog 常用语句

（1）always @ （ ）括号里面是敏感信号。这里的 always @ （posedgeClk） 敏感信号是"posedgeClk"，含义表示在上升沿的时候有效，还可以是"negedgeClk"，表示在下降沿的时候有效，也可以是" * "符号，表示信号一直是敏感的。

（2）assign 用来给 output、inout、wire 这些类型连线，注意这里用连线，而不是赋值，assign 表示的是线型信号。

（3）非阻塞赋值与阻塞赋值语句。

"＜＝"是非阻塞赋值符号，在一个 always 模块中，所有语句一起更新。"＝"是阻塞赋值符号，或者给信号赋值，如果在 always 模块中，这条语句被顺序执行、立刻执行。例如：

```
always@ (posedge clk) begin     //非阻塞赋值
A < = B;
C < = A;
end
```

执行结果：A 的结果是 B，C 的结果是旧的 A 值。

```
always@ (posedge clk) begin     //阻塞赋值
A = B;
C = A;
end
```

执行结果：A 的结果是 B，C 的结果是 B。

一般的数字系统时序设计使用非阻塞赋值，这样可以很好的控制同步性。

（4）if…else 条件判断；if…else if…else 条件判断；case 条件选择等语句与高级语言有类似的用法，请详见相关语法资料书籍。

例 10.4.8　用 if－else 语句实现 4 选 1 数据选择器。

```
module SEL 4 - to -1 (D0,D1,D2,D3,Y,sel);
input    D0,D1,D2,D3;
input  [1:0] sel;
output Y;
reg  Y;
always @  (D0 or D1 or D2 or D3 or sel )
    begin
        if (sel = =2'b00)        Y = D0;
        else if (sel = =2'b01)    Y = D1;
        else if (sel = =2'b10)    Y = D2;
        else                 Y = D3;
    end
endmodule
```

例 10.4.9　用 case 语句实现 3－8 线译码器。

```
module Decoder 3 - to -8 (INs,OUTs);
input [2:0]   INs;
output [7:0]  OUTs;
reg [7:0]  OUTs;
always @ (INs )
    begin
        case (INs )
```

```
  3'd0:   OUTs = 8'b11111110;
  3'd1:   OUTs = 8'b11111101;
  3'd2:   OUTs = 8'b11111011;
  3'd3:   OUTs = 8'b11110111;
  3'd4:   OUTs = 8'b11101111;
  3'd5:   OUTs = 8'b11011111;
  3'd6:   OUTs = 8'b10111111;
  3'd7:   OUTs = 8'b01111111;
  endcase
 end
endmodule
```

例 10.4.10　设计一个分频器,其作用是为某定时器产生 1Hz 时钟信号。

ClkIn 输入端是一个外部 24MHz 时钟振荡器,提供系统时钟源,SetCount 端用来设置产生 1Hz 间隔的计数值,分频程序 FreqDivide 从 0 开始计数至 SetCount 中赋值(振荡信号周期的一半)时, ClkOut 时钟输出取反。整数值 Cnt 在操作前设置为 0,用于对时钟脉冲进行计数,并且将计数值与 SetCount 中的值进行比较,当脉冲数达到 SetCount 中的值时,会检查输出 ClkOut 是 1 或者 0。如果 当前 ClkOut 为 0,ClkOut 会赋值为 1;否则,ClkOut 赋值为 0,Cnt 赋值为 0,并重复这个过程。每次 SetCount 中的值达到时,输出 ClkOut 翻转。由此,产生一个占空比为 50% 1Hz 的时钟输出。

Verilog 程序如下:

```
module FreqDiv(ClkIn,ClkOut);
  input   ClkIn;     //外部 24MHz 时钟源
  inout   ClkOut;    //1Hz 的输出时钟
  integer Cnt = 0;    //计数至 SetCount 中的值
  integer SetCount = 12000000;// 1/2 定时器间隔值,占空比为 1/2
  reg [0:0] Q;//在模块中一直存储输出值
  always @ (posedge ClkIn)   //等待一个正边沿时钟事件
  begin
    if (Cnt = = SetCount)
    begin
      if (ClkOut = =0)
        begin
        Q = 1;       //输出高电平 50%
        end
      else
        begin
        Q = 0;       //输出低电平 50%
        end
      Cnt = 0;
```

```
    end
    else
    begin
        Cnt = Cnt +1 //如果最终值没有达到,Cnt 值加 1
    end
end
assign ClkOut = Q;    //存储在 Q 的值赋给 always 外的 ClkOut
endmodule
```

10. 4. 2 VHDL 基础

VHDL 语言作为一种标准的硬件描述语言,具有结构严谨、描述能力强的特点。支持从系统级到门级电路的描述,同时也支持结构、行为和数据流三种形式的描述。VHDL 的设计单元的基本组成部分是实体(entity)和结构体(architecture),实体包含设计系统单元的输入和输出端口信息;结构体描述设计单元的组成和行为。

1. VHDL 基本结构

一个 VHDL 语言的设计程序描述的是一个电路单元。一般一个完整的 VHDL 语言程序至少要包含程序包、实体和结构体三个部分。实体给出电路单元的外部输入/输出接口信号和引脚信息,结构体给出了电路单元的内部结构和信号的行为特点,程序包定义在设计结构体和实体中将用到的常数、数据类型、子程序和设计好的电路单元等。

举例说明。1 位全加器的逻辑表达式是:

SUM = A $\oplus$ B $\oplus$ Cin

Cin = AB + A Cin + B Cin

其 VHDL 的描述程序如下:

```
LIBRARY IEEE;          --IEEE 标准库
USE IEEE. STD_LOGIC_1164. ALL;
USE IEEE. STD_LOGIC_ARITH. ALL;
USE IEEE. STD_LOGIC_UNSIGNED. ALL;

entity Full_adder is        -- Full_adder 是实体名称
port (A,B,Cin:in bit ;SUM,Cout:out bit );    --定义输入/输出信号
end entity Full_adder;

architecture FuA of Full_adder is begin      -- FuA 是结构体名
    SUM < = (A xor B) xor Cin;
    Cout < = (A and B) or (A xor B) and Cin;
end architecture FuA;
```

可见,一段完整的 VHDL 代码主要由以下几部分组成:

第一部分:程序包。程序包是用 VHDL 语言编写的共享文件,定义在设计结构体和实体中

将用到的常数、数据类型、子程序和设计好的电路单元等,放在文件目录名称为 IEEE 的程序包库中。VHDL 程序中常用的库有 STD 库、IEEE 库和 WORK 等。其中 STD 和 IEEE 库中的标准程序包是由提供 EDA 工具的厂商提供,用户在设计程序时可以用相应的语句调用。

第二部分:程序的实体。实体定义电路单元的输入/输出引脚信号。程序的实体名称 Full_adder 是任意取的,但是必须与 VHDL 程序的文件名称相同。实体的标识符是**entity**,实体以**entity**开头,以**end**结束。其中,定义 A、B、Cin 是输入信号引脚,定义 Cout 和 SUM 是输出信号引脚。

实体名称表示所设计电路的电路名称,必须与 VHDL 文件名相同。一般格式为:

entity 实体名称 **is**

port(

端口信号名称 1:输入/输出状态数据类型;

端口信号名称 2:输入/输出状态数据类型;

…

端口信号名称 N:输入/输出状态数据类型;

);

end 实体名称;

第三部分:程序的结构体。具体描述电路的内部逻辑功能。结构体有三种描述方式,分别是行为(BEHAVIOR)描述、数据流(DATAFLOW)描述方式和结构(STRUCTURE)描述方式,其中数据流(DATAFLOW)描述方式又称为寄存器(RTL)描述方式,例中结构体的描述方式属于数据流描述方式。结构体以标识符**architecture**开头,以**end**结尾。结构体的名称 FuA 是任意取的。

结构体说明语句是对结构体中用到的数据对象的数据类型、元件和子程序等加以说明。电路描述语句用并行语句来描述电路的各种功能,这些并行语句包括并行信号赋值语句、条件赋值(WHEN – ELSE)语句、进程(PROCESS)语句、元件例化(COMPONET MAP)语句和子程序调用语句等。结构体的一般格式为:

architecture 结构体名 **of** 实体名称 **is**

说明语句

begin

电路描述语句

end 结构体名;

2. VHDL 数据类型

端口数据类型定义端口信号的数据类型,常用的端口信号数据类型如下:

(1)位(**BIT**)型:表示一位信号的值,可以取值 **0** 和 **1**,放在单引号里面表示,如 X < = '**1**',Y < = '**0**'。

(2)位向量(**BIT_VECTOR**)型:表示一组位型信号值,在使用时必须标明位向量的宽度(个数)和位向量的排列顺序。例如:Q : OUT BIT_VECTOR(3 downto 0),表示 Q3、Q2、Q1、Q0 四个位型信号。位向量的信号值放在双引号里面表示,如 Q < = "0000"。

(3)标准逻辑位(**STD_LOGIC**)型:IEEE 标准的逻辑类型,它是 BIT 型数据类型的扩展。

(4)标准逻辑位向量(**STD_LOGIC_VECTOR**)型:IEEE 标准的逻辑向量,表示一组标准逻辑位型信号值。

注意:VHDL 不允许将一种数据类型的信号赋予另一种数据类型的信号。

3. VHDL 数值表示

(1) 整数(**INTEGER**)数据类型

整数数据类型与数学中整数的定义是相同的,整数类型的数据代表正整数、负整数和零。VHDL 整数类型定义格式为:

TYPE **INTEGER** IS RANGE −2147483648 TO 2147483647;

实际上一个整数是由 32 位二进制码表示的带符号数的范围。实际使用过程中为了节省硬件组件,常用 RANGER…TO…限制整数的范围。例如:

SIGNAL A : INTEGER; −−信号 A 是整数数据类型

VARIABLE B : INTEGER RANGE 0 TO 15; −−变量 B 是整数数据类型,变化范围 0~15

SIGNAL C : INTEGER RANGE 1 TO 7; −−信号 C 是整数数据类型,变化范围 1~7

(2) 位(BIT)数据类型

位数据类型的位值用字符 .0. 和 .1. 表示,将值放在单引号中,表示二值逻辑的 **0** 和 **1**。这里的 **0** 和 **1** 与整数型的 0 和 1 不同,可以进行算术运算和逻辑运算,而整数类型只能进行算术运算。位数据类型的定义格式为:

TYPE BIT is ('0', '1');

例如:将 RESULT 引脚设置为高电平。

RESULT : OUT BIT;

RESULT < = .1.;

(3) 位向量(BIT_VECTOR)数据类型

位向量是基于 BIT 数据类型的数组。VHDL 位向量的定义格式为:

TYPE BIT_VECTOR is array (NATURAL range < >) of BIT;

使用位向量必须注明位宽,即数组的个数和排列顺序,位向量的数据要用双引号括起来。用 B 表示双引号里的数是二进制数;X 表示双引号里的数是十六进制数;O 表示双引号里的数是八进制数。例如:

B"11111100" −−长度为 8bits

X"FAC" −−长度为 12bits, = B"111110101100"

O"565" −−长度为 9bits, = B"101110101"

例如:

SIGNAL A :BIT_VECTOR (3 DOWNTO 0);

A < = "0111";

表示 A 是四个 BIT 型元素组成的一维数组,数组元素的排列顺序是 A3 = 0、A2 = 1、A1 = 1、A0 = 1。

4. VHDL 运算符

VHDL 语言的表达式也是由运算符和操作数组成的。如表 10.4.3 所示,VHDL 定义了多种运算符,即逻辑运算符、算术运算符、关系运算符、移位运算符和连接运算符,并且定义了与运算符相应的操作数的数据类型。各种运算符之间是有优先级的,如逻辑运算符中 NOT 的优先级别最高。

表 10.4.3　VHDL 运算符列表

逻辑运算符	
NOT	逻辑非（优先级最高）
AND	逻辑与
OR	逻辑或
NAND	逻辑与非
NOR	逻辑或非
XOR	逻辑异或
NXOR	逻辑异或非
关系运算符	
=	等于
/ =	不等于
<	小于
>	大于
< =	小于等于
> =	大于等于
移位运算符	
SLL	逻辑左移
SLA	算术左移
SRL	逻辑右移
SRA	算术右移
ROL	逻辑循环左移
ROR	逻辑循环右移
连接运算符	
&	位合并
算术运算符	
+	加
−	减
*	乘
/	除
MOD	求模
REM	求余
**	乘方
ABS	求绝对值

5. VHDL 数据对象

在 VHDL 中，常用的数据对象分为三种类型，即常数（**CONSTANT**）、变量（**VARIABLE**）和信号（**SIGNAL**），这三种数据对象除了具有一定的数据功能外，还赋予了不同的物理意义。

常量:电源、地、恒定逻辑值等常数;

变量:某些值的存储单元,常用于描述算法;

信号:物理设计中的硬连接线,包括输入/输出端口。

信号与常数相当于全局变量,变量相当于局部变量,变量只能存在于 PROCESS、FUNCTION、PROCEDURE 中。

(1) 常数(**CONSTANT**)

常数被赋值后就保持某一固定的值不变。在 VHDL 中,常数通常用来表示计数器模的大小、数组数据的位宽和循环计数次数等,也可以表示电源电压值的大小。常数的使用范围与其在设计程序中的位置有关。如果常数在结构体中赋值,则这个常数可供整个设计单元使用,属于全局量,如果常数在 PROCESS 语句或子程序中赋值,只能供进程或子程序使用,属于局部量。程序设计中使用常数有利于提高程序的可读性,方便对程序进行修改。通常常数的赋值在程序开始前进行,其数据类型在常数说明语句中指明,赋值符号为“: =”。

常数定义语句的格式为:

CONSTANT 常数名称:数据类型 : = 表达式

例:

CONSTANT VCC: REAL : = 3.3;

CONSTANT DELAY : TIME : = 20ns;

CONSTANT SCORES : INTEGER : = 100;

在上面的例子中,VCC 的数据类型是实数,被赋值为 3.3,DELAY 被赋值为时间常数 20ns,SCORES 被赋值为 100 的整数。

(2) 变量(**VARIABLE**)

在 VHDL 程序中,变量只能在进程和子程序中定义和使用,不能在进程外部定义使用,变量属于局部量,在进程内部主要用来暂存数据。对变量操作有变量定义语句和变量赋值语句,变量在赋值前必须通过定义,可以在变量定义语句中赋初值,变量初值不是必需的,变量初值的赋值的符号是“ : =”。

注意:变量赋初值语句仅可用于仿真,在综合时被忽略,不起作用。

变量定义语句的格式为:

VARABLE 变量名称:数据类型 : = 初值;

例:

VARABLE V1 :INTEGER : = 0 ;

VARABLE CON1 :INTEGER RANGER 0 TO 200 ;

VARABLE S1, S2 :STD_LOGIC ;

V1 是整数型变量,初值是 0;CON1 是整数型变量,其变化范围是 0 ~ 200;S1、S2 是一位标准逻辑位型变量。

(3) 信号(SIGNAL)

在 VHDL 中,信号分为外部端口信号和内部信号。

外部端口信号是设计单元电路的引脚,在程序实体中定义,外部信号对应四种 I/O 状态是 IN、OUT、INOUT、BUFFER 等,其作用是在设计单元电路之间起互连作用,外部信号可以供整个设计单元使用属于全局量。例如,在结构体中,外部信号可以直接使用,不需要加以说明,可以通过信号赋值语句给外部输出信号赋值。

内部信号是用来描述设计单元内部的传输信号,它除了没有外部信号的流动方向之外,其他性质与外部信号一致。内部信号的使用范围(可见性)与其在设计程序中的位置有关,内部信号可以在结构体和块语句中定义。如果信号在结构体中定义,则可以在供整个结构体中使用;如果在块语句中定义,只能供块内使用,不能在进程和子程序中定义内部信号。内部信号的定义格式与变量的定义格式基本相同,只要将变量定义中的保留字 VARIABLE 换成 SIGNAL 即可。内部信号定义语句的格式为:

SIGNAL 信号名称:数据类型 : = 初值;

例如:

SIGNAL S1 :STD_LOGIC : = .0. ;

SIGNAL D1 :STD_LOGIC _VECTOR (3 DOWNTO 0): = "1001";

定义信号 S1 是标准逻辑位型,初值是逻辑 **0**;信号 D1 是标准逻辑位向量,初值是逻辑向量 **1001**。

信号赋值符号与变量赋值符号不同,信号赋值符号为 " < = "。信号赋值语句的格式为:

信号名称 < = 表达式;

在对信号进行赋值时,表达式的数据对象可以是常数、变量和信号,但是要求表达式的数据类型必须与信号定义语句中的数据类型一致。

6. VHDL 常用语句

VHDL 常用语句可以分为两大类:并行语句、顺序语句。在数字系统的设计中,这些语句用来描述系统的内部硬件结构和动作行为,以及信号之间的基本逻辑关系。顺序语句必须放在进程中,因此可以把顺序语句称作为进程中的语句。顺序语句的执行方式类似普通计算机语言的程序执行方式,都是按照语句的前后排列的方式顺序执行的,一次执行一条语句。结构体中的并行语句总是处于进程的外部,所有并行语句都是一次同时执行,与语句在程序中排列的先后次序无关。

常用的并行语句有:

(1)并行信号赋值语句,用" < = "运算符

(2)条件赋值语句:**when…else**

(3)选择信号赋值语句:**with…select**

(4)方块语句:**block**

(5)进程语句:**process**

常用的顺序语句有:

(1)信号赋值语句和变量赋值语句

(2)**if…else** 语句

(3)**case…when** 语句

(4)**for…loop** 语句

以上语句请详见相关语法资料书籍。

例 10.4.11 采用 if…else 实现的 4 选 1 数据选择器。

```
LIBRARY IEEE;
USE IEEE. STD_LOGIC_1164. ALL;
USE IEEE. STD_LOGIC_UNSIGNED. ALL;
entity mux4 is
port ( a0, a1, a2, a3 : in std_logic;
s : in std_logic _vector (1 downto 0);
y : out std_logic
);
END mux4 ;
architecture arch_mux4 of mux4 is
begin
process (s, a0, a1, a2, a3)
begin
if s = "00" then
y < = a0 ;
elsif s = "01" then
y < = a1 ;
elsif s = "10"then
y < = a2;
else
y < = a3;
end if ;
end process ;
end arch_mux4;
```

例 **10. 4. 12**　用 case…when 语句实现 3 – 8 线译码器。

```
LIBRARY IEEE;
USE IEEE. STD_LOGIC_1164. ALL;
USE IEEE. STD_LOGIC_UNSIGNED. ALL;
entity Decoder 3 - to -8 is
port ( a0, a1, a2, a3 : in std_logic;
INs :in std_logic_vector (2 downto 0);
OUTs :out std_logic_vector (7 downto 0)
);
end Decoder 3 - to -8;
architecture arch_ Decoder 3 - to -8 of Decoder 3 - to -8 is
begin
process (INs, OUTs)
    case INs is
```

```
      when "000" = > OUTs < = "11111110";
      when "001" = > OUTs < = "11111101";
      when "010" = >OUTs < = "11111011";
      when "011" = > OUTs < = "11110111";
      when "100" = > OUTs < = "11101111";
      when "101" = >OUTs < = "11011111";
      when "110" = > OUTs < = "10111111";
      when "111" = > OUTs < = "01111111";
      when others = > OUTs < = "11111111";
   end case ;
   end process ;
end arch_ Decoder 3 - to - 8 ;
```

例 10.4.13 对照上节用 Verilog 实现的例子,用 VHDL 设计一个分频器,产生 1 Hz 时钟输出信号。分频器的 VHDL 完整程序如下:

```
LIBRARY IEEE;
USE IEEE. STD_LOGIC_1164. ALL;

entity FreqDiv is
port (Clkin, in std_logic ; -- Clkin://24.00MHz 时钟驱动器
ClkOut:buffer std_logic ); -- ClkOut://输出为 1 Hz
end entity FreqDiv;

architecture FreqDivBehhavior of FreqDiv is begin
   FreqDivide:process (ClkIn)
   variable Cnt:integer: =0; -- Cnt:     //计数至 SetCount 中的值
   variable SetCount:integer; -- SetCount://保存 1/2 定时器间隔值

begin
SetCount: =12000000;一占空比为 1/2
if (ClkIn'EVENT and ClkIn = '1') then   --等待 ClkIn 上升沿,然后动作
  if (Cnt = SetCount) then
    if ClkOut = '0' then
      ClkOut < = '1';//输出高电平 50%
    else
      ClkOut < = '0';//输出低电平 50%
    end if ;
    Cnt: =0;
  else
```

```
      Cnt:=Cnt+1;//如果最终值没有达到,Cnt 值加 1
   end if;
end if;
end process;
end architecture FreqDivBehavior;
```

小结 ▶

1. 目前最通用的可编程逻辑器件主要包括复杂可编程逻辑器件(CPLD)和现场可编程逻辑阵列(FPGA)。CPLD/FPGA 器件具有"在系统可编程(ISP)"特性,支持 JTAG 标准。

2. CPLD 的内部结构一般基于乘积项(Product-Term),结构中包括逻辑阵列模块、宏单元、可编程连线和 I/O 控制块。CPLD 一般属于中小规模集成度器件,比较适用于简单控制及组合逻辑应用。

3. FPGA 通常采用查找表 LUT(Look Up Table)这种结构实现基本逻辑单元,目前,CPLD 也有采用 LUT 结构实现。FPGA 基本由 6 部分组成,分别为可编程输入/输出单元、基本可编程逻辑单元、嵌入式块 RAM、丰富的布线资源、内嵌专用硬核底层和嵌入功能单元及全局时钟模块等。FPGA 一般属于中大规模集成度器件,比较适用于较复杂且高速控制及数据处理应用。

4. 一个完整的 CPLD/FPGA 开发设计流程包括电路设计与输入、功能仿真、综合、综合后仿真、实现、布线后仿真与验证、板级仿真验证与调试等主要步骤。

5. 常见的两种可编程逻辑器件的硬件描述语言:**Verilog HDL** 语言、**VHDL** 语言。对比介绍了描述数字逻辑器件及系统逻辑功能的基本方法,完成可编程逻辑器件的入门设计。

习题 ▶

10.1.1 常用的可编程逻辑器件有哪些?

10.1.2 FPGA 的基本结构与 CPLD 的基本结构分别有哪些特点? 区别在哪里?

10.2.1 试用如图 10.2.4 所示的 PAL **与或**阵列实现一个全减器。

10.2.2 若某 CPLD 中的每个逻辑块有 36 个输入,18 个宏单元,那么该逻辑块可以实现多少个逻辑函数? 每个逻辑函数最多可有多少个变量? 如果每个宏单元包含 5 个乘积项,通过乘积项扩展,逻辑函数中所能包含的乘积项数目最多是多少?

10.2.3 试用 4 输入 LUT 结构,完成逻辑函数 $F = (A + \bar{B} + C)D\bar{E}$。

10.3.1 一个完整的 FPGA/CPLD 开发设计流程一般包括哪些主要步骤?

10.4.1 试说明 Verilog 语言中非阻塞赋值与阻塞赋值语句的特点与区别。

10.4.2 请阐述 VHDL 语言数据类型中变量(**VARIABLE**)和信号(**SIGNAL**)的使用方法。

10.4.3 请阐述 Verilog 语言和 VHDL 语言中对边沿触发操作方法。

10.4.4 试分别用 Verilog 语言和 VHDL 语言实现一个 100 进制加法计数器。

第11章 测试系统设计

11.0 引例

1:1摩擦试验台是铁路机车刹车闸瓦(盘)片质量检测的大型试验设备。主要通过模拟铁路机车各种运行状况,设置磨合试验、停车试验、坡道试验、静摩擦试验等试验类型,根据对获得数据的分析来判断闸瓦(盘)片的质量。

1:1摩擦试验系统是一个典型的智能测控系统,基于虚拟仪器技术,由检测系统(数据采集以及信号调理等)和控制系统部分组成,框图如图11.0.1所示。

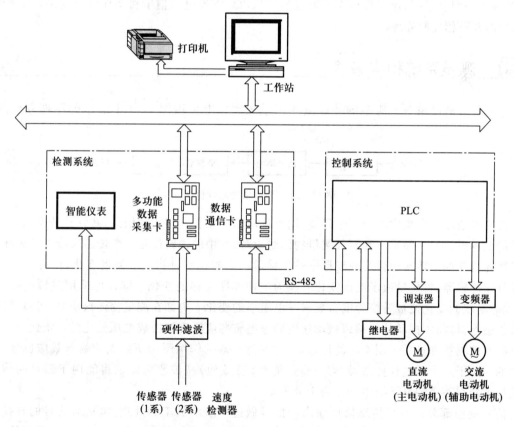

图 11.0.1 1:1摩擦试验台测控系统组成框图

停车试验是1:1摩擦试验台最主要的一个试验,具有很强的代表性,下面以停车试验为例对系统的构成、工作方式、数据采集与处理等部分进行说明。

1:1摩擦试验台停车试验是通过模拟铁路机车停车时的状态,根据绘制的摩擦系数同制动速度间的关系曲线,以及一些相关参数来分析闸瓦(盘)片的质量。

试验开始前,试验操作者根据规定在工控机上设置试验参数。试验参数包括:开始制动时的制动初速度,所加的压力,力矩,上下限温度报警等值。参数设置完成后,程序通过通信模块,将参数经过数据通信卡,发送给 PLC,PLC 控制主电机起动,达到预设的制动初速度,稳速后,数据采集系统开始工作,所需试验数据(包括在一定时间间隔下的车轮转速,以及相应的压力、力矩和温度等)经由传感器、硬件滤波、多功能数据采集卡,传递给工控机,完成对试验数据的实时采集和显示。同时主电机断电,液压站、伺服系统按所设定的压力加压制动,直到车轮转动完全停止,然后泄压,完成停车试验。

工控机为操作者提供一个良好的人机交互界面。完成参数设置,数据后期处理以及试验数据显示等功能。

NI 多功能数据采集卡,实现对多路数据的采集,并传送给工控机。

PLC 为控制系统的核心部分。通信卡完成工控机同 PLC 之间的通信工作,包括:工控机通过通信卡发送试验参数到 PLC,控制摩擦试验台的动作;在试验进行期间,如果系统工作状态出错(如液压油温度过高,温度超过设定限制等)时,PLC 将通过通信卡将错误信息反馈给工控机,提示操作者做相应的处理。

11.1 测量系统和传感器

由上节引例可知一个典型的测量或测试系统大体上可用图 11.1.1 所示的原理方框图来描述。

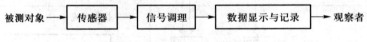

图 11.1.1 测试系统原理框图

传感器是测试系统中的第一个环节,用于从被测对象获取有用的信息,并将其转换为适合于测量的变量或信号。如采用弹簧秤测量物体受力时,其中的弹簧便是一个传感器或者敏感元件,它将物体所受的力转换成弹簧的变形——位移量。又如在测量物体的温度变化时,可采用水银温度计作传感器,将热量或温度的变化转换为汞柱亦即位移的变化。同样可采用热敏电阻来测温,此时温度的变化便被转换为电参数——电阻率的变化。再如在测量物体振动时,可以采用磁电式传感器,将物体振动的位移或振动速度通过电磁感应原理转换成电压变化量。由此可见,对于不同的被测物理量要采用不同的传感器,这些传感器的作用原理所依据的物理效应也是千差万别的。对于一个测量任务来说,第一步是能够(有效地)从被测对象取得能用于测量的信息,因此传感器在整个测量系统中的作用十分重要。

信号调理部分是对从传感器所输出的信号做进一步的加工和处理,包括对信号的转换、放大、滤波、储存、回放和一些专门的信号处理。这是因为从传感器出来的信号往往除有用信号外还夹杂有各种有害的干扰和噪声,因此在做进一步处理之前必须将干扰和噪声滤除掉。另外,传感器的输出信号往往具有光、机、电等多种形式,而对信号的后续处理往往都采取电的方式和手段,因此有时必须把传感器的输出信号进一步转换为适宜于电路处理的电信号,其中也包括信号的放大。通过信号的调理,最终希望获得便于传输、显示和记录以及可做进一步后续处理的信号。

显示和记录部分是将调理和处理过的信号用便于人们观察和分析的介质和手段进行记录或显示。

图 11.1.1 所示的三个方框中的功能都是通过传感器和不同的测量仪器和装置来实现的,它们构成了测试系统的核心部分。但需要注意的是,被测对象和观察者也是测试系统的组成部分,它们同传感器、信号调理部分以及数据显示与记录部分一起构成了一个完整的测试系统。这是因为在用传感器从被测对象获取信号时,被测对象通过不同的连接或耦合方式也对传感器产生了影响和作用;同样,观察者通过自身的行为和方式也直接或间接地影响着系统的传递特性。因此在评估测试系统的性能时必须也考虑这两个因素的影响。

将非电量转换成电量的装置称为传感器。图 11.1.2 是传感器的方框图,它一般由三部分组成:敏感元件、转换元件和转换电路。敏感元件直接感受被测几何量的变化。转换元件的作用是将被测几何量的变化转换为电参数的变化(如电阻、电感、电容等),再经转换电路转换成电信号(如电压、电流、频率等)的输出。

传感器的种类很多,目前在几何量电测技术中常用的传感器有电触式、电感式、互感式、电容式、压电式、光电式、气电式、光栅式、磁栅式、激光式及感应同步器等。传感器的质量好坏、准确度高低对整

图 11.1.2 传感器方框图

台仪器起主要作用。由于各种传感器的原理、结构不同,使用的环境、条件、目的不同,因此对各种传感器的具体要求也不相同。但对传感器的一般要求,却基本上相同,如工作可靠、准确度高、长期工作稳定性好、温度稳定性好等。此外还应具有结构简单、使用维护方便、抗干扰能力强等优点。

练习与思考

11.1.1　测量系统的组成有哪几部分?

11.1.2　传感器的组成有哪几部分?常见的传感器有哪些?

11.2 测量系统接地、接线和噪声

11.2.1 测量系统接地

测量系统接地是为了保护人身、设备安全和抑制干扰。设备外壳金属件直接接大地,可以提供静电电荷的泄漏通路,防止静电积累;接系统基准地可以给电源和传输信号提供一个基准电位,保证设备正常工作。电子设备的系统基准地与大地相连,还可以起抑制干扰的作用。

在电子设备的工作接地中,按照工作对象和用途的不同,分信号地、模拟地、数字地、电源地、外设地和机壳地等。在各类接地线需要连通时应选择合适的接地点及采取一定的技术措施,以消除各接地线间的相互影响。处理好接地问题,可以有效地抑制干扰,提高系统的抗干扰能力。

所谓接地就是将某点与一等电位点或一等电位面之间用低电阻导体连接起来,构成一个基准电位。此基准电位并不一定与大地相连。在测量系统中主要涉及的有信号地、模拟地、数字地、电源地。

信号地是信号源的地线,一切传感器都可视为信号源。信号地是为传感器和各类其他信号源本身的零信号电位提供基准的公共地线。由于信号源电路输出的信号一般都较弱,易受到外界的干扰,因此对接地线的要求较高。

模拟地是模拟电路零电位的公共基准。模拟电路一般有较多的放大器,担负着各类信号的放大任务。其中既有模拟量的小信号低频放大电路、又可能存在高频电路,同时还可能有各种振荡器电路等。因此从电路的构成看,既容易接收外来的干扰信号,又较容易产生自激而形成噪声干扰,所以对接地线的要求较高,对接地点的选择和接地线的具体铺设等都应作充分的考虑。

数字地也称为逻辑地,是数字电路零电位的公共线。由于数字信号一般较强,因此对数字地线的要求一般较模拟地低。但是考虑到数字信号通常工作在脉冲状态,而动态脉冲电流容易在杂散的接地阻抗上产生干扰电压,该电压有时虽然尚未对数字电路本身的工作造成影响,但对模拟电路来说,往往可能已经形成了严重的干扰。

电源地是电源系统的接地线,也是电源电路和其他电路公共的基准线。一个电源电路,可能要同时供给整个系统各电路各种不同的直流、交流工作电压。为了电源系统工作的稳定可靠,其自身应有接地线,同时从整个电子系统考虑,也应该有一个或多个基准参考点,而这些基准参考点的连接,往往是需要慎重考虑的问题。

据以上所述,在布置地线时,首先应加粗地线宽度,这样可以减小接地导线电阻。但仅仅这样是不够的。因为各种不同类型的接地对接地线的要求不同,而接地线上的电压波动对各种接地电路的影响程度也不同,应具体问题具体分析。

首先在小信号模拟电路、数字电路混杂的场合,设计电路板时应尽量使模拟信号通道和数字信号通道分离,减少它们的耦合。因为数字信号比较强,而且都是一些高、低电平的跳变,所以数字地上有很大的噪声和电流尖峰;而模拟信号电流较弱,如果模拟信号与数字信号共用一条地线,数字信号就会通过公共地线对模拟信号产生干扰。因此,应注意数字地线与模拟地线要分开走线。但实际上模拟通道与数字通道不可能完全独立,因为信号采集系统的许多芯片的正常工作要求这两种信号具有相同的地电平,所以应找合适的一点把模拟地与数字地相连。应注意的是,测量系统的许多芯片(如采样/保持芯片、A/D 芯片、程控放大器等)都提供了单独的模拟地和数字地管脚,连接时应将所有器件的模拟地和数字地分别连接,然后再将它们汇聚于一点。

下面讨论一下模拟地的一点与多点接地:低频电路采用一点接地原则,高频电路采用多点接地原则。

图 11.2.1 所示为独立地线并联一点接地方式,其中电路 1、2、3 分别为测量系统的三部分模拟电路,R_1、R_2、R_3 分别为它们的接地电阻。这种接地方式可以避免地线的公共电阻耦合干扰,因为各部分电路的接地电位只与自身电流有关,不受其他电路电流影响。

图 11.2.2 所示为多点接地方式,频率低于 1 MHz 时可采用一点接地方式,高于 10 MHz 时应采用多点接地。因为一点接地方式布线复杂,接地线长而多,考虑到导线存在分布感与分布电容,随着频率升高,地线间的感性耦合、容性耦合越趋严重,并且长线也会成为天线,向外辐射干扰信号,因此为了防止这种辐射干扰,地线长度应尽量短,故采用就近多点接地。

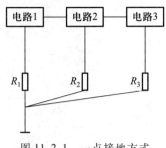

图 11.2.1 一点接地方式　　　　　图 11.2.2 多点接地方式

11.2.2 测量系统接线

测量系统所连接的信号通常可以分为两种主要类型:接地信号、浮地信号。

接地信号源是一个以系统地(如大地或建筑物表面)为基准的电压信号源。因为它们使用的是系统地,所以与测量设备共地。最常见的接地信号源实例是通过墙上的电源插座连接到建筑物地线的设备,例如信号发生器或电源。

浮地信号源是一个没有以系统地(如大地或建筑物表面)为基准的电压信号源。一些浮地信号源的实例如电池、热电偶、变压器以及隔离放大器。

测量信号时,可以按以下三种方式配置测量设备进行测量:单端接地、单端浮地、差分。

单端接地和单端浮地信号测量系统类似于接地信号源,因为是相对于地线进行测量。一个单端接地测量系统相对于模拟地线进行测量,它直接连接至测量系统的地线,如图 11.2.3 所示,AISENSE 和 AIGND 分别表示公共参考端和公共地。

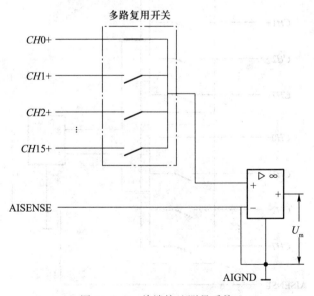

图 11.2.3 单端接地测量系统

除了单端接地测量系统,测量系统通常采用单端浮地测量技术或者伪差分技术,也是上述系统的一种变形,如图 11.2.4 所示。

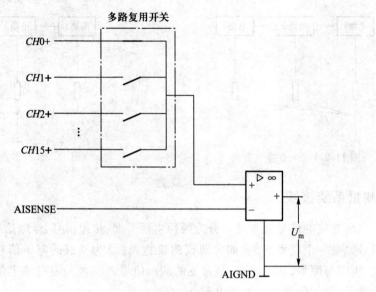

图 11.2.4　单端浮地测量系统

　　在差分测量系统中,两个输入端都不连接到固定的基准点上,例如大地或建筑物表面。大多数带有仪器放大器的测量设备,都可以配置为差分测量系统。如图 11.2.5 所示,为 8 通道差分测量系统。模拟多路复用器增加了测量通道数,但仍使用了一个仪器放大器。

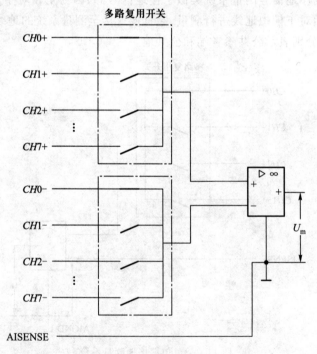

图 11.2.5　差分测量系统

　　决定采用何种类型的测量系统的一般标准是:测量接地信号源,使用差分或无参考单端系统;测量浮地信号源使用参考单端系统。对于接地信号源使用参考单端系统的风险是会导致接地回路,这是可能产生测量错误的根源之一。与此类似,使用差分或无参考单端系统测量浮地信号源,很可能受偏流的影响,偏流将使得输入电压漂移出测量设备的量程(尽管可以通过在输入端和地之间安装偏压电阻来解决该问题)。

11.2.3 测量系统的噪声和干扰

1. 噪声

电子设备在工作时,有用信号中往往夹杂着一些无用的信号,而这种无用的、甚至是不规则变化的信号,将可能影响整个系统的正常工作,严重时将使设备无法正常运行。通常把这种叠加于有用信号上,使原来有用信号发生畸变的变量叫电噪声,简称噪声,它是信号以外所有扰动的总称。噪声的种类很多,按产生噪声的原因来分类,无外乎两大类:一类是内部噪声,另一类为外部噪声。

2. 干扰

由于噪声在一定条件下会影响和破坏设备或系统的正常工作,通常把具有危害性的噪声称为干扰。一般情况下,以危害性干扰量为对象进行研究时,多使用“噪声”这个词;以噪声所形成的不良效应为对象来研究时,多使用“干扰”这个词。抗干扰技术的目的就是采取一些有效的技术措施,尽可能地排除或者抑制噪声所形成的不良影响,使电子设备的工作可靠性得以保证。对于具体的电子系统来讲,一方面它可能受到其他外来噪声信号的干扰,另一方面它本身也可能会产生噪声而干扰其他的设备。

通常对于许多传感器来说,最大的外部噪声是工频干扰与连接在交流电源上的电动机、电焊机等产生的火花放电以及大功率继电器、接触器等的触点吸合、断开所产生的干扰。同样,由于测量电路往往是模拟电路和数字电路的混合体,数字电路的工作信号的变化也会影响模拟电路。

3. 干扰的耦合方式

干扰源产生的干扰是通过耦合通道对系统产生电磁干扰作用的,要抑制干扰就应了解它的传输途径。干扰信号的传输途径大致分为以下几类。

(1)直接耦合

直接耦合又称为传导耦合。当导线经过具有噪声干扰的环境时,就可能拾取噪声并传入电路中而对电路造成干扰。在信号采集系统中,最常见的是干扰噪声经过电源线直接耦合注入系统,这对电子系统形成的干扰十分严重。对于这种耦合方式,可采用滤波去耦的方法有效地抑制或防止干扰信号的进入。

(2)电容性耦合

电容性耦合又称为电场耦合或静电耦合。它是由于元件之间、导线之间、元件与导线之间存在的分布电容所引起的,是电场相互作用的结果。由于实际电路中杂散电容的存在是不可避免的,这就必然造成一部分电路中的电荷变化影响到另一部分电路。若某一个导体上的信号电压通过分布电容的作用使其他导体上的电位受到影响,这样的现象就称为电容性耦合。

(3)电磁感应耦合

电磁感应耦合又称为磁场耦合,也可称为互感耦合,它是两部分电路间(或回路间)磁场相互作用的结果。即由于两部分电路(回路)间互感的存在,一个电路中的电流变化,将通过磁场交链的形式耦合到另一电路。当两根导线在较长一段区间平行架设时,会发生这种耦合,动力线或强信号线会成为干扰源。在系统内部,线圈或变压器的漏磁也会成为干扰源。

(4) 共阻抗耦合

共阻抗耦合是几部分电路之间有公共阻抗,或者可认为噪声源和信号源之间有公共阻抗时的传导耦合。当一个电路有电流流过时,在公共阻抗上产生一个压降,这一压降就是对其他与此公共阻抗相连的电路来说的干扰,即该阻抗上的压降会影响其他电路。共阻抗耦合常见于以下几种情况。

(a) 电源内阻抗的共阻抗耦合。如图11.2.6所示,当多个电路共用同一电源时,电源的内阻 R 就形成各电路间公共阻抗。这时只要某一电路的电流发生变化,公共阻抗上的电压 U_R 就发生变化,其他电路的供电电压也会跟着发生变化。U_R 就称为干扰电压。

(b) 公共地线的耦合。在公共地线上,经常有各种信号电流流过,由于地线本身具有一定的阻抗,在其上必然形成压降,该压降就形成了对其他电路的干扰电压。如图11.2.7所示,假设此电路为多级放大电路,电路1、电路2、电路3分别为3级放大器,R_1、R_2、R_3 分别为各段地线的电阻,显然流过电路3的电流要比流过电路1、电路2的电流大许多,R_3 上的压降也会相对比较大,会对电路1、电路2形成干扰。

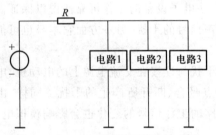

图 11.2.6　电源内阻抗的共阻抗耦合

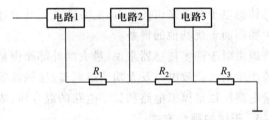

图 11.2.7　公共地线的耦合

(c) 多路输出电路的公共阻抗耦合。当电路有几个负载时,任何一个负载的变化都会通过电路的共阻抗耦合而影响到其他负载。

为了防止共阻抗耦合,应想办法使耦合阻抗趋于零,比如注意接地的方式、使用内阻小的电源、尽量减小电路的输出阻抗或者为每一负载增加缓冲驱动电路等。

(d) 辐射电磁场耦合。辐射电磁场耦合是高频电信号产生的电磁波在空间传播的结果。当系统处于大功率的发射场(大功率的高频电气设备附近)中或处于流过高频电流的导体周围时都会感应出相应频率的电动势,形成干扰。它是一种无规则的干扰,很容易通过电源线传到系统中去。此外,当信号传输线较长时,它们既能向外辐射干扰波同时又能接收到干扰波,这称为天线效应。

4. 抗干扰措施

(1) 屏蔽措施

屏蔽是用低阻材料和高磁导率材料制成封闭体,将要保护的电路与干扰源隔离开来的一种装置。

在电子电路的噪声抑制技术中,屏蔽是一种很重要的措施,屏蔽的目的就是切断场的耦合。屏蔽所抑制的干扰是以各种场的形式传递,所以屏蔽的种类又有很多,包括电场屏蔽、磁场屏蔽和电磁屏蔽等。而具体的屏蔽方法原则上可归为二类:一类是将干扰源屏蔽和隔离起来,使它们所产生的电、磁及电磁干扰仅局限于一定的范围,不向四周扩散;另一类是把易受干扰的元器件或电路及引线屏蔽和隔离起来,形成一个相对"清洁"的空间,使各类电、磁及电磁干扰信号不能对其产生影响。

（2）传输线的抗干扰

工程实践证明,对于测量系统来说,绝大部分干扰都是噪声通过各种电缆侵入的。因而采集系统的配线技术是非常重要的,可采用屏蔽技术。

对于静电感应噪声,可在信号线上包一层金属导体屏蔽层,并将屏蔽层端点接地。对于电磁感应噪声,配线时应尽量使信号线远离强电线,以减小互感,减小电磁感应噪声的进入,同时也可以使用屏蔽线使屏蔽层接地。此外信号线还可采用双绞线,它也是抑制电磁感应噪声的一种很有效的方法。

在信号线布线时还应注意,信号线应尽量远离电源线,必要时可用钢管或金属蛇皮管把它们分别套装起来,以增加屏蔽效果。

在小信号测量中,一定要注意对印制板上输入信号线的保护,首先要让输入信号线尽量远离公共电源、公共信号地等干扰源(每一级放大器的正、负电源线和模拟地之间要并接去耦电容),同时要防止因灰尘等脏物造成印制板表面被污染,以避免因绝缘电阻降低而引起漏电干扰。漏电是绝缘破损、受潮、表面污染等原因所致,漏电电流侵入电路形成干扰。当前置级放大器的输入阻抗较高时,即便是极微弱的漏电流也会对输入信号产生很大影响。这种情况下可在印制线路板上设置"屏蔽线"以减小漏电电流。"屏蔽线"主要是用来保护输入电路,防止其他电路的漏电电流流入信号输入电路。这里要注意屏蔽线的电位要与输入信号的地电位相等。

11.3　模数和数模转换

随着数字技术,特别是计算机技术的飞速发展与普及,在现代控制、通信及检测领域中,为提高系统的性能指标,对信号的处理无不广泛地采用了数字计算机技术。由于系统的实际对象往往都是一些模拟量(如电压、电流、温度、压力、流量等),要使计算机或数字仪表能识别、处理这些信号,必须首先将这些模拟信号转换为数字信号,模数(A/D)转换是必要的。而经计算机分析、处理后输出的数字量也往往需要将其转换为相应模拟信号才能为执行机构所接收,因此数模(D/A)转换也是必要的。

为确保系统处理结果的精确度,A/D转换器和D/A转换器必须具有足够的转换精度;如要实现对快速变化的信号的实时控制与检测,还要求具有较高的转换速度。转换精度和转换速度是衡量A/D转换器和D/A转换器的重要技术指标。

本节重点介绍几种常用的A/D转换器和D/A转换器的电路结构、工作原理及其应用。

11.3.1　模数转换器 ADC

A/D转换一般有四个步骤,即取样、保持、量化和编码。

前两个步骤一般合在一起完成,称为取样—保持,在取样—保持电路内完成,后两个步骤也是合在一起,在 A/D 转换器中相应的电路内完成。

A/D 转换器可分为直接 A/D 转换器和间接 A/D 转换器两大类。所谓直接 A/D 转换,是指模拟信号不经过任何中间变量,直接转换成数字信号。间接 A/D 转换是指模拟量先被转换为某个中间变量(通常是时间和频率),然后再把中间变量转换为数字信号。直接 A/D 转换器和间接 A/D 转换器都有多种形式,下面介绍直接 A/D 转换—逐次比较型 A/D 转换器和间接 A/D 转换—双积分型 A/D 转换器。

1. 逐次比较型 A/D 转换器

图 11.3.1 表示出三位逐次比较型 A/D 转换器的原理电路。该电路由以下几个部分组成:比较器 C、三位 D/A 转换器、由三个 JK 触发器构成的逐次逼近寄存器、由三个 D 触发器构成的数码寄存器和顺序脉冲发生器等。

图 11.3.1 中,要转换的模拟量 u_i(来自采样—保持电路)加于比较器 C 的同相输入端。比较器的反相输入端和三位 D/A 转换器的输出端连接。加于三位 D/A 转换器的三位数字量 $Q_1Q_2Q_3$ 由 D/A 转换器转换成模拟电压 u_d,由比较器 C 对 u_d 和 u_i 的大小进行比较。三位 D/A 转换器输出和输入的对应关系见表 11.3.1。

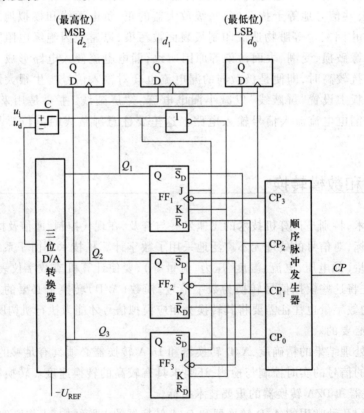

图 11.3.1　三位逐次比较型 A/D 转换器

比较是从数字量的最高位开始的。首先由 CP_0 把图 11.3.1 中最高位的触发器 FF$_3$ 置于 **1**,FF$_2$、FF$_1$ 置于 **0**,使输入至三位 D/A 转换器的数字量 $Q_3Q_2Q_1 = \textbf{100}$,从表 11.3.1 可见,此时 $u_d = U_{REF}/2$。在比较器 C 中,u_d 和输入模拟电压 u_i 进行比较。若 $u_d \leqslant u_i$(即 $U_{REF}/2 \leqslant u_i$)说明 D/A

转换器输入的数字量不够大(或正好),数字量最高位的 **1** 应当保留。若 $u_d > u_i$(即 $U_{REF}/2 > u_i$),说明 D/A 转换器输入的数字量过大,应将数字量最高位的 **1** 变为 **0**。这样,数字量最高位是 **1** 还是 **0** 就确定了。然后由 CP_1 把 D/A 转换器输入的数字量次高位置 **1**,则 $Q_1Q_2Q_3 = \mathbf{010}$,$u_d = U_{REF}/4$。根据 u_d 和 u_i 比较的结果,可确定次高位是 **1** 还是 **0**。同理,依此类推进行下一位的比较,确定该位是 **1** 还是 **0**。

表 11.3.1 三位 D/A 转换器输出与输入

数字量输入			模拟量输出
Q_3	Q_2	Q_1	u_d
1	**1**	**1**	$7U_{REF}/8$
1	**1**	**0**	$6U_{REF}/8$
1	**0**	**1**	$5U_{REF}/8$
1	**0**	**0**	$4U_{REF}/8$
0	**1**	**1**	$3U_{REF}/8$
0	**1**	**0**	$2U_{REF}/8$
0	**0**	**1**	$1U_{REF}/8$
0	**0**	**0**	0

对于 n 位的逐次比较型 A/D 转换器,其转换过程完全一样。即从数字量的最高位开始,逐位进行比较,确定每一位是 **1** 还是 **0**,直至最低位为止。

下面具体分析三位逐次比较型 A/D 转换器的工作情况。为便于说明,假定 D/A 转换器的参考电压 $U_{REF} = 2\,V$,输入模拟电压 $u_i = 1.3\,V$。

逐次比较型 A/D 转换器工作需要逐次进行比较,需要在时间上有先后顺序的脉冲来进行控制。这些顺序脉冲可由顺序脉冲发生器来产生。时钟脉冲 CP 加至顺序脉冲发生器后,将产生图 11.3.2 所示的 CP_0、CP_1、CP_2、CP_3 的波形,分别作用于各个 JK 触发器和 D 触发器的有关输入端。

当第一个 CP 上升沿出现时,CP_0 波形产生负跳变。这个负跳变作用至 JK 触发器 FF_3 的 $\overline{S}_D$ 端和 FF_2、FF_1 的 $\overline{R}_D$ 端,使 $Q_3Q_2Q_1 = \mathbf{100}$。此时 D/A 转换器的输出 $u_d = \dfrac{U_{REF}}{2} = \dfrac{1}{2} \times 2\,V = 1\,V$。$u_d < u_i$,比较器 C 输出为高电平 **1**,使触发器 FF_3、FF_2、FF_1 的 $J = 1$、$K = 0$。

第二个 CP 上升沿出现时,CP_1 这个负跳变作用至触发器 FF_3 的 CP 端和 FF_2 的 $\overline{S}_D$ 端,使 $Q_3 = \mathbf{1}$,$Q_2 = \mathbf{1}$,$Q_3Q_2Q_1 = \mathbf{110}$,此时 D/A 转换器的输出 $u_d = \dfrac{3}{4}U_{REF} = \dfrac{3}{4} \times 2\,V = 1.5\,V$。$u_d > u_i$ 比较器 C 输出

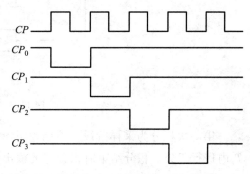

图 11.3.2 顺序脉冲发生器的输出波形

为低电平 **0**,使触发器 FF_3、FF_2、FF_1 的 $J = 0$、$K = 1$。

第三个 CP 上升沿出现时,CP_2 波形产生的负跳变作用至触发器 FF_2 的 CP 端,使 $Q_2 = 0$,CP_2 作用至触发器 FF_1 的 $\overline{S}_D$ 端,使 $Q_1 = 1$,$Q_3 Q_2 Q_1 = 101$。此时 D/A 转换器的输出 $u_d = \dfrac{5}{8} U_{REF} = \dfrac{5}{8} \times 2\ V = 1.25\ V$,$u_d \approx u_i$,但 u_d 仍略为小于 u_i,使比较器 C 的输出为高电平 **1**,三个触发器的 $J = 1$、$K = 0$。

第四个 CP 上升沿出现时,CP_3 的负跳变作用在触发器 FF_1 的 CP 端,由于 $J = 1$、$K = 0$,所以 Q_1 仍保持为 **1**,而 CP_3 的负跳变虽然同时作用在三个 D 触发器的 CP 端,但并不能使这三个 D 触发器触发。

第五个 CP 上升沿出现时,CP_3 波形产生正跳变。这个正跳变作用至三个 D 触发器的 CP 端,使三个 JK 触发器的输出状态存入 D 触发器。这样完成了一次转换,三个 D 触发器的输出 $d_2 d_1 d_0$ 就是转换后的二进制数码。在这个例子中 $u_i = 1.3\ V$,$d_2 d_1 d_0 = 101$。

2. 双积分型 A/D 转换器

双积分型 A/D 转换器是经过中间变量实现 A/D 转换的电路。它通过两次积分,先将模拟电压 u_i 转换成与其大小相对应的时间 T,再在时间间隔 T 内用计数频率不变的计数器计数,计数器所计的数字量就正比于输入模拟电压,其工作原理框图如图 11.3.3 所示,它由基准电压 U_{REF}、积分器、过零比较器 C、计数器、控制电路和控制开关组成。其中开关 S_1 由控制逻辑电路的状态控制,以便将被测模拟电压 u_i 和基准电压 U_{REF} 分别送积分器 A 进行积分。过零比较器 C 用来监测积分器输出电压的过零时刻。当积分器输出 $u_0 \leq 0$ 时,比较器的输出 u_C 为高电平,时钟脉冲送入计数器计数;当 $u_0 > 0$ 时,比较器的输出 u_C 为低电平,计数器停止计数。双积分型 A/D 转换器在一次转换过程中要进行两次积分。

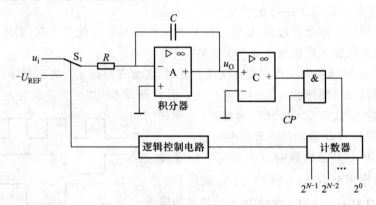

图 11.3.3 双积分型 A/D 转换

第一次积分为采样阶段。控制逻辑电路使开关 S_1 接至模拟电压 u_i,积分器对 u_i 在固定时间 T_1 内进行积分。积分结束时积分器的输出电压 u_0 与模拟电压 u_i 的大小成正比,如图 11.3.4 所示。当采样结束时,通过控制逻辑电路开关 S_1 转接到基准电压 U_{REF} 上。

第二次积分为比较阶段。积分器对基准电压 U_{REF} 进行反向积分。积分器的输出电压开始回升,经过时间 T_2 后回到 **0**,比较器输出为 **0**,停止计数,比较阶段的时间间隔 T_2 与采样结束时积分器的输出电压 u_0 成正比,如图 11.3.4 所示,因此 T_2 与输入模拟电压 u_i 成正比。

双积分 A/D 转换器与逐次比较型 A/D 转换器相比，最大的优点是它具有较强的抗干扰能力。由于积分 A/D 转换器采用了测量输入电压在采样时间 T_1 内的平均值的原理，因此对于周期等于 T_1 或 $T_1/n(n=1,2,3)$ 的对称干扰(所谓对称干扰是指整个周期内平均值为零的干扰)，从理论上讲具有无穷大的抑制能力。在工业系统中，当选择 T_1 为 20 ms 的整数倍时，对 50 Hz 工频干扰信号具有很强的抑制能力。另外，因为两次积分采用同一积分器完成，所以转换器结果及精度与积分器的有关参量 R、C 等无关，同时，电路比较简单。其缺点是工作速度较低，一般为几十毫秒左右。尽管如此，在要求速度不高的场合，如数字式仪表等，双积分 A/D 转换器的使用仍然十分广泛。

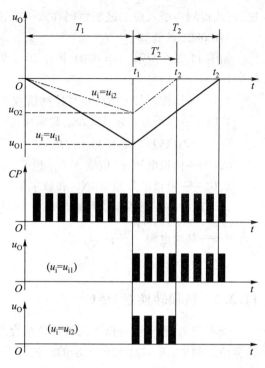

图 11.3.4 双积分 A/D 转换器波形图

3. 单片集成 A/D 转换器 ADC0801

目前采用的单片集成 A/D 转换器，其种类很多，如 ADC0801、ADC0802、ADC0803 和 ADC0804 都是 CMOS 型的 8 位逐次比较型 A/D 转换器。图 11.3.5 为 ADC0801 内部结构框图。

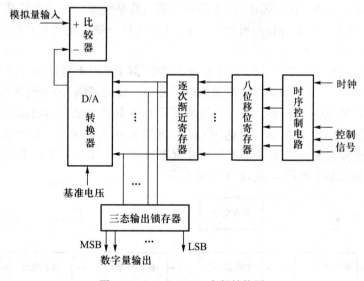

图 11.3.5 ADC0801 内部结构图

工作原理：

在图 11.3.5 所示电路中，当时钟脉冲及命令 A/D 转换器开始进行转换的控制信号加至时序控制电路后，时序控制电路就送出控制脉冲至八位移位寄存器，八位移位寄存器发出顺序脉冲加至逐次寄存器。首先使寄存器输出的最高位为 1，其余位为 0，从最高位开始比较。经过八次比较,就得到一个八位二进制数码存入三态锁存器,完成一次转换。

　　ADC0801 的管脚:

　　如图 11.3.6 所示,ADC0801 共有 20 个管脚,各管脚功能为

1——片选信号 $\overline{CS}$;

2、3——读控制信号 $\overline{RD}$ 和写控制信号 $\overline{WR}$;

4、19——时钟脉冲输入 CLK_{IN} 和输出信号 CLK_{OUT};

5——A/D 转换状态信号 $\overline{INTR}$;

6、7——模拟电压正、负输入 U_{I+} 和 U_{I-};

8、10——模拟信号地 AGND 和数字信号地 DGND;

11~18——八个数字信号输出口 $D_0 \sim D_7$;

9——基准电源 $\dfrac{U_{REF}}{2}$;

20——电源 U_{CC}。

图 11.3.6　ADC0801
管脚分布图

11.3.2　数模转换器 DAC

　　众所周知,数字量是以代码按数位组合起来的,每一位代码都有一定的“权”,即代表一个具体数值。例如,用 8421 代码表示的二进制数 **1010**,第四位代码的“权”是 8,代码 **1** 表示数值为“8”;第三位代码的“权”是 4,代码 **0** 表示这一位没有数;第二位代码的“权”是 2,代码 **1** 表示数值为“2”;第四位代码的“权”是 1,代码 **0** 表示这一位没有数。这样,**1010** 所代表的十进制数是 $8 \times 1 + 4 \times 0 + 2 \times 1 + 1 \times 0 = 10$。因此,D/A 转换实质上就是将每一位代码按其“权”的数值变换成相应的模拟量,然后将代表各位的模拟量相加,从而获得与数字量成正比的模拟量,这样就完成了数模的转换,简称 D/A 转换。

　　D/A 转换器按解码网络结构不同分为 T 形电阻网络、倒 T 形电阻网络 D/A 转换器、权电流 D/A 转换器以及权电阻网络 D/A 转换器等。按模拟电子开关电路的不同,D/A 转换器又可分为 CMOS 开关型和双极型开关 D/A 转换器。其中双极型开关 D/A 转换器又分为电流开关型和 ECL 电流开关型两种,在速度要求不高的情况可选用 CMOS 开关型 D/A 转换器。如要求较高的转换速度则应选用双极型电流开关 D/A 转换器或转换速度更高的 ECL 电流开关型 D/A 转换器。

　　n 位 D/A 转换器的方框图如图 11.3.7 所示。

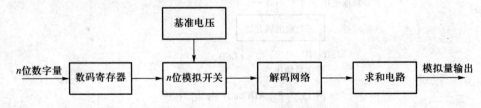

图 11.3.7　n 位 D/A 转换器方框图

　　D/A 转换器由数码寄存器、模拟电子开关电路、解码网络、求和电路及基准电压几部分组成。数字量以串行或并行方式输入并存储于数码寄存器中,寄存器输出的每位数码驱动对应数位上的电子开关将在电阻解码网络中获得的相应数位权值送入求和电路。求和电路将各位权值

相加便得到与数字量对应的模拟量。

1. T形电阻网络 D/A 转换器

图 11.3.8 是四位 T 形电阻网络 D/A 转换器的原理电路图。因为在网络中电阻接成 T 形网络,故称为 T 形电阻网络。它包括权电阻网络、模拟开关和求和放大器等三个部分。

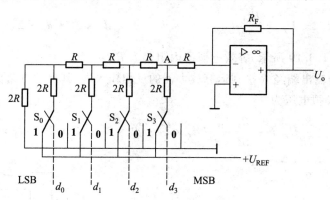

图 11.3.8 T 形电阻网络 D/A 转换器

模拟开关 S_0、S_1、S_2 和 S_3 是用电子线路构成的开关,它的动作受输入的二进制数码 d_3、d_2、d_1、d_0 的控制,每一位二进制数码控制一个开关。以 d_0 位为例,d_0 加于模拟开关 S_0 的数字量输入端,当 $d_0 = 0$ 时,模拟开关 S_0 通过 0 接地;当 $d_0 = 1$ 时,模拟开关 S_0 通过 1 接到参考电压(也称为基准电压)U_{REF} 上,其余类推。

对 T 形电阻网络可用等效电源原理来进行计算,它的开路(未接运算放大器)时的输出电压 U_A 可应用戴维宁定理和叠加定理计算,即分别计算当 $d_0 = 1$、$d_1 = 1$、$d_2 = 1$、$d_3 = 1$(其余为 0)时的电压分量,而后叠加得 U_A。

当 $d_0 = 1$ 时,即 $d_3 d_2 d_1 d_0 = 0001$,其电路如图 11.3.9(a)所示。应用戴维宁定理可将 $00'$ 左边部分等效为电压为 $U_{REF}/2$ 的电源与电阻 R 串联的电路。而后再分别在 $11'$、$22'$、$33'$ 处计算它们左边部分的等效电路,其等效电源的电压依次被除以 2,即 $U_{REF}/4$、$U_{REF}/8$、$U_{REF}/16$,而等效电源的内阻为 $2R /\!/ 2R = R$。由此,可以得出 $33'$ 左边部分,即最后的等效电路,如图 11.3.9(b)所示。

可见,当 $d_0 = 1$、$d_1 = d_2 = d_3 = 0$ 时,网络开路电压即为等效电源电压 $\dfrac{U_{REF}}{2^4} d_0$。

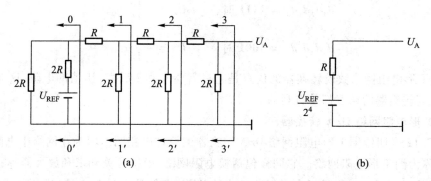

图 11.3.9 计算 T 形电阻网络的输出电压($d_0 d_1 d_2 d_3 = 0001$)

同理,再分别对 $d_1 = 1$、$d_2 = 1$、$d_3 = 1$,其余为 **0** 时重复上述计算过程,得出的网络开路电压各为 $\dfrac{U_{\text{REF}}}{2^3}d_1$、$\dfrac{U_{\text{REF}}}{2^2}d_2$、$\dfrac{U_{\text{REF}}}{2^1}d_3$。应用叠加定理将这四个电压分量叠加,得出 T 形电阻网络开路时的输出电压 U_A,即等效电源电压 U_E

$$U_A = U_E = \frac{U_{\text{REF}}}{2^4}(d_3 \times 2^3 + d_2 \times 2^2 + d_1 \times 2^1 + d_0 \times 2^0) \tag{11.3.1}$$

等效电路如图 11.3.10 所示,等效电源的内阻仍为 R。

T 形电阻网络的输出端经 R 接到运算放大器的反相输入端,其等效电路如图 11.3.11 所示。运算放大器输出的模拟电压为

$$U_o = -\frac{R_F}{2R}U_E = -\frac{R_F U_{\text{REF}}}{2R \times 2^4}(d_3 \times 2^3 + d_2 \times 2^2 + d_1 \times 2^1 + d_0 \times 2^0) \tag{11.3.2}$$

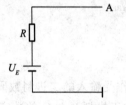

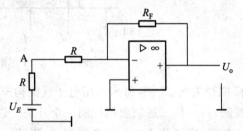

图 11.3.10　T 形电阻网络的等效电路　　　图 11.3.11　T 形电阻网络与运算放大器连接的等效电路

如果输入的是 n 位二进制数,则

$$U_o = -\frac{R_F U_{\text{REF}}}{2R \times 2^n}(d_{n-1} \times 2^{n-1} + d_{n-2} \times 2^{n-2} + \cdots + d_0 \times 2^0) \tag{11.3.3}$$

当 $R_F = 3R$ 时,则上式为

$$U_o = -\frac{U_{\text{REF}}}{2^n}(d_{n-1} \times 2^{n-1} + d_{n-2} \times 2^{n-2} + \cdots + d_0 \times 2^0) \tag{11.3.4}$$

括号中是 n 位二进制数按"权"展开式。可见,输入的数字量被转换为模拟电压,而且两者成正比。例如对四位数模转换器而言

$$d_3 d_2 d_1 d_0 = \mathbf{1111} \text{ 时}, \qquad U_o = -\frac{15}{16}U_{\text{REF}}$$

$$d_3 d_2 d_1 d_0 = \mathbf{1001} \text{ 时}, \qquad U_o = -\frac{9}{16}U_{\text{REF}}$$

$R - 2R$ T 形电阻网络数模转换器的优点是它只需要 R 和 $2R$ 两种阻值的电阻,这对选用高精度电阻和提高转换器的精度都是有利的。

2. 倒 T 形电阻网络 D/A 转换器

图 11.3.12 是四位倒 T 形电阻网络 D/A 转换器的原理电路图。因为在网络中电阻接成倒 T 形网络,故称为倒 T 形电阻网络。它同样包括权电阻网络、模拟开关和求和放大器等三个部分。

模拟开关 S_0、S_1、S_2 和 S_3 是用电子线路构成的开关,它的动作受输入的二进制数码 $d_3 d_2 d_1 d_0$ 的控制,每一位二进制数码控制一个开关。以 d_0 位为例,d_0 加于模拟开关 S_0 的数字量输入端,当

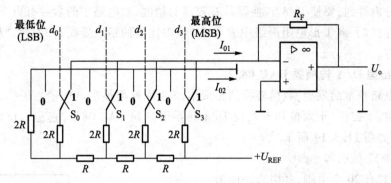

图 11.3.12 倒 T 形电阻网络 D/A 转换器

$d_0 = 1$ 时,模拟开关 S_0 接到运算放大器的反相输入端,$d_0 = 0$ 时,模拟开关 S_0 接地,其余类推。

图 11.3.13 为输入数字信号 $d_3 d_2 d_1 d_0 = 1000$ 时的等效电路。根据运算放大器的虚地概念,从虚线 00′、11′、22′ 和 33′ 处向左看进去的等效电阻均为 R,电源的总电流为 $I_R = \dfrac{U_{REF}}{R}$,每经过一级节点,支路的电流衰减 $\dfrac{I}{2}$,即

$$I_3 = \frac{U_{REF}}{2R}; \quad I_2 = \frac{U_{REF}}{2^2 R}; \quad I_1 = \frac{U_{REF}}{2^3 R}; \quad I_0 = \frac{U_{REF}}{2^4 R}。$$

由此得出电阻网络的输出电流为

$$I_{01} = \frac{U_{REF}}{2^4 R}(d_3 \times 2^3 + d_2 \times 2^2 + d_1 \times 2^1 + d_0 \times 2^0) \tag{11.3.5}$$

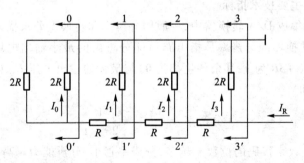

图 11.3.13 计算 T 形电阻网络的输入电流

运算放大器输出电压则表示为

$$U_o = -I_{01}R_F = -\frac{R_F U_{REF}}{2^4 R}(d_3 \times 2^3 + d_2 \times 2^2 + d_1 \times 2^1 + d_0 \times 2^0) \tag{11.3.6}$$

如果输入的是 n 位二进制,则

$$U_o = -\frac{R_F U_{REF}}{2^n R}(d_{n-1} \times 2^{n-1} + d_{n-2} \times 2^{n-2} + \ldots + d_0 \times 2^0) \tag{11.3.7}$$

当取 $R_F = R$ 时,则上式为

$$U_o = -\frac{U_{REF}}{2^n}(d_{n-1} \times 2^{n-1} + d_{n-2} \times 2^{n-2} + \ldots + d_0 \times 2^0) \tag{11.3.8}$$

通过以上分析看到,要使 D/A 转换器具有较高的精度,对电路中的参数有以下要求:(1) 基准电压稳定性好;(2) 倒 T 形电阻网络中 R 和 $2R$ 电阻比值的精度要高;(3) 每个模拟开关的开关电压降要相等。

3. 电流输出型 D/A 转换器 DAC 0832

随着集成电路技术的发展,数模转换器集成电路芯片种类很多。按输入的二进制的位数分类,有八位、十位、十二位、十六位和十八位 D/A 转换器。如 DAC 0832,它是八位电流型的数模转换器,其管脚如图 11.3.14 所示。

(1) DAC 0832 的引脚

DAC 0832 共有 20 个引脚,各引脚功能为:

1——片选信号 $\overline{CS}$;

2、8——写信号 $\overline{WR_1}$ 和 $\overline{WR_2}$;

3——模拟信号地 AGND;

4 ~ 7、13 ~ 16——数字信号输入口;

8——基准电源 U_{REF};

9——运放反馈电阻 R_F;

10——数字信号地 DGND;

11、12——输出电流 I_{OUT1} 和 I_{OUT2};

17——传送控制 $\overline{XFER}$;

19——片允许使用电流 I_{LE};

20——电源 U_{CC}。

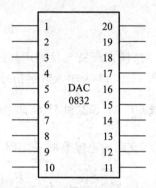

图 11.3.14　DAC 0832
引脚分布图

(2) DAC 0832 的主要技术指标

(a) 转换精度:在集成 D/A 转换器中,一般用分辨率和转换误差来描述转换精度。

① 分辨率:数模转换器的分辨率是指电路所能分辨出的最小输出电压 U_{LSB} 对应的输入(n 位二进制数最低有效位 LSB 为 **1**,其余各位都为 **0**)与最大的输出电压 U_m (对应的输入二进制的所有位全为 **1**)之比,即

$$分辨率 = \frac{U_{LSB}}{U_m} = \frac{1}{2^n - 1} \tag{11.3.9}$$

式(11.3.9)说明,输入数字代码的位数 n 越多,分辨率越小,分辨能力越高。

② 转换误差

可用最低有效位的倍数来表示,如转换误差为 $LSB/2$,就表示输出模拟电压的绝对误差等于最小输出电压 U_{LSB} 的一半。由式(11.3.4)或式(11.3.8)可以得出

$$U_{LSB} = -\frac{U_{REF}}{2^n} \tag{11.3.10}$$

所以,输入数字代码位数 n 越多,转换误差越小。

(b) 转换速度:指数码输入到模拟电压稳定输出之间的响应时间。

(c) 线性度:通常用非线性误差的大小表示数模转换的线性度。

(d) 输出范围:电流型——12 mA、20 mA 等。

此外,尚有功率消耗、温度系数以及输入高、低逻辑电平的数值等技术指标,在此不再一一

介绍。

11.3.3 压频转换器 VFC 和频压转换器 FVC

V/F 转换即电压到频率的转换,表示输出信号频率 f_o 与输入电压 u_i 成正比;F/V 转换即频率到电压的转换,表示输出电压 u_o 与输入频率 f_i 且成正比。这种转换电路在某种意义上实现了 A/D 和 D/A 的转换功能,目前在调频、锁相和传送等许多领域中得到了非常广泛的应用。典型的 V/F 和 F/V 转换器有 AD650、LM331、VFC32 等。

1. V/F、F/V 转换的优点与系统结构

V/F 转换器用作模/数转换和 F/V 转换器用作数/模转换并与计算机接口时,具有以下优点:

(1)接口简单,占用硬件资源少。一路信号只占用一个输入或输出通道。

(2)频率信号输入灵活。可以输入单片机或微处理器的任何一根 I/O 线或作为中断源输入、计数输入等。

(3)频率信号输出容易。可以充分利用计算机的软件编程功能,产生各种频率信号,进行输出转换。

(4)抗干扰性能好。V/F 转换过程是对输入信号的不断积分,因而能对噪声或变化的输入信号进行平滑滤波。另外,V/F 和 F/V 转换容易通过光电耦合器来隔离,可避免共地干扰等问题。

(5)便于远距离传输。可以调制在射频信号上进行无线传播,实现遥测;调制成光脉冲,可用光纤传送,不受电磁等因素的干扰。

目前实现 V/F 转换或 F/V 转换的方法很多,常见的是通过专用集成芯片(如 AD650)完成,这类芯片接口简单,调试方便。图 11.3.15 示出了完成 V/F、F/V 转换过程的系统结构框图。其中 V/F 和 F/V 电路可选专用芯片。

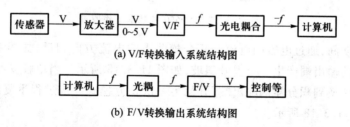

(a) V/F 转换输入系统结构图

(b) F/V 转换输出系统结构图

图 11.3.15　V/F 与 F/V 转换输入、输出系统结构框图

2. AD650 工作原理

AD650 包含一个积分器、一个比较器、一个单触发器、一个电流源以及一个电子开关。输入电阻 R_{IN}、积分电容 C_{INT},以及单触发定时电容 C_{OS} 等元件的值是基于设计的性能需求进行选择的。AD650 的内部结构如图 11.3.16 所示。

AD650 的基本工作原理如图 11.3.17 所示。一个正输入电压产生一个输入电流($I_{IN} = U_{IN}/R_{IN}$),它对电容 C_{INT} 进行充电,如图 11.3.17(a)所示。在该积分模式时,积分器的输出电压是一个向下的斜坡电压,如图 11.3.18 所示。当积分器的输出端电压达到 -0.6 V 时,比较器触发单

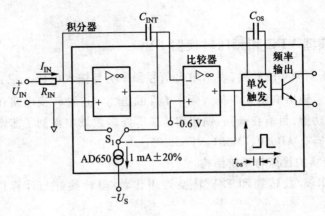

图 11.3.16　AD650 的内部结构图

触发器,单触发器产生一个固定宽度 t_{OS} 的脉冲,并将 1 mA 电流源切换转至积分器的输入端,启动复位模式。

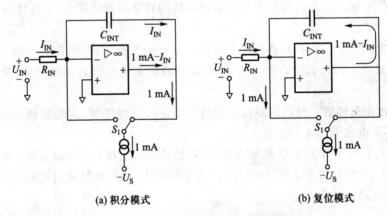

(a) 积分模式　　　　　　(b) 复位模式

图 11.3.17　AD650 的基本工作原理

在复位模式期间,通过电容的电流与积分模式下的电流方向相反,如图 11.3.17(b) 所示。该电流在积分器的输出端产生一个上升斜坡,如图 11.3.18 所示。当单触发器时间到来时,电流源又通过开关被切换到积分器的输出端,开始另一次积分模式。该过程重复进行。AD650 工作过程的波形如图 11.3.18 所示。

单触发器输出的脉冲宽度由下式决定:

$$t_{OS} = C_{OS} \times 6.8 \times 10^3 + 3.0 \times 10^{-7} \text{s} \tag{11.3.11}$$

在复位期间,积分器输出电压的增量为

$$\Delta U = t_{OS} \times \frac{\mathrm{d}U}{\mathrm{d}t} = \frac{t_{OS}}{C_{INT}} (1 \text{ mA} - I_{IN}) \tag{11.3.12}$$

复位周期结束后,设备启动下次积分周期,积分器输出斜率向下持续的积分时间间隔为

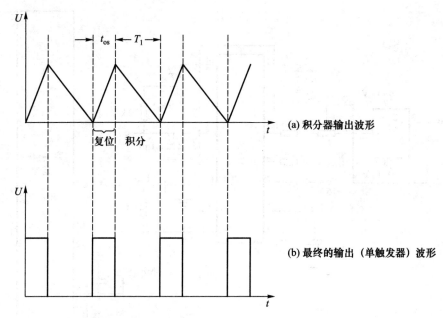

图 11.3.18 AD650 工作过程波形图

$$T_1 = \frac{\Delta U}{\dfrac{\mathrm{d}U}{\mathrm{d}t}} = \frac{\dfrac{t_{OS}}{C_{INT}}(1 \text{ mA} - I_{IN})}{\dfrac{I_N}{C_{INT}}} = t_{OS}\left(\frac{1 \text{ mA}}{I_{IN}} - 1\right) \tag{11.3.13}$$

因此,输出频率为

$$f_{OUT} = \frac{1}{t_{OS} + T_1} = \frac{I_{IN}}{t_{OS} \times 1 \text{ mA}} \tag{11.3.14}$$

从式(11.3.14)可以得出,输出频率与输入电流成正比。因为 $I_{IN} = U_{IN}/R_{IN}$,所以频率也与输入电压成正比,而与输入电阻成反比。同时,输出频率 f_{OUT} 也与 t_{OS} 成反比,t_{OS} 取决于定时电容 C_{OS}。

3. 应用实例

综合实例:V/F 变换器用于微弱信号检测

使用传统的 A/D 转换器对微弱信号进行变换时,因信号太小无法直接转换,需要足够的放大。但引入放大器以后又存在着漂移和噪声的问题,难以取得令人满意的效果,特别是对微伏信号和毫伏信号用同一电路进行 A/D 转换,就更难以解决。如图 11.3.19 所示,利用 AD650 型 V/F 变换器和模拟开关、跟随器及 8051 单片机构成的微伏级信号检测电路能取得很好的效果。该电路具有 0.005 mV 和 0.5 μV 的分辨率。AD650 的模拟输入采用电流输入,输入范围为 0 ~ 0.25 mA 。通过选择合适的输入电阻,可以调节输入电压范围。图中为了减小放大器的漂移和噪声,除了选择高精度、低漂移的运放 OP – 27 外,还将其接成跟随器形式,使它的放大倍数为 1,起到隔离缓冲的作用,并接到 AD650 的输入端。该电路将 AD650 接成双极性工作方式,选择输入电阻在 100 ~ 200Ω,当输入电压为 – 10 ~ 60 mV 时,得到 0 ~ 140 kHz 的 V/F 转换频率。

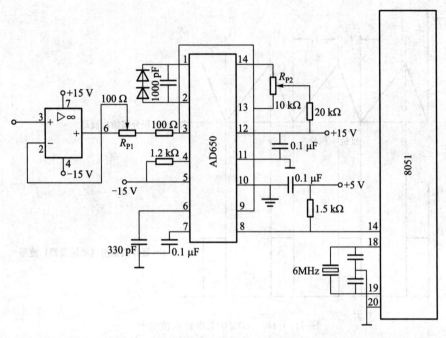

图 11.3.19　用 AD650 构成的微弱信号检测电路

练习与思考

11.3.1　A/D 转换器的精度与输出数字量位数 n 有什么关系？

11.3.2　如图 11.4.1 所示 A/D 转换器中如将 JK 触发器、D 触发器都采用五个，D/A 转换器、顺序脉冲发生器都相应增加位数，A/D 转换器的精度有何变化？

11.3.3　A/D 转换器和 D/A 转换器是否精度越高越好？经济指标与技术指标的关系如何？

11.3.4　D/A 转换器中，转换精度与什么因素有关？

11.3.5　基准电压的稳定度与 D/A 转换器的误差有无关系？

11.4　其他测量用的集成电路

11.4.1　仪用放大器

仪用放大器也称为数据放大器，是一种高性能的差分放大器，由几个闭环运算放大器组成。理想的仪用放大器的输出电压仅取决于输入端两个电压 U_1 和 U_2 之差，即

$$U_o = K(U_2 - U_1)$$

式中增益 K 是已知的，它可以在一个宽广的范围内变化，实际的仪用放大器应该具有设计时所要求的增益，高输入阻抗，高共模抑制比，低输入失调电压和低失调电压温度系数。

一个典型的仪用放大器如图 11.4.1 所示。它由三个运算放大器组成，其中 A_1、A_2 为两个同相输入的放大器，它们提供了 $1 + 2\dfrac{R_1}{R_G}$ 的总差动增益和单位共模增益。

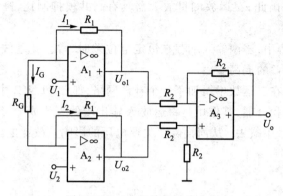

图 11.4.1　典型的仪用放大器

这种形式的仪用放大器,其输入阻抗约为 $30 \sim 5\,000$ MΩ,共模抑制比 $K_{\mathrm{CMR}} = 74 \sim 110$dB,输入失调电压 $U_{\mathrm{os}} = 0.2$mV,失调电压温漂 $r = 0.25 \sim 10$ μV/℃ 。

11.4.2　带自动失调补偿的三运放测量放大器

电路如图 11.4.2 所示。A1 ~ A3 为典型的三运放放大电路,A4、R、C 为有源补偿网络。

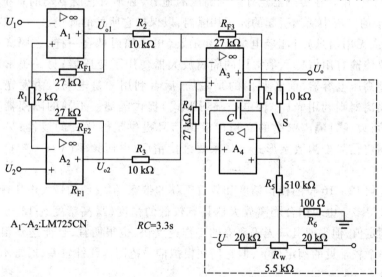

图 11.4.2　带自动失调补偿的三运放测量放大器

电路经推导得输出电压为

$$U_{\mathrm{o}} = -\frac{R_{\mathrm{F3}}}{R_2}\left(1 + 2\frac{R_{\mathrm{F1}}}{R_1}\right)(U_1 - U_2)$$

当输入共模信号时(即 $U_1 = U_2$),输出电压 $U_{\mathrm{o}} = 0$,表明理想情况下共模抑制比为无穷大。系统的差模增益为

$$K_{\mathrm{UD}} = -\frac{U_{\mathrm{o}}}{U_1 - U_2} = -\frac{R_{\mathrm{F3}}}{R_2}\left(1 + 2\frac{R_{\mathrm{F1}}}{R_1}\right)$$

可见,改变 R_1 阻值可得到不同的 K_{UD} 值。另外,三运放两输入端均为同相输入,输入阻抗

高,一般在 10 MΩ 以上,因此,三运放测量放大器具有高共模抑制比,高输入阻抗,增益可调等特点。

由于在信号测量过程中,当两输入端存在恒定电位差时,常会使基线水平偏离零位,或使放大器饱和,从而限制了增益的提高。

为了消除这种影响,在三运放中增加了一个补偿网络,如图 11.4.2 中虚线所示。运放 A_4 和电阻 R、电容 C 组成一个积分器,其作用是将运放 A 输出端的直流成分经积分、反相后反馈到其同相输入端。从输入信号中减去,从而消除了失调电压的影响。故此电路称为带自动失调补偿的三运放测量放大器。

11.4.3 隔离放大器

在许多应用场合,甚至要求必须做到使传感器与所要提供数据的系统没有直接的电气连接(即相互之间没有"电流流动"),其目的一是避免来自系统某一部分的危险电压或电流可能损坏系统的其他部分;二是用来中断难处理的接地环路。这样的系统称为"隔离"系统,而让信号通过但没有电气连接的结构则称为"隔离壁垒"。

隔离壁垒在两个方向上都能起到保护作用,尽管一个方向需要保护,或者甚至在两个方向需要保护。最主要的应用是在传感器意外遇到高压的地方,必须对它所驱动的系统进行保护。或者,传感器与流动的气流中偶然引起的高压相隔离,以保护它所处的环境。

正如干扰(或无用信息)可能经电场或磁场或经电磁辐射耦合一样,在隔离系统设计时也可利用这些现象传输有用信息。最常用的隔离放大器使用了变压器;另一类常用的隔离放大器则使用了小型高压电容器,前者利用的是磁场,后者利用的是电场。由发光二极管和光电管构成的光电隔离器则利用光(一种电磁辐射形式)提供隔离。不同的隔离器具有各异的性能:某些隔离器可以通过隔离壁垒的高精度模拟信号提供足够优良的线性;另一些隔离器则需要在传输之前将信号变为数字形式。如果要维持精度,电压频率(V/F)转换器是一种常见的应用。

变压器能达到 12～16 位的模拟精度和数百千赫的带宽,但它们的最大电压额定值很少超过 10kV,且常常低得多。电容耦合隔离放大器具有较低的精度(最高精度约 12 位)、较窄的带宽和较小的电压额定值,但很便宜。光隔离器的工作速度快,也很便宜,且能达到很高的电压额定值(4～7kV 是一个较常见的额定值),但它们在模拟信号范围内线性较差,通常不适于精密模拟信号的直接耦合。

在选择隔离系统时,不只是需要考虑线性和隔离电压这两个问题,电源也很重要。无论输入电路还是输出电路都必须供电。除非隔离壁垒的隔离一侧使用电池(有这种可能,但很少见),否则必须提供某种形式的隔离电源。采用变压器隔离的系统很方便用变压器(信号变压器或其他变压器)来提供隔离电源,但用电容或光学手段来提供有用的电源就不太现实了。采用这种隔离形式的系统必须寻求其他途径来获得隔离电源——这正是支持选择变压器隔离的隔离放大器的一个重要考虑:它们必须包含一个隔离电源。

隔离放大器的输入电路在电流流动的路径方面与电源和输出电路是相互隔离的。此外,输入端与放大器其余部分之间的电容也最小。因此,不可能有直流电流,且交流耦合也最小。隔离放大器主要适用于下列场合,即存在有高共模抑制的高共模电压(达数千伏)时,要求对低频(达

100kHz)电压或电流进行安全、精确的测量。它们也可用于在噪声环境下线路接收以高阻抗传输的信号。为了通用测量安全,在该测量中直流和线路频率泄漏必须维持在远小于某个指定的最小值电平。隔离放大器主要应用在与医疗设备、普通发电厂、核发电厂、自动测试设备和工业过程控制系统相关的各类电气环境中。

在基本的二端口隔离放大器中,输出电路和电源电路并不相互隔离。在图11.4.3所示的三端口隔离放大器中,输入电路、输出电路和电源全部相互隔离,图中示出自含隔离器 AD210 的电路结构。这类隔离器要求直流电源用双线供电。内部振荡器(50kHz)将直流电源变换成交流电源,再用变压器耦合到屏蔽的输入部分,然后转换成供输入级和辅助电源输出用的直流电源。交流载波还经放大器输出调制,用变压器耦合到输出级,由相敏解调器(用载波作为参考)解调、滤波,并经从载波得到的隔离直流功率进行缓冲。AD210 允许用户利用外接电阻选择 $1 \sim 100$ 的增益,带宽为 20kHz,隔离电压为 $2500V_{RMS}$(连续)和 $\pm 3500V_{peak}$(连续)。

AD210 是一种三端口隔离放大器:电源电路既与输入级又与输出级隔离,因此可以同任何一级相连或与两级都不相连。它利用变压器隔离来达到 3500V 的隔离,精度为 12 位。表 11.4.1 中列出 AD210 的主要技术指标。

表 11.4.1 AD210 隔离放大器的主要技术指标

● 变压器耦合

● 高共模电压隔离

　　■ $2500V_{rms}$(连续)

　　■ $\pm 3500V_{peak}$(连续)

● 宽带宽:20kHz(满功率)

● 最大线性误差:0.012%

● 输入放大器:增益 $1 \sim 100$

● 隔离的输入和输出电源:$\pm 15V$,$\pm 5mA$

图 11.4.3 给出利用 AD210 的一种典型隔离放大器应用。AD210 与 AD620 仪表放大器一起用于电机控制的电流检测系统中。AD210 的输入经隔离后无需任何保护便可以与 110V 或 230V 电源线相连,隔离的 $\pm 15V$ 电源,向 AD620 供电以检测小电流,检测电阻上的压降。110V 或 $230V_{RMS}$ 共模电压经过隔离系统后可忽略不计。AD620 用于改善系统的精度;AD210 的 U_{os} 为 15mV,而 AD620 的 U_{os} 为 $30\mu V$,因而使漂移降低。若能接受更大的直流失调和漂移,则可以将 AD620 去掉,而将 AD210 直接用在 100 的闭环增益上。

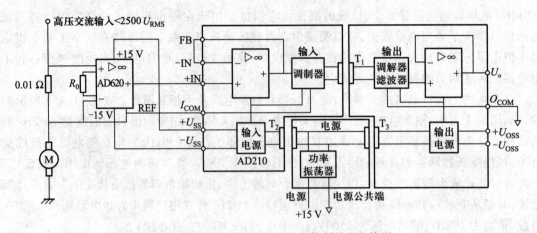

图 11.4.3 隔离放大器用于电机控制的电流检测

11.5 数字化数据的传输

11.5.1 仪器总线接口(GPIB、VXI、RXI)

被测信号经过信号调理,A/D 转换后,变成数字量送入计算机处理。这些数字化数据传输到计算机的方式,按照接口方式和采用总线方式的不同分为:PC-DAQ 插卡式、串行口式、并行接口等通用方式,GPIB、VXI 和 PXI 等仪器专用接口方式,以及网络化远程传输方式等。在现代测试技术中,以美国 NI 公司倡导的虚拟仪器技术结合具有以上接口的硬件设备,如图 11.5.1 所示,实现对数据的采集、处理、传输和显示等功能。

虚拟仪器是利用 PC 机的显示功能模拟真实仪器的控制面板,以多种形式表达输出检测结果,利用 PC 软件功能实现信号的运算、分析、处理,由 I/O 接口设备(卡)完成信号的采集、测量与调理,从而完成各种测试功能的一种计算机仪器系统。

虚拟仪器从构成要素上讲,由计算机、应用软件和仪器硬件等构成。其中计算机管理着虚拟仪器的硬软件资源,是虚拟仪器的硬件基础。计算机技术在显示、存储能力、处理性能、网络、总线标准等方面的发展,导致了虚拟仪器系统的快速发展。按照测控功能硬件的不同,VI 可分为 GPIB、VXI、PXI 和 DAQ 四种标准体系结构。

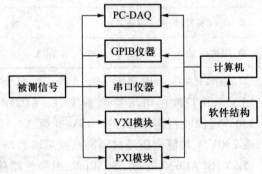

图 11.5.1 虚拟仪器技术与各种接口结合的硬件设备框图

GPIB(General Purpose Interface Bus)通用接口总线,是计算机和仪器间的标准通信协议。GPIB 的硬件规格和软件协议已纳入国际工业标准——IEEE 488.1 和 IEEE 488.2。它是最早的仪器总线,目前多数仪器都配置了遵循 IEEE 488 的 GPIB 接口。典型的 GPIB 测试系统包括一台计算机、一块 GPIB 接口卡和若干台 GPIB 仪器,如图 11.5.2 所示。每台 GPIB 仪器有单独的地址,由计算机控制操作。系统中的仪器可以增加、减少或更换,只需对计算机的控制软件做相应改动。这种概念已被应用于仪器的内部设计。但是 GPIB 的数据传输速度一般低于 500 Kbit/s,不适合于对系统速度要求较高的应用。初期的虚拟仪器应用主要体现在构建基于数字仪表的自动化测试系统(仪器控制)方面。设置在计算机上的 GPIB 控制器通过数字仪表的 GPIB 接口控制、管理着数字式测量仪器,并将测量数据的分析结果在计算机的屏幕上显示出来。

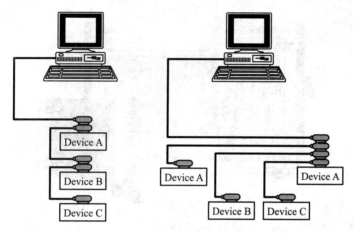

图 11.5.2 GPIB 连接方式

VXI(VMEbus eXtension for Instrumentation)即 VME 总线在仪器领域的扩展,是 1987 年在 VME 总线、Eurocard 标准(机械结构标准)和 IEEE 488 等的基础上,由主要仪器制造商共同制订的开放性仪器总线标准。VXI 系统最多可包含 256 个装置,主要由主机箱、"0 槽"控制器、具有多种功能的模块仪器和驱动软件、系统应用软件等组成,如图 11.5.3 所示。系统中各功能模块可随意更换,即插即用组成新系统。目前,国际上有两个 VXI 总线组织。一是 VXI 联盟,负责制定 VXI 的硬件(仪器级)标准规范,包括机箱背板总线、电源分布、冷却系统、零槽模块、仪器模块的电气特性、机械特性、电磁兼容性以及系统资源管理和通信规程等内容;二是 VXI 总线即插即用(VXI Plug&Play,简称 VPP)系统联盟,宗旨是通过制订一系列 VXI 的软件(系统级)标准来提供一个开放性的系统结构,真正实现 VXI 总线产品的"即插即用"。这两套标准组成了 VXI 标准体系,实现了 VXI 的模块化、系列化、通用化以及 VXI 仪器的互换性和互操作性。VXI 的价格相对较高,适合于尖端的测试领域。

PXI(PCI eXtension for Instrumentation)PCI 在仪器领域的扩展,是 NI 公司于 1997 年发布的一种新的开放性、模块化仪器总线规范,其核心是 CompactPCI 结构和 Microsoft Windows 软件,如图 11.5.4 所示。PXI 是在 PCI 内核技术上增加了成熟的技术规范和要求形

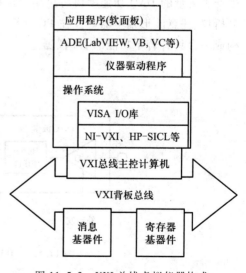

图 11.5.3 VXI 总线虚拟仪器构成

成的。PXI 增加了用于多板同步的触发总线和参考时钟、用于精确定时的星形触发总线,以及用于相邻模块间高速通信的局部总线等,来满足试验和测量用户的要求。PXI 兼容 CompactPCI 机械规范,并增加了主动冷却、环境测试(温度、湿度、振动和冲击试验)等要求。这样,可保证多厂商产品的互操作性和系统的易集成性。

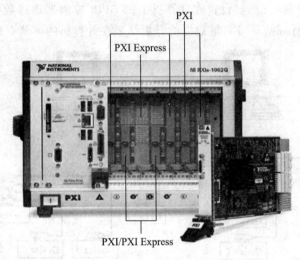

图 11.5.4 PXI 连接方式

DAQ(Data AcQuisition)数据采集,指的是基于计算机标准总线(如 ISA、PCI、PC/104 等)的内置功能插卡。它更加充分地利用计算机的资源,大大增加了测试系统的灵活性和扩展性。利用 DAQ 可方便快速地组建基于计算机的仪器(Computer-Based Instruments),实现"一机多型"和"一机多用"。在性能上,随着 A/D 转换技术、仪器放大技术、抗混叠滤波技术与信号调理技术的迅速发展,DAQ 的采样速率已达到 1 Gbit/s,精度高达 24 位,通道数高达 64 个,并能任意结合数字 I/O、模拟 I/O、计数器/定时器等通道,从而构成数据采集系统,如图 11.5.5 所示。仪器厂家生产了大量的 DAQ 功能模块可供用户选择,如示波器、数字万用表、串行数据分析仪、动态信号分析仪、任意波形发生器等。在 PC 计算机上挂接若干 DAQ 功能模块,配合相应的软件,就可以构成一台具有若干功能的 PC 仪器。

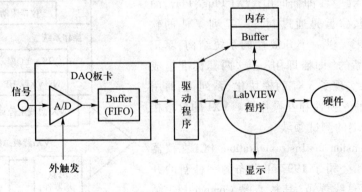

图 11.5.5 DAQ 构成的数据采集系统示意图

由于 VXI 总线的性能,它将成为未来虚拟仪器的理想硬件平台;另一方面,基于 PCI – DAQ 的虚拟仪器系统由于性价比高、灵活性好而受到大多数用户的青睐,将得到高速的发展。随着计算机硬件、软件技术的迅速发展,虚拟仪器将向高性能、多功能、集成化、网络化方向发展。

应用举例:

目前通用信号处理器的设计方法是在计算机上插入数据采集卡,用软件进行控制和在屏幕上生成仪器面板,并进行信号处理分析。其构成如图 11.5.6 所示。

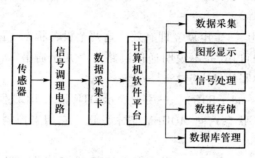

图 11.5.6　信号处理仪器构成框图

图 11.5.6 中,传感器、信号调理电路和数据采集卡都属于硬件平台,用于实现信号采集、检测和数字化。原始信号是各种电或者是非电信号。信号经传感器到信号调理电路,能基本实现信号模拟放大和预处理,处理后的信号进入数据采集卡后进行处理。数据采集卡包括:模数转换器、滤波器和放大器。

软件部分可分为三个层次,包括仪器驱动程序、软件环境和信号处理技术。仪器驱动程序为虚拟仪器对硬件的编程提供了软件接口,实现数据获取任务。软件环境通常采用自成体系的软件系统和建立在通用可视化开发平台上的虚拟信号软件系统。信号处理技术是虚拟信号处理仪器的关键技术。信号的处理有很多方法,包括各种数值算法和图形处理方法。

11.5.2　串行接口 RS232/422/485

串行通信接口标准常用的有 RS – 232、RS – 422 与 RS – 485 三种。串行数据接口标准,最初都是由电子工业协会(EIA)制定并发布的,RS – 232 在 1962 年发布,命名为 EIA – 232 – E,作为工业标准,以保证不同厂家产品之间的兼容。RS – 422 由 RS – 232 发展而来,它是为弥补 RS – 232 之不足而提出的。为改进 RS – 232 通信距离短、速率低的缺点,RS – 422 定义了一种平衡通信接口,将传输速率提高到 10Mb/s,传输距离延长到 4000 英尺(速率低于 100kb/s)时,允许在一条平衡总线上连接最多 10 个接收器。RS – 422 是一种单机发送、多机接收的单向、平衡传输规范,被命名为 TIA/EIA – 422 – A 标准。为扩展应用范围,EIA 又于 1983 年在 RS – 422 基础上制定了 RS –485 标准,增加了多点、双向通信能力,即允许多个发送器连接到同一条总线上,同时增加了发送器的驱动能力和冲突保护特性,扩展了总线共模范围,后命名为 TIA/EIA – 485 – A 标准。

由于 RS –232C 并未定义连接器的物理特性,因此,出现了 DB – 25 和 DB – 9 两种类型的连接器,其引脚的定义也各不相同。PC 和 XT 机采用 DB – 25 型连接器。DB – 25 连接器定义了 25 根信号线,由于该机型已经淘汰,故不在讲述。在 AT 机及以后,使用 DB – 9 连接器,作为提供多

功能 I/O 卡或主板上 COM1 和 COM2 两个串行接口的连接器,如图
11.5.7 所示。9 根线分别是:

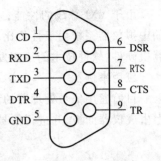

图 11.5.7　DB - 9 引脚定义

(1) 联络控制信号线。

数据装置准备好(Data set ready - DSR)——有效时(ON)状
态,表明 MODEM 处于可以使用的状态。

数据终端准备好(Data set ready - DTR)——有效时(ON)状
态,表明数据终端可以使用。

这两个信号连到电源上,一上电就立即有效。这两个设备状态
信号有效,只表示设备本身可用,并不说明通信链路可以开始通信
了,能否通信要由下面的控制信号决定。

请求发送(Request to send - RTS)——用来表示 DTE 请求 DCE 发送数据,即当终端要发送
数据时,使该信号有效(ON 状态),向 MODEM 请求发送。它用来控制 MODEM 是否要进入发送
状态。

允许发送(Clear to send - CTS)——用来表示 DCE 准备接收 DTE 发来的数据,是对请求发
送信号 RTS 的响应信号。当 MODEM 已准备好接收终端传来的数据,并向前发送时,使该信号
有效,通知终端开始沿发送数据线 TxD 发送数据。这一对 RTS/CTS 请求应答联络信号是用于半
双工 MODEM 系统中发送方式和接收方式之间的切换。在全双工系统中作发送方式和接收方式
之间的切换。在全双工系统中,因配置双向通道,故不需要 RTS/CTS 联络信号,使其变高。

接收线信号检出(Received Line detection - RLSD)——用来表示 DCE 已接通通信链路,告知
DTE 准备接收数据。当本地的 MODEM 收到由通信链路另一端(远地)的 MODEM 送来的载波
信号时,使 RLSD 信号有效,通知终端准备接收,并且由 MODEM 将接收的载波信号解调成数字
数据后,沿接收数据线 RxD 送到终端。此线也叫做数据载波检出线(Data Carrier detection -
DCD)。

振铃指示(Ringing - RI)——当 MODEM 收到交换台送来的振铃呼叫信号时,使该信号有效
(ON 状态),通知终端,已被呼叫。

(2) 数据发送与接收线。

发送数据(Transmitted data - TXD)——通过 TXD 终端将串行数据发送到 MODEM,(DTE→
DCE)。

接收数据(Received data - RXD)——通过 RXD 线终端接收从 MODEM 发来的串行数据,
(DCE→DTE)。

(3) 地线。有两根线 SG、PG——信号地和保护地信号线,无方向。RS232,RS422,RS485 是
电气标准,主要区别就是逻辑的表示。

RS232 使用 - 12V 表示逻辑 **1**,12V 表示逻辑 **0**,全双工,最少 3 条通信线(RX,TX,GND),因
为使用绝对电压表示逻辑,受干扰、导线电阻等影响,通讯距离不远,低速时几十米也是可以的。

RS422 在 RS232 后推出,使用 TTL 差动电平表示逻辑,就是两根的电压差表示逻辑。如图
11.5.8 所示,RS422 定义为全双工,最少要 4 根通信线(一般额外地多一根地线),一个驱动器可
以驱动最多 10 个接收器(即接收器为 1/10 单位负载),通信距离与通信速率有关系,一般距离
短时可以使用高速率进行通信,速率低时可以进行较远距离通信,一般可达数百上千米。

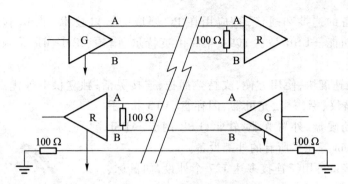

图 11.5.8 RS422 数据传输示意图

RS485 在 RS422 后推出,绝大部分继承了 RS422,主要的差别是 RS485 可以是半双工的,而且一个驱动器至少可以驱动 32 个接收器(即接收器为 1/32 单位负载),当使用阻抗更高的接收器时可以驱动更多的接收器,如图 11.5.9 所示。所以现在大多数全双工 485 驱动/接收器对都是标为 RS422/485 的,因为全双工 RS485 的驱动/接收器一定可以用在 RS422 网络。RS－485 的标准全称为 TIAA/EIA－485 串行通信标准。数据通信采用差分线号传输方式,也称作平衡传输,使用一对双绞线,将其中一线定义为 A,另一线定义为 B,如图 11.5.3 所示。

通常情况下,发送驱动器 A、B 之间的正电平在 +2～+6V,是一个逻辑状态;负电平在 -6～-2V,是另一个逻辑状态。另有一个信号地 C,在 RS－485 中还有一"使能"端,而在 RS－422 中这是可用可不用的。"使能"端用于控制发送驱动器与传输线的切断和连接。当"使能"端起作用时,发送驱动器处于高阻状态,称作"第三态",即它是有别于逻辑 1 与 0 的第三态。

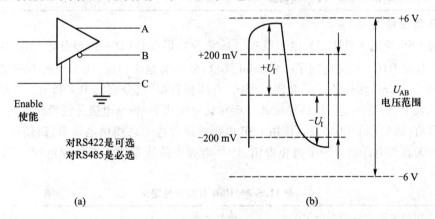

图 11.5.9 RS422/485 端口及电平示意图

接收器也作与发送端相对的规定,收、发端通过平衡双绞线将 AA 与 BB 对应相连,当在收端 AB 之间有大于 +200 mV 的电平时,输出正逻辑电平;小于 -200 mV 时,输出负逻辑电平。接收器接收平衡线上的电平范围通常在 200 mV～6 V 之间。

11.5.3 通用串行总线接口 USB

1. USB 简介

USB 是英文**Universal Serial Bus**(通用串行总线)的缩写,是一个外部总线标准,用于规范电脑与外部设备的连接和通信,是应用在 PC 领域的接口技术。USB 接口支持设备的即插即用和热插拔功能。USB 是在 1994 年底由英特尔、康柏、IBM、Microsoft 等多家公司联合提出的。

　　USB 具有传输速度快,使用方便,支持热插拔,连接灵活,独立供电等优点,可以连接鼠标、键盘、打印机、扫描仪、摄像头、充电器、闪存盘、MP3 机、手机、数码相机、移动硬盘、外置光驱/软驱、USB 网卡、ADSL Modem、Cable Modem 等几乎所有的外部设备。

　　理论上 USB 接口可用于连接多达 127 个外设,如鼠标、调制解调器和键盘等。USB 自从 1996 年推出后,已成功替代串口和并口,并成为 21 世纪个人电脑和大量智能设备的必配的接口之一。目前,已有不少数据采集卡从 DAQ 插卡升级为 USB 数据采集器,如图 11.5.10 所示。USB 有不同的版本从 USB1.0 ~ USB3.0,如表 11.5.1 所示。

图 11.5.10　USB 数据采集器

表 11.5.1　不同版本的 USB 性能对比

USB 版本	理论最大传输速率	速率称号	最大输出电流	推出时间
USB1.0	1.5Mbps(192KB/s)	低速(Low – Speed)	5V/500mA	1996 年 1 月
USB1.1	12Mbps(1.5MB/s)	全速(Full – Speed)	5V/500mA	1998 年 9 月
USB2.0	480Mbps(60MB/s)	高速(High – Speed)	5V/500mA	2000 年 4 月
USB3.0	5Gbps(500MB/s)	超高速(Super – Speed)	5V/900mA	2008 年 11 月 /2013 年 12 月

2. USB 物理特性

　　标准的 USB 使用 4 根线:5V 电源线(V_{cc}),差分数据线负(D –),差分数据线正(D +),地(Gnd)。在 USB OTG 中,又增加了一种 mini 接口,使用的是 5 根线,比标准的 USB 多了一根身份识别(ID)线。USB 使用的是差分传输模式,有两根数据线,分别是 D + 和 D –。在 USB 的低速和全速模式中,采用的是电压传输模式。而在高速模式下,则是电流传输模式。关于具体的高低电平门限值,请参看 USB 协议。使用 USB 电源的设备称为总线供电设备,而使用自己外部电源的设备称为自供电设备。为了避免混淆,USB 电缆中的线都用不同的颜色标记,如表 11.5.2 所示。

表 11.5.2　USB 引脚颜色定义

引脚编号	信号名称	缆线颜色
1	V_{cc}	红
2	Data –(D –)	白
3	Data +(D +)	绿
4	Ground	黑

　　从一个设备连回到主机称为上行连接;从主机到设备的连接称为下行连接。为了防止回环情况的发生,上行和下行端口使用不同的连接器,所以 USB 在电缆和设备的连接中分别采用了两种类型的连接头,如图 11.5.11 所示的 A 型连接头和 B 型连接头,每个连接头内的电线号与

引脚编号是一致的。A 型连接头用于上行连接,即在主机或集线器上有一个 A 型插座,而在连接到主机或集线器的电缆的一端是 A 型插头。在 USB 设备上有 B 型插座,而 B 型插头在从主机或集线器接出的下行电缆的一端。采用这种连接方式,可以确保 USB 设备、主机/集线器和 USB 电缆始终以正确的方式连接,而不出现电缆插入方式出错,或直接将两个 USB 设备连接到一起的情况。

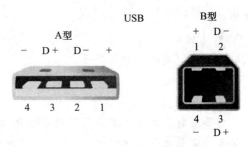

图 11.5.11　USB 连接头示意图

11.5.1　什么是虚拟仪器?虚拟仪器的构成是怎样的?

11.5.2　目前,虚拟仪器的构成方式有哪几种?它们在数字化数据的传输中各有什么优缺点?

11.6　测试系统应用设计

超导带材临界电流测量系统应用设计

一、项目背景

超导是凝聚态物理的一个分支,是当温度低于一个临界温度 Tc 时,材料的电阻消失的现象。而高温超导材料则表示该材料的 Tc > 77K(液氮沸点),超导材料的 Tc 越高,在一定程度上更有利于超导材料实际生活中的应用。近年来,高温超导和低温技术的迅速发展,促进了高温超导材料的实际应用,正在形成新的产业,如电力、交通运输、医学应用、工业处理以及信息和通信等。

由于超导体在实际应用中不可避免地会遇到各种类型的扰动,如磁通跳跃、导线运动、环氧浸渍崩裂、热干扰等不稳定因素,可能导致超导体的局部温度升高而出现非正常态区域,即失超。局部失超后,正常态区域可能收缩逐渐恢复到超导态,也可能继续扩大造成失超传播,这与触发能量、工作条件以及冷却环境密切相关。失超检测能够保证超导磁体系统的安全性和稳定性。失超检测的准确性为超导磁体的设计以及失超保护提供重要的基本依据,这不仅能反映出超导材料的基本属性,也能由此判断超导材料的实际应用价值。高温超导材料的最基本的失超原因之一就是带材电流过大,所以检测带材电流大小是高温超导带材失超判据的基本方法。针对高温超导带材临界电流 I_c,对超导带材进行实验测量,并为后期超导储能磁体的失超监测与保护打下基础。

二、项目需求

实验设备以及器材如下:

- 带材样品 30cm;
- 超导电源 1 台用于提供足够的电流;
- 低温容器(杜瓦)用于填充液氮,为超导带材提供低温环境;
- 电流引线以及紫铜块用于连接超导带材与超导电源;
- 高精度纳伏表 1 台,纳伏表精度为 7 位半,能够较为准确的测量超导带材两端的电流变

化情况;

● 上位机 1 台;

漆包线以及绝缘胶带若干。

三、方案设计

1. 硬件设计

超导带材临界电流测量实验组成框图如图 11.6.1 所示,搭建超导带材实验平台,其目的主要是为了测量带材临界电流,以及测量带材伏安特性曲线。

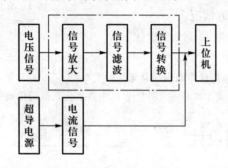

图 11.6.1　超导带材临界电流测量实验组成框图

(1) 实验设备连接

① 实验时把两个铜块用低温胶粘在环氧板上(可用强力黏合胶),以增加测验装置牢固度。

② 将带材两端分别焊接固定在连接有电流引线的铜块上。

③ 为了尽量减少触发热干扰时对电压测量的影响,在带材正中,间隔 2 cm 焊接电压引线 V_1(细银丝或漆包铜丝)。

④ 将整个环氧板浸泡在液氮中,待冷却一段时间后开始增大电流进行带材测试。

高温超导带材测试系统示意图如图 11.6.2 所示,图 11.6.3、图 11.6.4 为实物连接图。

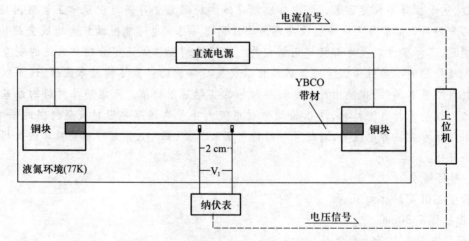

图 11.6.2　高温超导带材测试系统示意图

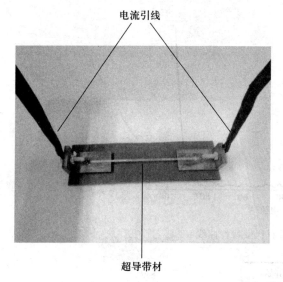

电流引线

超导带材

图 11.6.3　带材测试装置

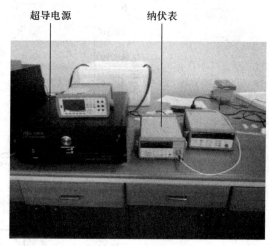

超导电源　　　纳伏表

图 11.6.4　测量仪器

（2）测量样品带材在 77K 自场条件下的临界电流 I_c。

① 安装好电流引线后，将整个实验装置浸入杜瓦箱内，等待 10～15 分钟，待样品温度达到 77K 时，开始实验。

② 实验时，保证环境温度为 77K，并且没有外部干扰磁场。

③ 在无外界扰动条件下，加载传输电流，并逐渐增大电流值，直到样品失超（以 $1\mu V/cm$ 为准）。

④ 通过纳伏表观察到带材失超后立刻关闭超导电源。

⑤ 实验结束后，关闭仪器电源，将传感器和样品带材取出。

备注：

1. 当电流增大导致超导带材接近失超时，带材电压会一直上升，直到带材烧断。所以在观测到失超传播情况后，记录电压和温度变化并切断直流源的输出，带材不会受到损伤。

2. 为减小电压波动，信号线选用在低温下纹波低的线。

3. 两根信号线在靠近带材处需紧贴带材表面，且采用双绞形式，以避免外界信号的干扰。

预计结果曲线如图 11.6.5 所示，图中横坐标为电流，纵坐标为电压：

2. 软件设计

上位机的软件主要分为运行控制部分和交互两部分。其中运行控制部分包括开始、停止、返回、报警及自动处理等功能；交互部分包括登录设备控制系统界面、帮助系统、查看记录文件等。软件开发采用图形化编程语言——LabVIEW。由于 LabVIEW 现在已经越来越广泛地应用于测量、控制、教学、科研等领域，它采用图形化编程方式，内置大量功能，能够很方便地完成数据采集分析显示、仪器控制、测量测试、工业过程仿真及控制等多种操作，并具有与其他编程语言良好的可扩展性。所以带材测试系统采用 LabVIEW 软件编写。本实验程序流程图如图 11.6.6 所示。

部分图形化源程序如图 11.6.7 所示。

上位机界面设计内容主要包括通讯设置、参数控制、数据采集三个模块。如图 11.6.8 所示，通信设置模块需要提前设定好连接设备的波特率、停止位、起始位、终止位、校验位等相关参数；

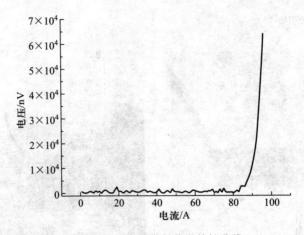

图 11.6.5 超导带材伏安特性曲线

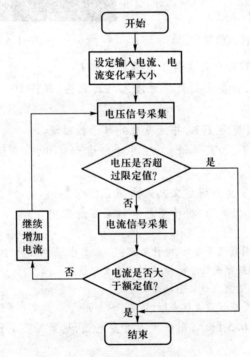

图 11.6.6 主程序流程图

参数控制模块主要包括输入电流控制、电流变化率控制以及保护控制,所谓保护控制是提前设定好带材两端允许的最大电压值。当超过该电压值时带材有烧毁的风险,需要立即停止电流输出,保护实验设备。如图 11.6.9 所示,数据采集模块包括电流变化率显示面板、带材电流显示面板、带材电压显示面板,以及电压与电流合成的带材的伏安特性曲线。

四、测试结果

实验界面如图 11.6.10 所示。

部分测试结果如图 11.6.11、11.6.12 所示。

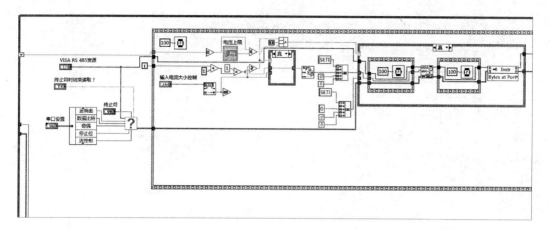

图 11.6.7 实验程序框图(部分)

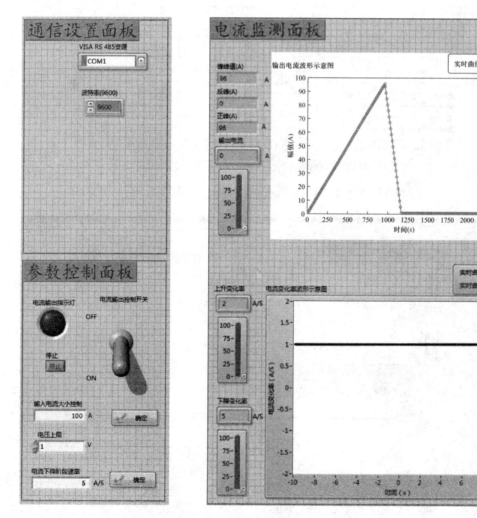

图 11.6.8 通信设置模块以及电流检测面板

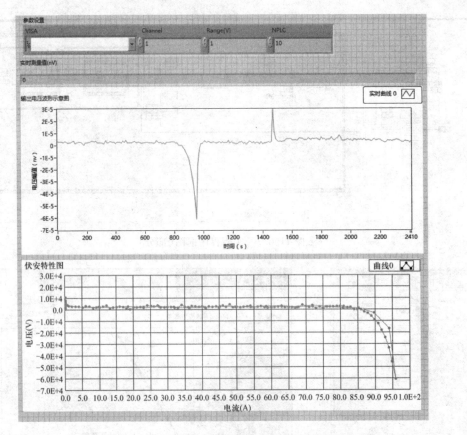

图 11.6.9 数据采集模块设置及部分测试曲线

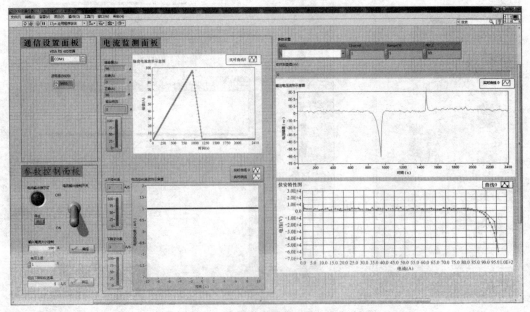

图 11.6.10 实验界面显示

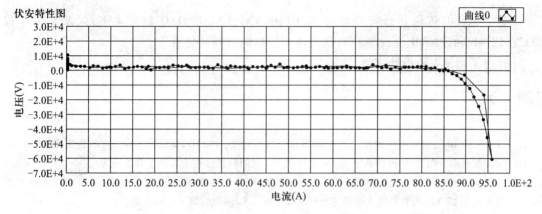

图 11.6.11　伏安特性测试曲线

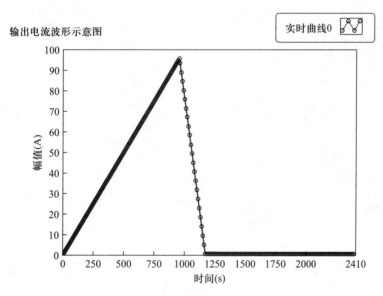

图 11.6.12　输入电流测量曲线

小结 ➤

　　1. 测量系统由传感器、信号调理、数据显示与记录几个部分组成;测量系统接地的方式分为数字接地和模拟接地;测量系统的噪声和干扰多种多样;介绍了抗干扰的两种措施:屏蔽措施和传输线的抗干扰。

　　2. A/D 转换一般有四个步骤,即取样、保持、量化和编码;介绍两种 A/D 转换类型:逐次比较型 A/D 转换器和双积分型 A/D 转换器。D/A 转换器由数码寄存器、模拟电子开关电路、解码网络、求和电路及基准电压几部分组成,介绍了两种 D/A 转换类型:T 形电阻网络 D/A 转换器和倒 T 形电阻网络 D/A 转换器。另外,也介绍了 V/F、F/V 两种数据转换方式。

　　3. 其他测量用集成电路:仪用放大器、三运放测量放大器以及隔离放大器。

4. 数字化数据传输到计算机的方式:GPIB、VXI、PXI 和 DAQ 数据采集,以及基于串口 RS232/422/485 的数字化仪表和 USB 通用串行接口的数据采集器。

5. 介绍了测试系统设计实例。

习题 ➤

11.4.1　一个 10 位的逐次比较型 A/D 转换器,若时钟频率为 100 Hz,试计算完成一次转换所需的时间。

11.4.2　在双积分型 A/D 转换器中,若$|u_i| > |U_{REF}|$,试问转换过程中将产生什么现象?

11.4.3　在 ADC 0801 中,若$U_{CC} = 12$ V,$U_{REF}/2 = 2.56$ V,且输出数字量(从高位到低位)为 **00000001** 时输入的模拟电压为 0.02 V。问如果输入的模拟电压为 1 V 和 4 V,输出的数字量各位多少?

参考文献

［1］ Allan R. Hambley. Electrical Engineering Principles and Applications［M］. 5thEd. Pearson，2010.

［2］ Giorgio Rizzoni，Electrical Engineering(Fourth Edition)，McGraw－Hill，2004.

［3］ Donald A. Neamen，Electronic Circuit Anaysis and Design(Second Edition)，McGraw－Hill.

［4］ Thomas L. Floyd. 模拟电子技术基础——系统方法［M］. 朱杰，等译. 北京：机械工业出版社，2015.

［5］ Thomas L. Floyd. 数字电子技术基础——系统方法［M］. 娄淑琴，等译. 北京：机械工业出版社，2015.

［6］ James W. Nilson. 电路［M］. 10 版. 周玉坤，等译. 北京：电子工业出版社，2015.

［7］ 秦曾煌. 电工学(下册)——电子技术［M］. 7 版. 北京：高等教育出版社，2009.

［8］ 唐介. 电工学(少学时)［M］. 3 版. 北京：高等教育出版社，2009.

［9］ 朱承高. 电工学概论［M］. 2 版. 北京：高等教育出版社，2008.

［10］ 殷瑞祥. 电路与模拟电子技术［M］. 2 版. 北京：高等教育出版社，2009.

［11］ 华成英，童诗白. 模拟电子技术基础［M］. 4 版. 北京：高等教育出版社，2006.

［12］ 阎石. 数字电子技术基础［M］. 5 版. 北京：高等教育出版社，2006.

［13］ 康华光. 电子技术基础——模拟部分［M］. 5 版. 北京：高等教育出版社，2009.

［14］ 康华光. 电子技术基础——数字部分［M］. 5 版. 北京：高等教育出版社，2009.

［15］ 华成英. 帮你学模拟电子技术基础：释疑、解题、考试［M］. 北京：高等教育出版社，2004.

［16］ 孙骆生. 电工学基本教程［M］. 4 版. 北京：高等教育出版社，2003.

［17］ 林孔元. 电气工程学概论［M］. 北京：高等教育出版社，2008.

［18］ 侯世英. 电工学 I——电路与电子技术［M］. 北京：高等教育出版社，2007.

［19］ 朱伟兴. 电路与电子技术(电工学 I)［M］. 北京．高等教育出版社，2008.

［20］ 远坂俊昭. 测量电子电路设计——模拟篇［M］. 北京：科学出版社，2006.

［21］ 汉泽西，肖志红，董浩. 现代测试技术［M］. 北京：机械工业出版社，2006.

［22］ 孙余凯，吴鸣山，项绮明. 集成运算放大器实用电路识图［M］. 北京：电子工业出版社，2008.

［23］ 张国雄. 测控电路［M］. 3 版. 北京：机械工业出版社，2010.

［24］ 李承，徐安静. 新编电工学(电子技术)题解(下册)［M］. 武汉：华中科技大学出版社，2003.

［25］ 李国顺. 模拟电子技术基础考点全方位训练［M］. 哈尔滨：哈尔滨工业大学出版社，2006.

［26］ 吴继华，等. Altera FPGA CPLD 设计基础篇［M］. 北京：人民邮电出版社，2010.

［27］ 王诚，等. FPGA/CPLD 设计工具 ISE 使用详解［M］. 北京：人民邮电出版社，2010.

［28］ 高光天. 传感器与信号调理器件应用技术［M］. 北京：科学出版社，2002.

［29］ 杨振江. A/D、D/A 转换器接口技术. 西安：西安电子科技大学出版社，1996.

郑重声明

高等教育出版社依法对本书享有专有出版权。任何未经许可的复制、销售行为均违反《中华人民共和国著作权法》，其行为人将承担相应的民事责任和行政责任；构成犯罪的，将被依法追究刑事责任。为了维护市场秩序，保护读者的合法权益，避免读者误用盗版书造成不良后果，我社将配合行政执法部门和司法机关对违法犯罪的单位和个人进行严厉打击。社会各界人士如发现上述侵权行为，希望及时举报，本社将奖励举报有功人员。

反盗版举报电话　(010)58581999　58582371　58582488

反盗版举报传真　(010)82086060

反盗版举报邮箱　dd@ hep. com. cn

通信地址　北京市西城区德外大街 4 号　高等教育出版社法律事务与版权管理部

邮政编码　100120

防伪查询说明

用户购书后刮开封底防伪涂层，利用手机微信等软件扫描二维码，会跳转至防伪查询网页，获得所购图书详细信息。用户也可将防伪二维码下的 20 位密码按从左到右、从上到下的顺序发送短信至 106695881280，免费查询所购图书真伪。

反盗版短信举报

编辑短信"JB，图书名称，出版社，购买地点"发送至 10669588128

防伪客服电话

(010)58582300

网络增值服务使用说明

一、注册/登录

访问 http://abook. hep. com. cn/1235736，点击"注册"，在注册页面输入用户名、密码及常用的邮箱进行注册。已注册的用户直接输入用户名和密码登录即可进入"我的课程"页面。

二、课程绑定

点击"我的课程"页面右上方"绑定课程"，正确输入教材封底防伪标签上的 20 位密码，点击"确定"完成课程绑定。

三、访问课程

在"正在学习"列表中选择已绑定的课程，点击"进入课程"即可浏览或下载与本书配套的课程资源。刚绑定的课程请在"申请学习"列表中选择相应课程并点击"进入课程"。

如有账号问题，请发邮件至：abook@ hep. com. cn。